高钙化海绵

Hypercalcified Sponges

范嘉松　编译

石油工业出版社

内 容 提 要

高钙化海绵是海绵动物门的一类生物，它是生物礁的造礁生物，因而获得广泛的重视，本书在系统整理基础上，重建了其分类体系，并详细地叙述了分布在世界各地、各时代的高钙化海绵各个属的主要特征、地质时代和分布区域，因而本书将成为鉴定和研究这类生物的重要的、不可或缺的工具书。

本书可供高等学校作为古生物教学中海绵动物的参考书籍，对正在研究海绵动物化石的研究人员来说，也是一本重要的参考书籍；同时在勘探和开发生物礁油气田中，它也能发挥积极的作用，对它的研究将有助于划分生物礁的沉积相带和确定礁核相的位置，从而能圈定石油和天然气的富集区域。

图书在版编目（CIP）数据

高钙化海绵 / 范嘉松编译 . — 北京 ：石油工业出版社，2019. 5

ISBN 978-7-5183-3218-2

Ⅰ. ①高… Ⅱ. ①范… Ⅲ. ①生物礁-碳酸盐岩-研究 Ⅳ. ①P588. 24

中国版本图书馆 CIP 数据核字（2019）第 079436 号

出版发行：石油工业出版社

（北京安定门外安华里 2 区 1 号楼　100011）

网　址：www. petropub. com

编辑部：（010）64523707

图书营销中心：（010）64523633

经　销：全国新华书店

印　刷：北京中石油彩色印刷有限责任公司

2019 年 5 月第 1 版　2019 年 5 月第 1 次印刷

889×1194 毫米　开本：1/16　印张：15

字数：370 千字

定价：100. 00 元

前　言

钙质海绵是生物礁中的重要造礁生物，尤其是中国南方二叠系生物礁中，更是重要的造礁生物。因此，研究这些生物礁，必须要研究这些生物。对这些海绵动物，近年来有新的发展和认识，Finks 和 Rigby（2004）在《无脊椎古生物丛书：海绵分册（修订版）》中首次提出高钙化海绵，用以包括所有的串管海绵和纤维海绵。笔者提出高钙化海绵包括串管海绵、古杯海绵、纤维海绵、层孔海绵、刺毛海绵及蜂巢海绵。这些生物的骨骼都由碳酸钙组成，并含有硅质骨针或钙质骨针。这一新的认识已被古生物学界接受，并广泛采用。由于在原来的钙质海绵内，发现了硅质骨针，这样就把这些海绵归属普通海绵纲。在如此背景下，笔者认为有必要对所有的“钙质海绵”——串管海绵和纤维海绵，进行一次系统地整理，重新建立它们的分类体系，这样将有助于对这些海绵化石的研究。幸好，Finks 和 Rigby（2004）进行了系统研究，把原来认为钙质海绵的串管海绵和纤维海绵进行了全面整理和归纳，提出了系统的分类方案，这对于我们研究这些海绵化石提供了一本非常重要的参考书籍。本书编译了各属的主要特征、时代和分布，以及它们的图像，而各属属名的演变和详细的讨论，在本书内并未刊出。

将 Finks 和 Rigby 的《高钙化海绵》编译成中文书籍是一件十分艰巨的工作，也是很艰难的过程；笔者断断续续地做了这些工作，历时一年多，因笔者水平所限，对原著的理解及专业知识的把握难免有偏差，不当之处，真诚地希望阅读此书的同行提出意见，以便改正。

最后，要感谢吴熙纯教授对我的支持和鼓励，使我能克服困难，完成当前这一艰难的编译工作。

目　　录

一、概　　述

有许多海绵属于胶质亚门（Gelatinosa），即普通海绵纲和钙质海绵纲，它们能分泌出由碳酸钙组成的块状骨骼，同时还含有这些海绵所产生的硅质骨针或钙质骨针（Vacelet，1991；Wood，1990；Reitner，1991；Senowbari-Daryan，1991；Mastandrea and Russo，1995）。根据非骨针骨骼的总体形态，它们归置于特殊的一类生物：这些生物包括串管海绵（Sphinctozoan）、古杯海绵（Archaeocyatha）、纤维海绵（Inozoan）、层孔海绵（Stromatoporoidea）、刺毛海绵（Chaetetida）以及蜂巢海绵（Favositida）。这些生物的骨骼是由碳酸钙组成，或为文石，或为方解石，都具有不同的显微结构（图 1—图 4），在细胞之内分泌或在

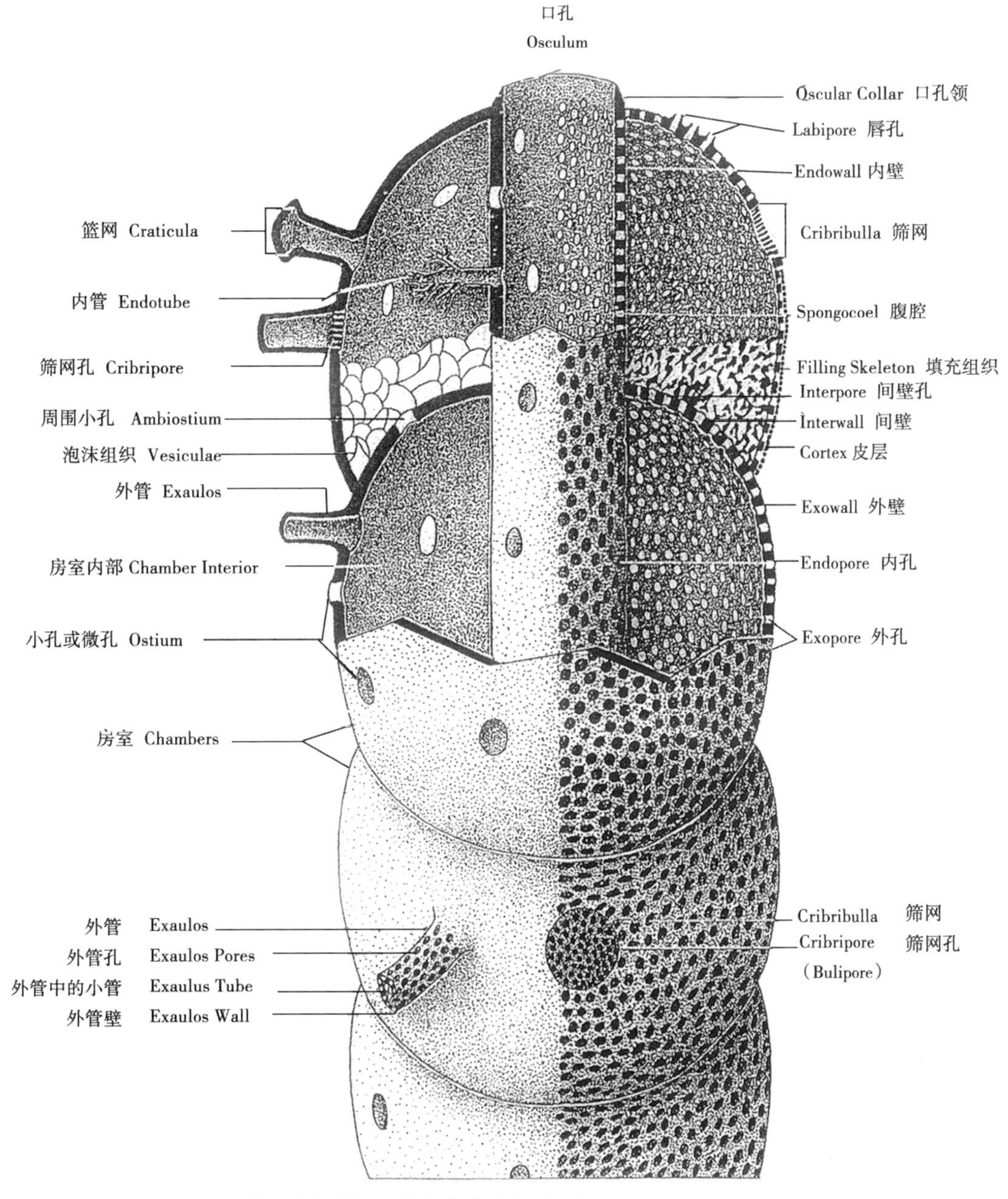

图 1　高钙化海绵中串管海绵的内部结构和外表装饰示意图（据 Senowbari-Daryan and Garcin-Bellido，2002 年）

细胞之外分泌。所谓细胞之内分泌的方式即相当于硅质骨针产生的方式，这可能属于普通海绵纲的共源性状（Synapomorphy），而通过其他方式在细胞外分泌骨针，也可发生。

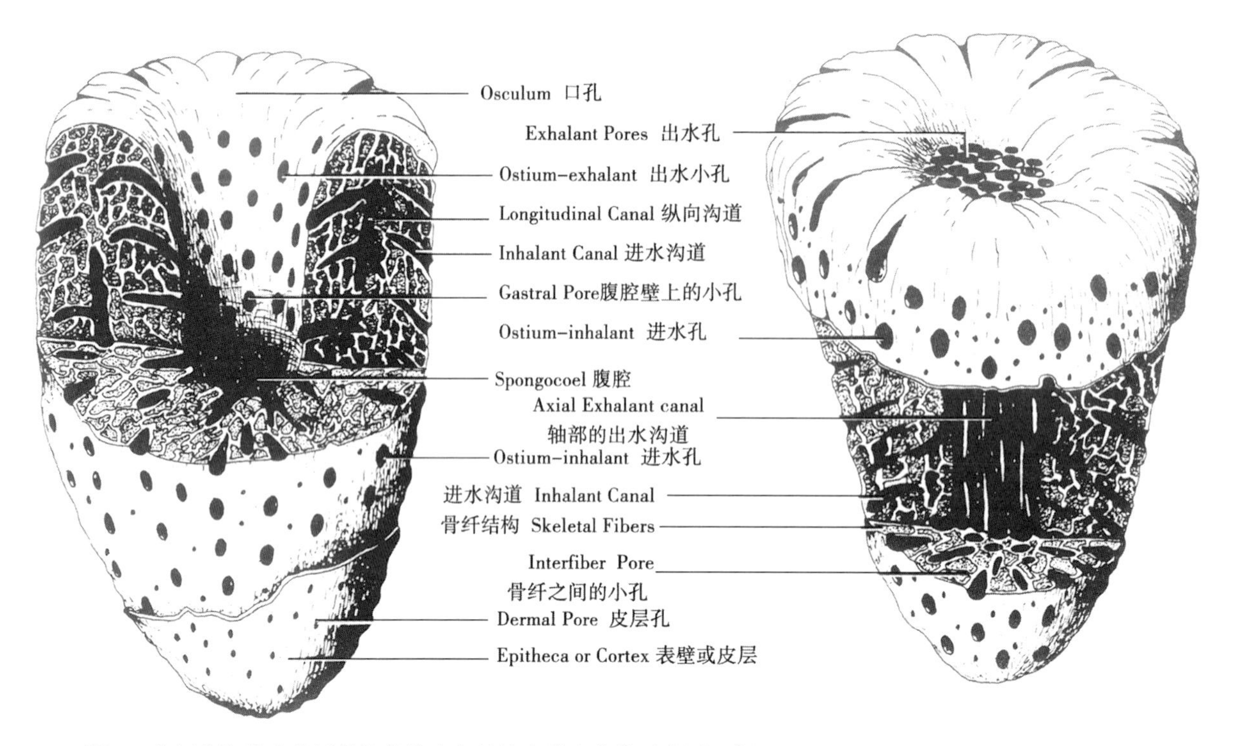

图 2 高钙化海绵中的纤维海绵的内部结构和外表装饰示意图（据 Rigby and Senowbari-Dayan，1996 年）

对于这些非骨针的碳酸钙骨骼，一般称为基本骨骼（basal skeleton），而 Rauff（1913）称为硬体壁（sclerosome）。在某些情况下，对于某些生物，如串管海绵和古杯海绵，它们的骨骼并不限于活着的组织的底部。

高钙化海绵这一术语是 Termier and Termier（1977a，b）提出的，包括一切能分泌出不含骨针的碳酸钙骨骼的海绵，而且包括那些用碳酸钙把骨针胶黏在一起的海绵，如在异射海绵目（Heteractinida）和许多纤维海绵。Cuif and Gautret（1991）；Wood（1990）认为海洋化学的特性能促使这些不含骨针的碳酸盐骨骼的产生和矿化作用，同时共生的蓝细菌能激励和支持其沉淀下来（Vacelet，1983）。无论如何，这些坚硬的骨骼是适合于在高能环境中生活，因此高钙化海绵是显生宙生物礁群落中的主要组成生物。当它们没有其他的具有块状骨骼的底栖固着生物与其竞争时，这些高钙化生物就成为生物礁中的主要造礁生物。

1. 海绵的分泌作用、矿物组成和显微结构

块状的碳酸钙骨骼是由几种作用过程分泌而成，而每一种作用过程都是某一特殊分类群体所拥有，而且某些群体还使用不止一种的作用过程。矿物成分也是不同分类群体所特有的特征，某些群体分泌文石，而其他的群体则分泌方解石；这些方解石往往还含有不同数量的、能代替钙元素的镁元素。以往，人们认为文石和方解石是在同一个种内，甚至在同一个个体内呈交替分泌或共处在一起。但是，通过最近的研究，情况并非如此（Mastandrea and Russo，1995）。

所形成的矿物的显微结构似乎代表不同生物类群所特有的特征，因为显微结构就是从这些分泌作用过程中产生的。分泌作用过程通常与骨针骨骼的分泌方式有关系。例如，普通海绵纲的骨针是在细胞内均匀地分泌出来，这是高钙化海绵骨骼的一种分泌方式，也是最初的分泌场所，即是纤球状文石结构。虽然它

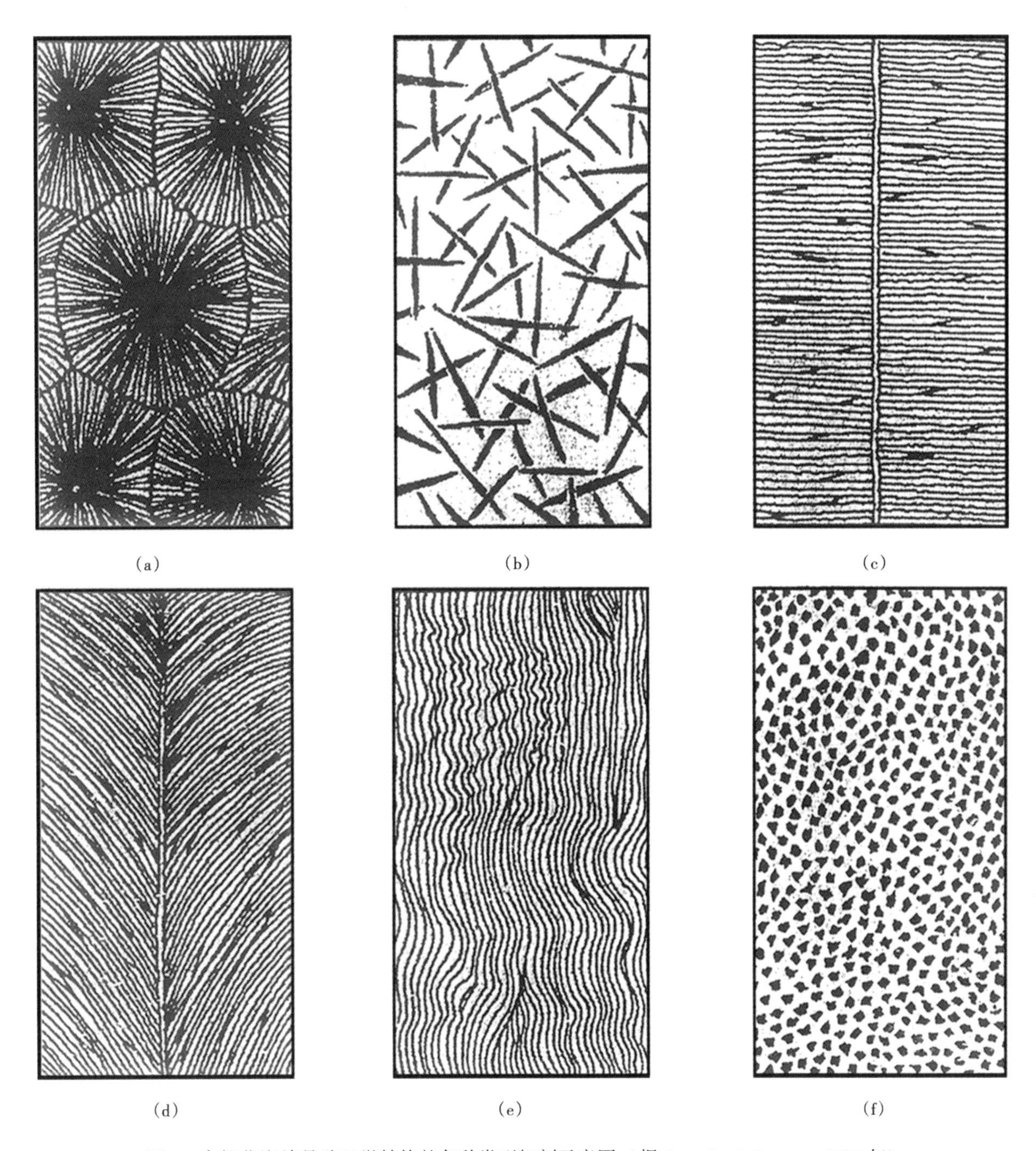

(a)　(b)　(c)　(d)　(e)　(f)

图 3　高钙化海绵骨骼显微结构的各种类型解剖示意图（据 Senowbari-Daryan，1990 年）

(a) 纤球状文石结构；(b) 不规则文石结构；(c) 纤针状镁方解石结构，也称为正角方解石结构；(d) 画笔状或羽毛状文石结构；(e) 层纹状镁方解石结构；(f) 均匀粒状镁方解石结构

们从母细胞中排出后，可能又受到细胞外分泌作用而增大。而在另一方面，在钙质海绵纲内，骨针和高钙化的骨骼都是在许多细胞外面分泌而成，它们的骨针和骨骼都是由镁方解石组成。

现将主要的显微结构和矿物成分叙述如下（Wood，1990；Cuif and Gautret，1991；Mastandrea and Russo，1995）：

（1）纤球状文石结构：也称为复合纤球状文石结构，这是还活着的普通海绵——星状硬骨海绵 *Astrosclera* 和与其有关属的特征。这些海绵具有层孔海绵的形态。二叠纪到三叠纪的纤维海绵、串管海绵以及刺毛海绵都具有这些结构。纤球状文石首先出现于细胞之内，然后转移到骨骼内，此时又被细胞外的分泌作用增

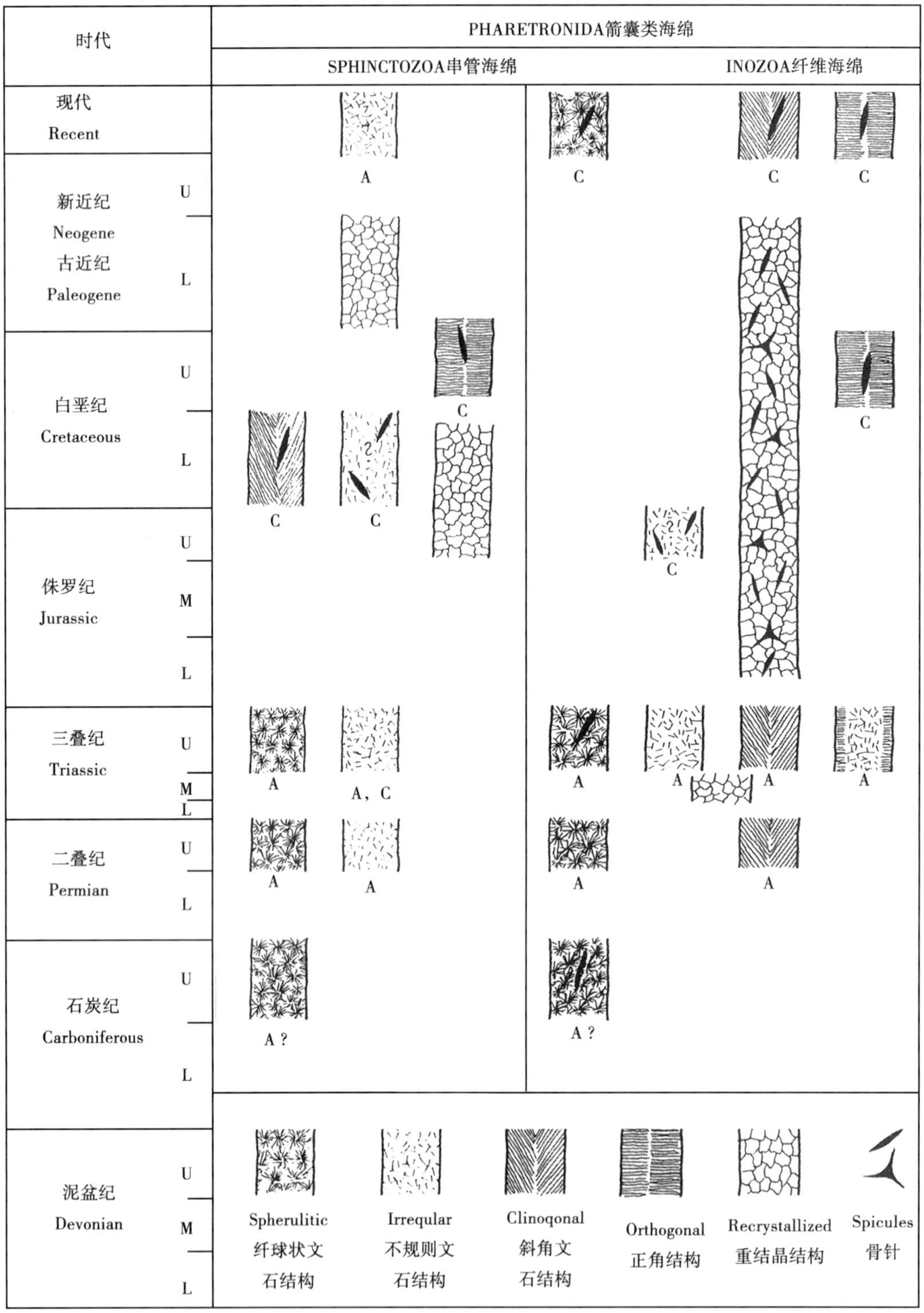

图4　晚古生代到现代的各类箭囊类海绵（Pharetronida）骨骼结构示意图（据 Wendt，1984 年）

图中 A 代表文石；C 代表方解石；图中左侧各时代中的 L，M，U 分别代表早、中和晚

大。大多数还活着的 *Astrosclera* 都具有带刺的附尖骨针（acanthostyle）。根据此特征，就可以将它们归置于角骨海绵亚纲的杂硬海绵目 Poecilosclerida，但不包括那些具有轮生骨针的海绵，如活着的群居海绵属 *Agelas*。对于 *Agelas* 来说，Wood（1990）和 Vacelet（1983，1985）都将其归属群居海绵目 Agelasida，推测也归属角骨海绵亚纲。但是，Wiedenmayer（1994）提出 *Agelas* 与四射海绵亚纲有亲缘关系。

（2）画笔状或羽毛状文石结构：也称为斜角文石结构，或称为拉长的纤球状文石结构，或称为水喷构造（water-jet）。这是活着的普通海绵—角孔海绵 *Ceratoporella* 一属的特征，它具有刺毛海绵的形态特征。它们归属 Agelasida 目，其原因是这些海绵都具有带刺的附尖骨针。文石是从扁平细胞以细胞外的分泌方式分泌出来的。这一类型可与纤球状文石结构彼此过渡，因为纤球状文石结构通常在细胞外分泌时被拉长而呈不对称的纤球，这样就形成了画笔状文石结构。许多三叠纪的刺毛海绵以及纤维海绵都具有这类结构。

（3）不规则文石结构：也可称为微粒文石结构；这些结构出现于活着的串管海绵（普通海绵纲的角骨海绵亚纲）*Vaceletia*，由于此属缺失骨针，因此不能将其归置于任何的一个目。此外，这类结构还可发现于三叠纪的串管海绵、纤维海绵以及层孔海绵内；这些不规则排列的文石针是分泌在胶原纤针（collagen fibers）骨架之外，它们可以聚合成被有机膜包覆的矿化单位，其中心含有有机质（Gautret，1985；Mastandrea and Russo，1995）。

（4）均匀粒状镁方解石结构：也称为微粒镁方解石结构，这类结构尚未在一切还活着的属种内找到，但它可出现于一些三叠纪的串管海绵和纤维海绵内，其中最著名的是 *Cassianothalamia* 一属；此属已被 Reitner（1987，1991）归属四射海绵亚纲（Tetractinomorph）的韧海绵目（Hadromerida），因为该化石具有一端呈球形的附尖骨针（tylostyles）、真星小骨针和扭转小骨针。寒武纪的古杯海绵也具有这类结构，但古杯海绵是否与韧海绵目有亲缘关系还有待解决。

（5）层纹状镁方解石结构：这是还活着的 *Acanthochaetetes* 所具有的结构，该属也归属韧海绵目（Hadromerida），其原因也是含有一端呈球形的附尖骨针（tylostyles）和扭转小骨针。此显微结构是镁方解石的微小晶体排列在同一个平面之上而成，而这些小晶体是以细胞外分泌的方式覆盖在胶原纤针基质之上。此结构出现于白垩纪到现代的、含有真星小骨针的刺毛海绵内，也可出现于白垩纪的 *Calcichondrilla* Reitner，1991 一属内，后者的特征是呈包覆状的、非刺毛海绵的形态。

（6）画笔状镁方解石结构：也称为斜角镁方解石或束纤状镁方解石结构，这些结构出现于早石炭世和其后的刺毛海绵类，也可出现于古生代和中生代的、具有刺毛海绵形态的生物内，如 *Stromatoaxinella* Wood and Reitner，1988；也包括当前还活着的、属于刺毛海绵的一个属 *Merlia*；在大多数属中，出现了类似的一端呈球形的附尖骨针（subtylostyles），这表明它们归属角骨海绵亚纲的杂硬海绵目（Poecilosclerida）。无论如何，Vacelet and Uriz（1991）倾向于将 *Merlia* 归属那些含有球形末端的单轴骨针的韧海绵目（Hadromerida），这是他们根据组织学的观点，对圆盘骨针（clavidiscs）与双钩骨针（diancistras）之间有关系表示怀疑。

（7）纤球状镁方解石结构：具有这类显微结构的唯一的普通海绵是白垩纪的 *Euzkadiella*（Reitner，1987c），此化石具有层孔海绵的形态，或接近纤维海绵的形态；此属具有球形末端的单轴骨针，它们呈羽状排列，与那些具有画笔状方解石结构的刺毛海绵相似。从骨针的形态来看，*Euzkadiella* 与杂硬海绵目（Poecilosclerida）有联系，但是，Reitner（1987c）根据骨针排列的状况，将其归属单硬海绵目（Haplosclerida）内。对于出现于宾夕法尼亚纪的层孔海绵 *Newellia*，Wood，Reitner and West（1989）认为该属与 *Euzkadiella* 有相关关系，这是因为 *Newellia* 具有球形末端单轴双射骨针，它们也呈羽状排列。无论如何，*Newellia* 一属的显微结构是微粒方解石，至少根据保存状况来说是这样。如果纤球状方解石结构是与画笔状方解石显微结构有相关关系，如同纤球状文石结构与画笔状文石结构有相关关系一样的话，那么，*Euzkadiella* 和 *Newellia* 也许与 *Chaetetes* 有亲缘关系。石生物海绵属 *Petrobiona* Vacelet and Levi，1958，这是属于钙质海绵纲内的灰质海绵亚纲的一个目、称为石海绵目（Lithonida）的一个属，它的方解石基本骨骼也具有画笔状到纤球状结构，而且还伴有典型的钙质骨针；默里海绵属 *Murrayona* Kirkpatrick，1910，这是属于钙质海绵纲内的钙质海绵亚纲的一个目、称为默里海绵目（Murrayonida）的一个属，它也具有方解石纤球状结构，也含有钙质骨针。

（8）纤针状镁方解石结构：也称为正角镁方解石结构，其特征是方解石纤针垂直于骨骼单元的表面分布。这类结构出现于钙质海绵纲的灰质海绵亚纲的某些群体内，大部分作为骨针之间的胶结物。这类结构出现于：①石海绵目的明钦海绵科 Minchinellidae 的分子；②星海绵目（Stellispongids）；③球腔海绵目的 *Barroisia* 一属内；④异射海绵纲。

对于上述所讨论的基本骨骼矿物来说，它们具有大规模的分类学的意义。但是，它被当代的分类学上的不一致性而受到一定的模糊。文石骨骼出现在角骨海绵亚纲，包括第1—3类型，这是推测群居海绵目（Agelasida）是属于角骨海绵亚纲的缘故，这正是 Vacelet（1983，1985）和 Wood（1990）所主张的。而在另一方面，镁方解石出现在四射海绵亚纲，包括第4—6类型，同时也出现于钙质海绵纲（第7—8类型）；由此表明：*Merlia* 实际上属于四射海绵亚纲，这正如 Vacelet and Uriz（1991）所主张的，而 *Euzkadiella* 也属于四射海绵亚纲。通过支序分析（支序分析认为基本骨骼矿物并不是一切特征中的一种特征）可以显示出四射海绵亚纲也许就是钙质海绵纲或普通海绵纲的同骨海绵目（Homosclerophora）的一类姐妹群体（Soest，1991），这样的认识也许不是没有意义的；这一推论支持了把群居海绵目（Agelasida）归属角骨海绵亚纲。

2. 各类组成生物的形态类型

正如上述的讨论，基本骨骼的一般的形态并不与它们的显微结构紧密相关。显微结构似乎对纲一级或目一级有某些分类的价值；这就是说，显微结构和骨针的形状与胚胎学特征通常紧密相关，而这些胚胎学特征已被用来建立某些通常被人们接受的纲或目。无论如何，生物的一般的形态特征对于科一级来说还是有一定的意义的；这就是说，生长的主要轮廓应当受基因的控制，而且能指出它们的共同的祖先，对于这一点似乎是合理的。现将高钙化海绵的主要形态类型（morphologic type）叙述如下：

（1）串管海绵（Sphinctozoan）：基本骨骼是围绕着软体组织形成一个有穿孔的皮层，此软体组织可生长到特定的大小和形状，然后就围绕着软体组织分泌出钙质外壳，就形成了一个房室。在几个房室形成以后，软体组织就可从其早期的房室中退出来，在其内留下泡沫组织，并且封闭了这些已被遗弃的空间。这些泡沫组织，还有支柱、纤针（骨纤）以及似乎已经形成在软体组织内的小管，统称为填充组织。至少某些小管和骨纤之间的空间似乎已经包围了那些软体组织中的主要沟道。这些填充组织通常无法与纤维海绵结构区别，也与层孔海绵中的支柱构造无法区别。

（2）纤维海绵（Inozoan）：此海绵的主要特征是其基本骨骼具有网结状的骨纤状骨骼。在许多情况下，这些骨纤似乎是一束骨针，它们被碳酸钙胶结在一起，或其外面覆盖着碳酸钙物质。如果骨骼内没有发现骨针，或只有一些分散状、通常呈突起的东西，这也许在基本骨骼内含有许多海绵丝，而这些海绵丝以前早已存在。这些骨纤骨骼通常具有特征的分布状态，它们一般呈往上和往外展布的状态，而且有许多交叉结合点；这种情况如同那些非高钙化的海绵中的海绵丝或骨针簇分布状况。骨纤也可能呈不规则的网结。在海绵体的外面常有穿孔的皮层。在海绵体内则有主要的沟道系统，它们可切断骨纤组成的网格。此类海绵的软体组织似乎分布在骨纤之间的空间内，并能到达上表面之下相当的深度。此外，还可见到许多附着生物和进水孔，它们分布在海绵体外缘很低的部位，这意味着这些海绵是站立在海底之上生长的。

（3）层孔海绵（Stromatoporoid）：此类生物的形态是由很细的、紧密排列的支柱组成，这些支柱都垂直于该海绵体的上表面，并有不规则的交叉结合点。由于这些交叉结合点向着同一个水平方向延伸，这样就形成了平行于上表面的粗层（latilaminae），这些粗层可出现在紧密分布的一定的间距之间。主要的沟道系统通常是围绕着出水口有许多星状展布的出水沟；对这些沟道系统，一般称为星根系统（astrorhizae），此星根系统会切断支柱和粗层。可见无穿孔的、外面有同心状生长线的外壁（epitheca），这些外壁包覆了整个骨骼的下表面（under surface）。此海绵的活着的软体组织也许分布在最后一层粗层形成以后的、那些支柱之间的空间。支柱也许包含着一束骨针，如同纤维海绵一样。实际上，纤维海绵和层孔海绵的唯一的区别在于：纤维海绵的骨纤较粗，它们之间的间隔较宽，而且很少见到垂直于外表面，且从未见到粗层。纤维海绵的骨纤往往能勾画出很精细的和很深入的沟道，这意味着此海绵的软体组织能够到达很深的部位，同时也可能缺失周期性生长的特征。层孔海绵骨骼和串管海绵骨骼相互结合而成的类型可以Guadalupidae科来说明：Guadalupidae一科的特征是有一层串管海绵的房室，称为thalamidarium，在这层房室出水口一侧之外包覆着一层层孔海绵，这样就形成了星根出水沟道系统。推测还有一个例子是串管海绵之外包覆着刺毛海绵 *Fistulispongia* Termier and Termier，1977a，这实际上是一个简单的生物。

（4）刺毛海绵（Chaetetid）：刺毛海绵的形态是由许多多边形的小杯形体（calicles）密集排列而成，每一个小杯状体的外壁很薄，都是碳酸钙成分；这些薄壁都垂直于该海绵体的外表面，而且也许包含着骨针。围绕着出水口的出水沟道所形成的星根系统分布在薄壁的外边上，而且切入到体内。薄壁上饰有壁孔（mural pores），而且有刺，它能伸入到小杯形体内。在多数属中，在小杯形体内分布着水平的横板，称为床板（tabulae）。在该海绵骨骼的整个的下表面都包覆着一层很薄的、不穿孔的外壁，此外壁上有同心状生长线；这些外壁可以添加到能与该海绵活着的软体组织接触的地方。此形态不仅符合一个Chaetete的形态，而且还符合蜂巢类珊瑚的形态，这是很明显的。在一个刺毛类的形态内，由于它具有星根出水系统，并含有骨针，因此该刺毛类生物可以视为海绵；而在蜂巢类珊瑚内，至今尚未找到星根出水沟道系统，也未发现无可争议的骨针，但是此蜂巢类珊瑚仍认为是海绵（Kirkpatrick，1912；Hartman and Goreau，1975；Kazmierczak，1984，1991）。具有刺毛海绵形态的、当前还活着的属，包括 *Merlia* Kirkpatrick，1908、*Ceratoporella* Hickson，1911以及 *Acanthochaetetes* Fischer，1970。在这些活着的生物内，其软体组织可以覆盖在基本骨骼之上的整个上表面，而且能把软体组织填充到每一个小杯体最上面的横板。此外，每一个横板上也许存在中央小孔（如 *Merlia*），或原来就是不完整的（如 *Acanthochaetetes*）。在一些上面的横板之下的空间内也许充满了储藏细胞；当表面的组织已被破坏时，这些储藏细胞能生出海绵（Vacelet，1991）。

（5）其他的形态：在钙质海绵纲内，还有几个其他的形态类型，这些类型限于一个属，或限于几个属，而且各个属都与以前讨论的形态类型具有程度不等的差别。活着的石生物海绵属 *Petrobionia*（Vacelet and Levi，1958）具有块状的基本骨骼，其表面有许多不规则的且深入体内的小孔。这些小孔很像刺毛海绵的小杯状体，而软体组织就居住在这些小孔内，而且形成了一个覆盖层，铺盖了整个海绵体的上表面；可见许多很细的、且分叉的沟道，它们从每一个孔的下端伸入到基本骨骼内。这些海绵还有储藏细胞，这很像刺毛海绵内那些横板之下的空间（Vacelet，1991）。

还有几个属，如默里海绵属 *Murrayona*，拟默里海绵属 *Paramurrayona* 和鳞复沟型海绵属 *Lepidoleucon*，它们的皮层是由三射骨针增大而成的鳞片相互叠覆而成；除了出水口和进水孔有限的区域以外，皮层是没有孔的。那些活着的钙质海绵亚纲 *Murrayona*（Kirkpatrick，1910），在它的皮层之下还有纤维海绵类型的骨纤骨骼，此骨骼是由纤球状到画笔状方解石组成；在主要的骨纤状基本骨骼与皮层之间可见尚未融合在一起的骨针，其中包括束状的音叉状骨针。在 *Paramurrayona*（Vacelet，1967）一属内，骨纤骨骼完全缺失不见，但是在外面的鳞片层之下还有一层形状不规则的、相互叠覆分布的薄片层。此外，呈松散分布的钙质海绵骨针也可出现。在活着的灰质海绵亚纲内的一个属 *Lepidoleucon*（Vacelet，1967）内，鳞片组成的皮层是唯一的坚硬的骨骼，其下的软体组织内只有松散分布的钙质海绵骨针。上述这些属都像一个串管海绵中的单个房室，而第一个属 *Murrayona* 内还有纤维海绵类型的填充组织。

在侏罗纪到现代的灰质海绵亚纲的明钦氏海绵科Minchinellidae内，其基本骨骼是由四射骨针组成的层所造成，这些四射骨针的远端射都指向上方，而三个近端射则向下弯曲，末端呈钩状。所有的骨针都被纤状方解石胶结在一起；除此之外，在基本骨骼之上的软体组织内还有呈松散分布的钙质海绵骨针，这些骨针有几种类型。在当前的科内，除了骨针呈规则的层状排列，以及缺失较小的包覆骨针以外，其基本骨骼与那些来自侏罗纪和白垩纪的、含有钙质海绵骨针的星海绵科Stellispongiidae没有太多的不同。当前的海绵，从形态来说，甚至于更接近于石质海绵的硅质、具有膨头骨片的古生代Hindiidae一科，推测这是异物同态，除了骨骼的矿物成分不同，同时在该科的某些属内所找到的巨型根支（megarhizoclone）并没有在任何的钙质海绵纲内见到。

在异射海绵纲内，其所含的八射海绵骨针组成的主要骨骼往往被方解石胶结物融合在一起；但是，这些胶结物是原生物质，还是成岩作用所成，尚未肯定。无论如何，有两个寒武纪的属：*Jawonya*（Kruse，1987）和 *Wagima*（Kruse，1987）都具有皮层状的、一部分不穿孔的串管海绵类型的钙质基本骨骼，但此骨骼内出现硅化的八射或多射骨针；此骨骼很像一个串管海绵的单个房室，这些房室肯定是原生的，而不是成岩作用所成（Kruse，1990）。

二、分类及描述

通过对许多活着的高钙化海绵的研究，发现具有相似形态的基本骨骼可以出现在不同的纲和目之内（Wood，1991）；具有相似的矿物成分和显微结构的海绵也可以出现在不同的纲和目之内。虽然对于那些通过其他手段而建立的分类单位来说，矿物成分和显微结构仍然具有某些精确性，来确定这些生物的归属。通过支序分析（cladistic analysis）研究，已经证实，对于普通海绵分类来说，根据特殊的骨针类型可以提供有用的信息，把这些海绵归属哪个目或哪个亚目。这是值得幸运的，骨针偶尔已被保存在化石内。根据上述所讨论的特征——矿物成分、显微结构和骨针类型，同时结合现在还活着的海绵，许多海绵的研究者（Vacelet，1985，1991；Wood and Reitner，1988 等）已经对于海绵的分类逐渐取得了共识，因此当前的分类方案是这一共识的自然结果。

归属普通海绵纲 Demospongea 有下列这些目：（1）群居海绵目 Agelasida，此目包括串管海绵和纤维海绵；（2）Vaceletida 目；（3）韧海绵目 Hadromerida；（4）纤维海绵群体，即箭囊海绵科 Pharetrosponiidae，此科尚未确定归属哪一个目。在群居海绵目 Agelasida 之内，还包括刺毛海绵的某些属，如角孔刺毛海绵属 *Ceratoporella*（Hickson，1911）以及层孔海绵——星硬层孔海绵属 *Astrosclera*（Lister，1900），但这些生物将在它处叙述。在瓦西雷特目 Vaceletida 一目内，还包括层孔海绵，如 *Burgundia*。在韧海绵目内，还包括了刺毛海绵 *Acanthochaetetes*（Hartman and Goreau，1975），这些生物也将在它处叙述。

归属钙质海绵纲 Calcarea 有下列这些目：（1）篓海绵目 Clathrinida；（2）默里海绵目 Murrayonida；（3）白管海绵目 Leucosolenida；（4）樽壶海绵目 Sycettida；（5）星海绵目 Stellispongiida；（6）球腔海绵目 Sphaerocoeliida；（7）石海绵目 Lithonida；前 2 个目归属钙质海绵亚纲 Calcinea ，而后面的 5 个目归属灰质海绵亚纲 Calcaronea。

普通海绵纲 Demospongea Sollas，1875

主要特征：骨针是由蛋白石硅质组成，呈单轴双射或四轴，骨针轴沟的横截面呈三角形；海绵丝和中质（mesohyl）通常很丰富；海绵具有复沟型的水体流动系统；它具有较小的领细胞和领细胞房室。时代：隐生宙（Cryogenian）—全新世。

亚纲 Ceractinomorpha Levi，1953 角骨海绵亚纲

主要特征：骨骼一般为网格状和各向异性（anisotropic）；如出现大骨针，都是单轴双射骨针，从未见到四轴骨针，而小骨针则为扭转骨针（S 形骨针）或鉗爪骨针，从未出现星状小骨针；基本骨骼是由文石组成。时代：寒武纪—全新世。

目 Agelasida Verrill，1907 群居海绵目

归属当前这一个目的海绵主要依据海绵内已发现的、那些具有轮生刺的单轴双射骨针（verticillate acanthostyle）和其基本骨骼的显微结构是纤球状或画笔状文石；在那些当前还活着的种内，轮生刺单轴双射骨针往往与纤球状显微结构（如在 *Astrosclera*）伴生，或与画笔状显微结构（如在 *Ceratoporella*）伴生。

纤球状显微结构先是在细胞内产生，然后又在细胞外增大，而画笔状显微结构都是在细胞外形成的。纤球状显微结构的骨骼包括了较晚形成的画笔状显微结构。

虽然大多数古代的化石种缺乏骨针，而要依靠骨骼矿物成分和显微结构将其归属哪一类，然而它们一般较稳定地联合在一起，就能支持它们的归属，即既有矿物成分，又有显微结构，就能将其归属哪一类（Wood，1990；Mastandrea and Russo，1995）。

在某些化石种内，只有光滑的单轴双射骨针，而这些骨针又是从硅质骨针被方解石交代而成的方解石假形，如奇异腔海绵 *Thaumastocoelia* 和筛孔海绵 *Sestrostomella*，或骨针因成岩作用而消失不见。而在另一方面，活着的 *Hispidopetra*（Hartman，1969）只有光滑的单轴双射骨针，伴有纤球状文石结构的基本骨骼，它属于纤维海绵类型。活着的 *Calcifibrospongia*（Hartmann，1979），它属于层孔海绵的形态类型，具有光滑的棒形骨针，伴有纤球状文石结构基本结构。因此，并不是所有的高钙化的海绵，如果它们拥有纤球状文石骨骼就归属 Agelasiids，这是有可能的。然而也没有根据把这些化石归属其他的目。

Wiedenmayer（1994）认为 *Hispidopetra* 的单轴双射骨针已失去了它们的轮生的针刺。因此，推测也许与 *Astrosclera* 或 *Ceratoporella* 有紧密联系；尽管骨针很光滑，但它们仍是较长、且很纤细。所以，它们仍然归属 Agelasiids 的骨针，如同 *Calcifibrospongia* 的棒形骨针。

在 *Hispidopetra* 的垂直骨纤内，充满着呈羽毛状排列的、光滑的单轴双射骨针，这些特征与那些二叠纪的纤维海绵 *Catenispongia* 的骨纤结构几乎相同，后者也具有纤球状显微结构，且有羽毛状排列的、光滑的单轴双射骨针。*Hispidopetra* 的垂直骨纤只有 7mm 长，显然要比 *Catenispongia* 的骨纤短得多，而且前者呈包覆状生长习性，完全不同于 *Catenispongia* 的生长习性，后者个体较大，呈蘑菇状的形态，具有出水口。无论如何，它们之间的相似性提出了它们之间是有相互关系，这是合理的推测。Catenispongiidae 一科，以及其他的科，它们都有光滑的单轴双射骨针，这些骨针分布在具有纤球状结构的基本骨骼内。此科也许归属其他的目，而不是群居海绵目，可能归属杂硬海绵目 Poecilosclerida，该目的特征是具有亚球形末端的单轴骨针，然而，*Hispidopetra* 的单轴骨针并不是两头都是球形。*Thaumastocoelia*，*Sestrostomella*，*Catenispongia* 的单轴骨针，也许是双尖骨针，它们都不是很纤细的，而是短而粗的骨针，这显然不像 *Hispidopetra* 所具有的纤细的附尖骨针，也不像典型的群居海绵目的多刺的单轴双射骨针。

除了那些包括在 Astroscleridae 和 Ceratoporellidae 的硬海绵属以外，群居海绵目内的那些活着种只限于一个属 *Agelas*，对于这个属是很难归属普通海绵之内；该属的唯一的骨针是很纤细的、具有轮生刺的单轴双射骨针，骨针内充满着海绵丝；这些骨针也存在在 *Astrosclera*，*Ceratoporella*，*Goreauiella* 以及 *Stromatospongia* 之内，正是由于这些骨针的存在就构成了主要的基础，把上述各属与 *Agelas* 联系在一起；具有相似特征的 *Hispidopetra* 也包括在内，尽管该属的骨针是光滑的单轴双射骨针。Vacelet（1985）根据骨针的特征和软体组织首先明确地把这些属归属 Agelasidae 一科。而在另一方面，Hartman and Goreau（1970）认为在硬海绵内，此骨针的尖头向着骨针的头向后弯曲，这些骨针并不是像 *Agelas* 那样的骨针。

对于 Poecilosclerida 一目，特别是 Myxilina 和 Microcionina 亚目来说，不具轮生刺的单轴双射骨针是一个比较纯正的共源性状（neat synapomormhy）。而在另一方面，Wiedenmayer（1994）已着重指出硬海绵有轮生刺的单轴双射骨针，很像 *Latrunculia* 的圆盘单轴骨针（discasters），也很像 *Sceptrintus* 的具有针刺的单轴骨针（sanidasters）；他将这两个属归属 Latrunculiidae，此科接近 Agelasidae 科和 Astroscleridae 科，归属韧海绵目。由于大多数的高钙化海绵的基本骨骼都具有在细胞内产生的文石质纤球结构，这种情况与 Astroscleridae 科相似，同时又由于 *Agelas* 这一属的归属问题尚未解决，因此把它们作为单独的一个目——群居海绵目 Agelasida 是比较合适的，这一建议是由 Vacelet，Wood，Reitner 以及其他的研究者提出的。根据 Vacelet（1985）和 Soest（1991）的意见，群居海绵目 Agelasida 归属角骨海绵亚纲 Ceractinomorpha（Levi，1953）。

在细胞内产生纤球结构的证据是在每一个纤球都有一个核心，此核心的周围都有自然的间断，而且核心的矿物成分与周围的物质很不相同；此核心往往被铁的氧化物或硫化物所交代，这样就使其呈暗色（Cuif and Gautret，1991）；这些纤球在以后又在细胞外增加了文石，这样就使其产生不对称的纤球；也可能，这些纤球只是在细胞外形成，如在一切活着的 Ceratoporellidae 或该科部分海绵。对于这些不对称的纤球，Finks（1983，1990）称为叶片状纤球（flaky spherulites）；这些不对称的纤球绝大部分发育在那些原来的、已被组织充填了的空间内，并作为次生充填物。这些不对称的纤球对于某些科来说是有特征意义的；其他的科，如 Ceratoporellidae 和 Pharetrospongiidae 是以其特有的画笔状显微结构为其特征。总的来说，每一个科都是依据其总体形态的共同特征来确定其基本特征。

主要特征：所含的骨针很长，很纤细，呈轮生状针刺的单轴双射骨针，呈羽状排列，分布在海绵丝纤针之内，或在基本骨骼内；基本骨骼是由纤球状文石或画笔状文石组成。

时代：奥陶纪—三叠纪。

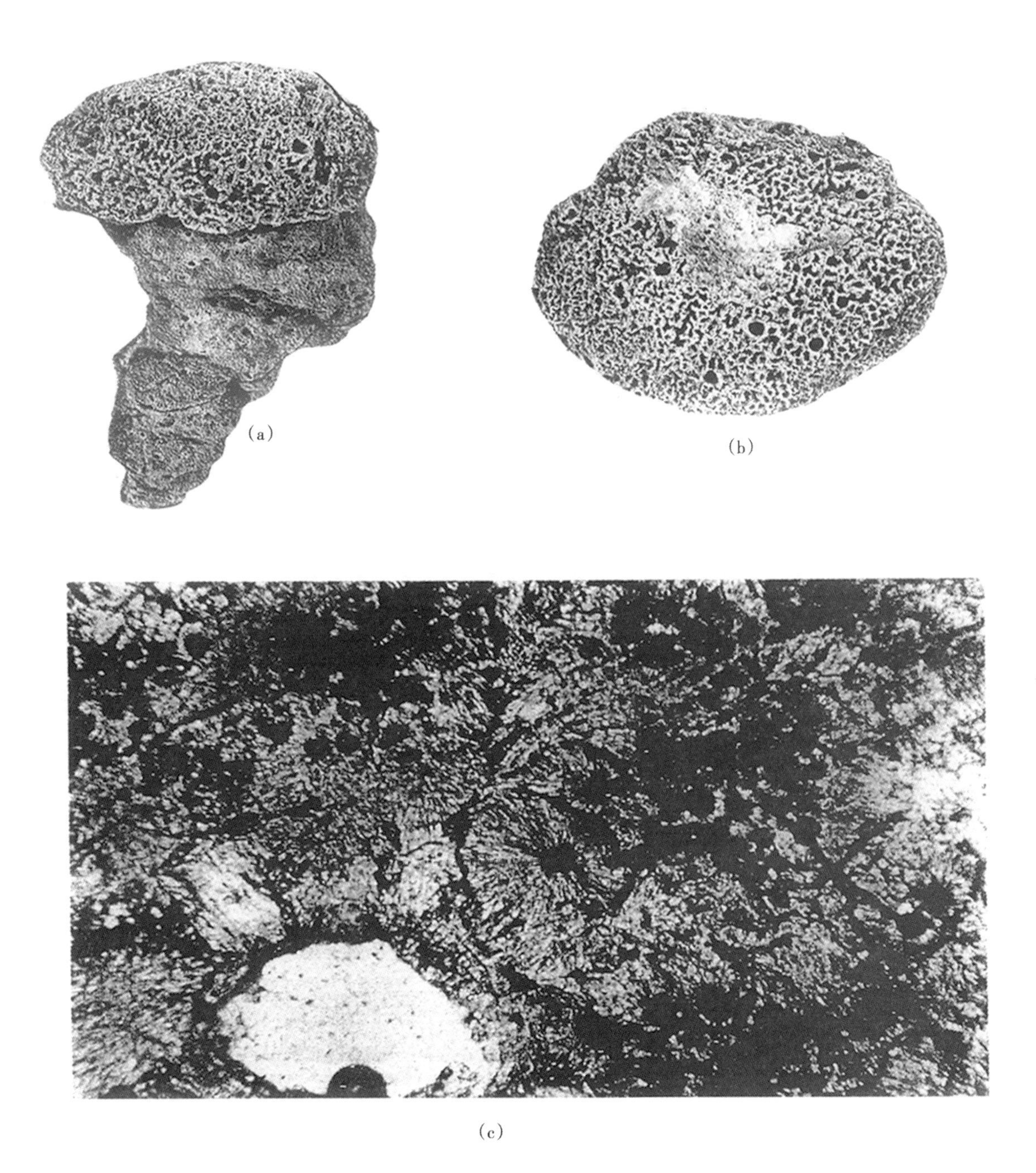

图 5 *Catenispongia*

（a）正模标本的侧边缘图，在该海绵体下部的致密的皮层之上可见有外唇的微孔，而在海绵体的上部的较粗的骨骼之上则有较大的出水孔，×0.5；产地：美国瓜达鲁普山脉的瓜达鲁普统；（b）顶视图，可见较大的出水口，它们可切断那些蛇曲状的骨纤；尚能见到骨纤之间的细孔，×0.5；产地：美国瓜达鲁普山脉的瓜达鲁普统；（c）纤球结构的显微照片，×75；产地：美国 Glass 山脉的伦纳德统

科　Catenispongiidae Finks，1995　链海绵科

特征：此海绵的骨骼是由蛇曲状、网结状的骨纤组成，它们能勾画出弯曲的、不规则定向的管状沟道；骨纤的显微结构是由较大的文石质纤球组成，直径彼此相等，其直径约 50~400μm；大的沟道和出水口均能出现；皮层无微孔；未找到骨针。此科已从 Virgolidae（Termier and Termier 1977a）内分离出来，主要根据它有不规则的骨纤结构，而不是呈放射状分布的骨纤。

时代：早二叠世亚丁斯克期—三叠纪。

属　*Catenispongia* Finks，1995　链海绵属

主要特征：海绵体呈锥形到蘑菇形，它具有高隆的上表面，并高悬在海绵体周边之上；具有褶皱的外边缘包覆着具有细孔的皮层，这些皮层还有许多较大的圆孔；海绵体内有多微孔的骨纤组成了蛇曲状的、纵向的薄片，而这些薄片可勾画出纵向分布的、像沟道状的空间，这些空间到海绵体的顶面表现为圆形的到蛇曲状的小孔；在海绵体的顶面有较大的、圆形的出水口，它们具有明确的周缘；这些圆形的出水口显然要比骨纤之间的孔隙大得多，而且在海绵体的内部与蛇曲状沟道相连；骨纤是由较大的、等直径的纤球组成，未发现骨针，但骨纤的表面具有刺针状突出；从某些薄片中可见光滑的棒状骨针和附尖骨针，以及可能是外来的单轴双射骨针碎片，它们局部被埋在骨纤内（图 5）。

时代：早、中二叠世；分布：美国。

属　*Hartmanina* Dieci，Russo and Russo，1974　哈特曼海绵属

主要特征：海绵体呈锥形到蘑菇形，它具有平坦到高隆的顶面，且高悬在海绵体周边之上；外边缘覆盖着褶皱的但无孔的皮层；在海绵体的顶面有圆形到蛇曲状的骨纤之间的空间，但无出水口；在海绵体的边缘也无沟道或小孔；骨纤网结状，但其内部的排布状况不清楚；骨纤是由中等到较大的、等直径的纤球组成，但缺失骨针；外边缘缺失小孔，而且在顶面没有比那些规则的骨纤孔更大的孔，显然不同于 *Catenispongia*（图 6）。

时代：三叠纪；分布：意大利多罗米特山脉。

(a)

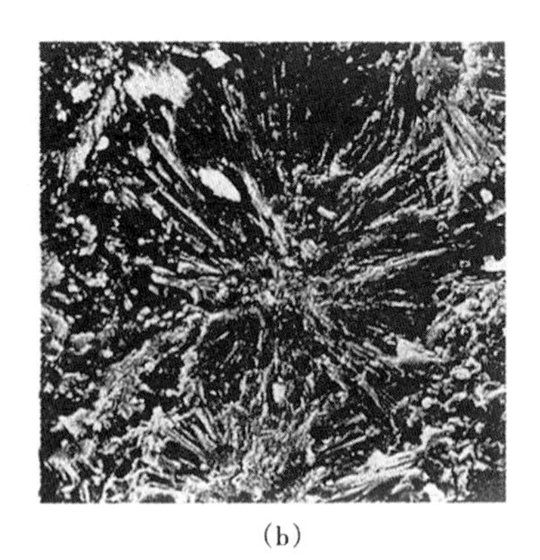

(b)

图 6　*Hartmanina*

（a）正模标本的侧边缘图，其外面覆盖着致密的皮层，并见其顶面上分布着不规则的、呈放射状的骨纤之间的空间，×2；（b）中等大小的纤球结构，×500

属　*Ossimimus* Finks，1995　小型海绵属

主要特征：海绵体呈圆柱形的枝体，其外表饰有许多较大的、呈分散状分布的、圆形出水孔；外表面

覆盖着无孔的皮层，而未被皮层覆盖处则出露了蛇曲状骨纤之间的沟道；骨纤能勾画出均匀分布的、网结状的管道，其横截面呈圆形；这些管道相互交切，呈不同的定向，但经常平行于外表面；出水孔与那些相同直径的沟道（canal）相连，且垂直于外表面；这些沟道穿过海绵体只有很短的距离，然后就与骨纤之间的沟道连通；骨纤是由中等直径的、等直径的纤球组成，未见骨针（图 7）。

时代：二叠纪；分布：美国得克萨斯州 Glass 山脉的伦纳德统。

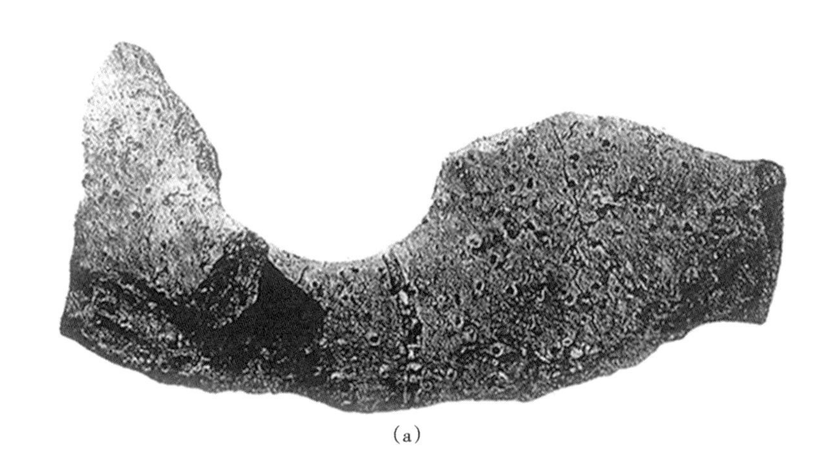

（a）

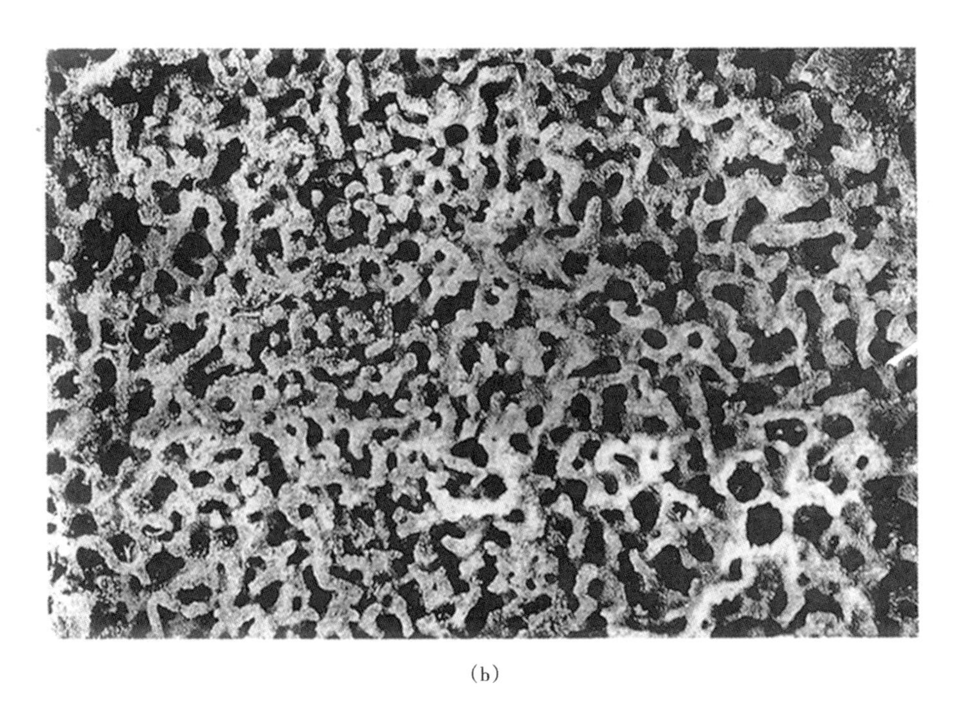

（b）

图 7　*Ossimimus*

（a）亚圆柱形的一段分支，在致密的皮层表面上有不规则分布的出水孔，×0.5；（b）网结状骨纤的显微照片，×10

属　*Stratispongia* Finks，1995　层状海绵属

主要特征：海绵体呈锥形，锥体较宽地向外展开，有时呈分叉状，底部具有短柄；海绵体的外表有同心状的褶皱，像半皮层，且能见到细小的、蛇曲状的骨纤之间的小孔和少量的圆形孔；海绵体的顶面具有较小的、蛇曲状的骨纤之间的空间和许多较大的圆形孔，即出水孔；骨纤很结实，呈脑纹状，它们紧密地排布在一起，而且主要呈垂直分布状态；由于存在水平展布的沟道，从而产生了水平骨纤层；骨纤是由较大的、等直径的纤球组成，骨针缺失不见（图 8）。

时代：二叠纪；分布：美国得克萨斯州。

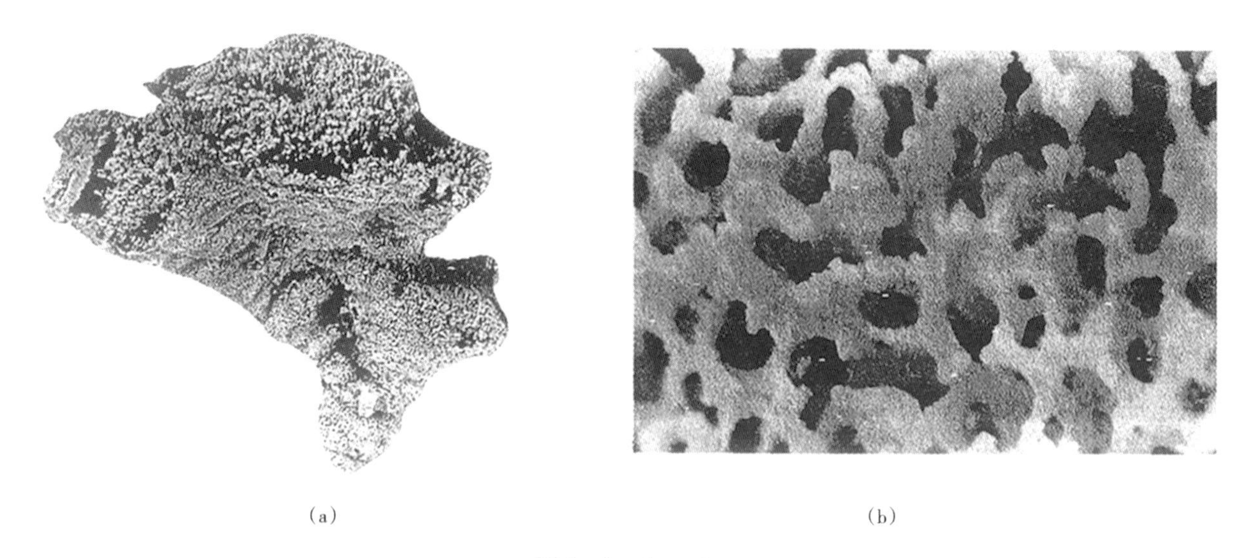

（a）　　　　　　　　　　　　（b）

图 8　*Stratispongia*

（a）正模标本的侧边缘图，可见表面光滑的皮层和隆起的顶面，×1；（b）骨纤结构，它们能勾画出网结状的骨纤之间的管状空间，×10

科　Virgolidae Termier and Termier，1977　嫩枝海绵科

特征：骨骼主要是由放射状和纵向分布的骨纤组成，它们能勾画出蛇曲状的管道空间，它们之间可以通过较大的侧孔来相互沟通；骨纤的显微结构是由直径 50~350μm 的、等直径的纤球组成；在某些属内，海绵体的外表覆盖着无微孔的皮层；在某些属内，有方解石质的单轴骨针，这些骨针原来是硅质骨针；此科的海绵具有刺毛海绵的形态（图 9）。

时代：二叠纪—三叠纪。

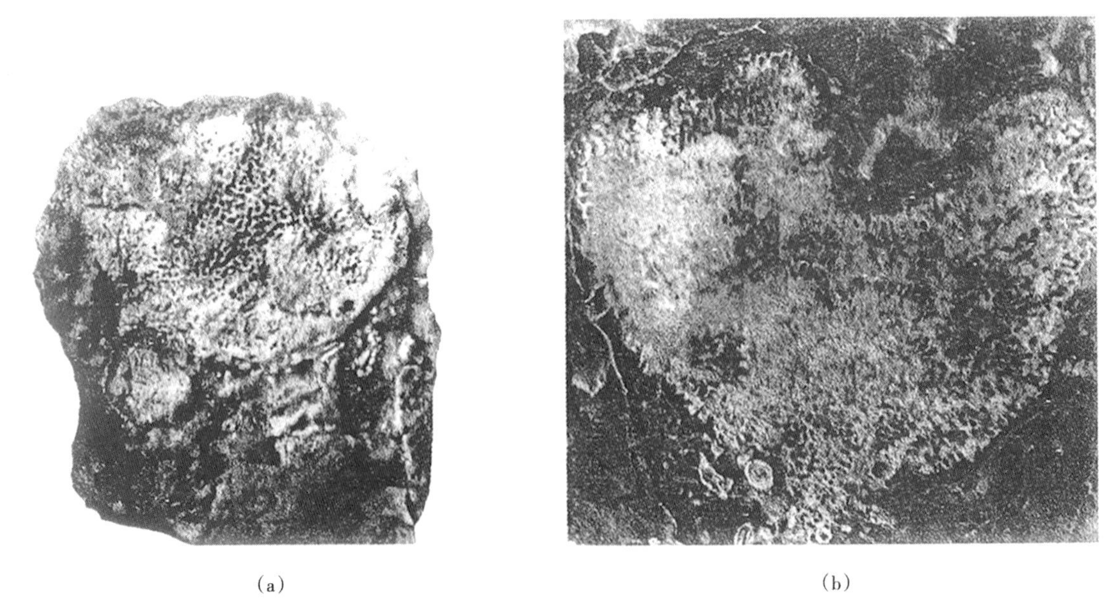

（a）　　　　　　　　　　　　（b）

图 9　*Virgola*

（a）正模标本的横切面，显示其骨骼的特征，但未见腹腔，×4；

（b）通过一个分叉标本的斜切面，显示它有较粗的骨纤结构，它们都未被沟道切断；在每一个分支内都有腹腔，×4

亚科 Virgolinae Termier and Termier，1977 嫩枝海绵亚科

特征：呈倒锥形到块状的海绵，具有网格状的骨骼；有许多粗的纵向出水沟，它们向上汇聚到腹腔内；进水沟道呈水平分布，它们是从进水孔向内延展。

时代：二叠纪—三叠纪。

属 *Virgola* de Laubenfels，1955 嫩枝海绵属

主要特征：海绵体呈窄小的圆柱形，可呈锐角分叉；外表面覆盖着有褶皱但无微孔的皮层；海绵体的顶面状况不清楚；纤细的骨纤能勾画出细管状的空间；这些骨纤呈网结状，但主要表现为纵向和放射状展布；未见较大的出水孔或出水沟道；骨纤的显微结构不清楚，骨针是否存在也不清楚（图 9）。

时代：早二叠世—晚二叠世；分布：美国、中国和突尼斯。

属 *Dactylocoelia* Cuif，1979 指状腔海绵属

主要特征：这是一个很简单的圆柱形海绵体，其直径为 10～12mm，但其高度仅数厘米；在外表面显示出较小的、浅的凹陷，这些凹陷代表沟道的口孔；在海绵体的轴部有相当开放的网格状骨纤，它们是由那些等直径的文石纤球组成；在海绵体的外部呈块状骨骼，其内已被许多水平展布的网格沟道所穿过；这些骨骼也是由文石纤球组成，而这些纤球在块状骨骼的内部表现得有些异乎寻常，而在外部，纤球的纤针都指向外面（图 10）。

时代：三叠纪；分布：土耳其。

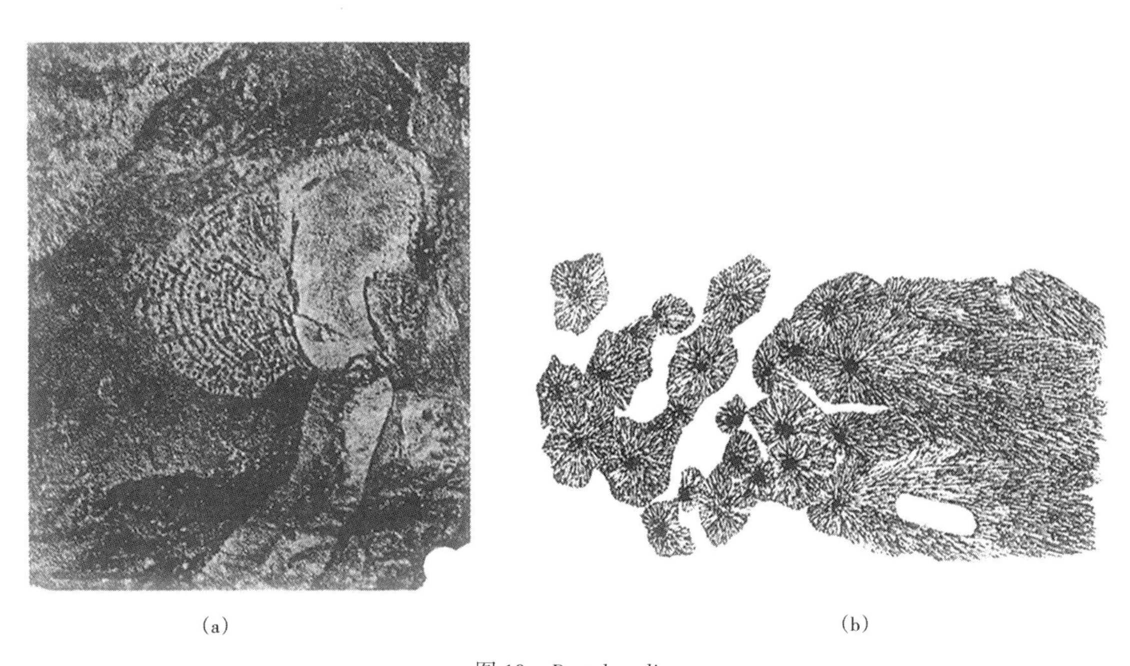

（a）　　　　（b）

图 10 *Dactylocoelia*

（a）这是已开裂的海绵的纵切面，×1；（b）左边代表穿过海绵体轴部的网格状骨骼的横切面，而右边则代表经过海绵体外壁的横切面，由此可见不同的纤球结构，×50

属 *Intratubospongia* Rigby，Fan and Zhang，1989b 内管海绵属

主要特征：海绵体呈圆柱形到棒形，缺乏中央的腹腔，代之以许多纵向分布的出水沟道；这些沟道具有不同的直径，且分布不规则；进水沟基本上呈水平方向分布；骨骼是由较细的骨纤组成；显微结构和骨针的状况不明（图 11）。

时代：二叠纪；分布：中国广西。

属 *Keriocoelia* Cuif，1974 角形腔海绵属

主要特征：海绵体较小，呈扇形到锥形，都有短柄；海绵体的外表覆盖着不穿孔的皮层；顶面有圆形的到近于蛇曲状的骨纤之间的空间，这些骨纤顶面的边缘呈锯齿状；骨纤之间的空间从底部往上填充了次

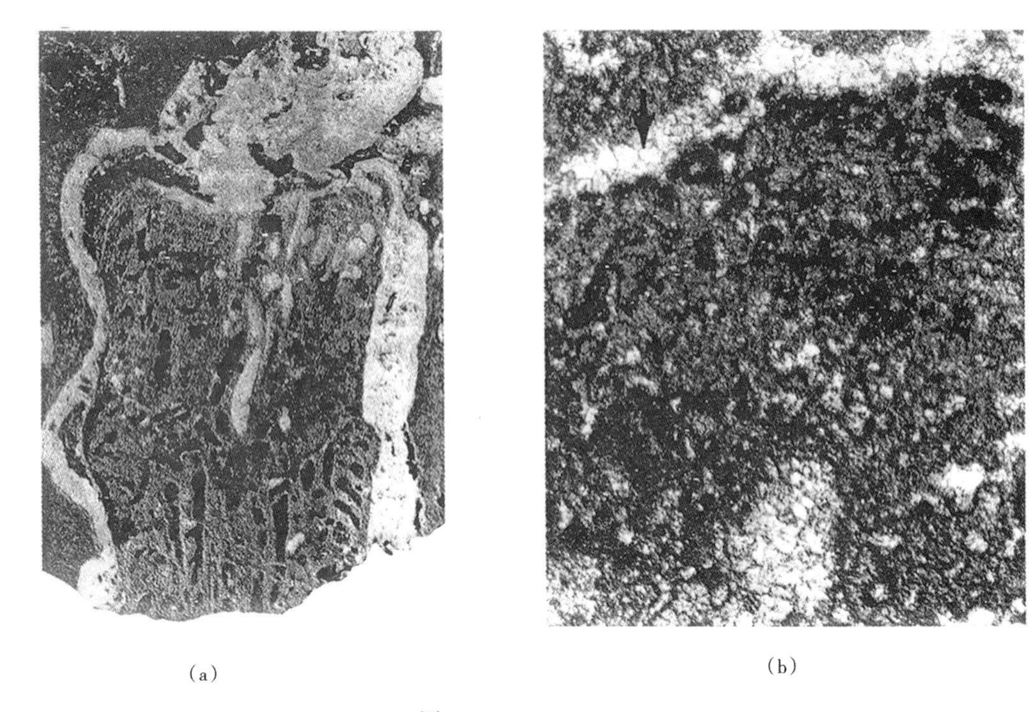

(a)　　　　　　　　　　　　　　　　(b)

图 11　*Intratubospongia*

(a) 正模标本的纵向切面，可见许多断续分布的垂直出水沟，它们通过纤细的骨纤网格，×2；
(b) 显示不规则分布的、较纤细的骨纤骨骼，骨纤之间的孔隙已被黑色的灰泥基质所充填，×20

生的沉积物；骨纤是由较大的、等直径的纤球组成，但次生沉积物则显示画笔状结构；已发现附尖骨针或称单轴双射大骨针（styles），它们分布在纤球骨骼内（图 12）。

时代：三叠纪；分布：欧洲。

属　*Reticulocoelia* Cuif，1973　网格腔海绵属

主要特征：这是一个分叉状的枝体，显示扁平状，或呈叶片状；海绵体的表面具有圆形到蛇曲状的骨纤之间的空间，但未见大的孔、出水口以及皮层；骨纤和骨纤之间的空间呈网结状，但它们主要表现为纵向分布，且在远端分叉；骨纤是由较大的、等直径的纤球组成（图 13）。

时代：三叠纪；分布：土耳其。

属　*Sclerocoelia* Cuif，1974　硬腔海绵属

主要特征：这是一个较厚的、包壳状的海绵体，在它的上表面出现许多骨纤的分支的末端；由于骨纤的存在，就出现了蛇曲状的骨纤之间的空间或管道；在当前的上表面之下所出现的骨纤之间的空间内已完全被那些次生的骨纤物质所充填；原生的骨纤是由较大的、等直径的纤球组成，此后，这些纤球体可以不对称地生长，从而填充了骨纤之间的空间；在骨纤骨骼内已找到方解石质的、有刺的单轴双射骨针（acanthostyles）（图 14）。

时代：三叠纪；分布：意大利多罗米特山脉。

亚科　Preeudinae Rigby and Senowbari-Daryan，1996　前优迪海绵亚科

特征：具有嫩枝海绵型的特征，在其顶面缺失大的出水口或凹陷。

时代：二叠纪。

属　*Preeudea* Termier and Termier，1977a　前优迪海绵属

主要特征：海绵体较小，呈亚圆柱形到亚圆球形，中央腹腔缺失不见，但代之以许多具有垂直分布的、有外壁的、管形的出水沟道；这些沟道都集中于海绵体的轴部，或均匀地分布在海绵体内；海绵体的外表面覆盖着致密的皮层，而皮层上则分布着具有围唇的进水孔；骨骼是由极纤细的网格状骨纤组成，但

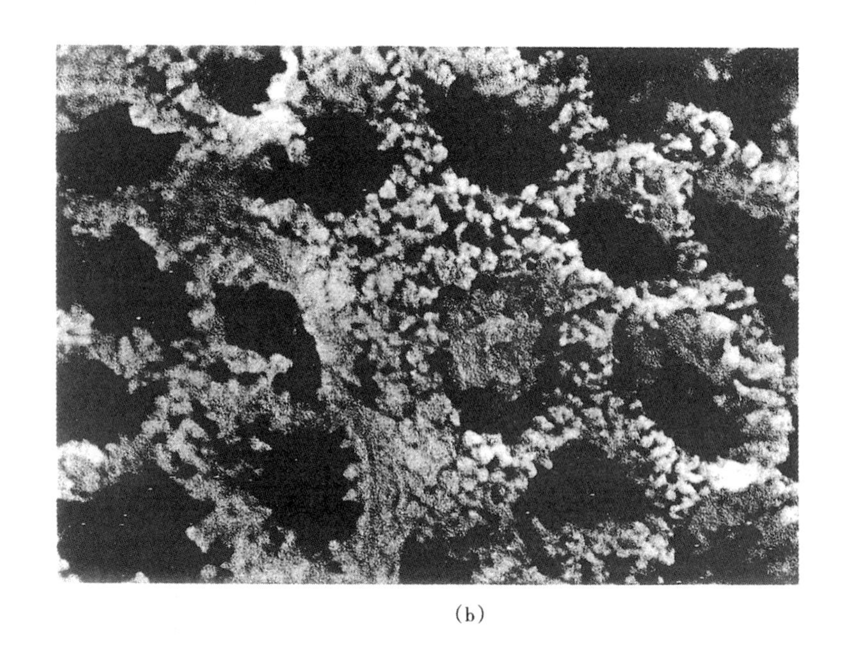

（b）

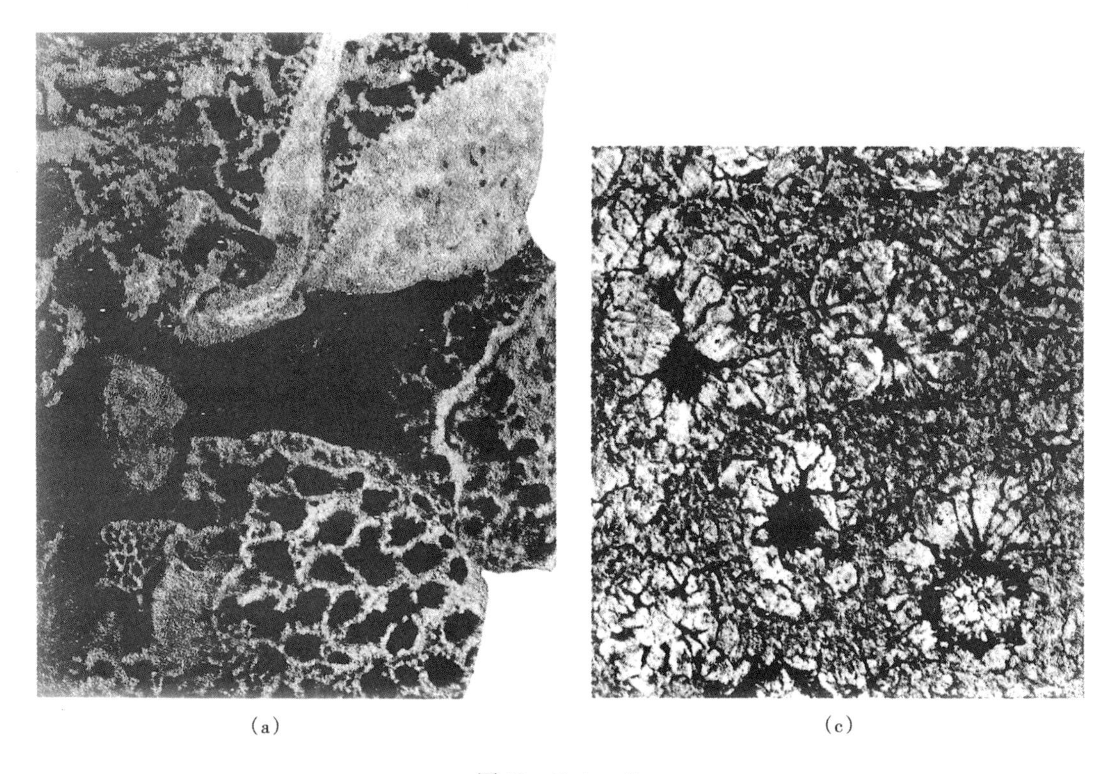

（a）　　　　　　　　　　　　　　　　（c）

图 12　*Keriocoelia*

（a）模式标本一般的形态，指此图下方的横切面，×3；（b）远端表面的显微照片，具有小泡网格；由于骨纤存在小的纤球，因而出现锯齿状的特征，×20；（c）在横切面中的纤球，×30

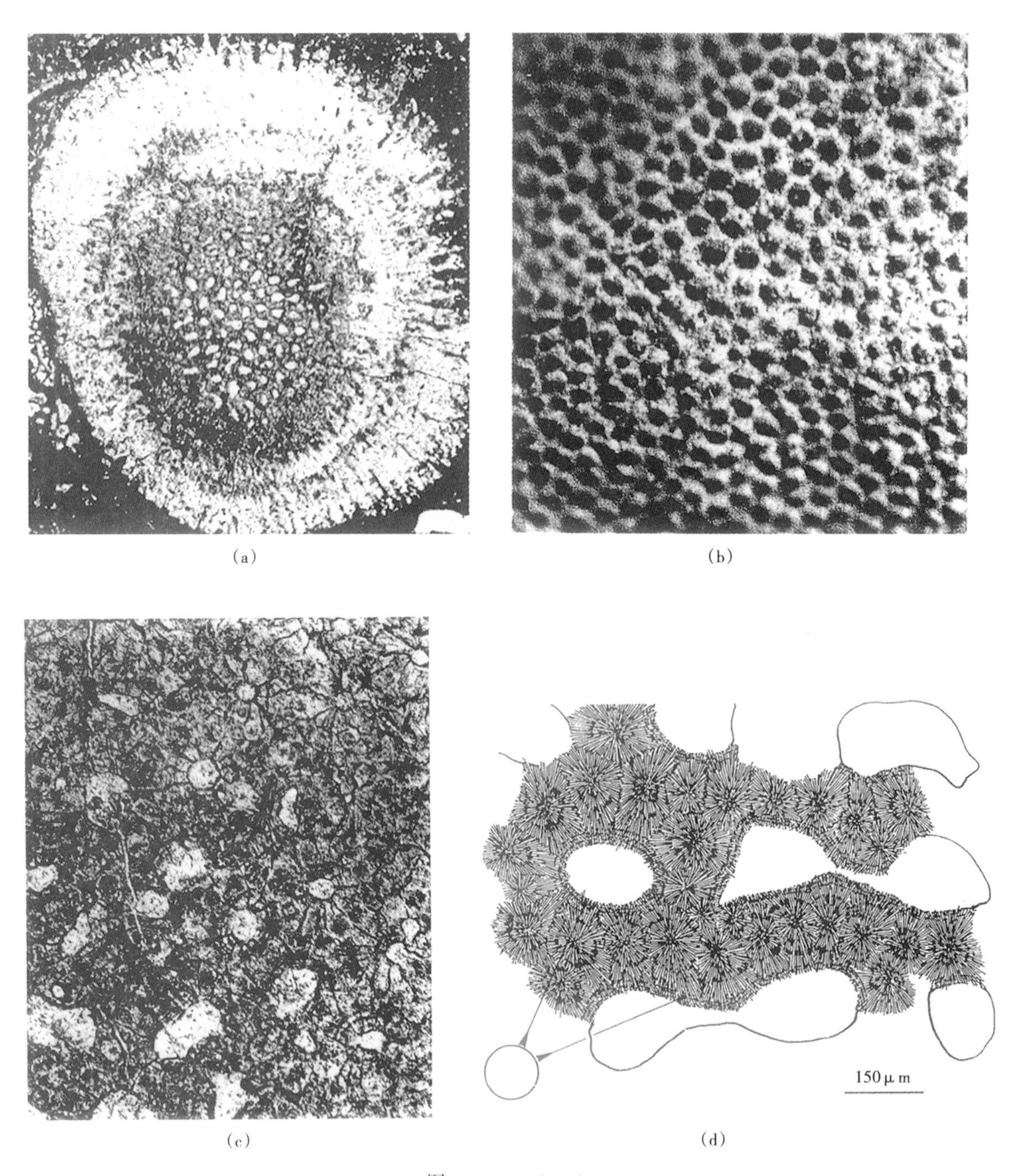

图 13 *Reticulocoelia*

(a) 代表一个分支横切面，×5；(b) 代表海绵体的表面，显示蜂窝状的结构，代表均匀的内部结构；(c) 在骨骼内发现的纤球结构，它们具有不规则的定向，×100；(d) 骨骼显微结构的素描图，在骨纤内分布着许多纤球，其外面有层状包壳

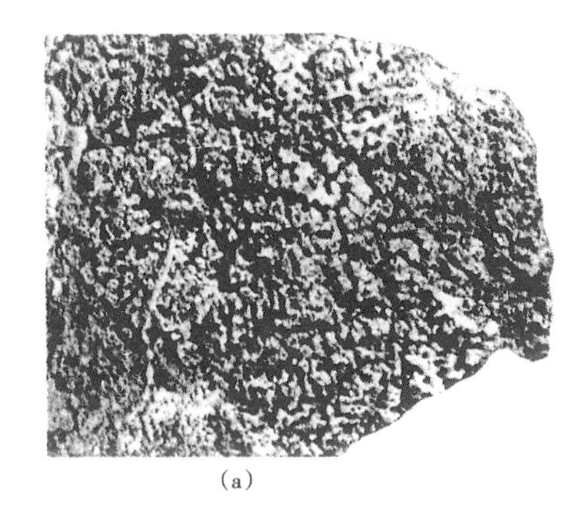

(a)

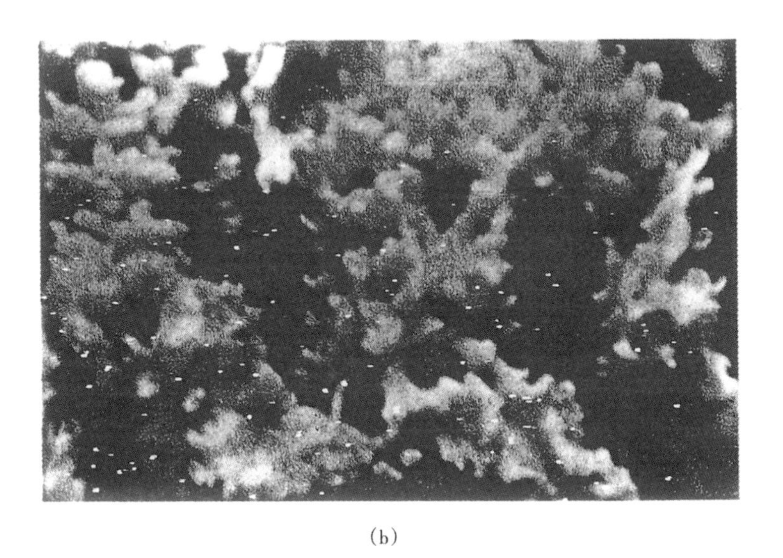

(b)

(c)

图 14 *Sclerocoelia*

(a) 模式标本上表面的一般形态特征，×2；(b) 显微照片，表示外面的垂直作用（vertical processes）所表现出的一般形态特征，×60；(c) 显微照片，在正交偏光下所见到的较大的纤球，×100

它们也许被不清楚的、水平分布的进水沟所中断；显微结构为纤球状（图 15）。

时代：二叠纪；分布：突尼斯的特巴加（Djebel Tebaga）。

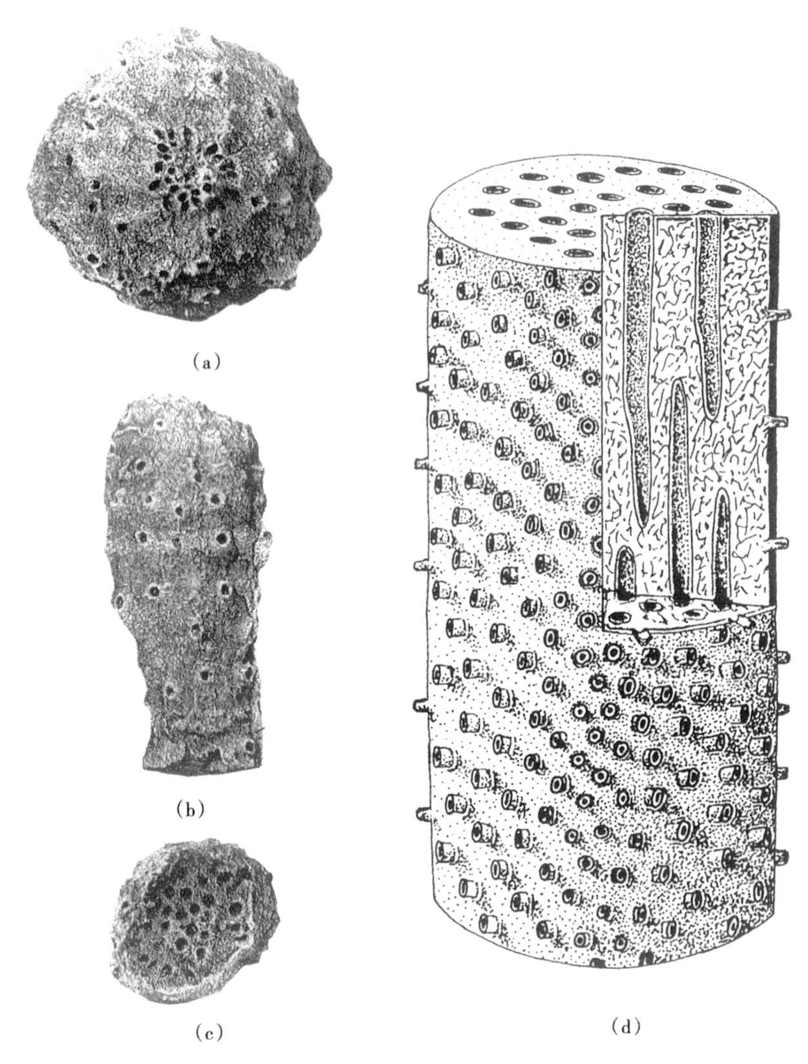

图 15 *Preeudea*

（a）球形标本的顶面，可见一束位于中央轴部的管状出水沟道；皮层的表面可见有围唇的进水孔，×2；（b）锥状的圆柱体的侧边缘，可见进水沟道，它们都有隆起的围唇，×2；（c）同一个标本的顶面，可见一簇分布于轴部的出水沟，它们都分布在一个浅浅的、周围有边缘的凹陷区之内，×2；（d）此海绵的复原图，显示一般的沟道和骨骼状况，以及那些分布在皮层内的、有围唇的进水孔

属 *Medenina* Rigby and Senowbari-Daryan，1996a 梅德宁海绵属

主要特征：海绵体呈单个的个体，或呈分叉的个体，也可呈棒形；外表可能显示轮环状；海绵体内有许多纵向伸展的出水沟道，它们肩并肩地聚集在轴部；当它们向着边缘伸展时，彼此间的间距就不断地增加；呈水平分布的进水沟发育于出水沟之间，且分布于骨骼的外部；这些垂直的出水沟道和水平的进水沟道都有外壁，在外壁上饰有许多微孔；骨骼的显微结构为纤球状（图 16）。

时代：晚二叠世乐平期；分布：突尼斯的特巴加（Djebel Tebaga）。

属 *Microsphaerispongia* Rigby and Senowbari-Daryan，1996a 微球形海绵属

主要特征：海绵体较小，呈球形，它具有数个相对较浅的腹腔或出水口；这些腹腔或出水口都分布在顶面，且均有矮的围唇；皮层上饰有许多微孔；骨骼呈网格状，由较粗的骨纤组成；此海绵可能营附着生长（图 17）。

时代：晚二叠世乐平期；分布：突尼斯的特巴加（Djebel Tebaga）。

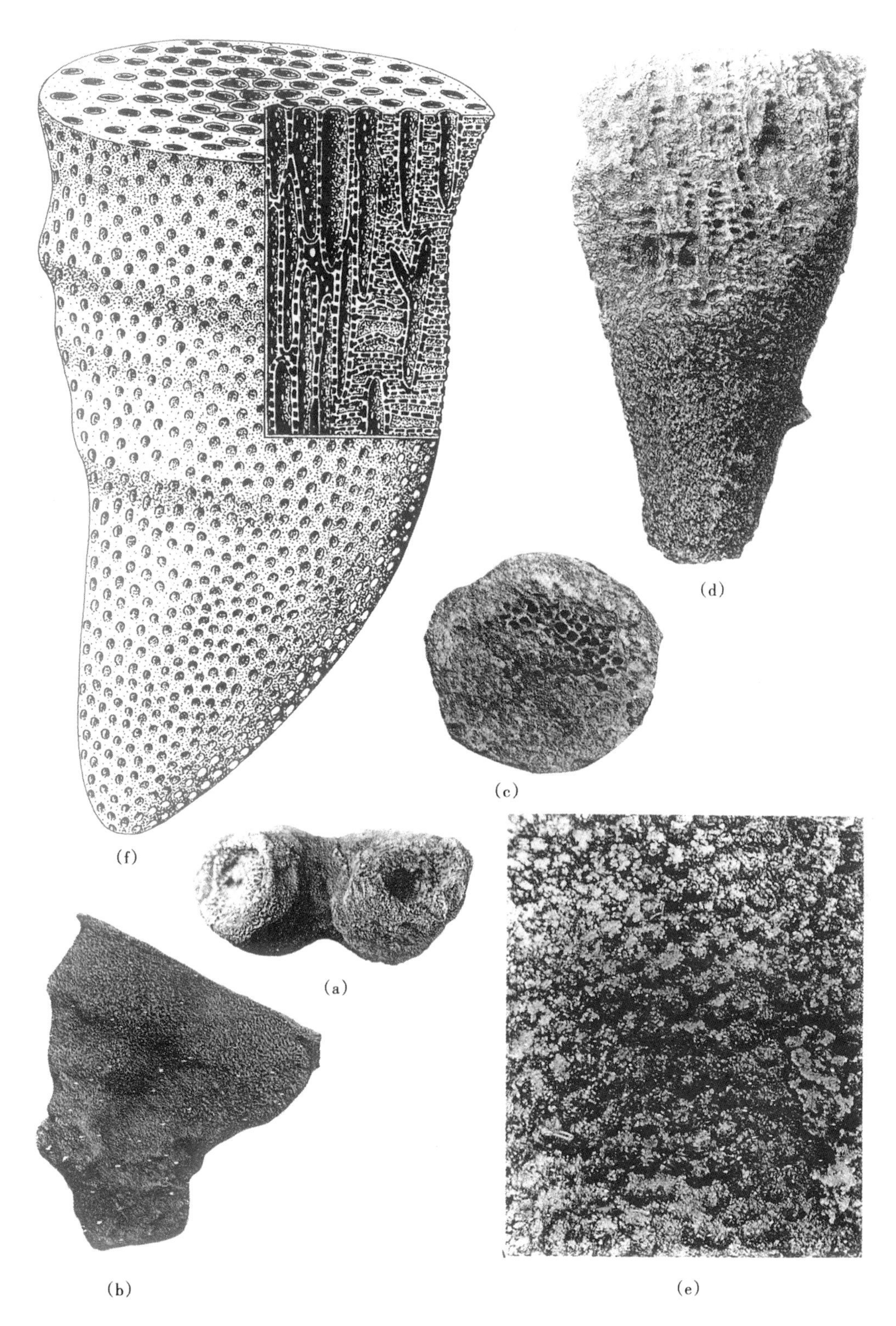

图 16 *Medenina*

（a）分叉状海绵体正模标本的顶视图，可见中央的腹腔，在腹腔壁上有许多很小的出水孔，×1；（b）同一标本的侧边缘图，×1；（c）副模标本的顶视图，其中有一半的顶面上能显示出许多纵向分布的出水沟道，×2；（d）已受到风化剥蚀的海绵体的侧边缘图，可见叠置在一起的、水平的进水沟，它们主要分布在海绵体的上部，×2；（e）致密的皮层，其上有小瘤状的突起，这些突起代表骨骼的纤针向外伸出的圆形顶端，×10；（f）复原图，表示倒锥形海绵体内的垂直出水沟和水平的进水沟的相互关系

图 17　*Microsphaerispongia*

（a）副模标本，出水口之上盖着筛网板，×5；（b）呈球形的副模标本，在网格骨骼内出现有围唇的出水口，×5；（c）近于球形的正模标本，其外表饰有出水口，出水口的外面都有围唇，×1；（d）副模标本的显微结构，可见呈分散状分布的、直径较大的出水口，以及那些直径较小的进水孔和骨骼孔，×10

属　*Polytubifungia* Rigby and Senowbari-Daryan，1996a　多管蘑菇状海绵属

主要特征：海绵体呈蘑菇状，未见腹腔，代之以许多缺失外壁的、直径较大的、垂直伸展的出水沟道，它们或多或少均匀地分布在整个海绵体内；沟道之间的骨纤骨骼很纤细；进水沟道在体内不存在或不清楚，但在外表则有突起的围唇；生长层纹清楚地发育在致密的皮层之外；显微结构不清楚（图 18）。

时代：晚二叠世乐平期；分布：突尼斯的特巴加（Djebel Tebaga）。

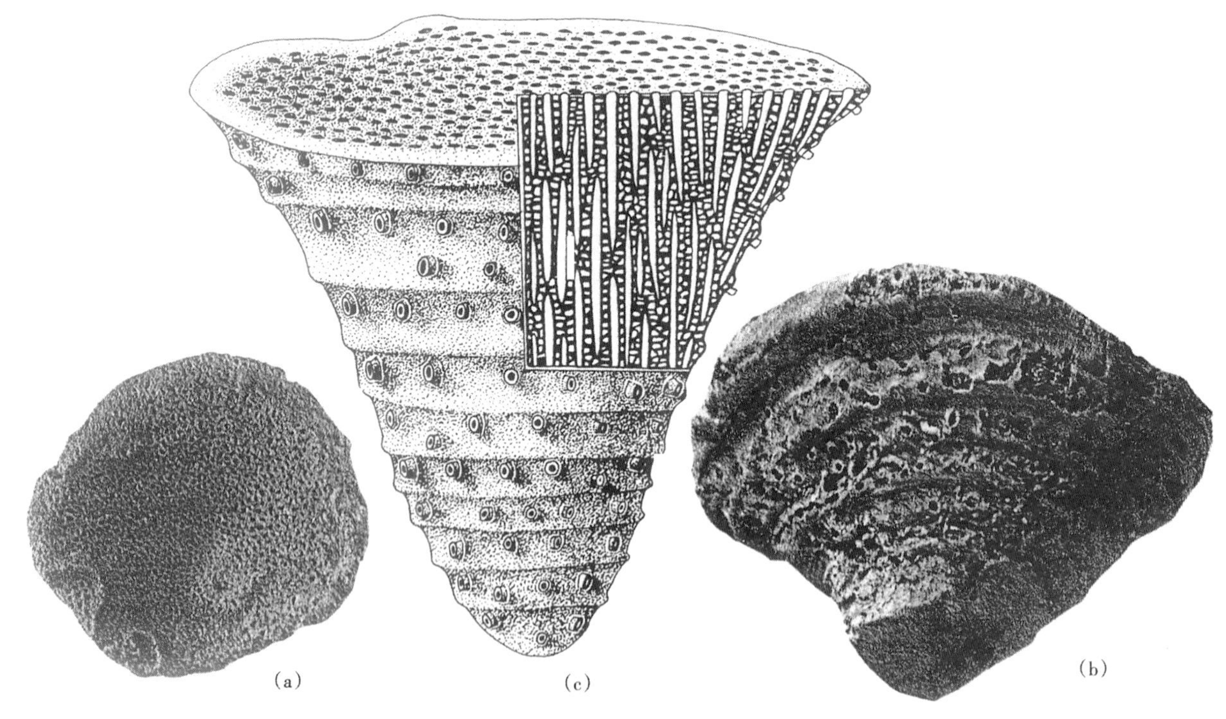

图 18　*Polytubifungia*

（a）正模标本的顶面，显示出较宽大的浅凹陷，其上有许多出水孔，×1.5；（b）斜切的侧边缘图，可见在那些致密的、轮环状的皮层之上有许多进水孔，×2；（c）复原图，表示致密的皮层，其上出现有围唇的进水孔；此外，尚能见到骨纤和出水沟道的分布状况

属　*Pseudovirgula* Girty，1909　假嫩枝海绵属

主要特征：海绵体较小，呈短茎状的圆柱体，缺失中央腹腔，但其中央出现了网格状的骨骼，它的外面则被无网格骨骼的开放区所包围；这些开放区分布着不规则的、往上翘起的层纹，正是这些层纹就将此海绵分割成许多不规则的房室；开放区尚出现十分发育的、较粗的、放射状分布的外管（exaules）；这些外管是从中央的网格骨骼区往外伸展到皮层，甚至还能伸到皮层之外（图 19）。

时代：二叠纪；分布：美国得克萨斯州。

（a）　　（b）　　（c）

图 19　*Pseudovirgula*

（a）一个圆柱形海绵体的侧边缘图，代表正模标本，×4；（b）海绵体上部的横切面，可见明显的外管（箭头所示）；此外，在明亮的皮层和中央骨骼区之间的开放区呈暗色，未见骨骼存在，×4；（c）海绵体下部的表面，显示出位于中央的骨骼和外面的皮层，在皮层内出现深沟，×4

属　*Vermispongiella* Finks and Rigby，2004　蠕虫状海绵属

主要特征：海绵体呈椭圆形，它具有许多蠕虫状的、粗的沟道，这些沟道在整个海绵体内是彼此相通的，但不能识别出较短的出水沟道（excurrent canals）；骨纤结构很粗，它们都是由纤针组成，并彼此连接成不规则的骨纤结构，或呈较为规则的网格；纤针的自由端（free ends）能伸入到沟道内，因此在骨纤中出现针刺状的表面（图 20）。

时代：早二叠世茅口期；分布：中国广西。

亚科　Pseudohimatellinae Rigby and Senowbari-Daryan，1996　假希马特尔海绵亚科

属　*Pseudohimatella* Rigby and Senowbari-Daryan，1996a　假希马特尔海绵属

主要特征：海绵体呈棒形到蘑菇形，或呈梨形，未见轴部的腹腔，但在顶面的轴部出现一个或数个较大的、类似出水口状的浅凹陷；在整个海绵体内有许多长而粗的、呈垂直延伸的出水沟道，这些出水沟道的横切面呈圆形、多角形或形状不规则；尚见为数不多的、呈水平伸展的进水沟；沟道之间的坚硬骨骼是由那些较细的网格骨骼组成；在海绵体的外表覆盖着致密的皮层，其下部还能见到生长线；显微结构是纤球状结构（图 21）。

时代：二叠纪；分布：突尼斯和意大利西西里岛。

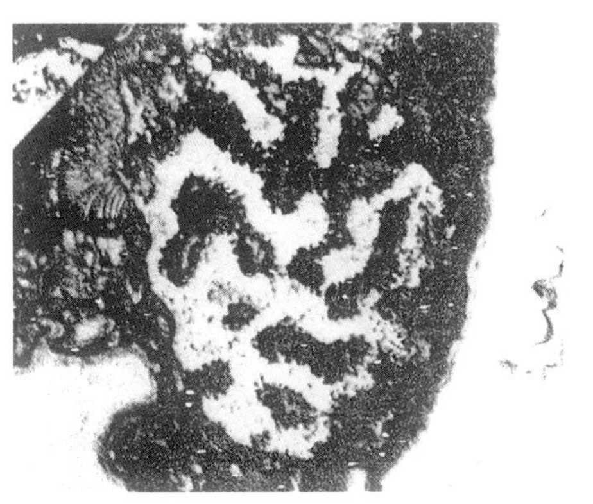

图 20　*Vermispongiella*
正模标本的纵切面，×2

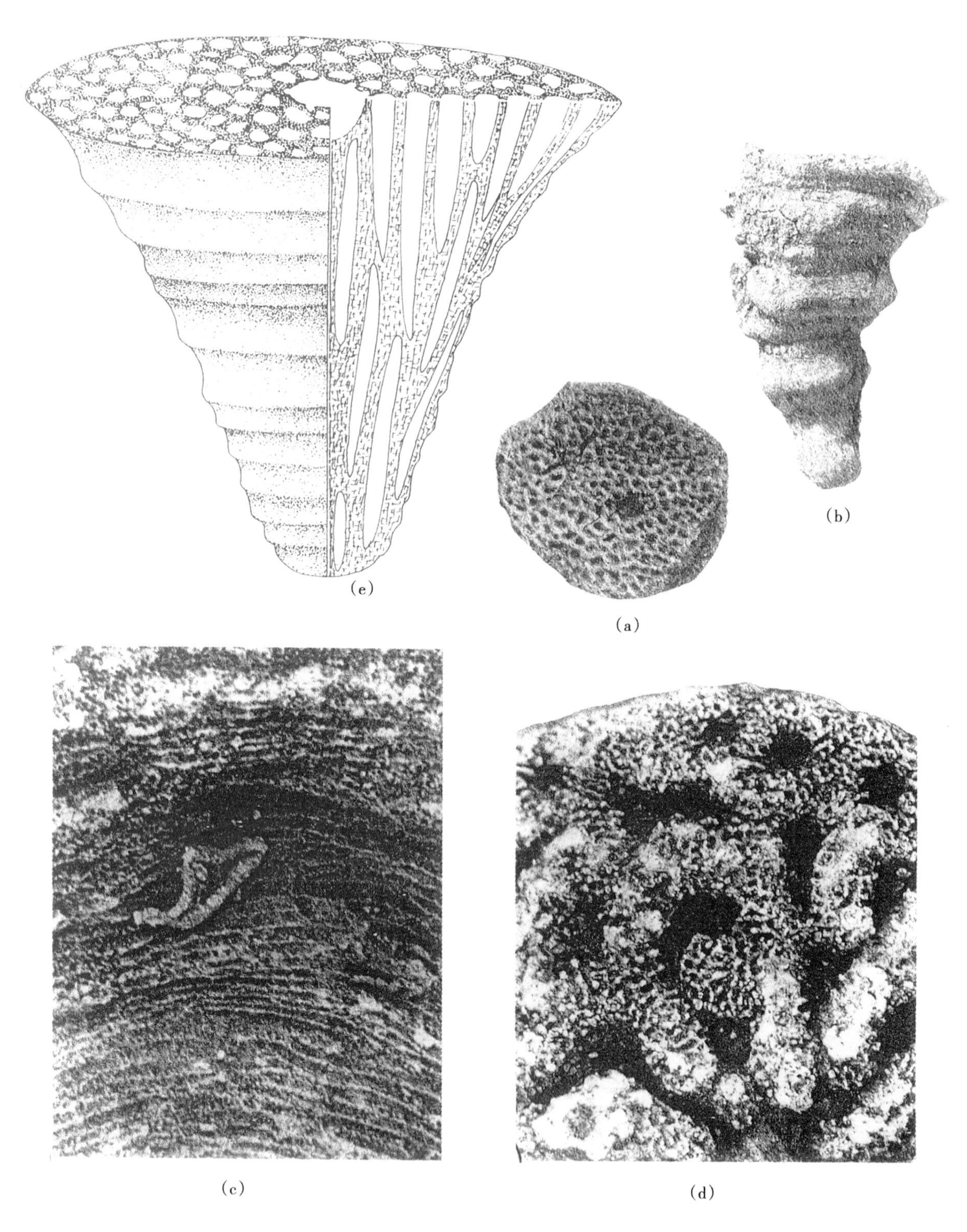

图 21 *Pseudohimatella*

（a）顶视图，可见两个直径较大的出水口和许多较小的出水孔，×1；（b）具有皮层的、呈倒锥形海绵的侧边缘图，可见海绵体的外面包覆着致密的皮层，它们呈轮环状分布，×1；（c）皮层表面的显微结构，可见许多纤细的、呈层纹状的特征，×10；（d）顶面的显微结构，在较粗的出水孔之间分布着显示微瘤状突起的骨骼针束（tracts），×10；（e）复原图，表示倒锥形海绵体内的沟道系统和体外的呈轮环状的致密皮层

亚科 Parahimatellinae Rigby and Senowbari-Daryan，1996 拟希马特尔海绵亚科

属 *Parahimatella* Rigby and Senowbari-Daryan，1996a 拟希马特尔海绵属

主要特征：海绵体呈宽大的倒锥形，或张开的蘑菇状，或在外面有轮环的亚圆柱形；无中央腹腔，但出现许多垂直伸展的、有外壁的沟道，它们的出水口都在外表；出水沟道汇聚于腹腔的底部和边缘；有清楚的垂直进水沟，它们从外表往下伸展到骨骼内；骨骼具有气囊，这些气囊是由气泡状房室组成，而这些房室垂直堆积在一起，或呈雁形排列；每一个房室都有一个或两个小孔；外壁具有纤球状结构；在骨骼内还经常出现棒状物，这些棒状物也许是外来的（图 22、图 23）。

时代：二叠纪；分布：突尼斯。

（a）

（b）

图 22 *Parahimatella*

（a）似薄片状的正模标本，代表底面和侧边缘，可见皮层上饰有许多生长线，×1；

（b）顶视图，可见许多不规则分布的、圆形出水孔，在其周围分布着骨纤和较小的进水孔，×1

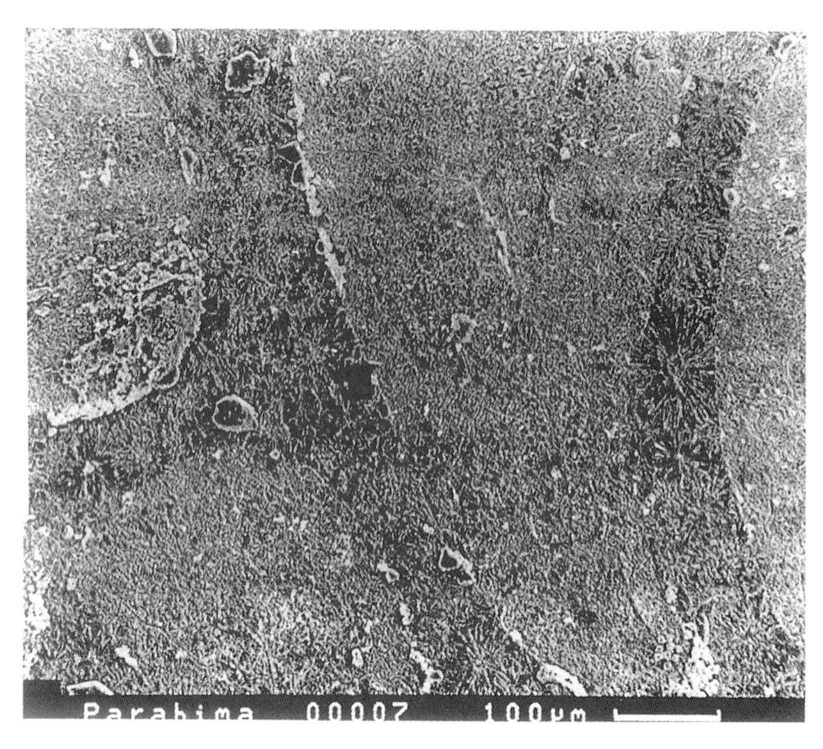

图 23 *Parahimatella*

这是该属的显微结构，可见较大的纤球，其直径约 80μm，这是扫描电镜照片，放大倍数见标尺

科 Sphaeropontiidae Rigby and Senowbari-Daryan，1996 纤球相连海绵科

属 *Sphaeropontia* Rigby and Senowbari-Daryan，1996a 纤球相连海绵属

主要特征：海绵体呈锥状的圆柱体，体内具有较大的、呈向上并向外发散状展布的出水沟道，它们分布在由纤球组成的网格骨骼内（图 24）。

时代：晚二叠世乐平期；分布：突尼斯的特巴加（Djebel Tebaga）。

科 Exotubispongiidae Rigby and Senowbari-Daryan，1996 外管海绵科

属 *Exotubispongia* Rigby and Senowbari-Daryan，1996a 外管海绵属

主要特征：海绵体呈小型的圆柱体，或分叉的圆柱体，在其外边缘有数个垂直的管状沟道，它们沿着外边缘形成一圈；此海绵缺失中央腹腔；骨骼是由那些向上发散状的、呈网状的骨纤组成；显微结构不清楚；在垂直沟道外缘的凸脊上有许多小瘤，通过这些小瘤上的小孔，可与外界相通（图 25）。

时代：晚二叠世乐平期；分布：突尼斯的特巴加（Djebel Tebaga）。

科 Sestrostomellidae de Laubenfels，1955 筛孔海绵科

属 *Sestrostomella* Zittel，1878 筛孔海绵属

主要特征：海绵体呈锥形到圆柱形，在其中央轴部有一簇平行分布的、直径相近的出水沟道；这些沟道沿着轴部深深地进入了海绵体，且紧密排列，其横截面呈圆形到近于多角形；有近于水平分布的、放射状的进水沟道与其相通，它们在海绵体的顶面表现为放射状的小沟；中央的出水沟道在海绵体的顶面是开放的，并表现为浅浅的凹陷；外表面很光滑，有许多小的、圆形到蛇曲状的进水孔，它们分布在骨纤之间；无孔的皮层可能覆盖在海绵体的底部；有较大的进水沟道，以平行于顶面的方式，向内和向上呈拱起的形状进入体内；内部的骨纤形成了模糊的薄层，它们一般平行于顶面；骨纤之间的空间截面是圆的到蛇曲状；偶尔有方解石质的单轴骨针，这些骨针也许原来是硅质骨针，它们出现于规则的或呈片状的、组成

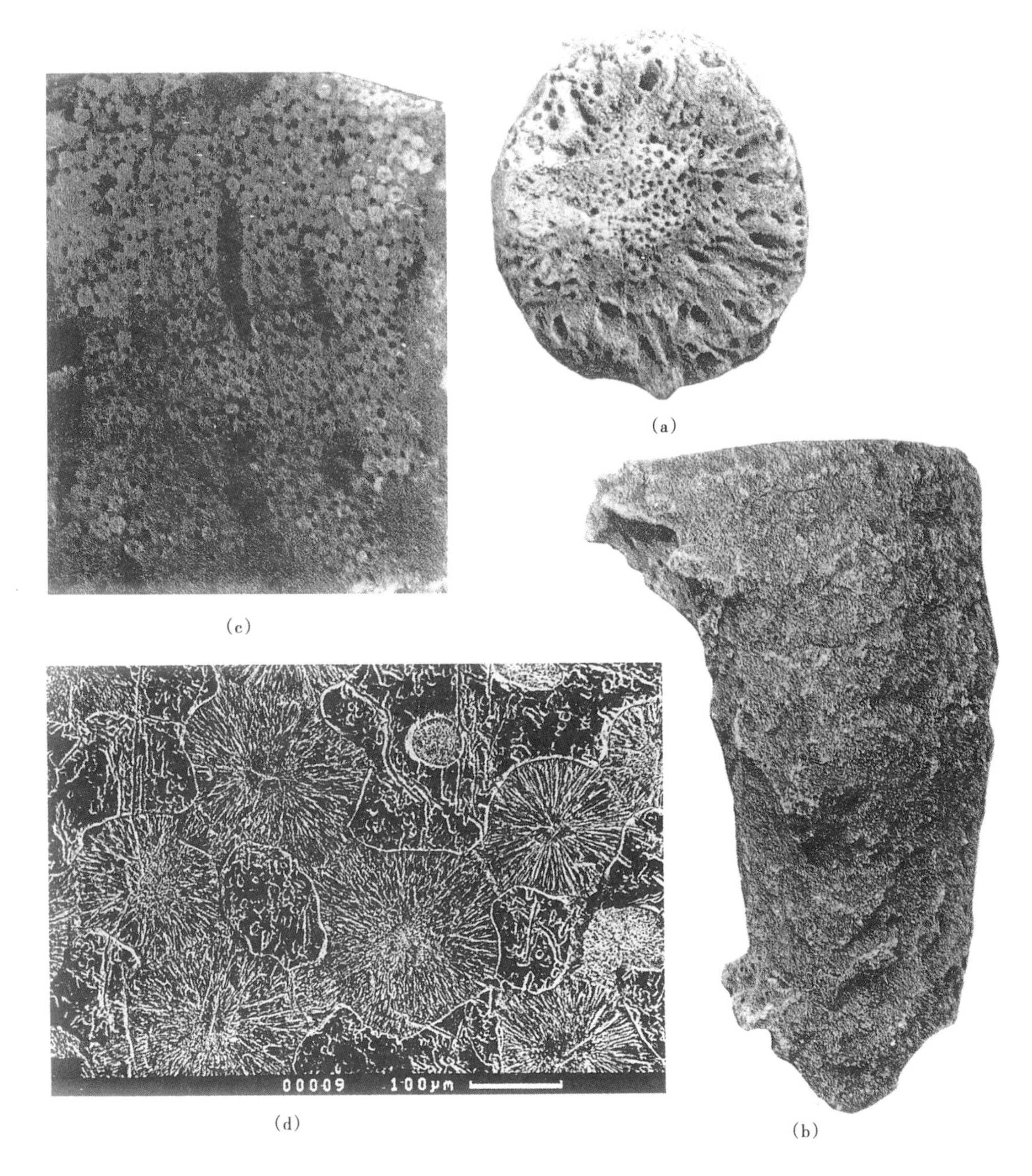

图 24 *Sphaeropontia*

(a) 海绵体呈圆锥状的圆柱体；这是正模标本的顶视图，可见许多呈放射状分布的出水沟道和一些较小的、位于中央轴部的垂直伸展的出水沟，×2；(b) 副模标本的侧边缘图，该标本已受到风化，×2；(c) 副模标本的磨光面，显示出近于透明的碳酸钙；此处纤球已被射针连接在一起，所成的网格已被沟道切断，×10；(d) 扫描电镜照片，可见数个纤球，它们已被束状的纤针连接在一起，×150

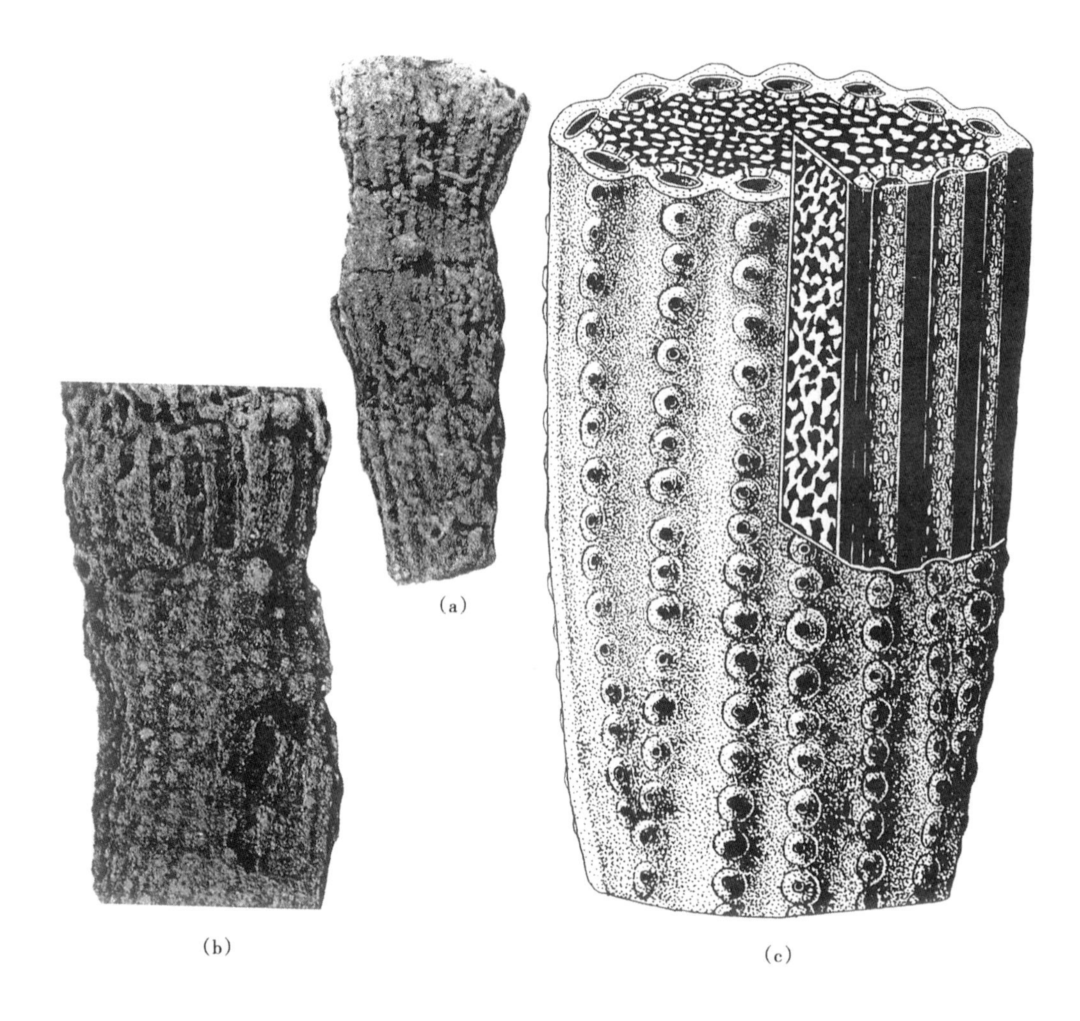

图 25　*Exotubispongia*

（a）分叉状的正模标本的侧边缘图，可见小瘤上的小孔，它们排列成行，×5；（b）副模标本的侧边缘图，可见小瘤外面的小孔排列成行，而这些小瘤都是分布在垂直沟道的外面，×10；（c）复原图，可见分布在外缘的、较粗的垂直沟道，其外面饰有许多带小孔的小瘤；尚可见内部的骨纤结构

骨纤的纤球体内（图 26）。

时代：三叠纪—侏罗纪；分布：欧洲、伊朗以及加拿大大西洋陆架，主要分布于意大利南阿尔卑斯山脉上三叠统卡尼阶。

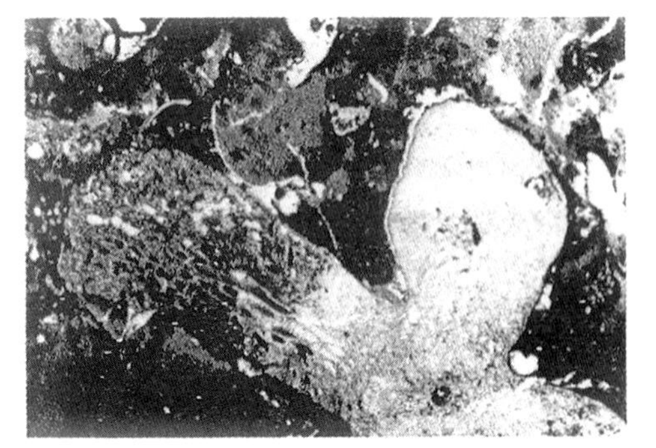

图 26　*Sestrostomella*

这是一块已部分重结晶的、呈枝状的标本，代表其纵切面，可见网格状的骨骼和位于中央的出水沟道，×1

属　*Ateloracia* Pomel，1872

主要特征：海绵体呈宽宽的锥形体，在其隆起的顶面出现位于中央的、浅浅的腹腔凹陷，可见许多放射状的出水沟汇聚到此凹陷内；体内的出水沟道或平行于顶面进入到腹腔，或斜向伸展聚合到腹腔，而那些进水沟道均垂直于顶面展布；骨纤网格很纤细；海绵体的外面覆盖着皮层；骨纤的显微结构是由不规则的文石组成，其中一部分为纤球状，其内偶而发现了方解石质的单轴骨针，推测原来是硅质单轴骨针。

时代：三叠纪；分布：欧洲和帝汶岛。

属　*Brevisiphonella* Russo，1981 短孔海绵属

主要特征：这是一个复合型的海绵，它是由许多锥形的棍棒个体组成，它们都是在侧边缘彼此融合在一起；在每一个个体的中央都有浅浅的漏斗状的腹腔，而在顶面出现较大的、长椭圆形的出水口；这些腹腔的直径约占各个个体直径的 1/3；其余的海绵体的表面都饰有较细的、呈蛇曲状的骨纤之间的空间，但是都没有皮层覆盖；显微结构呈画笔状或斜角状结构，未见骨针（图 27）。

时代：晚三叠世卡尼期；分布：意大利的多罗米特山脉。

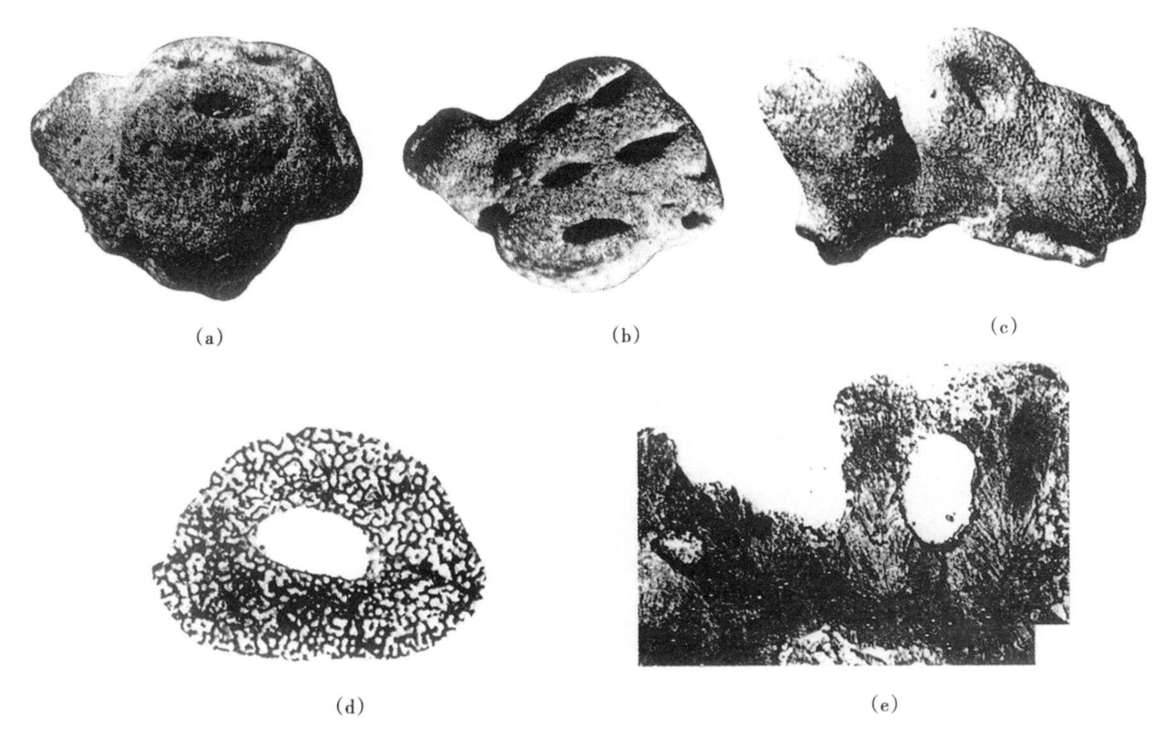

(a)　(b)　(c)

(d)　(e)

图 27　*Brevisiphonella*

(a) 正模标本的侧边缘图；(b) 斜切面，表示几个拉长的出水口；(c) 分叉海绵体的侧边缘图，×4；(d) 副模标本的横切面，可见椭圆形的出水口，但缺失皮层，×8；(e) 副模标本的横切面，表示斜角状显微结构，×200

属　*Epitheles* Fromentel，1860　表壁海绵属

主要特征：这是一个典型的半球形的海绵体，它有宽宽的锥形的基底，在此基底的外缘覆盖着同心褶皱的皮层；海绵体有较窄小的出水口，它们可伸展到顶面；可见位于海绵体中央的呈垂直延伸的出水沟道和那些位于边缘的出水沟道，后者都是向内和向上伸入到海绵体内；进水沟布满了顶面，并往下和往内伸入到体内；骨纤之间的空间较小，其横切面大多呈圆形（图 28）。

时代：侏罗纪；分布：欧洲。

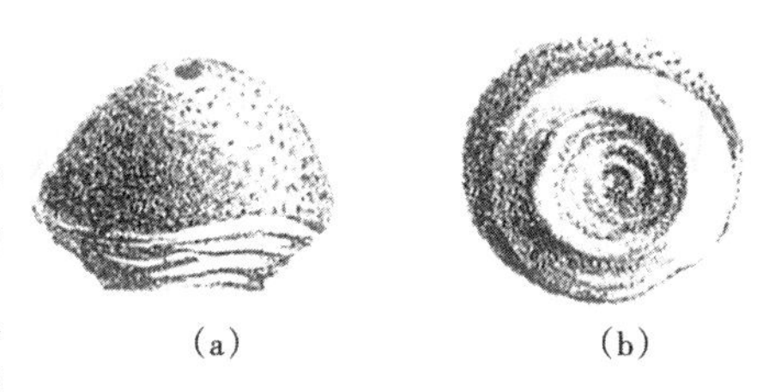

(a)　(b)

图 28　*Epitheles*

(a) 呈小型的半球状海绵体，在其顶面有一个小的出水口；靠近底面有不规则褶皱的皮层；(b) 底面图，可见具有致密褶皱的皮层

属　*Himatella* Zittel，1878　希马特尔海绵属

主要特征：海绵体呈宽锥形，它从一个很狭窄的基底往上展开生长，并形成了宽度与高度相等的海绵体；顶面缓缓地突起，它与侧边缘相接，构成明显的交角；海绵体的外缘覆盖着皮层，皮层上有平行分布的褶皱；体内有窄小的、贯穿大部分海绵体的出水管，并深达海绵体顶部的中央；海绵体的顶面可见骨纤之间蛇曲状的空间和星散状分布的出水孔，而边缘也可见一些小孔；体内有蛇曲状弯曲的骨纤，它们表现出周期性的加粗；海绵体的内部未见任何其他的沟道，只有骨纤之间的空间。骨纤的显微结构可能为文石质的、画笔状或纤球状结构，偶见方解石质的单轴双射骨针（图 29）。

时代：三叠纪；分布：欧洲、突尼斯和帝汶岛。

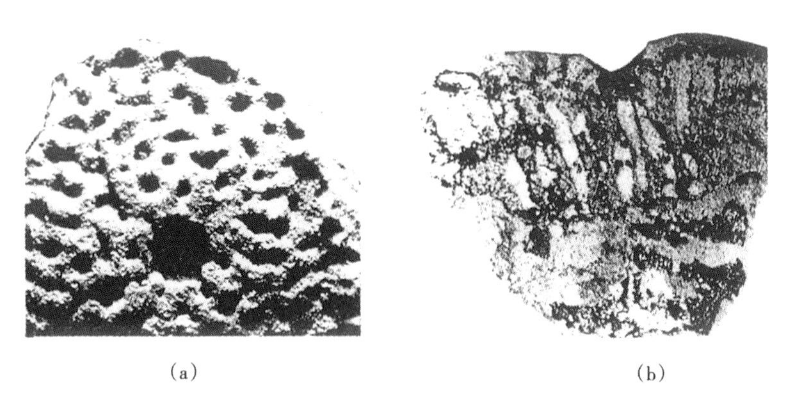

(a)　　　　　　　　　　(b)

图 29　*Himatella*

(a) 顶视图，可见位于中央的出水口和周围的骨纤结构，×2；(b) 海绵体轴部的纵切面，在其上部可见很明显的垂直出水沟，其中有一些出水沟进入到下面的浅浅的腹腔，×2

属　*Polysiphonella* Russo，1981　多管状海绵属

主要特征：海绵体呈小型的锥状海绵，它具有平坦的顶面，其上有许多椭圆形的出水口，它们代表体内的垂直沟道的出口；纤细的骨纤能勾画出网结状的细管，这些细管在顶面易于见到，它们都分布在那些直径较大的出水孔之间；海绵体的外表覆盖着水平褶皱的皮层；骨纤的显微结构呈画笔状，但未见骨针(图 30)。

时代：三叠纪；分布：意大利多罗米特山脉。

(a)　(b)　(c)　(d)

图 30　*Polysiphonella*

(a) 正模标本的侧边缘图，可见致密的皮层；(b) 正模标本的顶面图，可见许多出水孔，×5；(c) 垂直切面，可见数个垂直伸展的出水沟道，它们均分布在网格状骨纤骨骼之内，×8；(d) 骨骼的显微结构，×500

属 *Trachytila* Weller, 1911

主要特征：海绵体呈薄板状，在其上表面有许多像短棒状的分支，每一个分支的顶端可能存在着出水孔；表面的皮层上有许多较小的圆孔，这些小孔也许代表进水孔；此海绵的基底附着面也许是不规则的褶皱面，或有小瘤；在垂直沟道内可见许多普通的横板；骨骼内可能包含着保存不好的、分散状分布的三射骨针（图31）。

时代：早白垩世；分布：德国。

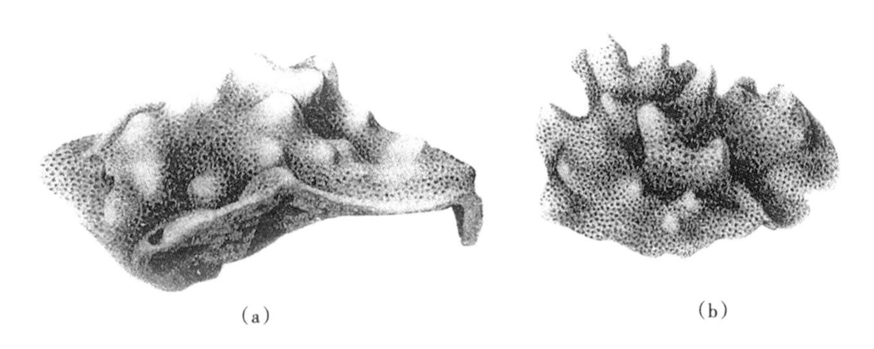

(a)　　(b)

图31 *Trachytila*

（a）海绵体的基底似乎呈包覆状的、起伏的基底，在其上面显示出许多分枝或小瘤；（b）海绵体的形态，显示出叶片状的特征，其上有许多分支或小瘤

属 *Winwoodia* Richardson and Thacker, 1920 微伍特海绵属

主要特征：海绵体呈块状，未见外表的沟道；在顶面也许有出水口，或完全缺失；在皮层的表面分布着许多进水孔（图32）。

时代：中侏罗世；分布：英国。

图32 *Winwoodia*

海绵体的侧边缘的表面，×2

科 Pharetrospongiidae de Laubenfels, 1955 箭囊海绵科

亚科 Pharetrospongiinae de Laubenfels, 1955 箭囊海绵亚科

属 *Pharetrospongia* Sollas, 1877 箭囊海绵属

主要特征：海绵体呈弯曲的或卷曲状的薄板，或形成漏斗状、近于圆柱形；其出水表面要比进水表面光滑；出水表面有许多较小的圆孔，除此之外，就没有其他的孔，但仍存在骨纤之间的空间；这些空间表现为圆孔到蛇曲状的空间（图33）。

时代：白垩纪；分布：欧洲。

属 *Euepirrhysia* Dieci, Antonacci and Zardini, 1968 真褶皱外壁海绵属

主要特征：海绵体呈块状，它是由许多彼此融合在一起的锥形个体组成；顶面平坦或微微的隆起，其上有许多小瘤，而每一个小瘤的中央都一个有带有围唇的小孔；每一个组成个体的中央部位都有一个较大的、圆形出水口，这些出水口的口径约占海绵体直径的1/5；在此出水口的周围都有呈放射状和树枝状的出水沟道；海绵体的顶面与周围的外边缘构成明显的褶边，或构成褶角；海绵体的外边缘覆盖着呈水平褶

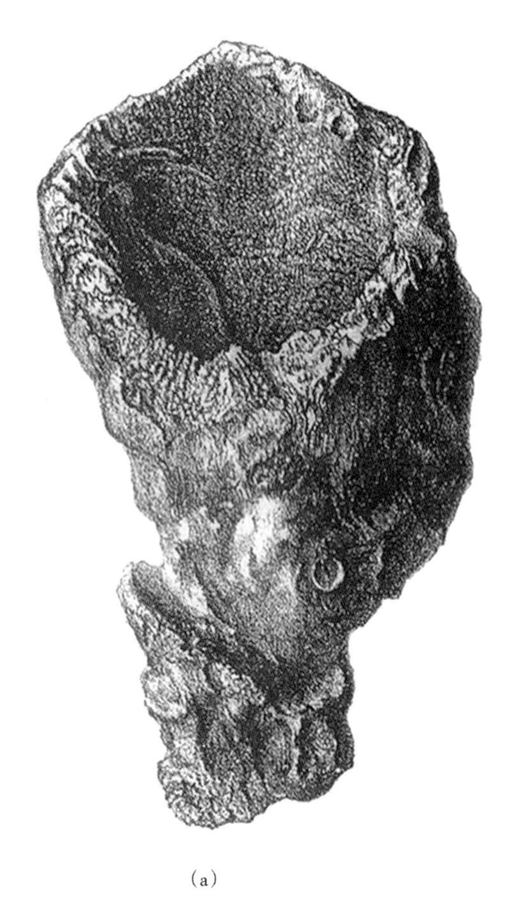

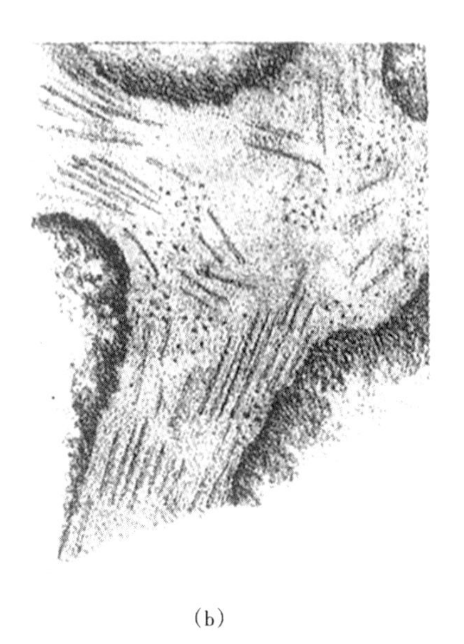

（a）　　　　　　（b）

图 33　*Pharetrospongia*

（a）一个杯形标本的侧面图，其外壁较薄，它的内表面显示网格状，×1；
（b）骨纤的素描图，可见许多单轴双射骨针，×50

皱的皮层；位于中央的圆柱形腹腔从顶面的出水口一直延伸到基底；水平分布的进水沟道以等距离的间隔从外边缘进入到中央腹腔，从而产生层纹状特征；从海绵体顶面上的各个小瘤上的小孔往下就成为紧密排列的垂直沟道，这些沟道也许是进水沟；显微结构不清楚，骨针也未找到（图 34）。

时代：晚三叠世卡尼期—诺利期；分布：意大利多罗米特山脉。

亚科　Leiofungiinae Finks and Rigby，2004　光滑蘑菇状海绵亚科

属　*Leiofungia* Fromentel，1860　光滑蘑菇状海绵属

主要特征：海绵体呈锥状的圆柱体，其顶面隆起；外边缘覆盖着无微孔的皮层；顶面上可见许多极小的、密集分布的圆形或多角形的小孔，而这些小孔大多数也呈蛇曲状，如同海绵体内那些密集分布的垂直到放射状的骨纤之间的沟道；骨纤显示画笔状的显微结构；在属型标本内是否存在水平的横隔板，尚未知道；未见骨针（图 35）。

时代：三叠纪；分布：欧洲。

属　*Aulacopagia* Pomel，1872　沟海绵属

主要特征：此海绵很像 *Leiofungia* Fromentel，1860a，但其顶面具有蛇曲状的沟缝；内部结构不清楚。

时代：侏罗纪；分布：欧洲。

属　*Elasmopagia* Pomel，1872　薄板海绵属

主要特征：海绵体呈扇形，或为垂直层纹状，在其外边缘覆盖着呈同心状褶皱的皮层；多孔的骨骼网格仅在顶面能见到。

时代：白垩纪；分布：法国。

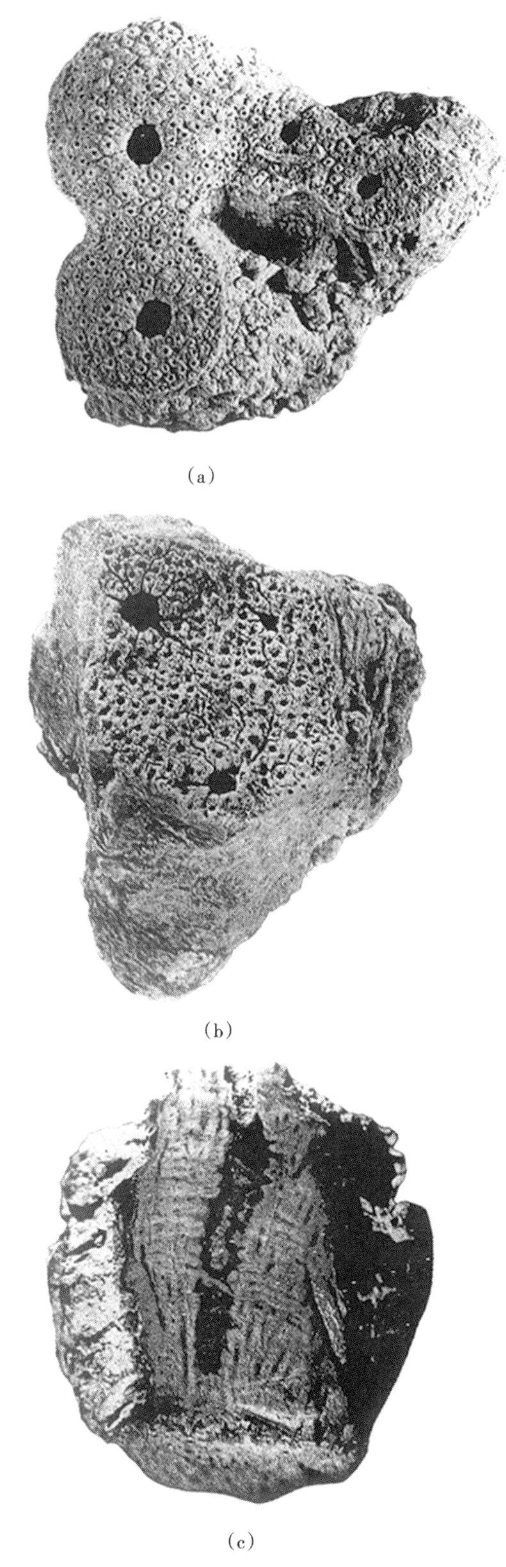

图 34 *Euepirrhysia*

（a）正模标本的顶视图，可见此海绵体是由 4~5 个个体组成，每一个个体上有一个中央出水口，在其周围的顶面可见许多带小孔的小瘤，这些小孔可能是进水孔，×2；（b）底面图，可见三个个体的中央均有腹腔管，围绕这些腹腔管有许多出水沟道汇聚到此；至于那些垂直展布的沟道可能是进水沟道，×2；（c）海绵体的垂直切面，可见位于轴部的腹腔管，而在腹腔管之外的体壁内分布着有规则的、水平分布的出水沟道和那些垂直展布的进水沟道，它们共同形成了网格状的骨骼，×2

图 35 *Leiofungia*

（a）正模标本的侧边缘图，可见未穿孔的皮层，但顶面饰有许多微孔，×5；（b）骨纤的显微结构，显示画笔状结构，×250

属 *Grossotubenella* Rigby，Fan and Zhang，1989b 粗管海绵属

主要特征：海绵体呈圆柱形到近于圆柱形，中央腹腔不存在，代之以许多较粗的、彼此间距相等的、近于垂直分布的出水沟道，这些沟道有时表现出向上分叉；进水沟并不明显；内部骨骼较均匀，它是由那些较细的、呈蠕虫状弯曲的骨纤组成，它们之间有较小的骨骼孔；骨针是否存在，尚不清楚（图 36）。

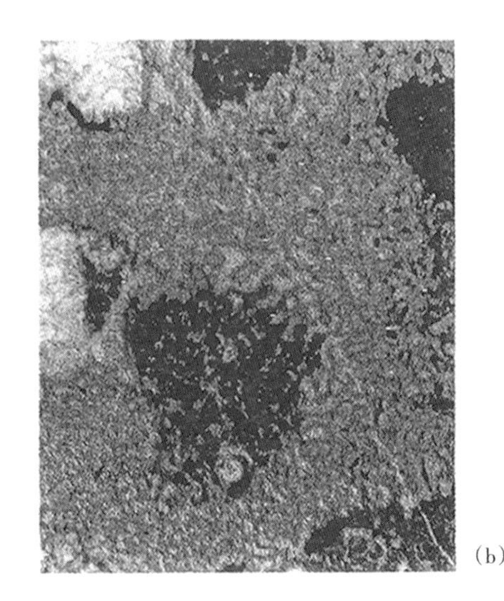

图 36 *Grossotubenella*

（a）正模标本的垂直切面，可见较粗的、垂直分布的出水沟道，它们之间是较细的骨纤骨骼，×2；

（b）骨纤的显微照片，可见这些骨纤较细，×20

时代：二叠纪；分布：中国广西。

属 *Leiospongia* d'Orbigny，1849　光滑海绵属

主要特征：海绵体呈球形或半球形，甚至为包覆状，具有几乎呈笔直的小杯状体（Calicles）；这些小杯状体内有规则分布的横板；外壁和横板都具有画笔状的文石质的显微结构；外表的皮层缺失不见，但饰有紧密排列的、等大的微孔；骨针为附尖骨针，它们呈不规则的分布，或平行于生长方向分布（图37）。

时代：三叠纪；分布：欧洲和帝汶岛。

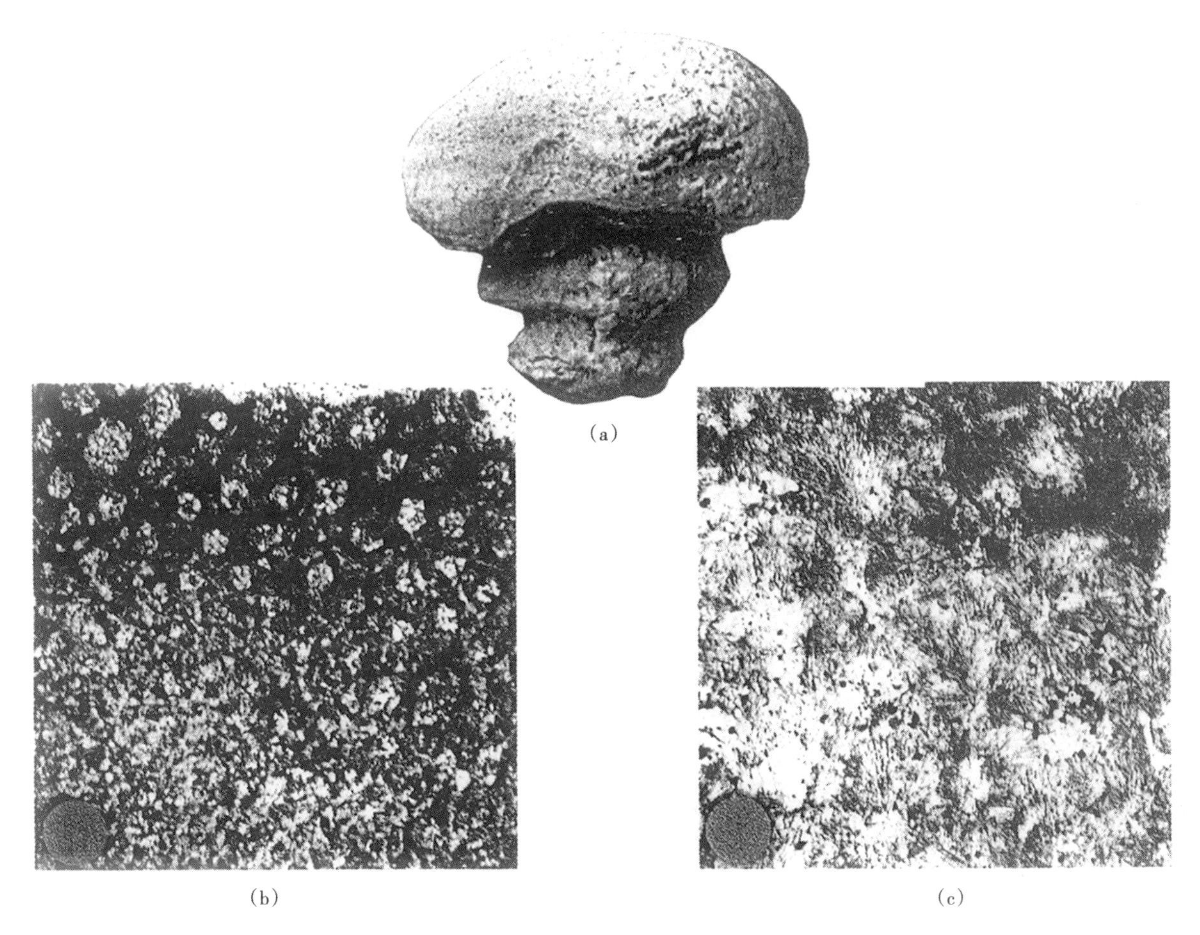

（a）

（b）　　（c）

图37　*Leiospongia*

（a）正模标本的侧边缘图，×1；（b）通过小杯状体的横切面，×35；（c）外壁的纤球状显微结构，×130

属 *Loenopagia* Pomel，1872

主要特征：海绵体由许多分支组成，如从群体的表面来看，成为瘤状的海绵；每一分支呈锥状的圆柱体，它们彼此平行排列，其中有一部分已融合在一起；侧边缘已覆盖了皮层；每一个分支的顶面饰有许多微孔（图38）。

时代：三叠纪；分布：欧洲。

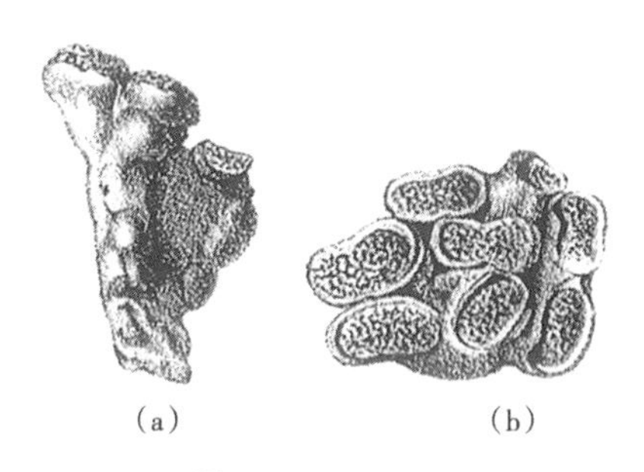

（a）　　（b）

图38　*Loenopagia*

（a）瘤状海绵的侧边缘图，可见每一分支的外边缘已被皮层所包覆，而顶面则显示多孔，×1；（b）顶视图，可见许多分支的顶面有许多出水孔，×1

属 *Radicanalospongia* Rigby，Fan and Zhang，1989b　放射沟海绵属

主要特征：海绵体呈包覆状，往往形成圆柱形的、呈出芽式的生长方式，其基底为致密的物体或生物；如海绵包覆了软体生物时，就能出现好像腹腔状的假中央管；在海绵体内有许多圆柱形的出水沟道，它们能刺穿骨纤骨骼，推测这些沟道呈放射状分布；较细进水沟道很少见到，它们应当与出水沟道相连；骨骼纤针围绕着骨骼沟道均匀地分布着，并产生了在粗的沟道之间存在着细结构的骨骼；海绵的显微结构和骨针均不清楚（图 39）。

时代：二叠纪；分布：中国广西。

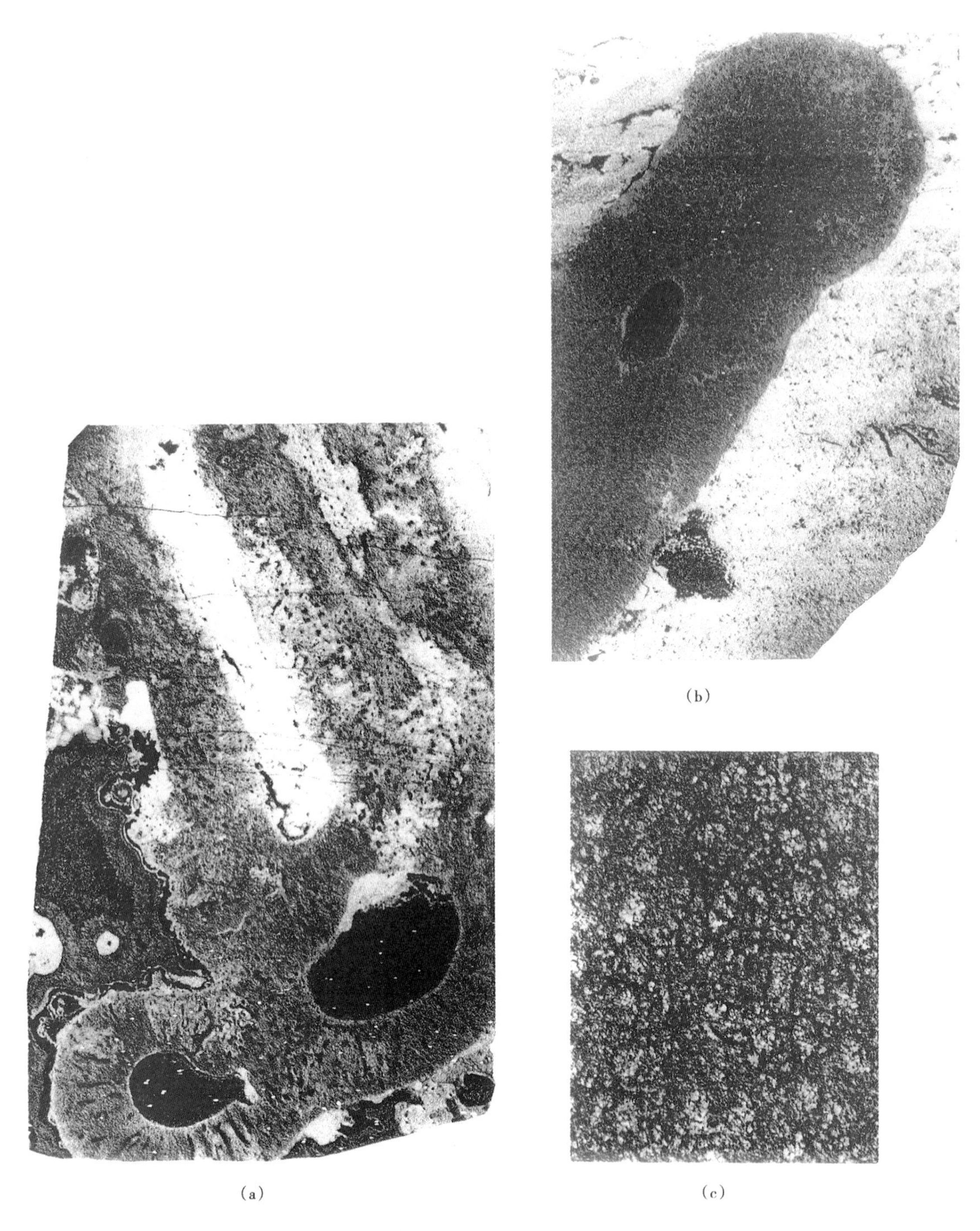

（a）　　　　（b）　　　　（c）

图 39　*Radicanalospongia*

（a）呈圆柱形包覆体的斜切面，可见缺失微孔的基底，它们覆盖在暗色的基质之上；此外，尚能见到放射状的沟道，×2；（b）包覆状的基底，显示出围绕基质的外壁内的放射状沟道，×2；（c）显微照片，显示出很细的网格状骨纤，它们分布在均匀分布的放射状的沟道之间，×10

科　Auriculospongiidae Termier and Termier，1977　耳形海绵科

特征：呈片状或板状的海绵，其中一面为进水面，而另一面则为出水面；体内有显著的沟道，或缺失不见；骨骼由骨纤组成，均平行于生长方向；骨纤可能为文石质的纤球结构。

亚科　Auriculospongiinae Termier and Termier，1977　耳形海绵亚科

特征：缺失进水沟，但其一面则有出水沟；骨纤之间的空间可作为进水沟道。

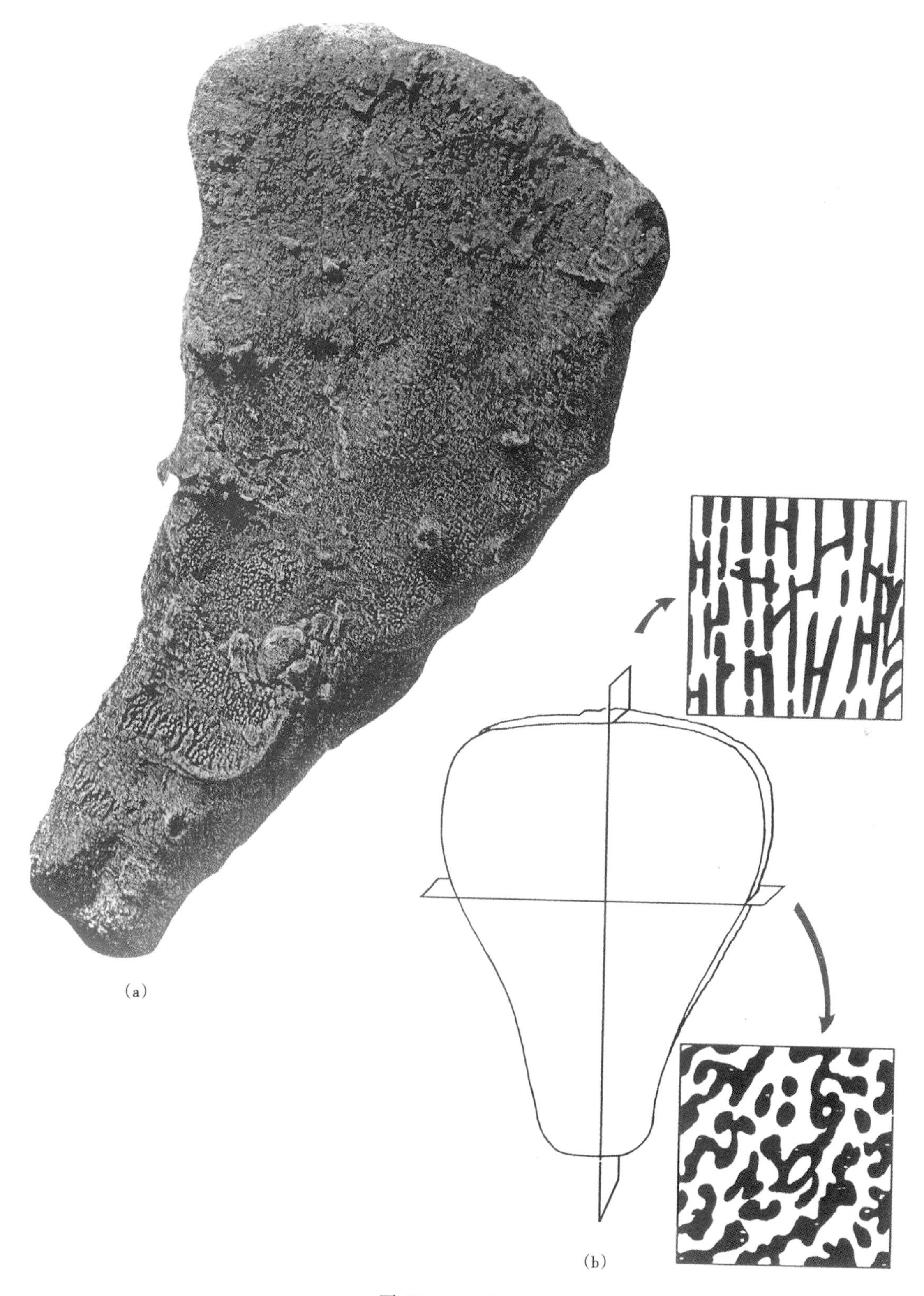

图 40　*Auriculospongia*

（a）进水面的一侧，可见形状不规则的小孔和较大的、呈丘状的进水孔，×1；（b）一个棒形标本内的骨纤的排布状况

属 *Auriculospongia* Termier and Termier，1974 耳形海绵属

主要特征：海绵体呈耳朵状到掌状，或叶片状，它既有进水面，又有出水面，表现为深切的沟缝，但这些缝在进水面的一侧较细；骨纤的分布状况主要平行于生长方向，均由纤球组成（图 40、图 41）。

时代：二叠纪；分布：突尼斯。

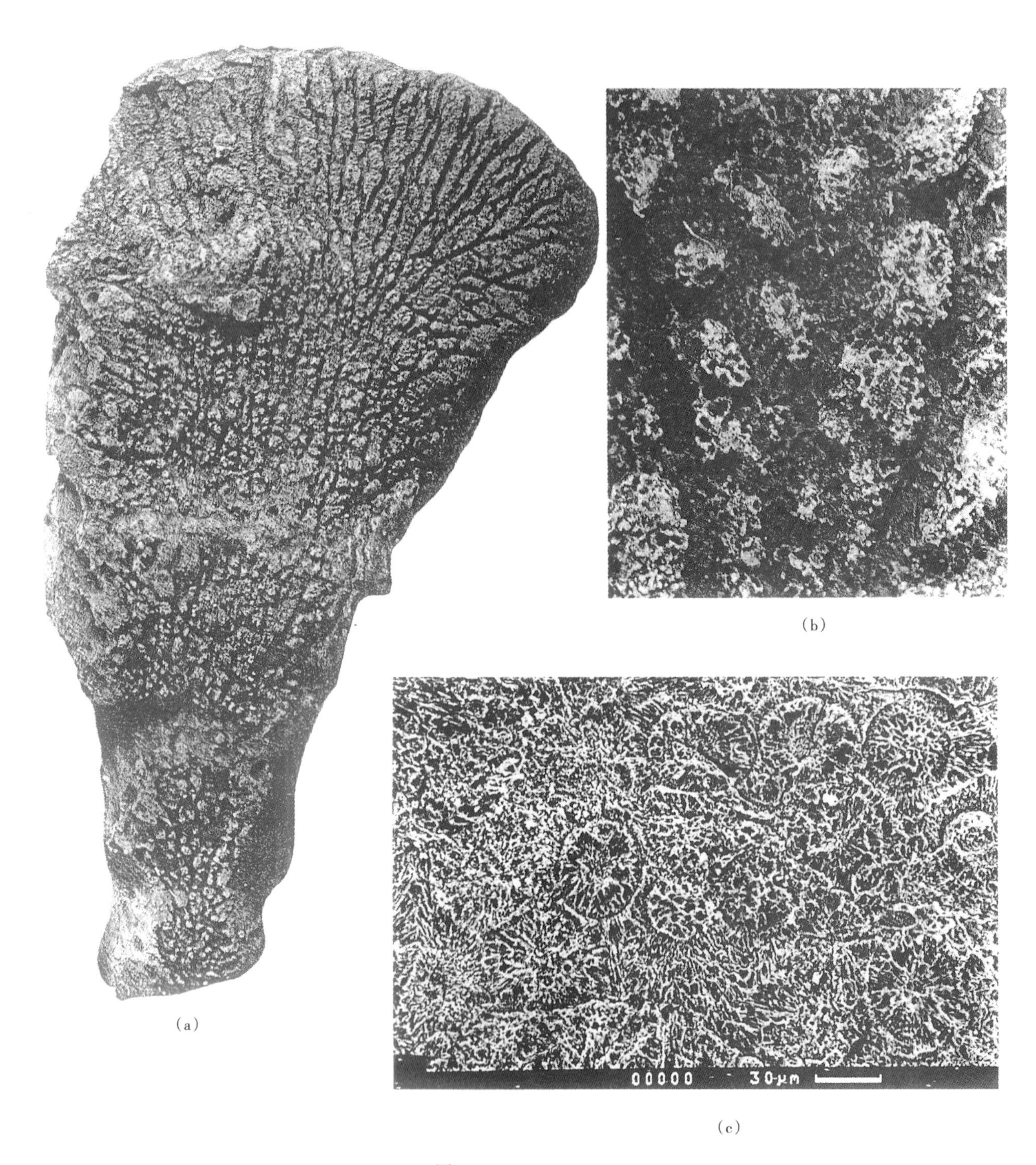

图 41 *Auriculospongia*

（a）出水面一侧，具有明显的、呈发散状分布的沟道，在沟道内分布着出水孔，×1；（b）代表海绵体的上表面，可见凹入的沟道；在沟道之间有形状不规则的小瘤体，代表骨纤，在骨纤内尚有呈黑色的骨骼孔隙，×10；（c）扫描电镜照片，可见骨骼是由纤球组成，约×370

属　*Cavusonella* Rigby，Fan and Zhang，1989b　孔洞海绵属

主要特征：海绵体呈圆柱形，其外表不平坦，或呈波状起伏；在海绵体的内部被一些较粗大的、不规则的孔洞所穿过；这些孔洞往上张开，其大小可占海绵体直径的一半；在此海绵内缺失显著的、呈纵向连续延伸的沟道和中央腹腔；骨骼是由不规则的骨纤组成，它们表现为往上和往外扩张（图 42）。

时代：二叠纪；分布：中国广西和突尼斯。

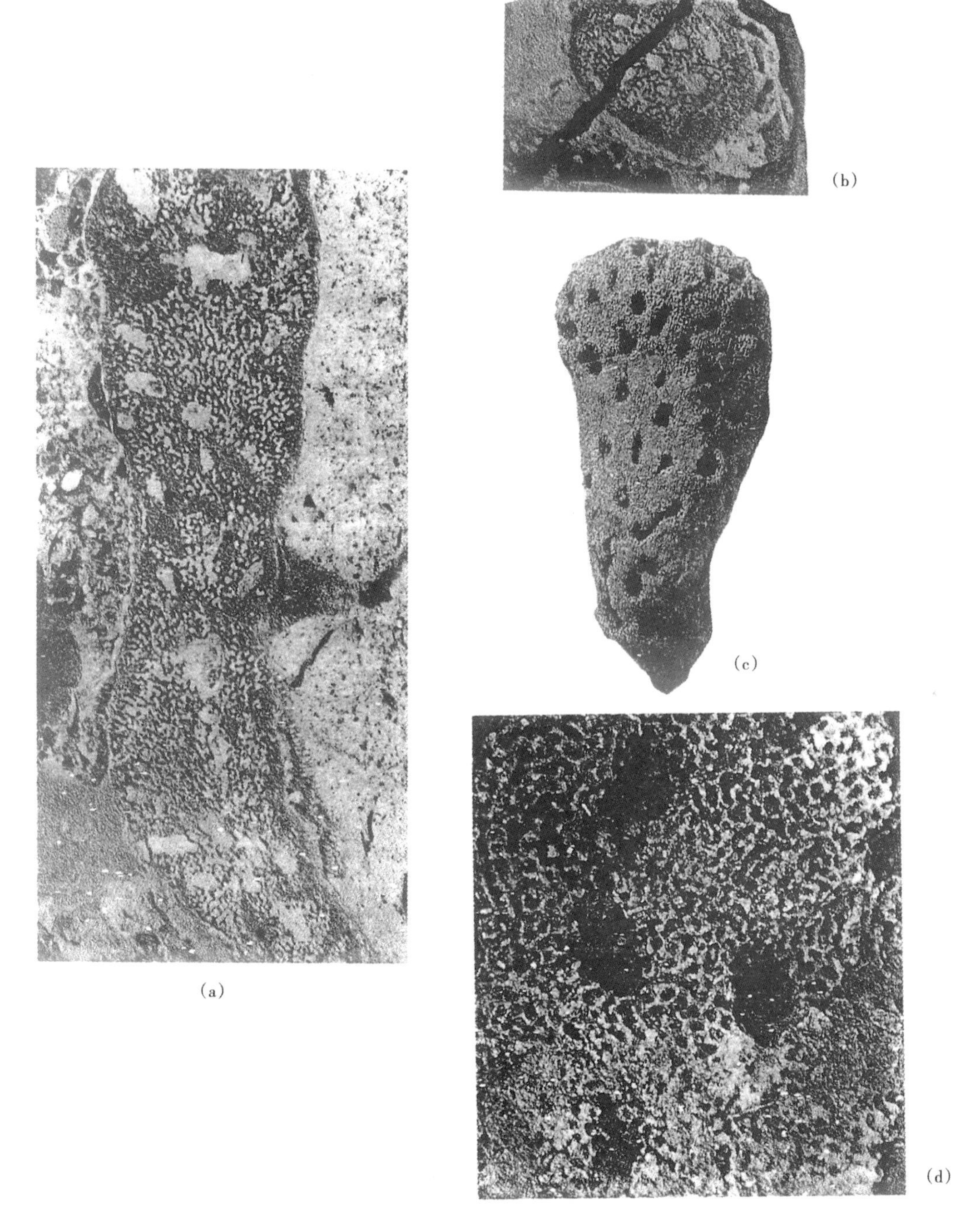

图 42　*Cavusonella*

（a）正模标本，近于纵向的切面，它具有不规则分布的、较粗大的孔洞；这些孔洞分布于相对较细的、往上发散分布的骨纤之内，×2；（b）副模标本的横切面，可见较粗大的孔洞，×2；以上两个标本均来自中国的广西；（c）一个棒形海绵的侧边缘图，可见较细小的进水孔，它们分布在那些较大的出水孔之间的棱脊上；这是突尼斯标本，×2；（d）已受风化的标本，显示出内部特征，在粗大的出水孔之间分布着均匀的网格骨骼；这是突尼斯标本；×10

属　*Radiotrabeculopora* Fan，Rigby and Zhang，1991　放射脊海绵属

主要特征：海绵体呈圆柱形、团块状或倒锥形，甚至呈棒形，它们具有许多骨纤组成的骨骼；这些骨纤大小不一，但基本上纵向延伸，且彼此平行；尚见这些骨纤能融合在一起，成为更粗的骨纤，或一条较粗的骨纤分裂成两条较细的骨纤；骨纤之上可见许多小孔，它们已刺穿了这些骨纤；在骨纤之间分布着直径适中的沟道，它们都是呈往上发散状分布；骨骼是由文石组成，并显示纤球状的显微结构（图 43）。

时代：二叠纪；分布：中国、美国和突尼斯。

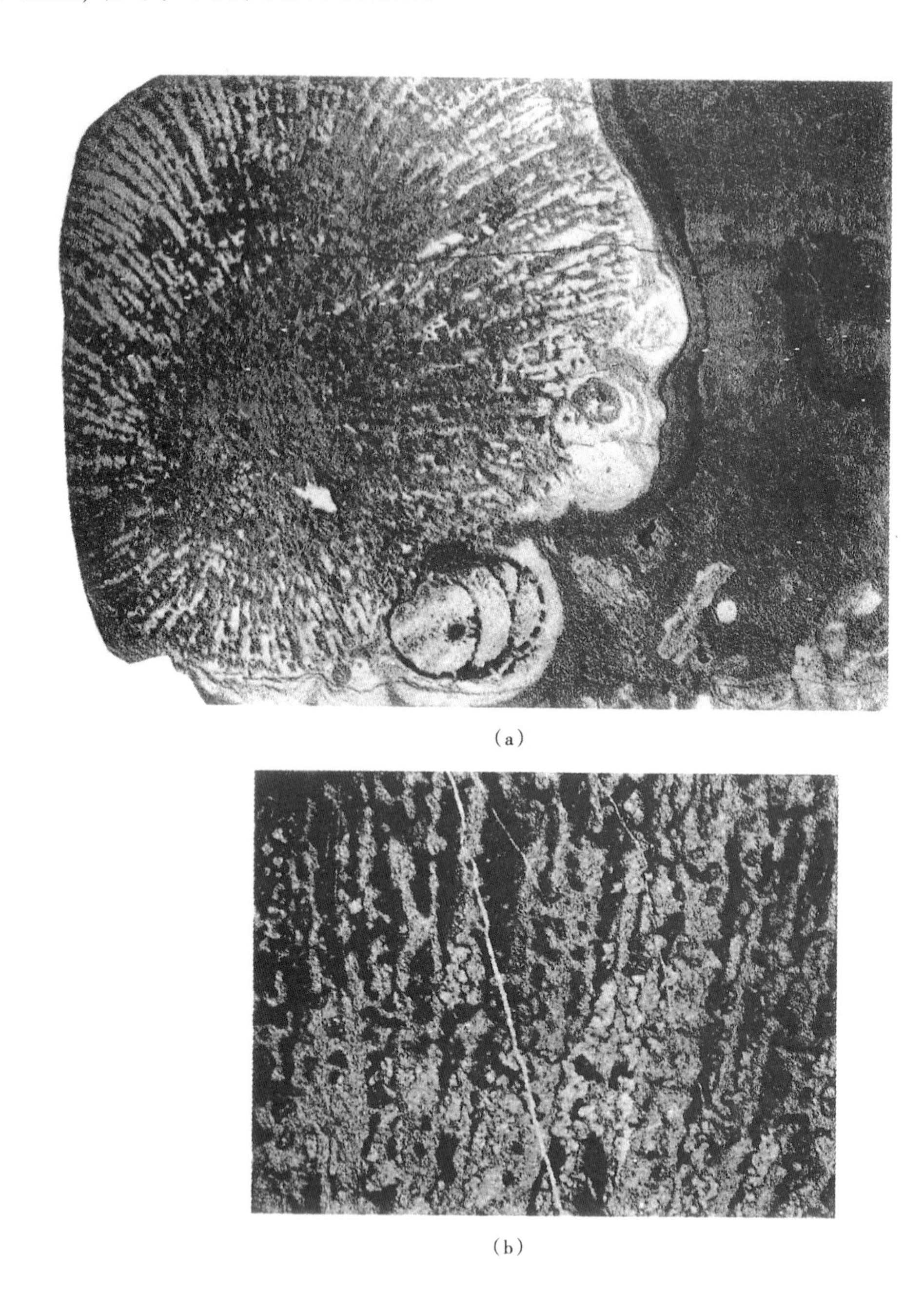

（a）

（b）

图 43　*Radiotrabeculopora*

（a）呈球形的、正模标本的横切面，可见不规则分布的、呈放射状伸展的骨纤和它们之间的沟道，它们似乎包覆在一个串管海绵之上生长，×2；（b）平行于放射状骨骼切得的一个切面，可见较粗的放射状的骨纤和水平分布的骨纤以及它们之间的沟道；骨纤之上有微孔，×5

亚科 Daharellinae Rigby and Senowbari-Daryan，1996 达哈海绵亚科

属 *Daharella* Rigby and Senowbari-Daryan，1996a 达哈海绵属

主要特征：海绵体呈圆柱形，分叉或不分叉，或呈掌形，缺失分布于轴部的纵向延展的腹腔，也缺失轴部呈为一束出水沟道；海绵体的外缘饰有许多圆形到星状的进水孔，它们分布在管形沟道的顶端，且有筛状小板可能发育在每一个进水孔的底部；管形沟道的内端可分裂成许多进水小管，由此进入到海绵体的内部；骨骼为网格状骨骼（图44）。

时代：二叠纪；分布：突尼斯。

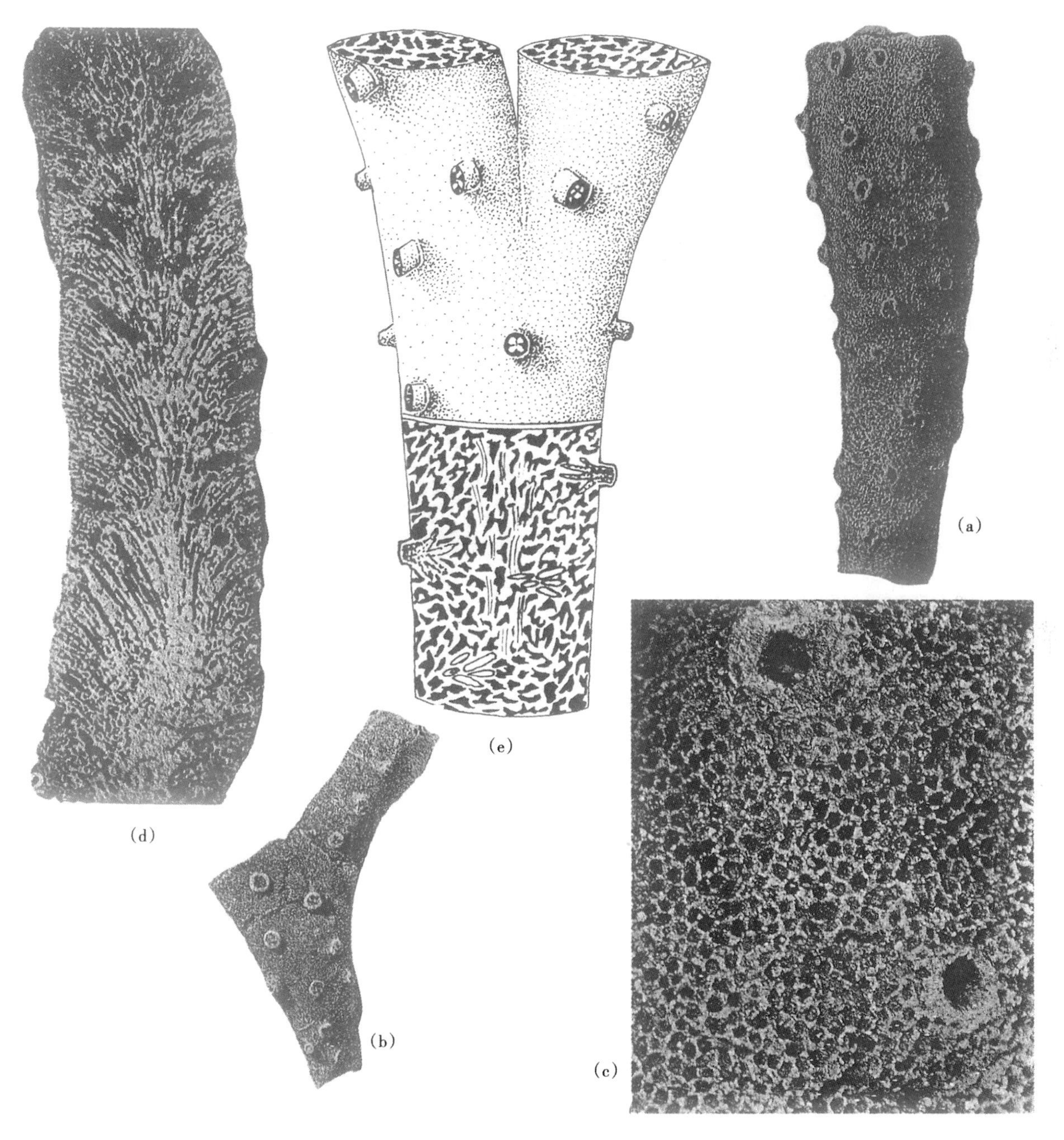

图44 *Daharella*

（a）分叉状标本的侧边缘图，可见许多进水孔，这些进水孔都有明显的外唇，×1；（b）副模标本的侧边缘图，可见具有特征的皮层和有外唇的进水孔，×2；（c）皮层外表的显微照片，可见有外唇的进水孔，它们分布在由细的纤针组成的均匀网格骨骼内，×10；（d）海绵体的纵切面，表示骨纤的排布状况，并可见沟道终止于外表，×3；（e）海绵体的图解示意图，表示该海绵的骨骼和沟道的展布状况

亚科 Gigantospongiinae Rigby and Senowbari-Daryan，1996 巨型海绵亚科

属 *Gigantospongia* Rigby and Senowbari-Daryan，1996b 巨型海绵属

主要特征：海绵体较大，呈圆盘状；在海绵体内有明显的、向外发散状分布或平行分布的、纵向出水沟道，与其伴生的还有较不规则分布的横向进水沟道；这些横向进水沟道与外缘的皮层垂直相交或与其呈大角度相交；在皮层的表面还可以出现数量有限的星状进水沟道；骨纤接近于水平分布，并呈向上发散状分布，它们平行于管状的沟道；骨纤的显微结构不明（图 45）。

时代：二叠纪；分布：美国新墨西哥州。

（a）

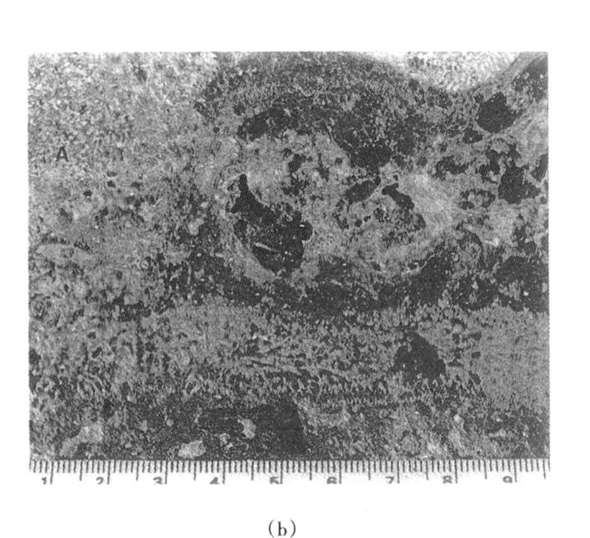

（b）

图 45 *Gigantospongia*

（a）一个较大的正模标本，代表水平切面，其左侧指向下方，而参考标本则位于上面；

（b）垂直切面，可见此海绵的上层面和下层面，并见到向着生长方向发散的沟道

亚科　Spinospongiinae Rigby and Senowbari-Daryan，1996　针刺海绵亚科

属　*Spinospongia* Rigby and Senowbari-Daryan，1996a　针刺海绵属

主要特征：海绵体呈圆柱形到棒形，其腹腔、出水沟道和进水沟道均缺失不见；海绵体的外缘有多刺的骨骼所形成的尖头，这些尖头还能延伸到体内，从而有助于形成骨骼；在针刺之间分布着小孔；海绵体的内部有网格状骨骼，此骨骼是由纤球组成（图 46、图 47）。

时代：二叠纪；分布：突尼斯。

(b)

(c)

(a)

(d)

图 46　*Spinospongia*

(a) 呈倒锥形的正模标本的侧边缘图，此处骨骼的短棒能伸到皮层之外，成为尖头，表现为许多亮点，而尖头之间的小孔并没有伸到体内，因而未成为沟道，×2；(b) 正模标本的顶视图，未见位于中央的腹腔，×2；(c) 皮层的表面，白色的明亮区指皮层上的尖头；此处骨纤能勾画出许多骨骼孔，并见圆形的进水孔，它们在图中呈黑色，×10；(d) 海绵体的显微照片，图中的 S 指皮层表面的尖头，它们向上，并向外伸到皮层之上；在尖头之间则充填了呈气泡状的骨骼针束（tracts），×5

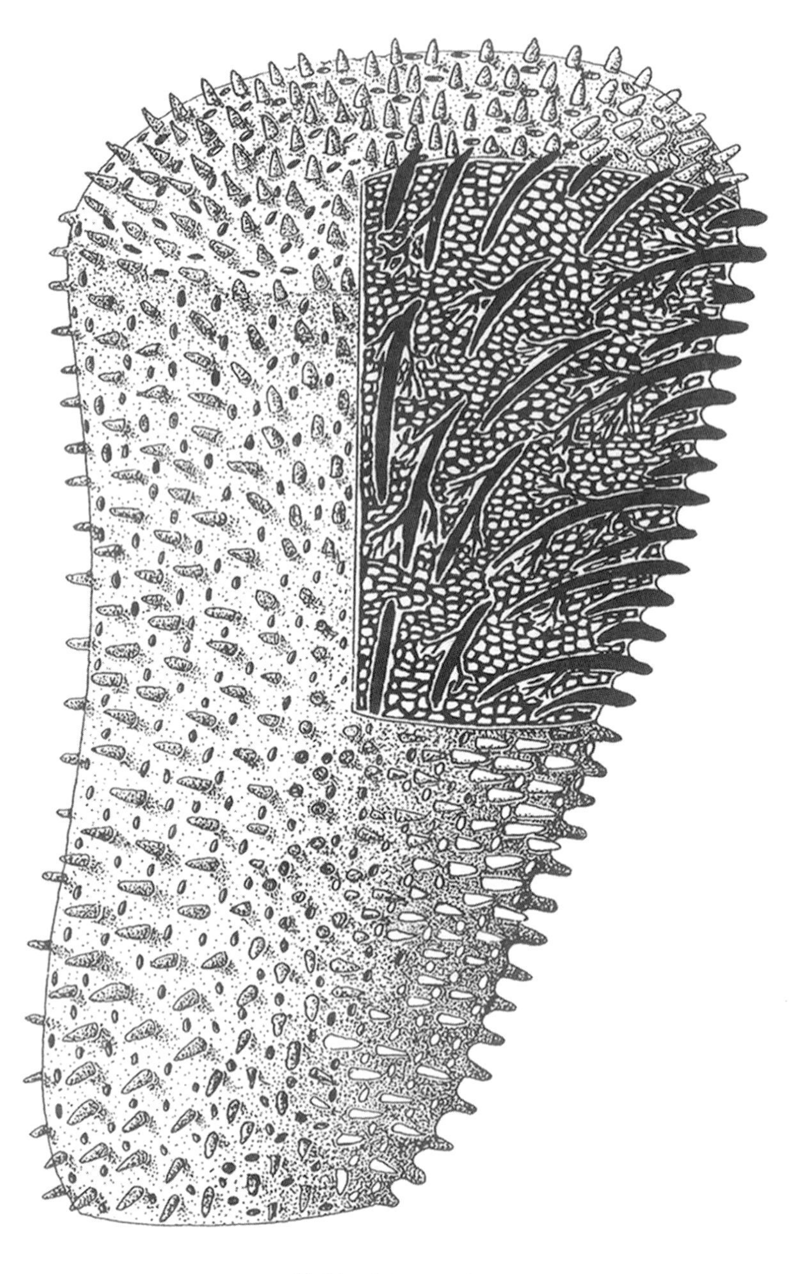

图 47 *Spinospongia*

海绵体的图解示意图，表示海绵体的形态特征和内部的骨骼状况

亚科 Acoeliinae Wu，1991 无腔海绵亚科

属 *Acoelia* Wu，1991 无腔海绵属

主要特征：海绵体呈中等大小的倒锥形；此海绵的骨骼是由较粗的骨纤组成，它们断续地延展，但直径较稳定；骨纤之间的空间彼此相通，其横切面呈圆形；皮层未见（图 48）。

时代：二叠纪；中国广西。

属 *Solutossaspongia* Senowbar-Daryan and Ingavat-Helmcke，1994 骨骼松散海绵属

主要特征：海绵体呈圆柱形，不分叉，它们具有很清晰的、较厚的外壁；海绵体内部的骨骼是由松散分布的网格状骨纤组成；未见中央腹腔（图 49）。

时代：二叠纪；分布：泰国。

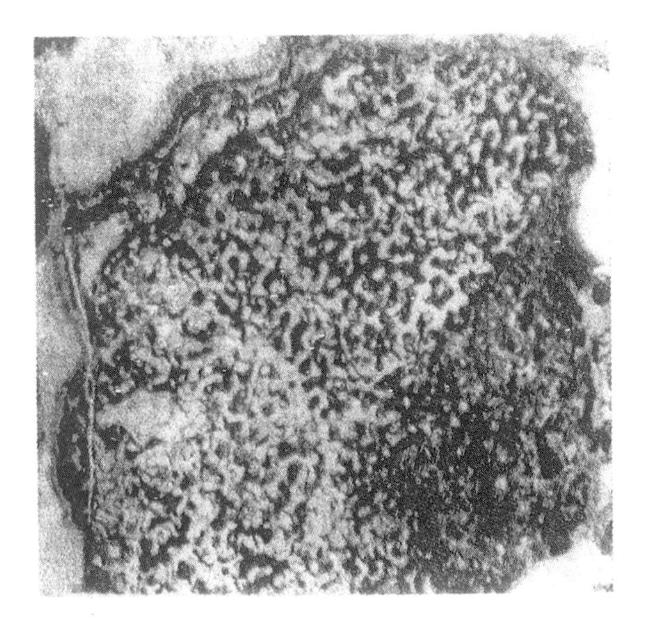

图 48　*Acoelia*

正模标本的切面，可见较粗的骨纤，它们呈不规则地分布，未见沟道，也未见皮层，×3

图 49　*Solutossaspongia*

正模标本，可见较厚的外壁和网格状骨骼，×3.5

属 *Thallospongia* Rigby and Senowbari-Daryan，1996a 分支海绵属

主要特征：海绵体很结实，呈分叉状，但个体较小，也可呈细枝状；缺失中央腹腔，但有分布在内部的主要沟道系统；这些沟道于均匀分布的、往上呈发散状的骨骼之内；在海绵体上部的表面具有凹进的、近于垂直的沟道，它们可汇集于海绵体的顶面（图 50）。

时代：二叠纪；分布：突尼斯。

（a）

（b）

图 50 *Thallospongia*

（a）海绵体的侧边缘图，表示海绵体的分叉状况，×2；

（b）正模标本的显微照片，可见许多垂直的沟道，它们分布于细的骨纤之内，×10

科 Stellispongiellidae Wu，1991 星状出水沟海绵科

亚科 Stellispongiellinae Wu，1991 星状出水沟海绵亚科

属 *Stellispongiella* Wu，1991 星状出水沟海绵属

主要特征：海绵体呈圆柱形、细茎状到分叉状，或呈手掌状，甚至表现为不规则的包覆特征；海绵体的外面有许多均匀分布的口孔，每一个口孔汇聚着一束出水沟，它们呈星状聚集于此；口孔可能生长在小瘤之上，或在光滑的表面上，或在微凹之处；海绵体的外面还饰有进水孔，或短的沟道；沟道也许消失在骨骼的网格内，也许与往上发散的、轴部出水沟道汇合；轴部出水沟道与辐射状分布的出水沟道和出水口相连，后者都在弦切面的口孔沟道或口孔之间的外面见到；显微结构为纤球状；此海绵体缺失中央腹腔（图 51、图 52）。

时代：二叠纪；分布：中国和突尼斯。

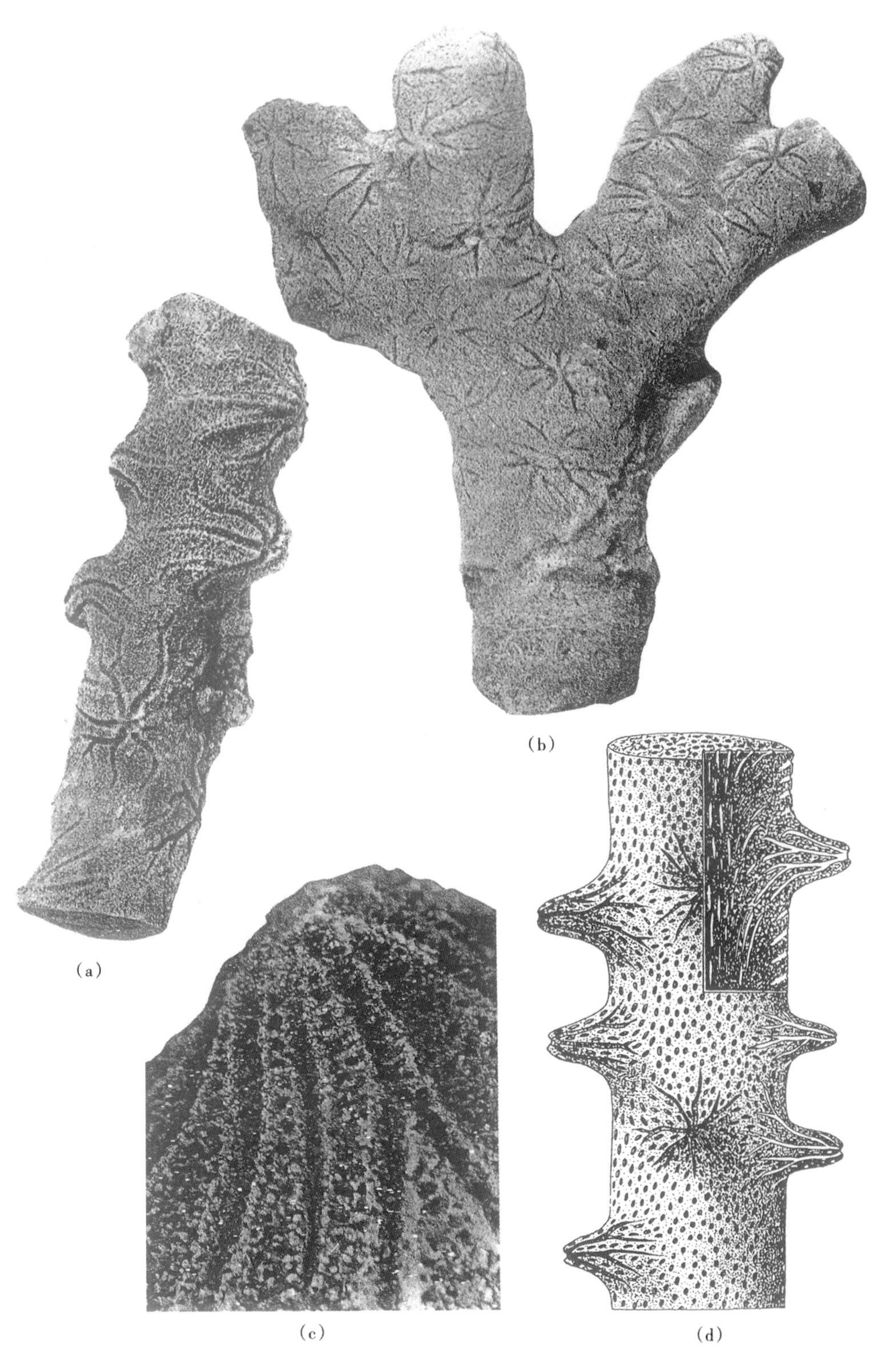

图 51　*Stellispongiella*

（a）海绵体的侧边缘图，可见较粗的、呈星状汇聚的出水沟，它们都位于小瘤之上，×2；（b）分叉状海绵体，在小瘤之上可见星状出水沟道汇集于此，×1；（c）外表的小瘤，可见切入体内的星状沟道汇集到这些小瘤内；沟道之间是网格状骨骼，×10；（d）一般的素描图，表示沟道的分布状况和总体形态

图 52　*Stellispongiella*

海绵体的侧边缘图，这是一个正模标本，可见保存完好的沟道系统，×2

亚科 Prestellispongiinae Rigby and Senowbari-Daryan, 1996 前星状出水沟海绵亚科

属 *Prestellispongia* Rigby and Senowbari-Daryan, 1996a 前星状出水沟海绵属

主要特征：海绵体呈不规则的倒锥形到半球形，乃至于蘑菇状，它有一个到数个、呈星状形态的出水沟，均分布于顶面；在它们之间则有许多较小的、呈垂直分布的进水沟；骨骼是由小的纤针组成的、规则的网格，其显微结构表现为纤球状结构，未见骨针（图 53、图 54、图 55）。

时代：二叠纪；分布：突尼斯。

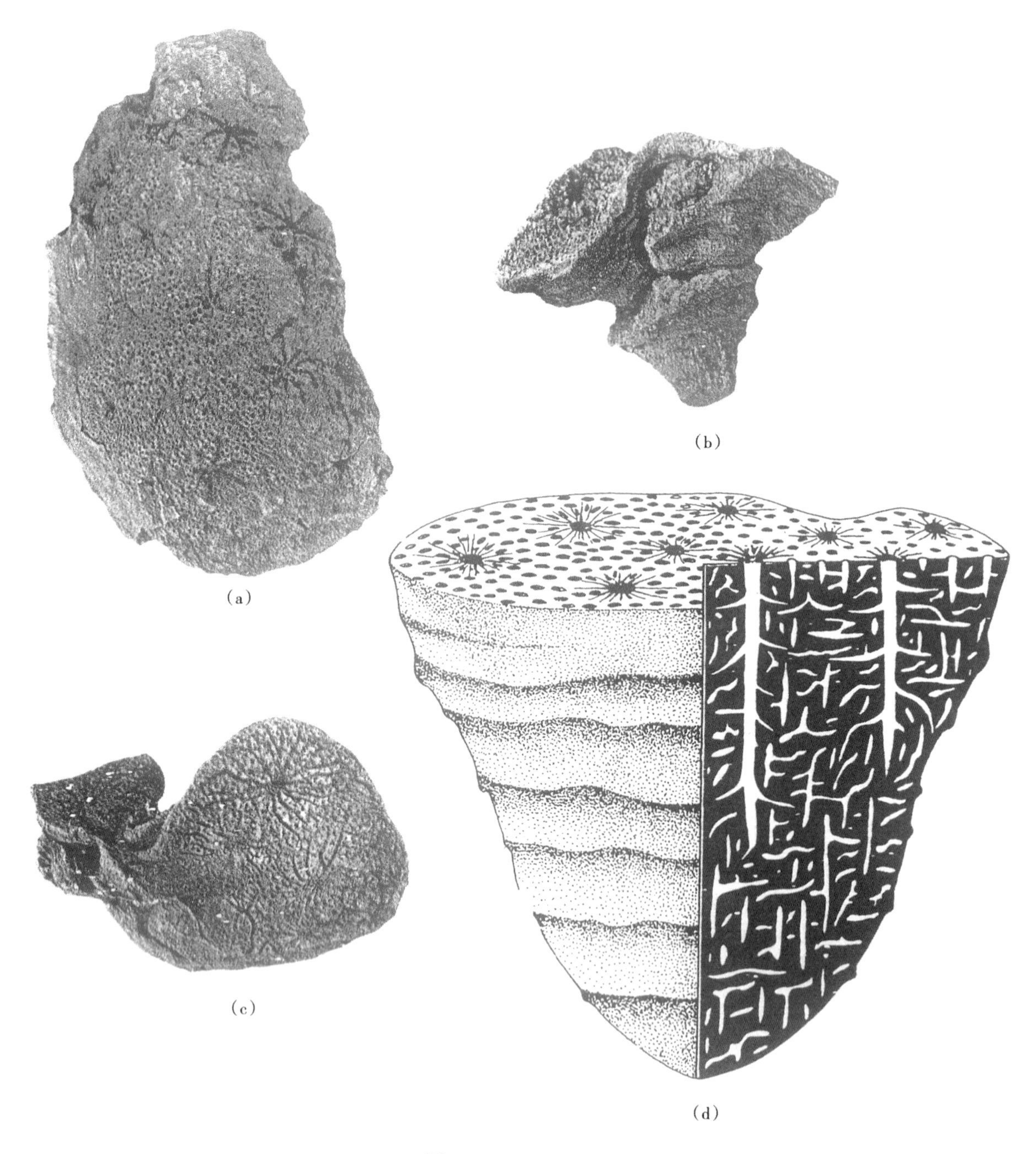

图 53 *Prestellispongia*

（a）海绵体的顶面，其上的出水沟呈星状的形态，聚合在一起；它们之间还有较小的进水孔，×1；（b）海绵体的侧面，可见其形状呈不规则状、或呈倒锥形；海绵体的外面包覆着致密的皮层，×1；（c）海绵体的顶面图，可见许多出水沟道，它们表现为星状，汇聚在一起；在它们之间还有较小的、圆形的进水孔，×1；（d）*Prestellispongia lobata* 的正模标本的图解示意图

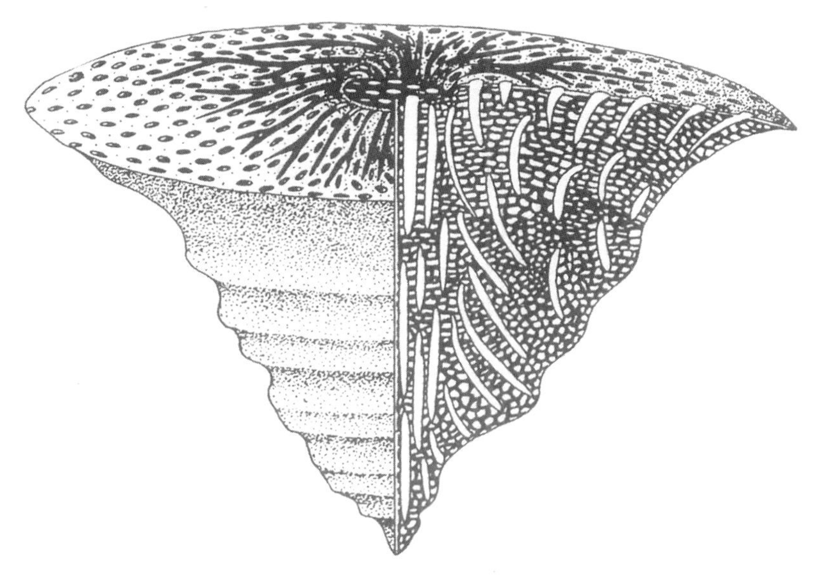

图 54　*Prestellispongia*

Prestellispongia permica 的图解示意图

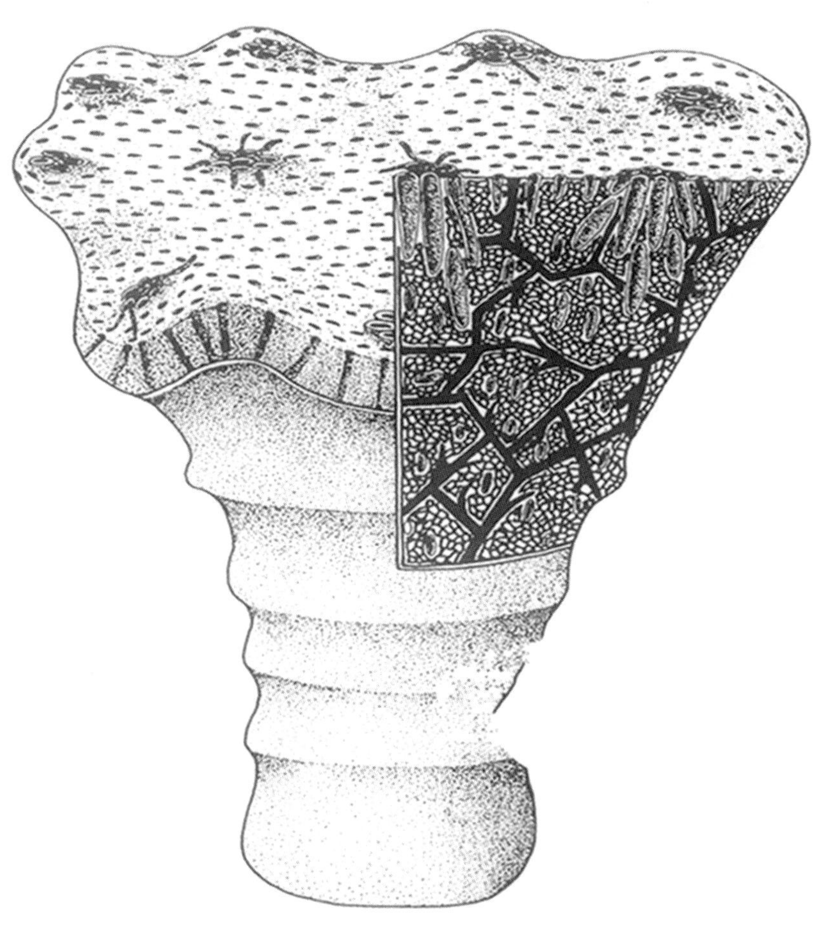

图 55　*Prestellispongia*

Prestellispongia scapulata 的图解示意图

亚科 Estrellospongiiinae Rigby and Senowbari-Daryan，1996 似星状出水沟海绵亚科

属 *Estrellospongia* Rigby and Senowbari-Daryan，1996a 似星状出水沟海绵属

主要特征：海绵体呈不规则的块状、半球形到叶片状，其顶面有一个或数个星状出水沟道系统，它们是由那些较粗的出水沟呈星状汇集而成；未发现垂直分布的出水沟道或其他的出水孔，但可存在许多不规则的、往上发散状展布的沟道；所有这些沟道都分布在明显地向外发散的骨纤骨骼之内；显微结构为纤球状（图56）。

时代：二叠纪；分布：突尼斯。

图56 *Estrellospongia*

（a）正模标本的顶面，可见许多切入体内的、呈多次分叉的出水沟道，×1；（b）副模标本，可见不规则分布的出水沟道，×1；（c）副模标本，显示出骨纤骨骼，它们分布在出水沟道之间，×10

科 Preperonidellidae Finks and Rigby，2004 前小领针海绵科

亚科 Preperonidellinae Finks and Rigby，2004 前小领针海绵亚科

属 *Preperonidella* Finks and Rigby，2004 前小领针海绵属

主要特征：此属等于 *Peronidella*（Zittel in Hinde，1893），属型种为 *Spongia pistilliformis*（Lamouroux，1821）。海绵体呈外表光滑的圆柱体，或外表呈轮环状的圆柱体，甚至呈分叉状的柱体，它们有管状的、分布于轴部的中央腹腔；在腹腔壁上还饰有许多圆形的小孔，这些小孔可排列成纵向的一行；皮层上有许

多细小的进水孔；骨骼是由纤细的纤针组成，它们呈均匀分布或变化很大；这些骨骼经常呈不规则的网格；骨骼的显微结构为纤球状结构，也有皮层。在此需要说明：有骨针的 *Peronidella* 已被归属 *Paronadella* 属，而无骨针的 *Peronidella*，现在已重新命名为当前的 *Preperonidella*（图 57）。

时代：二叠纪—三叠纪；分布：中国、美国得克萨斯州、泰国和突尼斯。

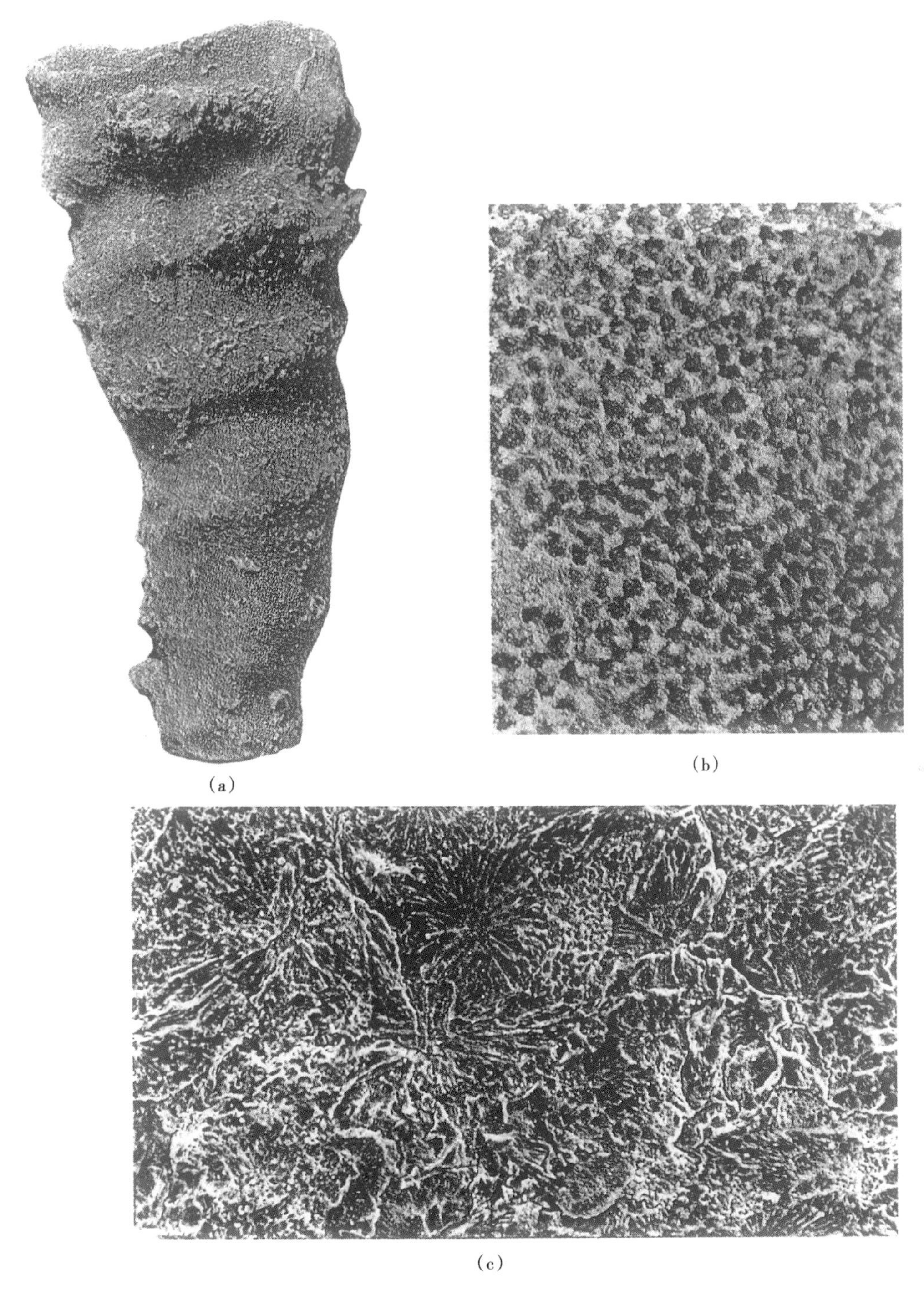

(a)

(b)

(c)

图 57 *Preperonidella*

(a) 外表有轮环的圆柱体，这是正模标本的侧边缘图，可见在皮层上有许多进水孔，×1；(b) 皮层的显微照片，可见粗壮的骨纤，在骨纤之间存在着小孔，但未见沟道，×10；(c) 扫描电镜照片，可见纤球状显微结构；这些纤球密集地排列在一起，个体较大，有一部分纤球已重结晶，×4500

属 ***Bisiphonella*** **Wu，1991　双管海绵属**

主要特征：海绵体呈圆柱形、短茎状；体内有两个平行排列的腹腔，这些腹腔直径相等，都有外壁，并延伸在整个海绵体内；骨骼的纤针呈规则分布，或不规则分布，但都分布比较均匀，呈网格状结构；海绵体的外表覆有皮层，或缺失皮层；可见较短的像外管状的小管从腹腔壁上伸入到房室内（图 58）。

时代：二叠纪；分布：中国和泰国。

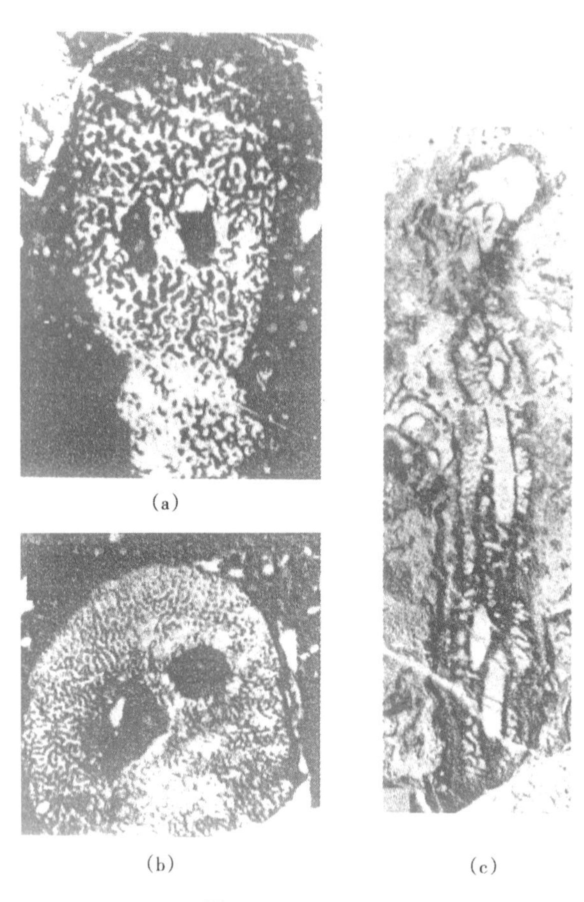

(a)　(b)　(c)

图 58　*Bisiphonella*

（a）正模标本的斜切面，可见两个管形的腹腔，它们分布于网格骨骼之内，×2；（b）海绵体的横切面，可见两个腹腔，它们也分布在纤状骨骼内，×2；（c）海绵体的纵切面，在其轴部可见两个有外壁的腹腔；此切面仅切到海绵体的下部，×2

属 ***Radiofibra*** **Rigby and Senowbari-Daryan，1996a　放射骨纤海绵属**

主要特征：海绵体呈圆柱形，或接近于圆柱形，此圆柱形体也可能分叉，它们都有一个较窄小的但深陷入体内的腹腔，分布于轴部；体内的骨纤从横切面内来看，没有明确的排列方式，但在纵切面内显示向上和向外发散状的展布；骨纤之间的空间可能是沟道，这些沟道都是向着边缘、呈往上和往外发散状展布；除此之外，还可出现短的侧向沟道；显微结构呈纤球状（图 59）。

时代：二叠纪—三叠纪；分布：突尼斯和伊朗。

亚科　Permocorynellinae Rigby and Senowbari-Daryan，1996　二叠小棒海绵亚科

属 ***Permocorynella*** **Rigby and Senowbari-Daryan，1996a　二叠小棒海绵属**

主要特征：海绵体呈球形、蘑菇状或棒形，在其顶面有一个或两个出水口，这些出水口就是中央腹腔在顶面的口孔；在这些出水口的周围有许多呈放射状和星状的出水沟道进入其内；在海绵体的底部可见数个垂直展布的出水沟道，它们都进入腹腔的底部，而那些位于较高部位的出水沟道则都进入到腹腔的周围。当然，也可存在呈往上和往外发散展布的出水沟道；呈水平分布的进水沟十分明显地出现于海绵体的

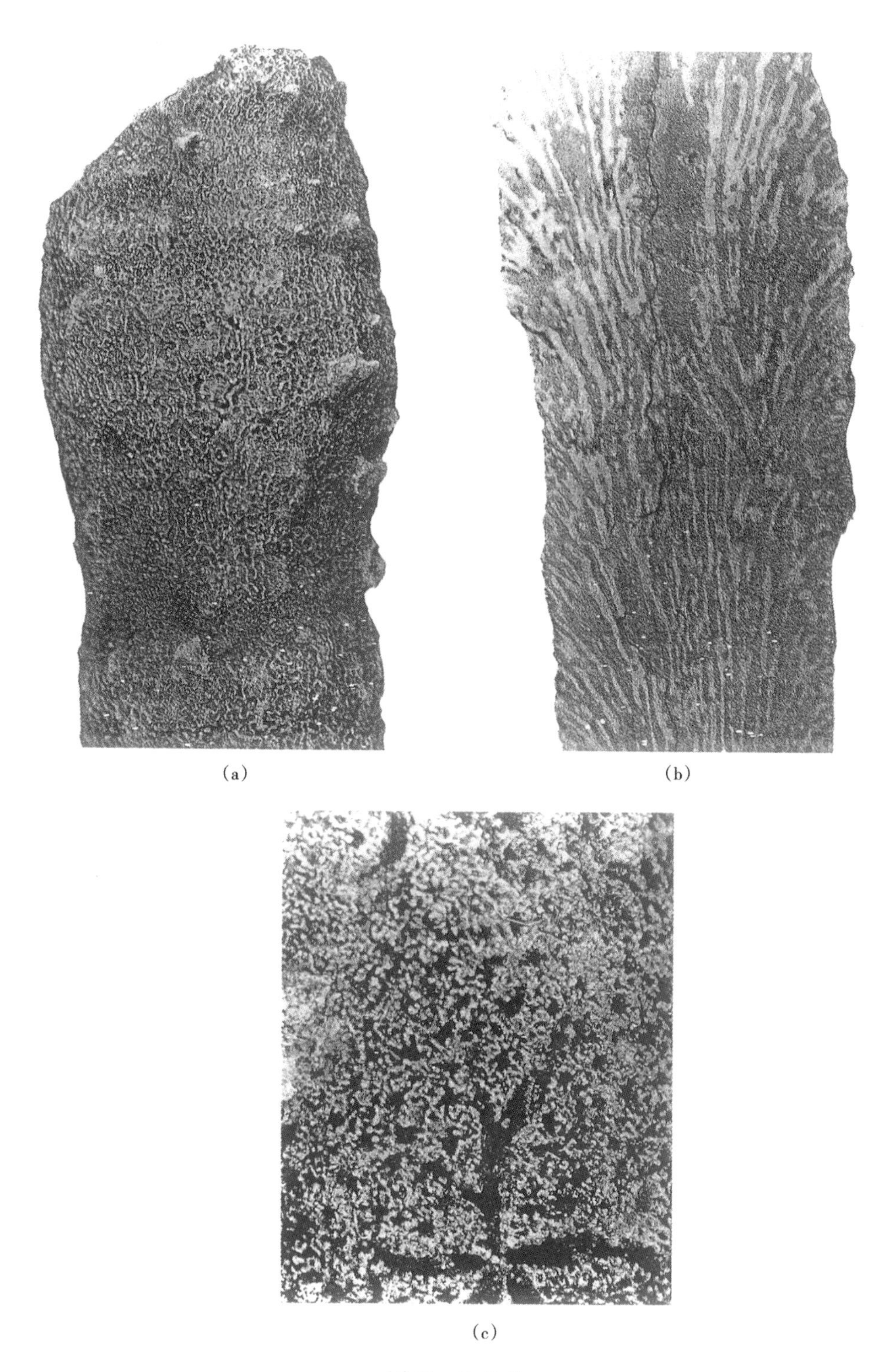

图 59 *Radiofibra*

（a）正模标本的侧边缘图，可见较粗的网格骨骼，×2；（b）海绵体的纵切面，这是标本的磨光面，可见已被基质充填了的腹腔和那些较粗的、呈向上发散状分布的骨纤，×2；（c）海绵体外表的显微照片，可见较粗的网格状骨骼，在它们之间分布着较小的进水孔，但也有较大的出水沟道，×10

外缘，它们在海绵体外表的进水孔可排列成纵向的一列一列，并在横向上可排列成行；较纤细的骨纤呈规则分布，甚至呈网格状，它们都分布在沟道之间的空间内。骨骼原来是由文石组成，具有纤球状结构；蘑菇状海绵的皮层表面未见微孔，但有清晰的生长线（图 60）。

时代：二叠纪—三叠纪；分布：突尼斯和伊朗。

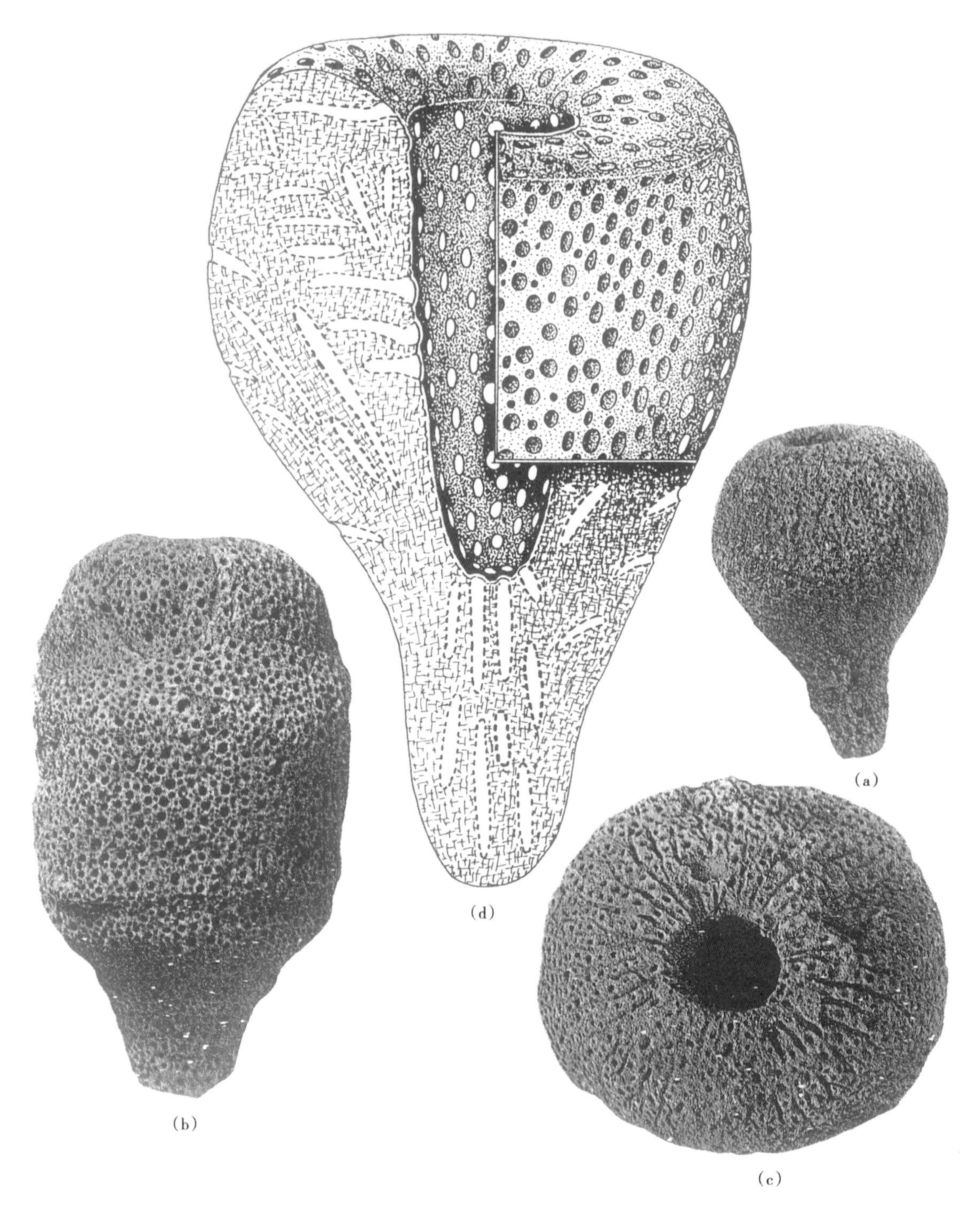

图 60　*Permocorynella*

（a）海绵体的外边缘图，可见那些切入到体内、呈放射状分布的进水沟，在它们之间形成隆脊，其上就分布着众多的进水孔，×1；（b）呈锥形圆柱体海绵的侧边缘图，可见明显的进水孔，×2；（c）顶视图，可见较大的出水口和那些放射状分布的进水沟，而进水孔都位于这些沟道之间的隆脊上，×2；（d）海绵体的图解示意图，表示该海绵体的形态和沟道的发育状况

属　*Djemella* Rigby and Senowbari-Daryan，1996a　特巴加海绵属

主要特征：海绵体呈单个的圆柱体，或分叉的圆柱体，或呈棒形，它们均具有深入体内的、分布于轴部的腹腔；皮层的表面有许多进水孔，但有些进水孔位于外管（exaules）的顶端；在外壁的里面，进水孔的内端可分裂成许多分叉状的小管，它们可进入到网格状骨骼内；中央腹腔具有清晰的外壁，在其外壁

上有十分发育的出水孔（图 61）。

时代：二叠纪；分布：突尼斯。

图 61　*Djemella*

（a）正模标本的侧边缘图，×1；（b）海绵体的横切面图，可见位于轴部的出水口和那些汇集到出水口的出水沟，×2；（c）副模标本的侧边缘图，×2；（d）顶视图，可见较大的中央出水口，×2

属　*Saginospongia* Rigby and Senowbari-Daryan，1996a　鱼网骨骼海绵属

主要特征：海绵体呈圆柱形，甚至呈分叉的圆柱体，它们具有深入体内的腹腔；骨骼在横切面内显示放射状分布的特征，而在纵切面内则表现为向上发散状展布的特征；骨骼是由极细的网格状纤针或筛网状纤针组成；显微结构不明（图 62）。

时代：二叠纪；分布：突尼斯。

亚科　Precorynellinae Termier and Termier，1977　前小棒海绵亚科

属　*Precorynella* Dieci，Antonacci and Zardini，1968　前小棒海绵属

主要特征：海绵体呈有短茎的球形、倒锥形，或棒形；海绵体表现为单体的海绵，或由许多个体在侧面彼此融合而成的小型群体；顶面有明显的、浅浅的凹入体内的出水口，其周围密布着许多紧密排列的、呈放射状展布的出水沟道；这些出水沟道沿着边缘往下伸展，并且与那些纵向排列的、较大的进水孔呈交替分布；腹腔的底面覆盖着放射状排列的、紧密分布的开口，这些出水开口深深地伸入海绵体的轴部；在腹腔的边缘也有相似的出水沟道开口，而这些沟道向内、向上进入体内，平行于顶面；海绵体的外面饰有较小的、圆形到蛇曲状的、骨纤之间的空间，它们分布在较大的进水孔之间；在海绵体的底部，由于有致密的皮层覆盖，因而未见孔隙；体内的骨纤骨骼呈层状展布，它们都平行于顶面，而且具有往上和往外发散的连接单元（connecting element）；体内出水沟道也是平行于那些拱起的骨纤骨骼，但不包括那些位于中央的纵向出水管；进水沟道从进水孔开始呈向内和向下延伸，且平行于连接单元；根据 Wendt（1974）的研究，此属的模式种的骨纤的显微结构是纤球状和画笔状结构（图 63）。

时代：二叠纪—三叠纪；分布：北美、南美、欧洲、突尼斯和帝汶岛。

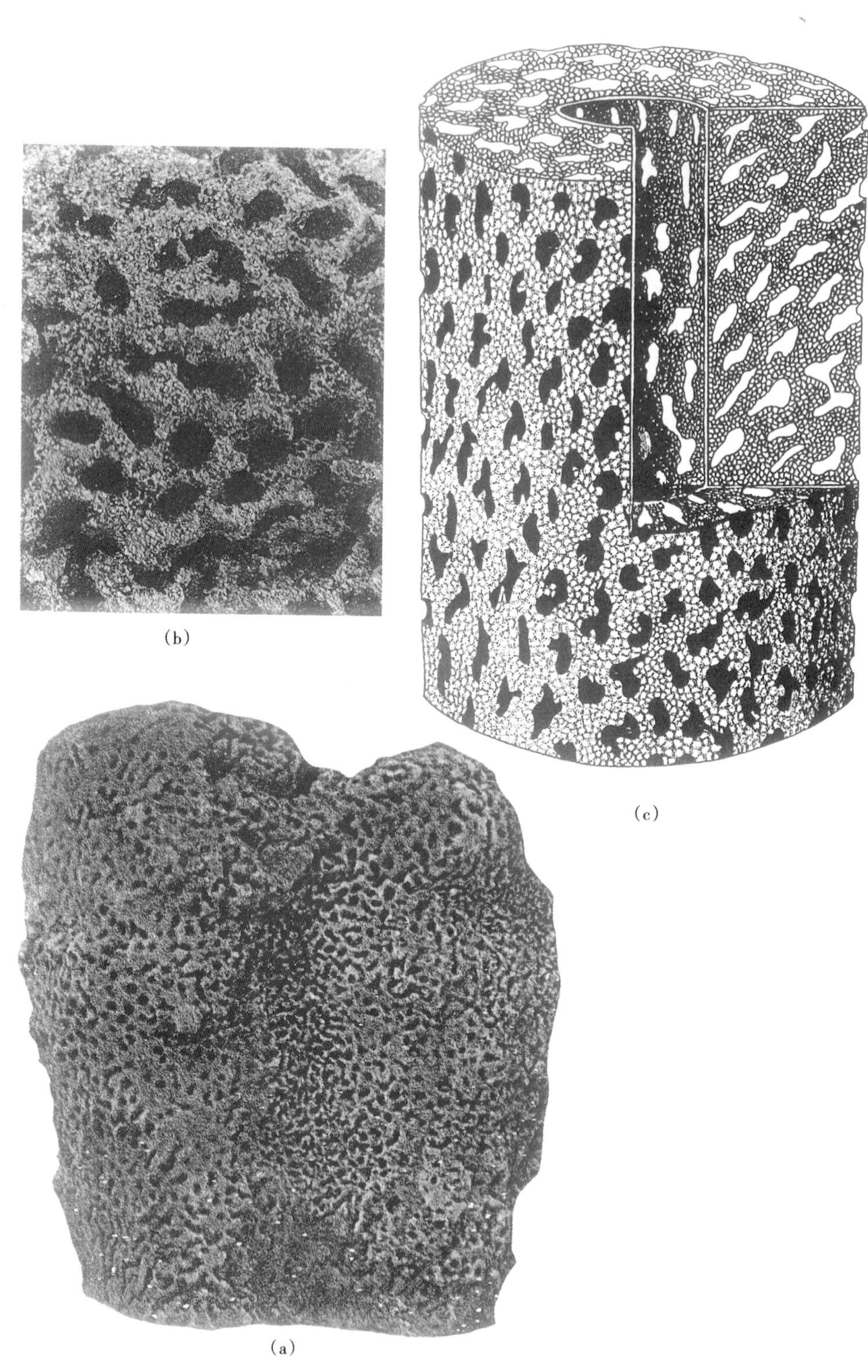

（b）

（c）

（a）

图 62 *Saginospongia*

（a）正模标本的侧边缘图，可见其骨纤很粗，并显示出复杂的网格，×2；（b）显微照片，显示出较大的进水孔和沟道，并可见分布在它们之间的较粗的骨纤结构，×10；（c）图解示意图，表示骨骼的特征和沟道的分布状况

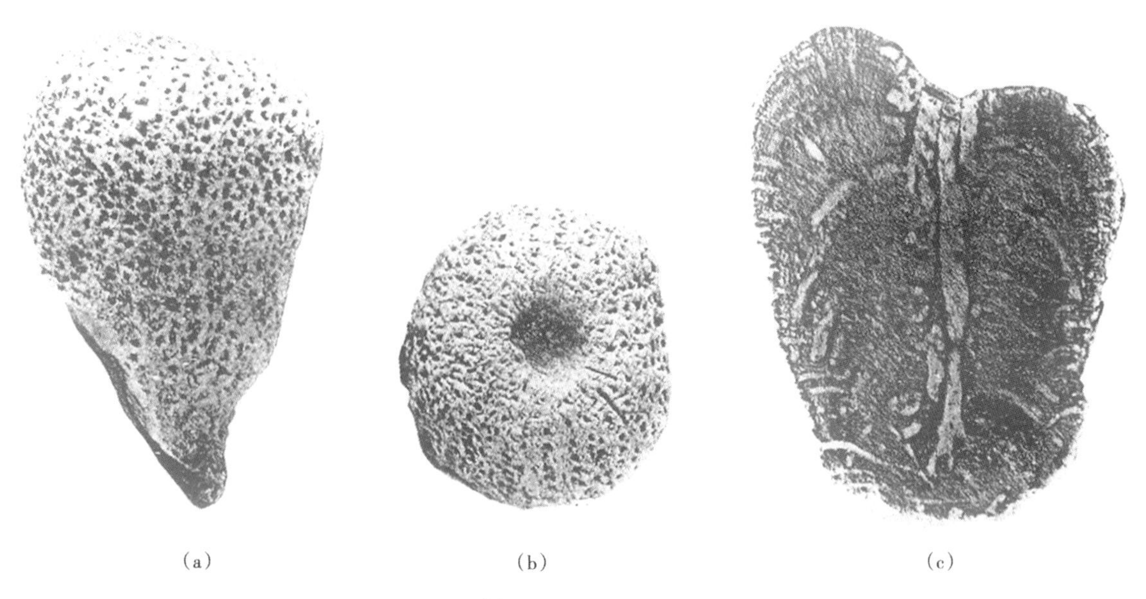

(a)　　(b)　　(c)

图 63　*Precorynella*

(a) 呈倒锥形或球形的正模标本，其外面覆盖着皮层，其上有许多进水孔，×2；(b) 顶视图，可见中央的出水口和成排的进水孔，×2；(c) 纵切面，显示出位于中央的、垂直展布的出水沟道，它们直达顶面的腹腔凹陷，×2

属　*Bicoelia* Rigby，Senowbari-Daryan and Liu，1998　双腔海绵属

主要特征：海绵体呈圆柱形，它具有两个平行排列的腹腔，每一个腹腔都有外壁，其上已被许多微孔和细管状沟道所刺穿，而这些沟道和微孔都和周围的骨骼孔连通；海绵体的外面包覆着清晰的、饰有微孔的皮层；皮层到腹腔壁之间的骨骼表现为松散状的结构，但有一部分骨骼则呈放射状展布的纤状骨骼；此外，在腹腔内还能见到水平分布的横板（图 64）。

时代：二叠纪；分布：泰国、中国和美国。

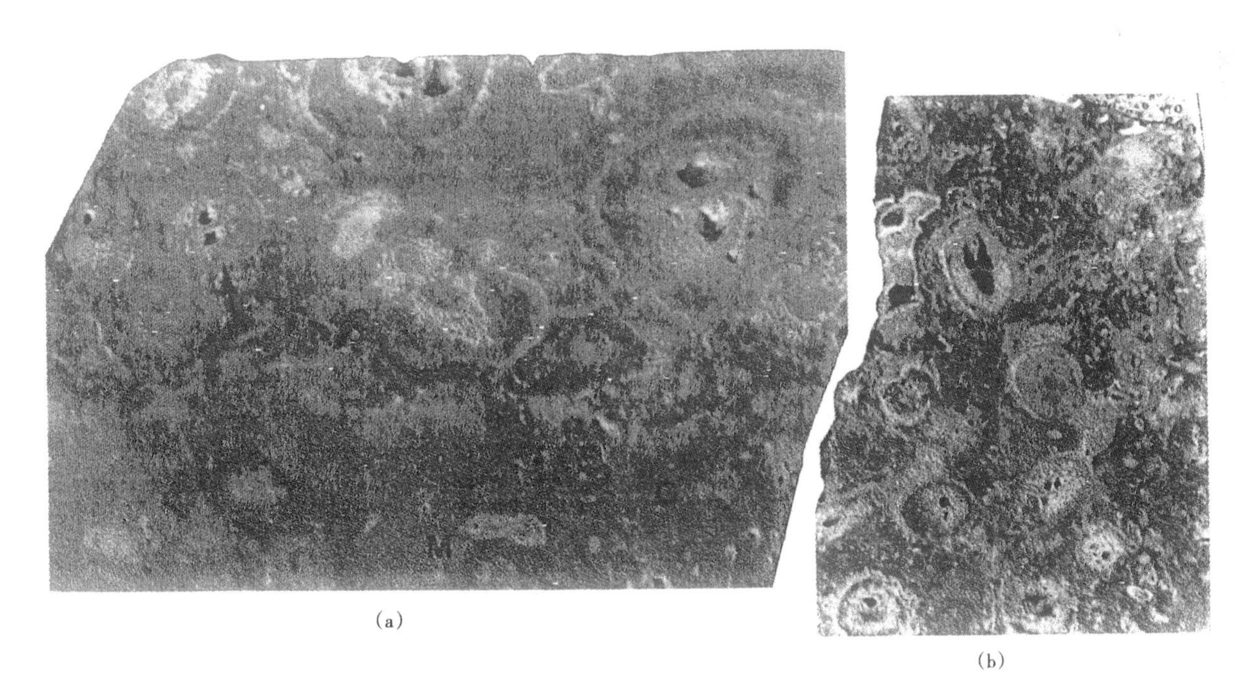

(a)　　(b)

图 64　*Bicoelia*

(a) 正模标本，这是磨光面，可见几个较大的个体，每一个个体都有一对位于中央的腹腔，×2；
(b) 副模标本，可见数个个体的横切面，每一个横切面都有一对腹腔；骨骼呈网格状，×2

属 *Imperatoria* de Gregorio，1930 皇串海绵属

主要特征：海绵体呈高螺旋体，可分叉或不分叉；海绵体由许多组成单位或分节组成，各个组成单位或分节呈杯形到漏斗形；每一个分节的顶面平坦或呈倾斜的斜面，它们都有显著的向外突出的棱脊；海绵体的内部不分节，有向上、向外延伸的、较粗的骨纤结构；海绵体内没有轴部的出水管，或穿过轴部的腹腔；在每一个分节内都有较小的口孔，它们位于短而粗的出水管之上；海绵体的上部和侧边缘的皮层都很光滑，并饰有许多微孔。但是，有许多微孔分布在向外突出的外管的顶端（图 65）。

时代：晚奥陶世和二叠纪；分布：美国、意大利和突尼斯。

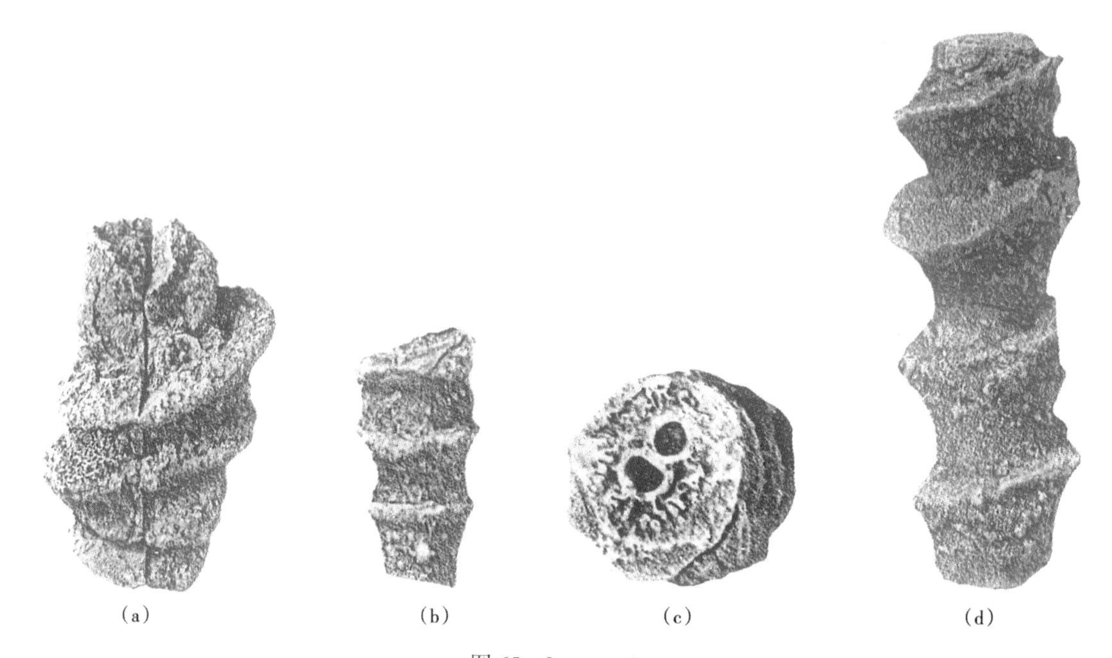

（a） （b） （c） （d）

图 65 *Imperatoria*

（a）轮环状海绵体的侧边缘图，×1；（b）正模标本的侧边缘图，代表此海绵的高螺旋体，×2；（c）顶视图，可见两个相邻的、有外壁的口孔，它们的周围分布着较粗的骨纤，×4；（d）高螺旋形海绵的侧边缘图，这是副模标本，×2

属 *Minispongia* Rigby and Senowbari-Daryan，1996a 小型状海绵属

主要特征：海绵体很小，呈二分叉的分支体，或呈圆柱形，具有一个到数个彼此相连或彼此并列的腹腔；皮层上未见小孔，有许多明显的、环形的隆脊，它们侧向连接成锯齿状；骨骼为网格状骨骼（图 66）。

时代：二叠纪；分布：突尼斯和美国。

属 *Ramostella* Rigby and Senowbari-Daryan，1996a 分叉沟道海绵属

主要特征：海绵体呈圆柱形到分叉的圆柱体，个体较小，在轴部有一簇较粗的出水管；在海绵体内，除了有较大的骨骼孔以外，没有其他的横向的进水沟道；骨骼是由纤细的骨纤组成，它们呈向上和向外发散状分布；在海绵体的顶面还出现一些细沟，具有都汇聚于位于轴部的出水管；还能沿着皮层的表面继续往下延伸，表现为弯曲的和近于平行的细沟（图 67）。

时代：二叠纪；分布：突尼斯。

属 *Stollanella* Bizzarini and Russo，1986 茎枝状海绵属

主要特征：海绵体呈单个的个体或枝状，或为陡峭的倒锥形，它们具有宽大的基底；外壁显示出明显的褶皱；在海绵体的轴部有一簇垂直展布的出水管，而其周围则有水平排列的出水沟，它们到轴部时就往上翘起，并与垂直的出水管相连；顶面有浅凹入体内的出水口和数个放射状分布的沟缝，在沟缝之间有近于垂直排列的进水沟的孔，它们可排成一列；显微结构为泥晶（图 68）。

时代：晚三叠世；分布：意大利。

图 66 *Minispongia*

（a）小型的、具有环脊的正模标本，×5；（b）分叉状海绵体的侧边缘图，×5；（c）顶视图，可见腹腔和其周围的骨纤，×5；（d）小型的、具有环脊的正模标本，显示其侧边缘的特征，×2；（e）海绵体的斜切面，在中央腹腔之外分布着较粗的骨纤结构，×10

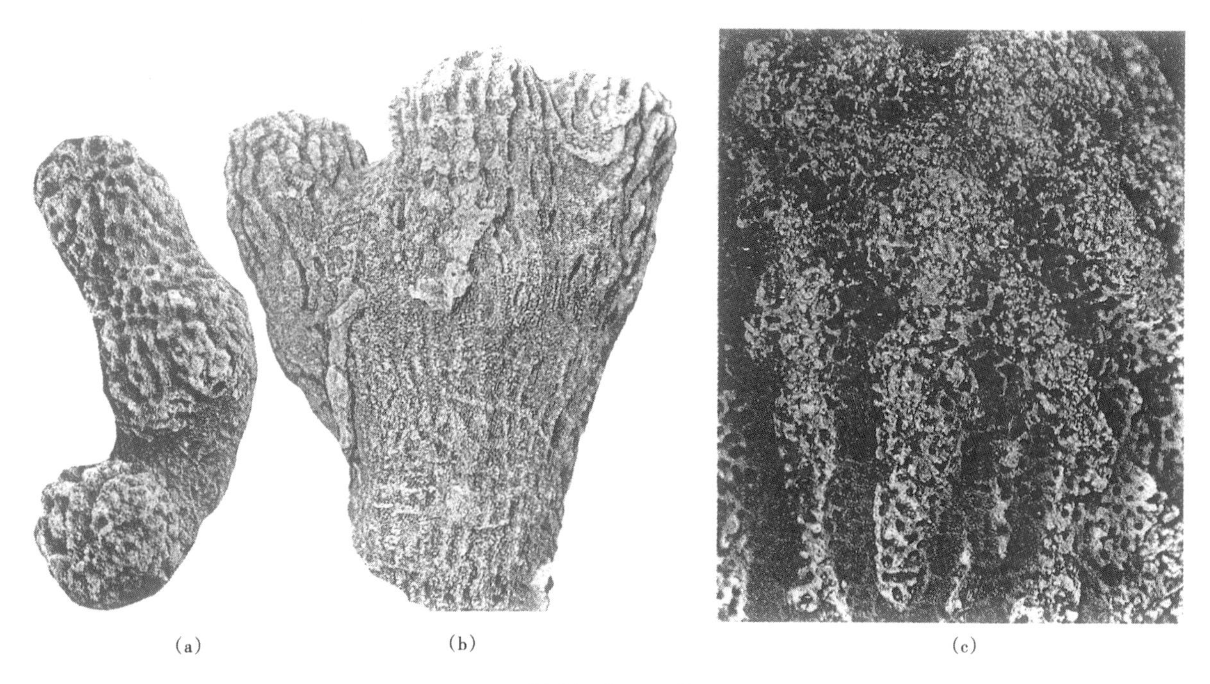

图 67 *Ramostella*

（a）正模标本的顶视图，可见该海绵体是由三个短的分支组成，×2；（b）侧边缘图，表现为三角形的、掌状的形态，并见三个短的分支；在短枝上都有切入体内的出水沟，但未见进水孔，×2；（c）显微照片，显示出一个副模标本从顶面到侧边缘的特征，可见垂直分布的出水沟和较大的出水孔；在骨纤之间还能见到较小的骨骼孔，×10

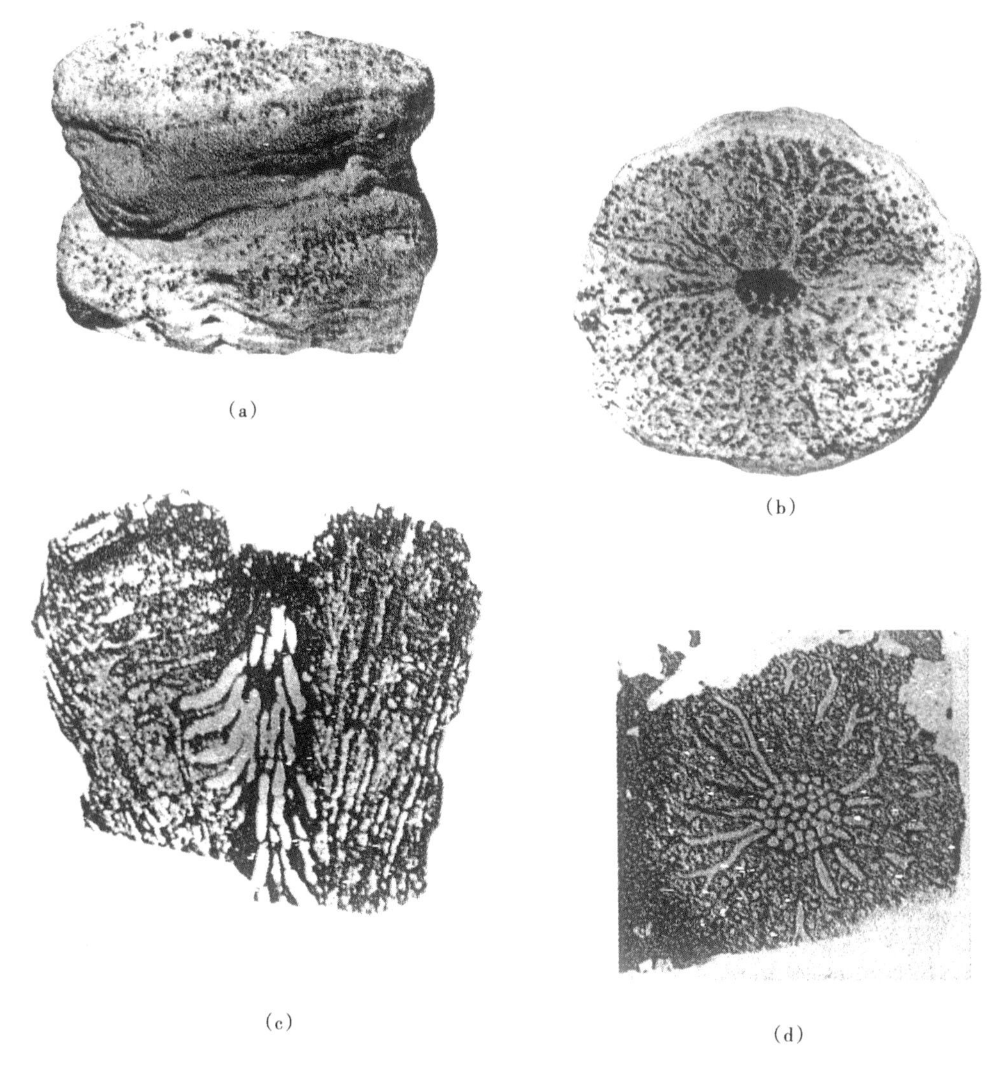

图 68 *Stollanella*

(a) 正模标本的侧边缘图，×2；(b) 顶视图，可见位于中央的出水管，在其管壁上有许多出水孔，×2；(c) 纵切面，可见直径较大的出水管和许多较细的、垂直伸展的进水沟道，×2；(d) 横切面，可见许多出水沟道汇聚到轴部，×3

亚科 Heptatubispongiinae Rigby and Senowbari-Daryan, 1996 七个附加沟海绵亚科

属 *Heptatubispongia* Rigby and Senowbari-Daryan, 1996a 七个附加沟海绵属

主要特征：海绵体呈圆柱形到分叉的圆柱形，在轴部具有腹腔或较粗的出水管，通常有 7 个较小的垂直出水管，它们均匀地分布在靠近海绵体边缘处的圆形环带内；这些垂直出水管也可减少到 6 个或增加到 8 个；在海绵体的外表，还可见到一些进水孔；骨骼是由较粗的网格状骨纤组成；体外有明显的生长线 (图 69)。

时代：二叠纪；分布：突尼斯。

属 *Marawandia* Senowbari-Daryan, Seyed-Emami and Aghanabati, 1997 马雷万达海绵属

主要特征：海绵体为分叉的圆柱形，体内有数个彼此分离的出水管，其直径相同，但并不分布于轴部，它们能贯穿整个海绵体；每一个出水管都有清晰的外壁，壁上都有微孔；整个海绵体也有清晰的外壁，但此外壁显示迷宫状的沟道系统；海绵体的内部已被网格状骨骼所填充；显微结构和骨针均不明 (图 70)。

时代：晚三叠世；分布：伊朗。

（a）　　　　　　（b）　　　　　　（c）

图 69　*Heptatubispongia*

（a）呈分叉状的正模标本，显示出侧边缘的特征，×2；（b）前一图中左侧的分支，可见在顶面的中央有明显的垂直沟道，而靠近边缘处则有附属的垂直沟道，它们呈对称状分布，×4；（c）正模标本的底面图，在其轴部可见放射状出水沟道，它们汇聚到腹腔内，而在边缘的环带内则分布着附属的垂直出水沟，×8

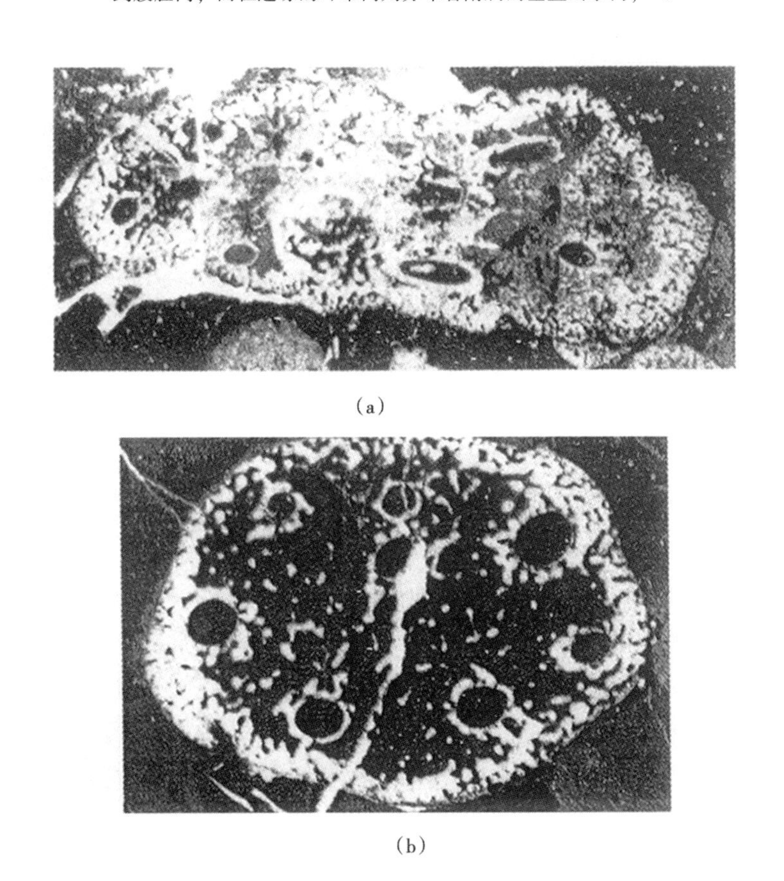

（a）

（b）

图 70　*Marawandia*

（a）正模标本的斜切面，可见体内有数个出水管；这些出水管的周围分布着骨骼纤针；海绵体的外壁具有迷宫状的沟道系统，×5；（b）横切面，在其边缘有 8 个出水管，每一个小管均有明显的、具有微孔的外壁；整个海绵体的外壁显示出迷宫状的结构，×10

科 Fissispongiidae Finks and Rigby，2004 裂开海绵科

属 *Fissispongia* King，1938 裂开海绵属

主要特征：海绵体呈锥状的圆柱形，可分叉；海绵体表现出明显的分节，也可不分节；如果出现分节现象，每一个分节呈往上增大的锥形；腹腔较小，位于中央，也可出现两个腹腔，但很少见到多个腹腔；如一个腹腔呈圆形，它在体内与第二个腹腔呈直角相交，这表示第二个腹腔包覆在第一个腹腔之外；圆形腹腔的内壁要比其他形状的腹腔的内壁更厚一些，有时，这些内壁可以缺失不见；整个海绵体的外壁布满着极小的、密集分布的微孔（进水孔），与其伴生的，还有更多的、呈分散状分布的、较大的圆孔，后者均有厚的围唇，或其顶端呈喷口状的突起；间壁缺失不见，即便在明显分节的海绵内也是如此，但可在外壁处见到往内弯曲的局部间壁；海绵体的内部是由很细的、网格状骨纤组成，它们可以勾画出网结状的管形空间；骨纤和海绵体的外壁都是由极小的、直径相等的纤球组成，但未见骨针（图 71）。

时代：泥盆纪—二叠纪；分布：主要出现于美国。

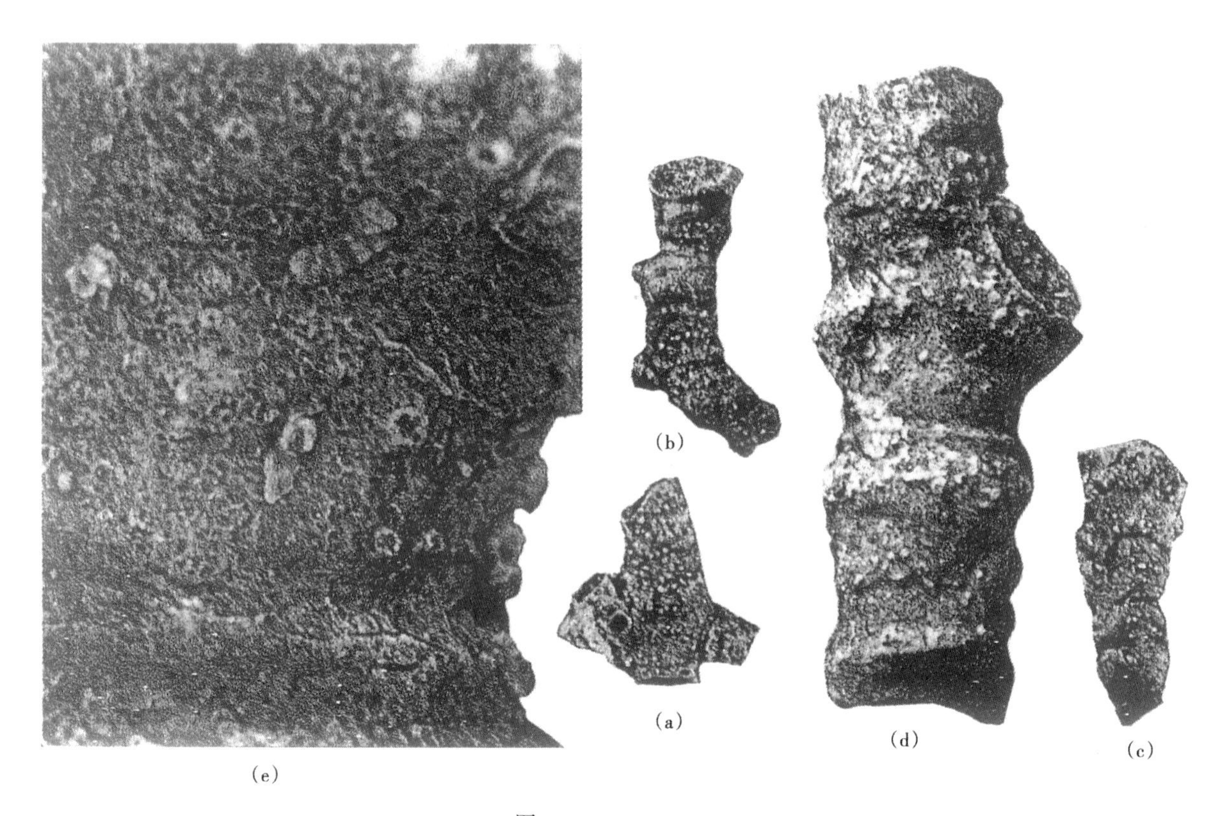

图 71 *Fissispongia*

（a—c）共模标本，它们都具有倒锥形或分叉的圆柱形，分布在外边缘的圆孔均有围唇，×1；（d）海绵体的侧边缘，显示海绵体呈分叉的特征，外表饰有轮环状的突起，×2；（e）海绵体外表的一部分，在其皮层上有较小的进水孔，并有直径较大的、有围唇的进水孔，×10

属 *Hormospongia* Rigby and Blodgett，1983 链状海绵属

主要特征：海绵体呈锥状的圆柱体，它是由相互叠置的、呈锥形或圆盘形的分节（也可能是房室）组成，可见一个到三个较窄小的、位于中央的垂直出水管。它们一般至少通过数个分节，在各个分节内都布满了蛇曲状的骨纤，可以勾画出网结状的管形空间；海绵体外壁的微孔较小、呈圆形，密布在外壁的外面，但它到外壁的里面就融合成较宽的沟道，并与那些骨纤之间的空间连通；各个分节之间的间壁实际上就是外壁往内延展到分节顶面的部分；内壁发育不好；显微结构不清楚，也未找到骨针（图 72）。

时代：泥盆纪；分布：美国和澳大利亚。

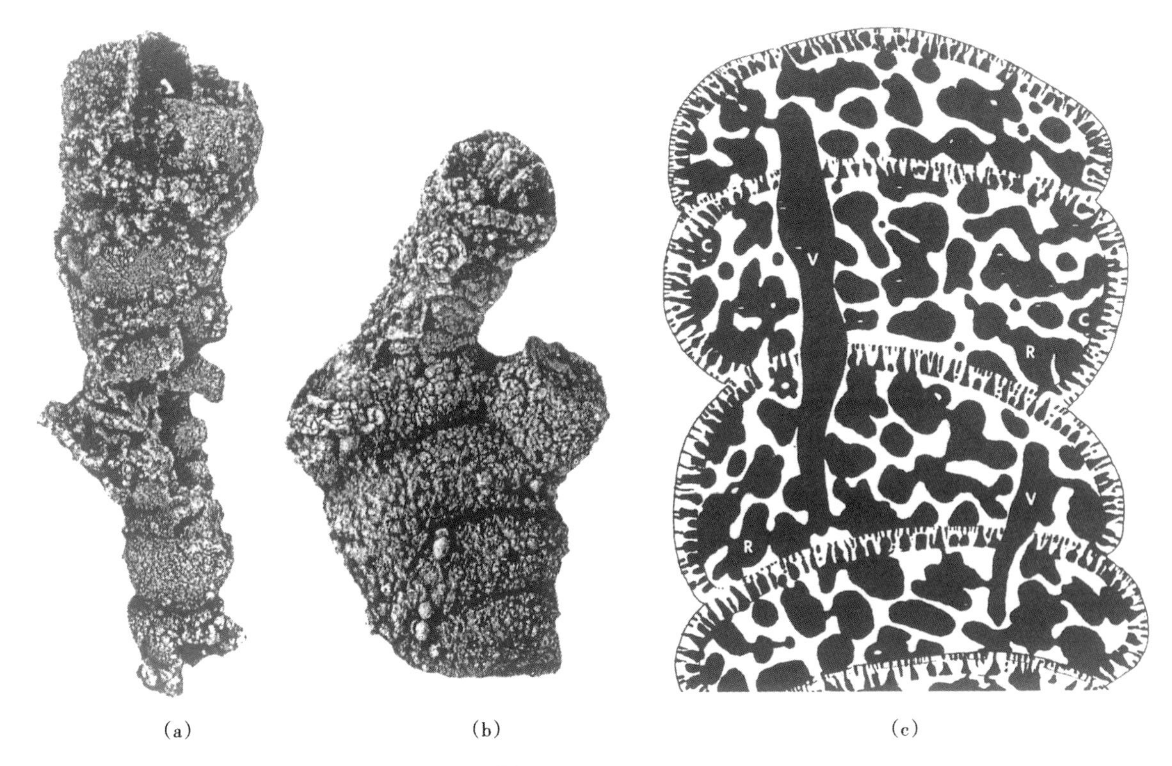

图 72 *Hormospongia*

(a) 正模标本的侧边缘图，由一列叠置的分节组成的海绵体，×2；(b) 呈分叉状的海绵体，×2；(c) 一般的垂直切面，显示出球形的分节或房室内的垂直出水沟道 (v)、同心状沟道 (c) 和放射状沟道 (R)；同时可见外壁内的微孔，这些微孔到体内就融合成细沟，×5

科 Maeandrostiidae Finks，1971 曲口海绵科

属 *Maeandrostia* Girty，1908 曲口海绵属

主要特征：海绵体呈锥状的圆柱形，或宽大的锥形，其顶面呈丘状的隆起，顶面的中央有出水口；海绵体可分裂成一簇、呈扇形的分支；皮层也许只存在于局部，或大片地分布，其上都有较大的、呈圆形的、具有围唇的小孔，从这些小孔可显示出内部骨纤的边，如同没有皮层覆盖的区域所见到的情况；骨纤能勾画出网结状的、具有圆形截面的管道，或呈脑纹状的空管，空管都显示出放射状到纵向的分布特征；中央出水管的直径约占海绵体直径的 1/3，其周围就是内壁 (endowall)；内壁可以穿过骨纤之间的骨骼孔隙，而且在内壁上还饰有极小的微孔，这些微孔显然要比骨纤之间的骨骼孔小得多；骨纤是由那些较大的、直径相等的纤球组成，但未见骨针 (图 73)。

时代：石炭纪—三叠纪；分布：美国、意大利、斯洛文尼亚和中国。

属 *Adrianella* Parona，1933 亚得里亚海绵属

主要特征：海绵体呈锥形，在稍微隆起的顶面上，有中央腹腔凹陷；海绵体外表光滑，未见微孔；体内是由脑纹状的骨纤组成，它们能勾画出网结状的管状沟道；骨纤的网格显示出模糊的同心状层纹；骨纤的显微结构不明，也不清楚是否存在骨针 (图 74)。

时代：二叠纪；分布：意大利的西西里岛。

属 *Eurysiphonella* Haas，1909 宽腹腔管海绵属

主要特征：海绵体呈锥状的圆柱体，中央腹腔的直径约占海绵体直径的 1/3 以上；房室很高，外面的分节十分明显；外孔、间壁孔和内孔都是很小，呈圆形，密集排列，但内孔要比外孔稍为大一些，而间壁孔则比外孔小一些；在房室内，或只有泡沫组织，或填充了不规则的骨纤网格；骨纤的显微结构不清楚，也未找到骨针 (图 75)。

时代：三叠纪；分布：奥地利。

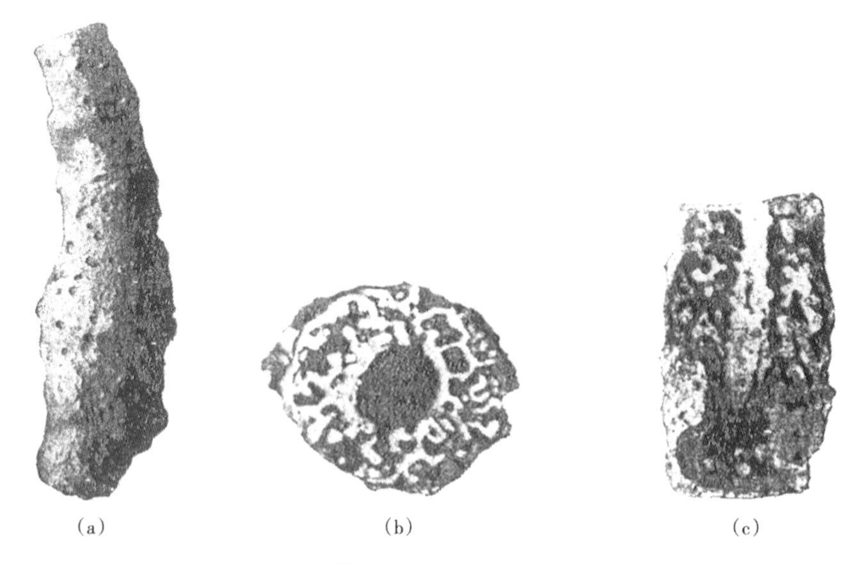

图 73　*Maeandrostia*

（a）圆柱形海绵体的侧边缘图，×1；（b）海绵体的横切面，显示出位于轴部的腹腔和其周围的骨纤结构，×2；（c）海绵体的纵切面，可见位于中央的腹腔和呈不规则的、房室状的外壁（chambered wall），×2

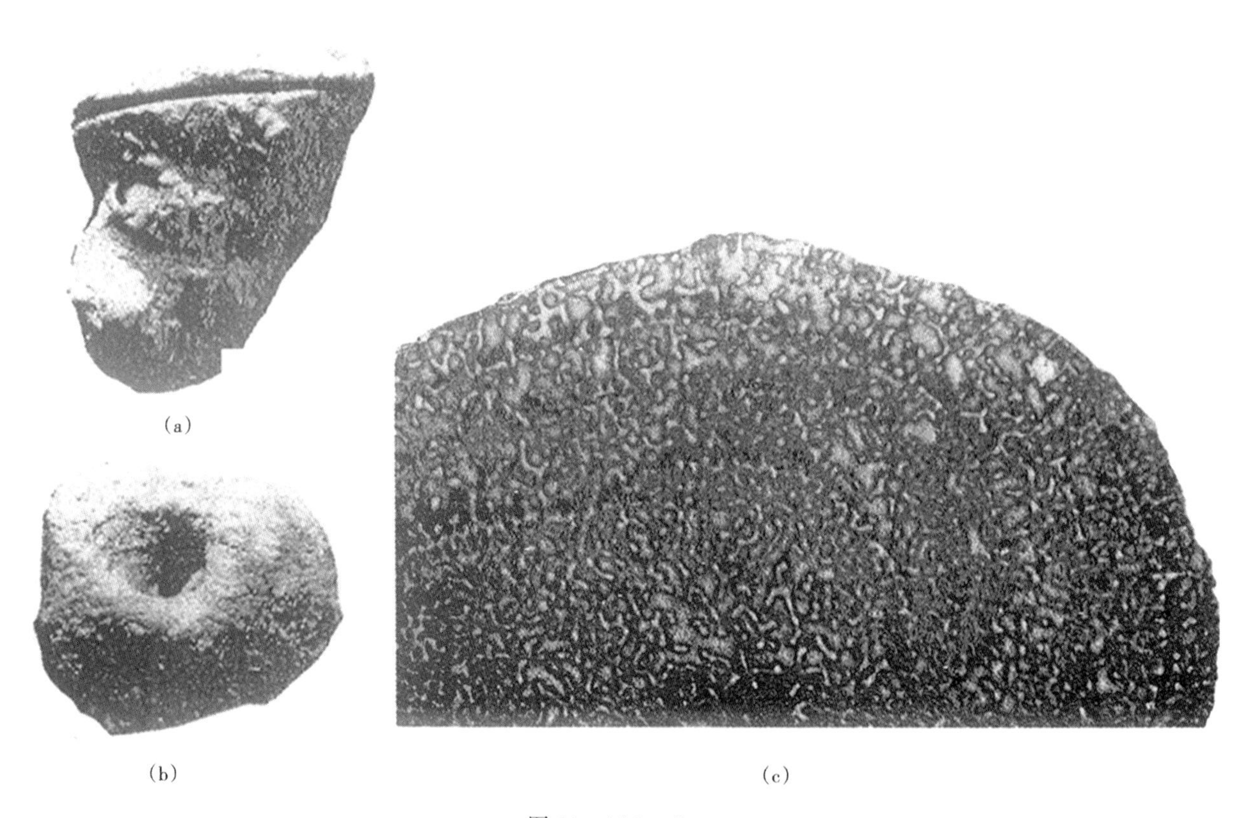

图 74　*Adrianella*

（a）呈倒锥形的正模标本，显示其侧面的情况，×1；（b）顶视图，可见其腹腔很浅，×1；（c）横切面图，显示脑纹状的骨纤和小的沟道，但这些沟道在海绵体的外部较为普遍，×5

属　*Polysiphonaria* Finks，1997　多管形海绵属

主要特征：海绵体由圆柱形的分支组成，它们可以侧向相连，成为扇形体或网格状；各个分支之间相交成锐角；外表面未见轮环；在外壁上出现密集分布的、中等大小的、圆形的唇孔（labripore），在这些

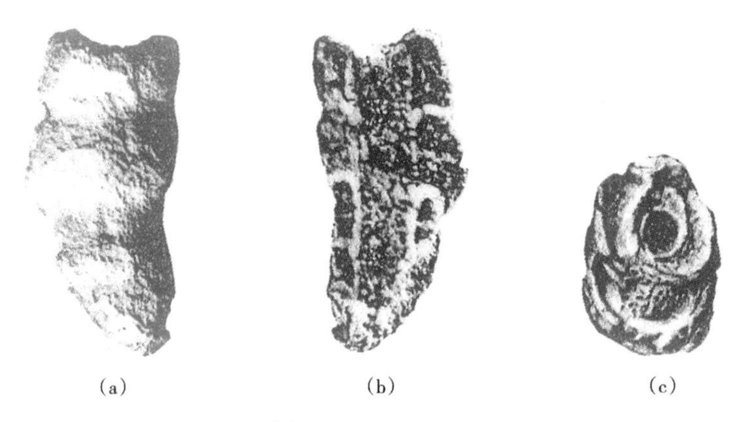

图 75　*Eurysiphonella*

（a）模式标本的外边缘图，显示其房室的分节情况和多孔的房室外壁；（b）纵切面，可见中央腹腔，其腹腔壁很薄；各个呈气泡状的房室内未见充填物；（c）一个已破损的海绵体的底面，可见中央的腹腔和房室之间的多孔的间壁，×1

唇孔之间还有较小的外孔（exopore）；在海绵体内有许多较窄小的、垂直伸展的腹腔管，它们的壁上，即内壁上，饰有较小的、呈拉长的内孔（endopore）；腹腔管彼此之间相距较宽，其横切面呈圆形；房室之间的间壁（interwall）呈水平分布，密集地分布，在这些间壁上分布着中等大小的、密集的、呈辐射状拉长的、或近于脑纹状的间壁孔（interpore）；在低矮的房室内，还有许多垂直的小柱，它们往往能连结相互叠覆的低矮房室的间壁；骨纤的显微结构不明，也未见骨针（图 76）。

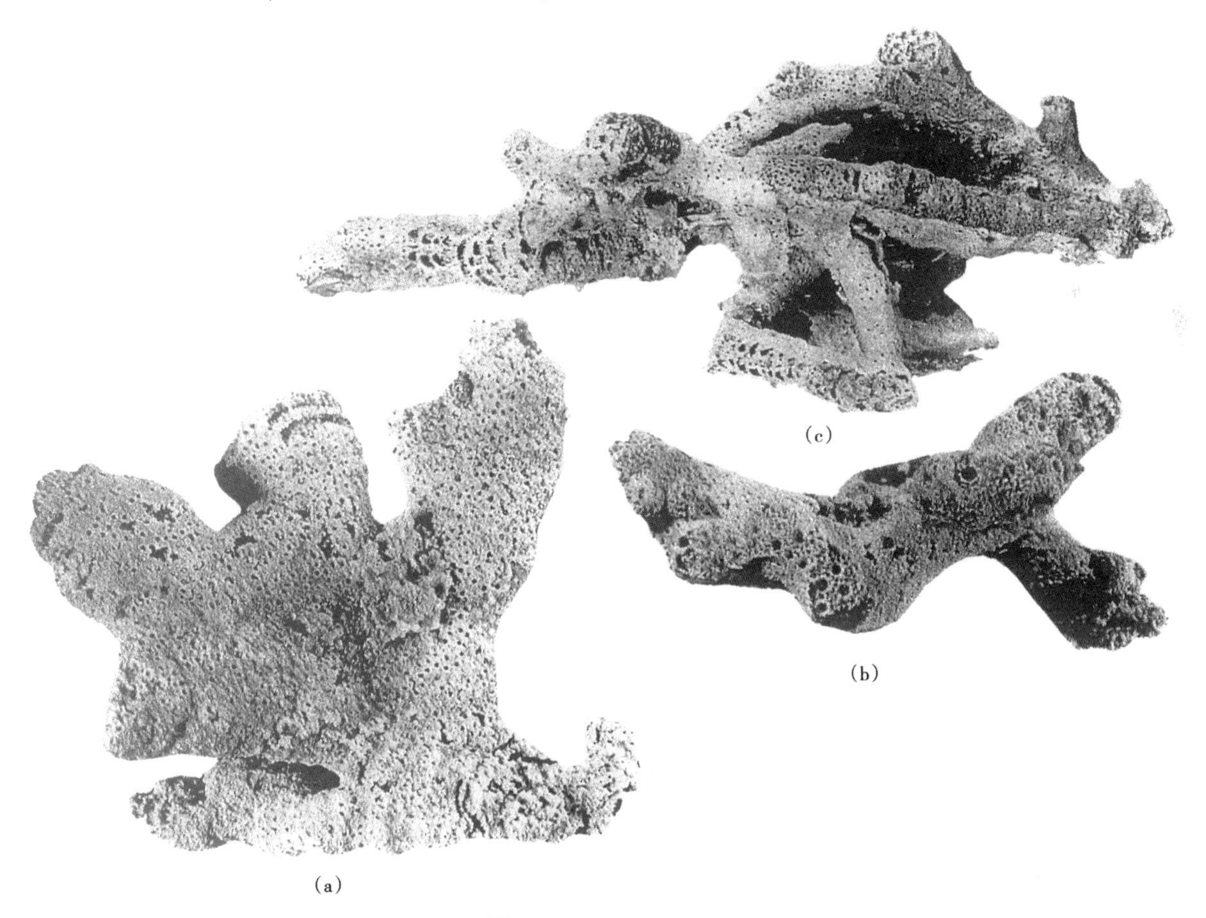

图 76　*Polysiphonaria*

（a）呈扇形的、显示分枝状特征的正模标本，此处显示其侧面，×1；（b）顶视图，可见许多分支，每一个分支内有多次分叉的腹腔管，×1；（c）副模标本，可见各个分支表面显示出网结状的骨纤；还能见到许多平行分布的、呈扇形的分支，其房室的间壁往上拱起，×1

时代：二叠纪；分布：美国得克萨斯州。

属 *Prosiphonella* Dieci，Antonacci and Zardini，1968 前管海绵属

主要特征：海绵体呈锥形的圆柱形，顶面的中央有较窄小的出水口，其周围分布着许多圆形的外孔，外孔都有围唇；腹腔壁（即内壁）显示出不连续状，这是因为内壁上有许多直径较大的内孔的缘故；房室之间的间壁厚度和间壁孔的孔径推测与海绵体外壁的厚度和外壁孔的孔径相似；每一个房室有一部分已覆盖着下面的房室；房室很低矮，其内已充满了纤细的骨纤；骨纤形成了蛇曲状网格，在这些网格之中，分布着较粗的、呈水平展布的出水沟道，它们可进入到腹腔；从外壁上的外孔往体内，并往下延伸着许多进水沟道；骨纤的显微结构不清楚，也不知道骨针是否存在（图 77）。

时代：三叠纪；分布：意大利。

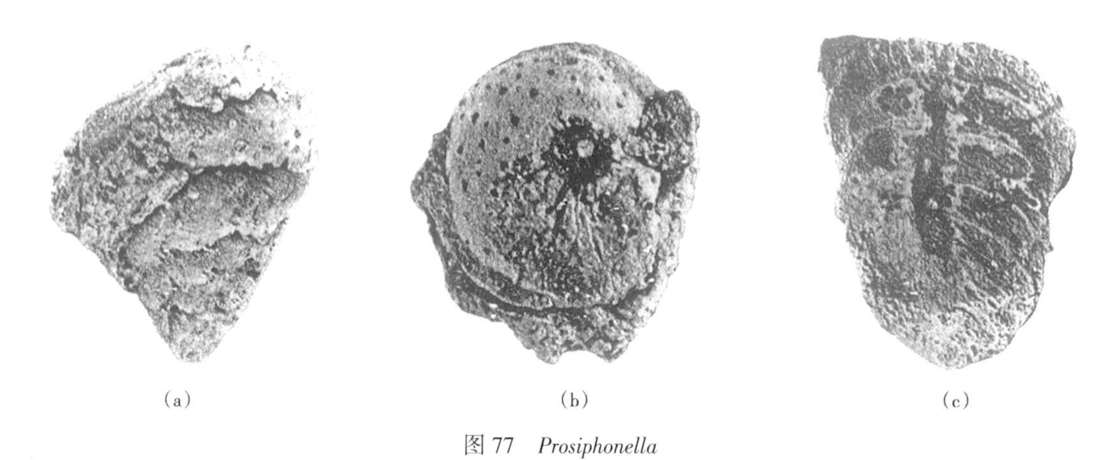

图 77 *Prosiphonella*

（a）正模标本的侧边缘图，可见位于上面的房室已与下面的房室重叠在一起；（b）正模标本的顶面，顶面呈宽圆状，可见位于中央的腹腔出水口；此外，还有许多较大的进水孔；（c）纵切面，可见拱起的房室和前管型的腹腔，×2

属 *Stylopegma* King，1943 柱枝海绵属

主要特征：海绵体呈分叉的圆柱体或锥形体，体外的分节可出现，或缺失不见；顶面有位于中央的出水口；常能见到饰有许多微孔的间壁，这些微孔可能显示出辐射状拉长的特征；房室内充满着呈垂直分布的、辐射状拉长的、有时为脑纹状和交叉连接的骨纤，或房室内有垂直的小柱，但泡沫填充组织也可能存在；腹腔壁（即内壁）上有许多微孔，而在外壁上出现了许多孔径不一的、圆形的外孔，较大的外孔都有明显的围唇；骨纤、小柱和外壁都是由较大的、直径相等的纤球组成，但缺失骨针（图 78）。

时代：二叠纪；分布：美国得克萨斯州。

科 Angullongiidae Webby and Rigby，1985 安古龙海绵科

属 *Angullongia* Webby and Rigby，1985 安古龙海绵属

主要特征：海绵体呈锥状的圆柱形，此海绵体较大，从外面可以看到相互叠覆的、圆突的房室；中央腹腔约占海绵体直径的 1/2；外壁上饰有乳头状的突起，可能代表长形小管的末端；外壁上的小孔呈圆形，广泛地分布，这些小孔都有围唇；除了这些直径较大的小孔以外，还有极小的微孔，它们分布在那些小孔之间；间壁实际上就是房室的外壁往体内延伸而成，间壁上小孔的孔径与外壁小孔的孔径十分接近；内壁就是间壁往下延伸而成，即以反管型的方式形成内壁；从房室内部通向内壁处有树枝状的沟道，它们都是呈往内和向上延伸；内壁上有许多微孔；房室内已充填了许多较厚的、次生纹片状沉积物，而那些较大的外孔和间壁孔都像沟道一样地穿过这些纹片；对于这些纹片沉积物来说，这类情况是很经常的；在房室内除了这些纹片以外，还充填了极细小的泡沫；靠近外壁处，这些泡沫几乎平行于外壁；偶而可见这些泡沫分布在腹腔内（图 79）。

时代：中奥陶世—晚奥陶世晚期；分布：澳大利亚和美国。

(a)　(b)　(c)

图 78　*Stylopegma*

(a) 正模标本的侧边缘图，可见在皮层上有许多微孔，×2；(b) 正模标本，其表面已受到风化剥蚀，可见明显的、呈水平分布的不规则的骨纤，×10；(c) 副模标本的横切面，可见位于中央的、明显的腹腔，而海绵体的外壁是由不规则的骨纤组成，×2

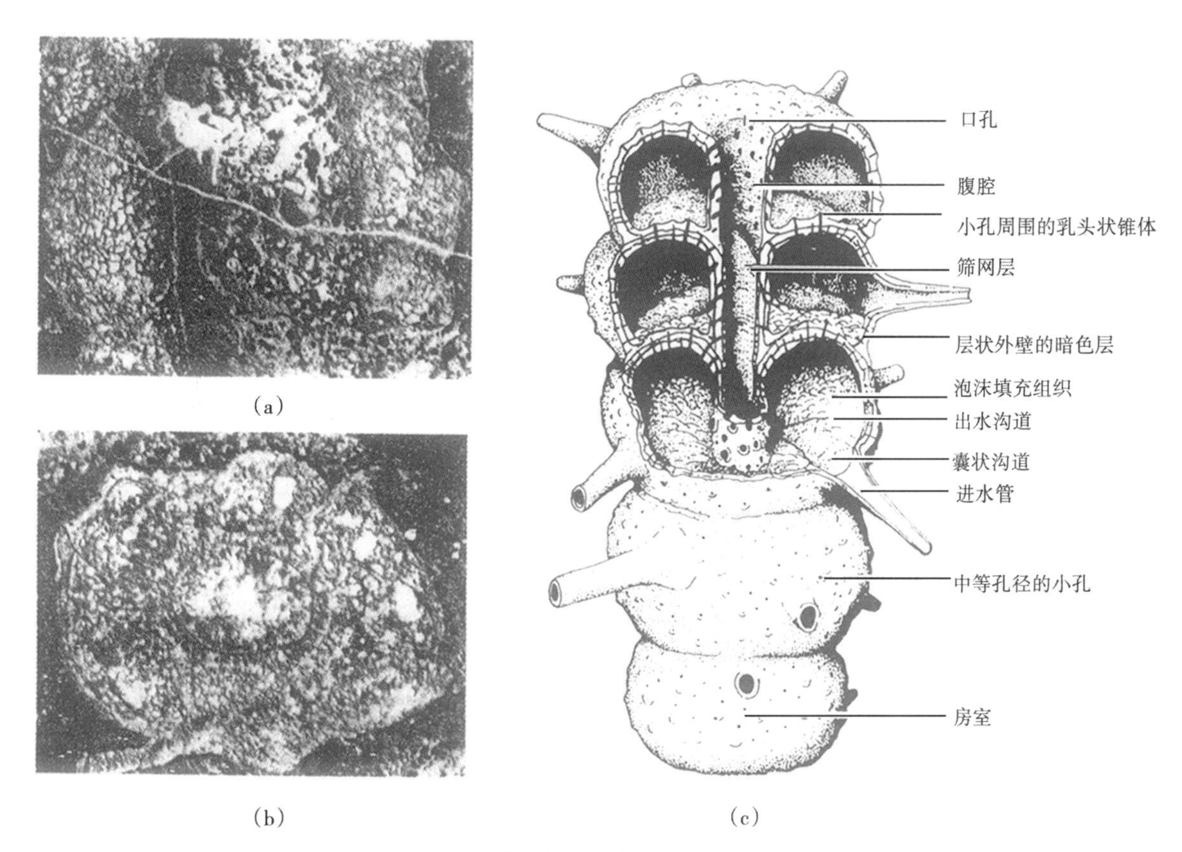

(a)　(b)　(c)

图 79　*Angullongia*

(a) 正模标本的纵切面，显示出宽大的腹腔和已充填了泡沫的房室，×2；(b) 正模标本的横切面，可见中央腹腔壁很清晰，房室内已充填了泡沫和囊状的管道，×2；(c) 一般的复原图，表示其一般的形态和其内部结构，×2

属 *Alaskaspongia* Rigby，Potter and Blodgett，1988 阿拉斯加海绵属

主要特征：海绵体呈尖锥状，海绵体较小，它具有叠覆的、球形到半球形的房室；中央腹腔只占海绵体直径的1/5或更少；外壁上布满了极细小的外孔（exopore）；房室的间壁里面一半是由从内壁辐射出来的骨纤组成，从而勾画出三角形的间壁孔（interpore）；内孔（endopore）集中分布在每一个房室的内部；从房室内伸出一个到多个像气囊状的伸展物，它们都铺盖在前一房室的外面，并像出水管状的小管，其末端有开口（图80）。

时代：早奥陶世晚期；分布：美国。

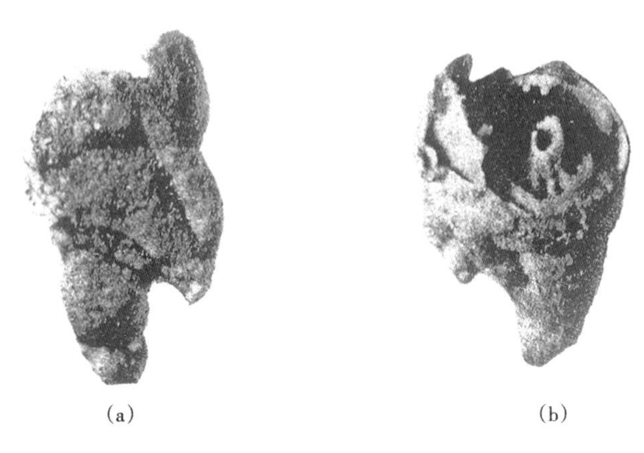

(a)　　(b)

图80 *Alaskaspongia*

(a) 正模标本的侧边缘图，表示一般的倒锥形的外形，有许多中央陷落的、联生的（adnate）房室，而这些房室往上增大，×2；(b) 海绵体的斜切面，可见已破损的房室，其内有多孔的、反管型的腹腔和间壁；在海绵体的下部还能见到在房室外面的出水管，×2

属 *Amblysiphonelloides* Rigby and Potter，1986 类钝管海绵属

主要特征：海绵体呈锥形的圆柱体，海绵体较小，它具有叠覆生长的圆盘形房室，从体外能见到分节的状况；腹腔约占海绵体直径的1/3；外孔较小、密集分布，分布较均匀，呈圆形；外壁向内延伸时，就成为间壁，但其间壁孔要小于外孔；内孔呈垂直拉长的细孔，其孔径与间壁孔很相似；从许多外孔往内可伸展出许多放射状的小管，这些小管有时能分叉，但它们大多数不能到达内壁，有一些可与内孔相通；显微结构不清楚，也未发现骨针（图81）。

时代：早奥陶世晚期—晚奥陶世；分布：美国。

属 *Belubulaia* Webby and Rigby，1985 贝鲁布拉海绵属

主要特征：海绵体呈锥状的圆柱体，海绵体较小，偶尔有分叉现象，它是由相互叠置的球形到半球形的房室组成，从体外能易于识别；中央的腹腔约占海绵体直径的1/5~1/3；外孔较小，呈圆形，密集分布，但大小有变异；除此之外，在那些像乳头状的突起末端有较大的外孔；间壁就是外壁向内延展而成，其上的微孔孔径与外孔相似；内壁上的内孔要比外孔大一些，它们呈圆形，并集中分布成轮环状；在房室内偶而可见到泡沫；显微结构不明，骨针也未找到（图82）。

时代：晚奥陶世早期；分布：澳大利亚。

属 *Nibiconia* Rigby and Webby 1988

主要特征：海绵体为不规则的分叉状海绵，它具有侧向联生（adnate）的房室，或拥有彼此分离的肿胀的房室，但中央腹腔不明显；房室内缺失泡沫组织和其他的填充组织；房室外壁多孔（图83）。

时代：晚奥陶世早期；分布：澳大利亚。

图 81　*Amblysiphonelloides*

（a）正模标本的侧边缘图，可见低矮的、轮环状的、串链状的房室；（b）副模标本的侧边缘图，可见多孔的房室外壁，×2；
（c）一个硅化海绵的垂直切面，可见多孔的、反管型的中央腹腔和许多间壁，×2；
（d）斜切面，可见许多不规则分布的管状填充组织；房室的外壁显示多孔，×10

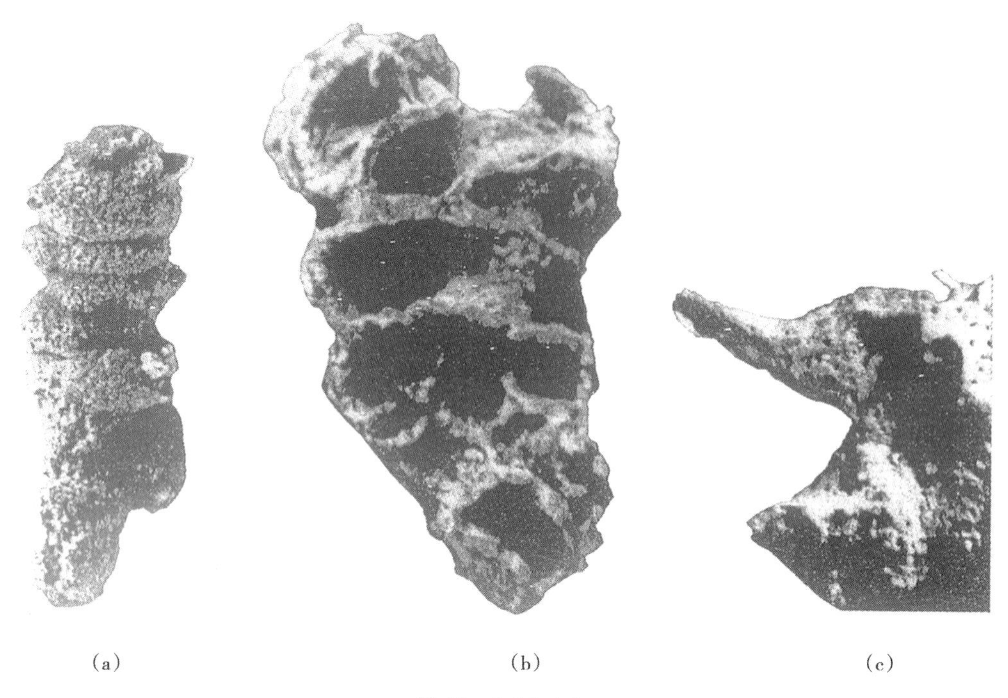

(a) (b) (c)

图 82 *Belubulaia*

(a) 正模标本的侧边缘图，可见相互叠覆的球形房室，×2；(b) 副模标本的纵切面，可见围绕着中央腹腔有许多房室，但内壁上的内孔只分布于房室的上部，×5；(c) 海绵体的侧边缘图，在两个房室的外壁上伸出外管，其顶端有孔，×4

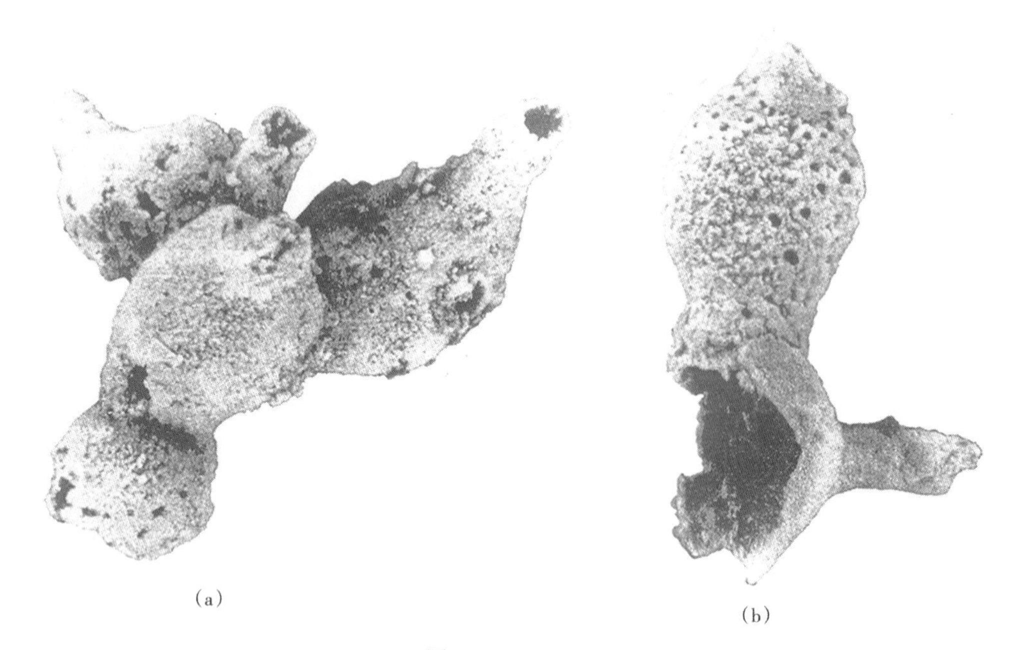

(a) (b)

图 83 *Nibiconia*

(a) 正模标本，具有联生的、像纺锤形的房室，它们均有明显的外管（exaulos），×8；(b) 副模标本，可见海绵体的外壁上饰有许多微孔，两个房室之间有短颈连接；在图的右侧，可见呈长管状的外管（exaulos），×8

科 Phragmocoeliidae Ott，1974 闭锥腔海绵科

属 *Phragmocoelia* Ott，1974 闭锥腔海绵属

主要特征：海绵体呈圆柱形，外缘未见分节的状况；腹腔宽大，有十分发育的内壁；内壁上的内孔呈

圆形，密集分布，它们可排列成水平的一排一排，它们恰好位于每一个房室间壁之上；此外，尚见更小的内孔，呈不规则的分布；间壁上的微孔很细小，与内孔具有相似的孔径，但在接近外壁处的间壁孔，其孔径可能与外孔的孔径一样大；房室很低矮，其内有放射状分布的、密集的、像隔板状的骨纤，它们可以分裂成很长的支柱；骨纤的显微结构不清楚，也未获骨针（图 84）。

时代：三叠纪；分布：欧洲的北阿尔卑斯山脉。

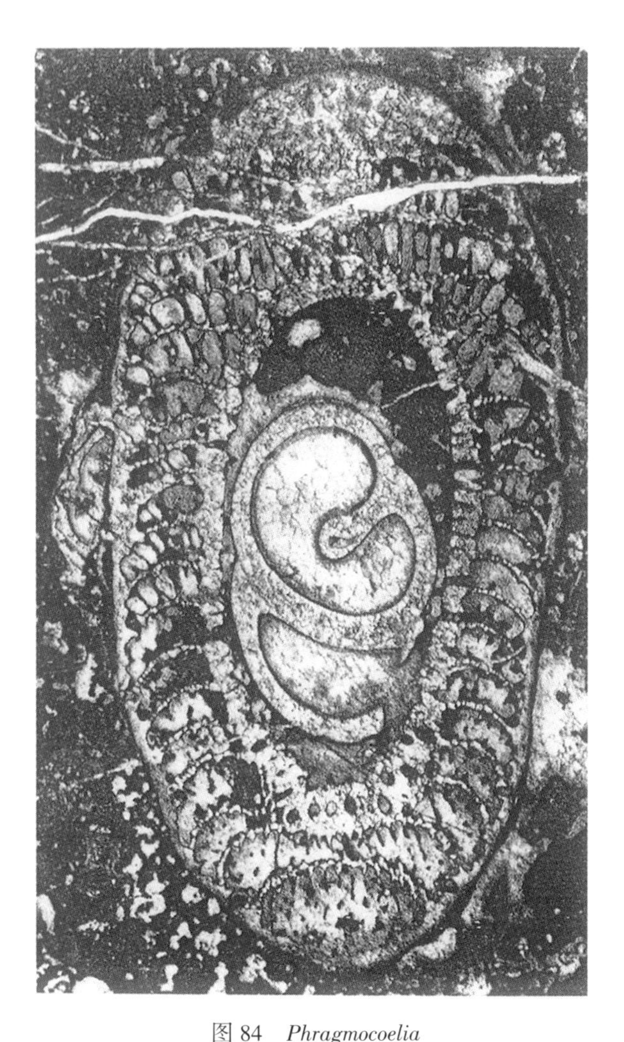

图 84 *Phragmocoelia*

正模标本的斜切面，可见房室呈为单层状，它们围绕着具有厚内壁的腹腔分布；此内壁有较大的内孔；房室内充填了呈隔板状的填充组织，×5

属 ***Radiothalamos* Pickett and Rigby，1983 放射腔海绵属**

主要特征：海绵体呈锥状的圆柱形，它是由那些叠覆生长的、低矮的房室组成，从体外能识别出这些房室；中央腹腔约占海绵体直径的 1/6 到 1/5；间壁与前一房室的外壁相连；外壁上的微孔较小，呈圆形，密集分布，大小相近；间壁孔稍大一些，近于多角形；内壁保存不完整，也许呈网格状，可见较大的内孔；房室内充满了密集分布的、呈放射状的垂直隔板，在隔板上有较大的、拉长的小孔；显微结构不明，骨针也不明（图 85）。

时代：泥盆纪；分布：澳大利亚。

科 Intrasporeocoeliidae Fan and Zhang，1985 内孢粒腔海绵科

属 ***Intrasporeocoelia* Fan and Zhang，1985 内孢粒腔海绵属**

主要特征：海绵体呈圆柱形，有分叉现象，或呈球形，它们是由相互叠覆的半球状或新月形房室组

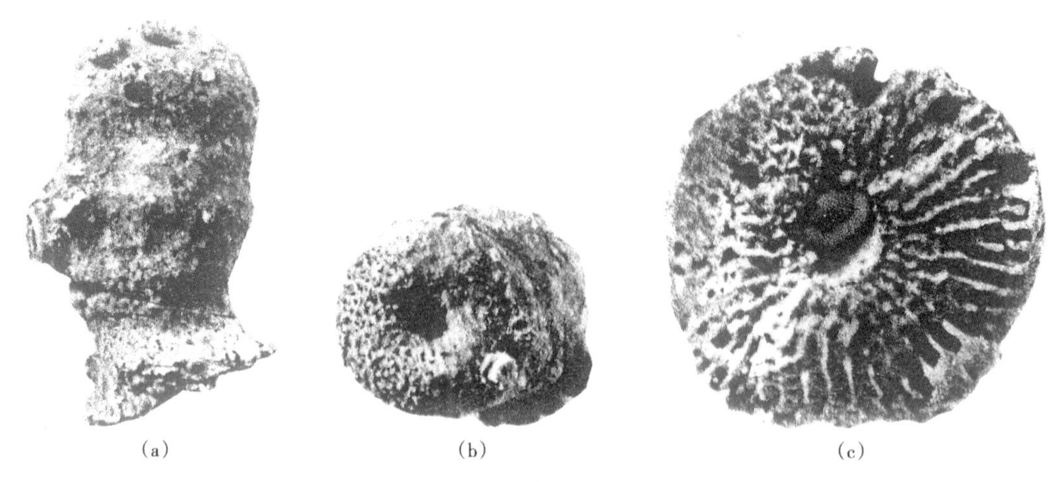

(a)　(b)　(c)

图 85　*Radiothalamos*

(a) 一个小型的硅化标本的侧边缘图，代表正模标本，可见圆柱形的外形，×2；(b) 顶视图，可见位于中央的出水口，在其周围的体壁内有密集分布的沟道，×2；(c)硅化的副模标本，这是顶视图，围绕中央出水口的较厚的体壁内有放射状的房室和进水孔（prospore），×2

成；外壁和间壁相连成为统一单位，在此之上饰有密集分布的、较小的外孔和间壁孔；在海绵体的外表都有微刺；体内有较小的垂直管，这些垂直管可以通过几个相互叠覆的房室和它们的间壁，但垂直管并不位于中央，而且不止一个；在房室内，尤其是那些早期的房室内，可被孢粒所充填；这些孢粒很像层纹状衬垫和泡沫组织，但它们是由球体组成，也可能呈杆状次生物，其侧向可以连接在一起，形成分布于房室里面的衬垫，也可形成弯曲的网结状的骨纤，表现为向上和向外展布的特征；孢粒在房室内可以勾画出圆形的、水平分布的、类似于沟道的空间，但这些空间可被那些间壁上的沟道所中断；外壁的显微结构不明，但从图像中暗示出它是由较小的、直径相等的纤球组成；房室中的孢粒也许就是大的纤球；骨针不清楚(图 86)。

时代：二叠纪；分布：中国、突尼斯、意大利、希腊、阿曼、泰国和俄罗斯。

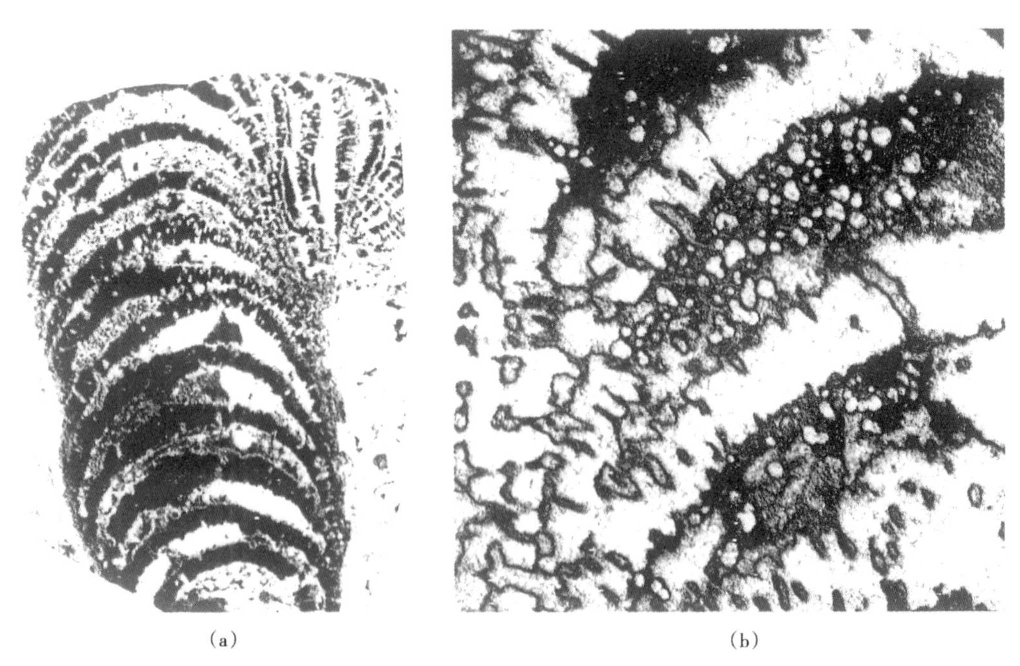

(a)　(b)

图 86　*Intrasporeocoelia*

(a) 近于圆柱形的纵切面，显示出低矮的、拱起的房室；间壁上饰有许多微孔；房室内有小孢状填充组织，×1；

(b) 孢粒状填充组织的显微照片，房室之间的间壁表现为多孔状的特征，×2

属 *Belyaevaspongia* Senowbari-Daryan and Ingavat-Helmcke, 1994 别拉叶娃海绵属

主要特征：海绵体呈串珠状，外表未见微孔，也缺失中央的腹腔，代之以许多细管；这些细管可穿过一个或两个房室；在房室里面无充填物或被泡沫组织所充填（图 87）。

时代：二叠纪；分布：泰国、俄罗斯远东地区和中国。

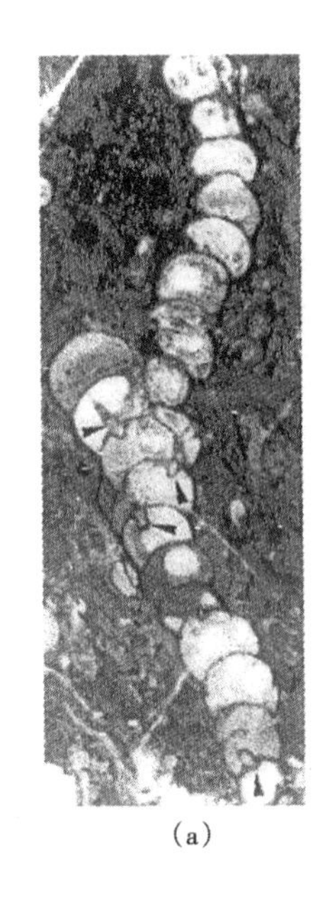

（a）

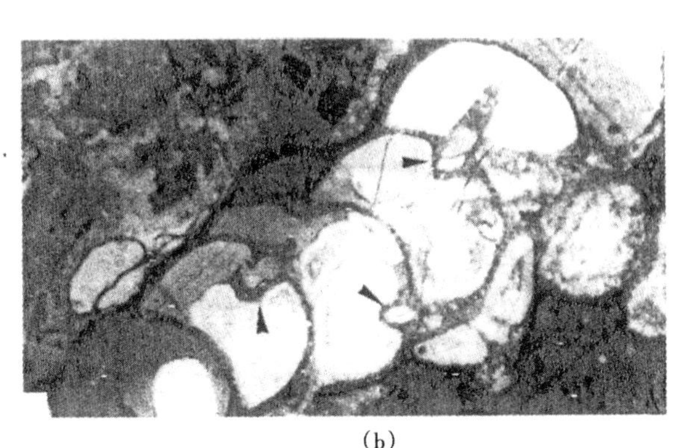

（b）

图 87 *Belyaevaspongia*

（a）一个参考标本的切面，通过许多房室；在房室内有一些泡沫组织，在房室上则有细管，由此可通向另一分支，×1；
（b）同一标本的一部分的放大图，可见房室壁上的微孔和具有微孔的细管，这些细管以箭头表示，×2

属 *Rahbahthalamia* Weidlich and Senowbari-Dayan, 1996 棒室海绵属

主要特征：海绵体呈单个的个体或分叉的短茎，围绕着中央腹腔分布着钟铃状的房室；房室内充填了小孢状的填充组织，这些小孢之间都有管状物或杆状物把它们连接在一起；房室外壁上饰有许多不分叉的微孔，这些微孔都是斜交外壁（图 88）。

时代：二叠纪；分布：阿曼、突尼斯和中国。

属 *Rhabdactinia* Yabe and Sugiyama, 1934 棒形海绵属

主要特征：海绵体呈圆柱状，其组成的房室呈叠覆状分布；房室低矮；房室内没有填充组织，有星散状分布的、类似于小孢状的填充组织；海绵体内发育了垂直的出水管，而且分布很普遍，但中央腹腔则缺失不见；外壁上饰有许多微孔（图 89）。

时代：二叠纪；分布：日本、中国、突尼斯、阿曼和俄罗斯。

科 Cryptocoeliidae Steinmann, 1882 隐腔海绵科

属 *Cryptocoelia* Steinmann, 1882 隐腔海绵属

主要特征：海绵体呈圆柱形，它是由叠覆的房室堆叠而成；每一个房室呈半球状或帽子状，这些特征可从其外表易于见到；外壁上有密集分布的、较小的、近于多角形的外孔（exopore），也偶见较大的、有外唇的圆孔；体内无中央出水管或缺失内壁（endowall）；间壁可以考虑为位于下面的房室的外壁往内延伸而成；在那些低矮的房室内有许多垂直的、小柱状的骨骼，它们与房室的顶部或底部相接处显示出向侧向生长；这些小柱状的骨骼也许能勾画出较大的垂直沟道；在那些早期的房室内，小柱之间可见一些小泡；骨纤结构呈不规则的水平层纹，这些层纹内，Steinmann 曾观察到性质不明的、

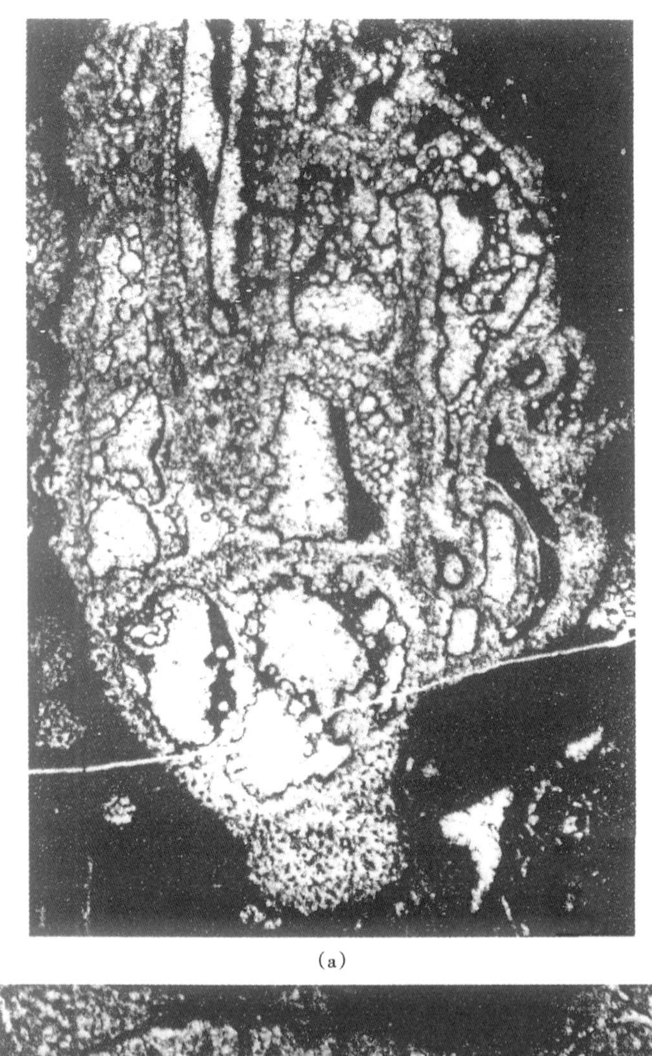

(a)

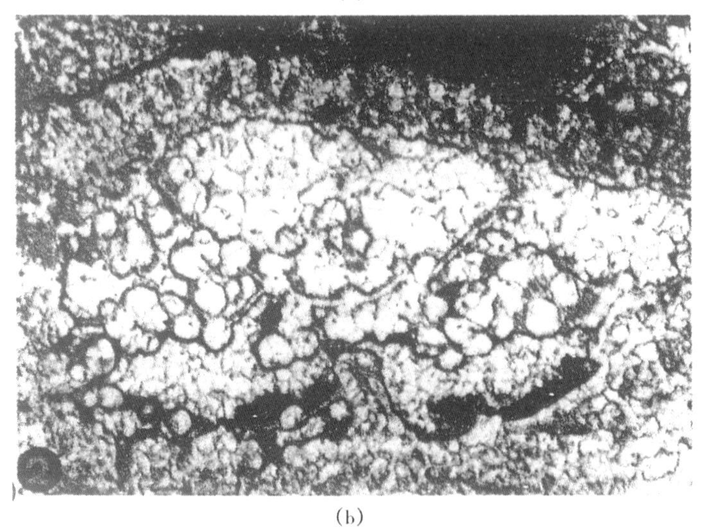

(b)

图 88 *Rahbahthalamia*

(a) 正模标本的切面，可见位于中央的、呈管形的腹腔，其上饰有较粗大的微孔；在房室内有气泡状填充组织，×3；

(b) 正模标本的一个已放大的房室，可见相互连接的、呈小孢状的填充组织，×1

不规则的分叉体（图 90）。

时代：二叠纪—晚三叠世；分布：中国发现于二叠纪，而欧洲、伊朗、加拿大则出现于中三叠世—晚三叠世；俄罗斯高加索地区出现于上三叠统诺利期；塔吉克斯坦则发现于上三叠统卡尼阶到瑞替期。

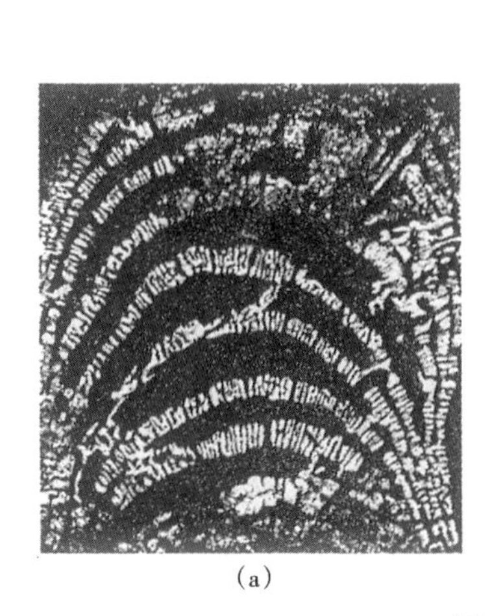
(a)

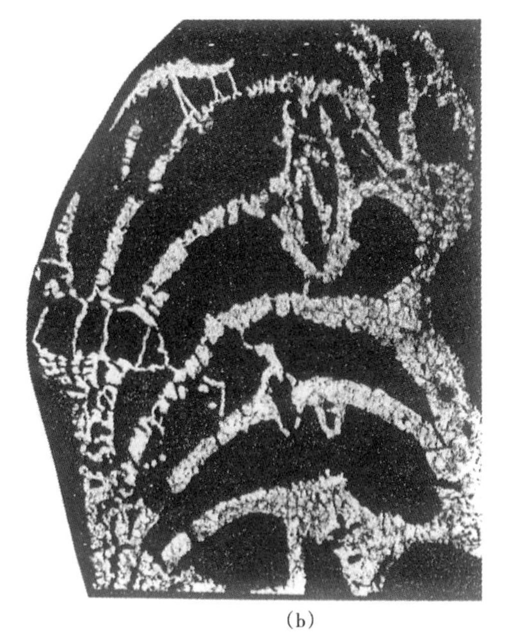
(b)

图 89　*Rhabdactinia*

（a）模式标本的纵切面，可见拱起的房室，在其间壁上有密集的微孔，×1；
（b）纵向切面，可见许多垂直的出水管，它们都通过间壁，×2

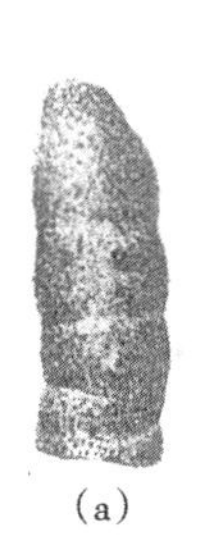
(a)

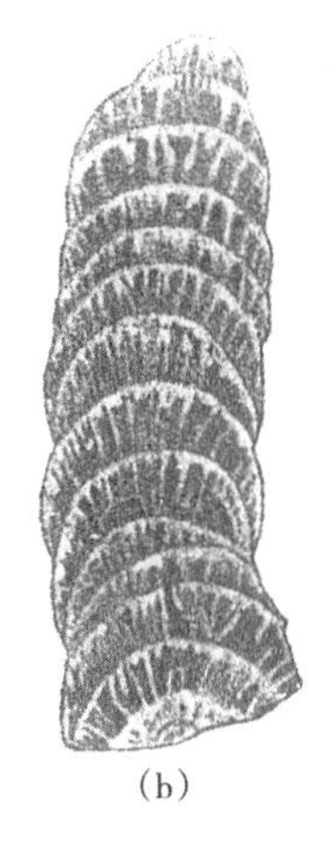
(b)

图 90　*Cryptocoelia*

（a）正模标本的外形，可见相互叠覆的房室，其外壁上有微孔，×1；
（b）垂直切面，可见各个叠覆的房室和其内的小柱骨骼，×2

属　*Anisothalamia* Senowbari-Daryan and others，1993　不等腔海绵属

主要特征：海绵体呈不分叉到很少分叉的茎枝，缺乏中央腹腔；外壁无微孔；房室之间的间壁上有许多微孔；房室内填充了一些柱状填充组织；骨骼的原始组分是文石，但未见骨针。(图 91)

时代：三叠纪；分布：意大利。

属　*Antalythalamia* Senowbari-Daryan，1994　对抗腔海绵属

主要特征：海绵体为串珠状，它是由许多球形房室组成，无中央腹腔；每一房室的外壁有许多微孔，这些微孔使该海绵的外面表现出蜂窝状的特征；房室的填充组织有两类：一类是支柱，而另一类为密集的泡沫板（图 92）。

时代：三叠纪；分布：土耳其。

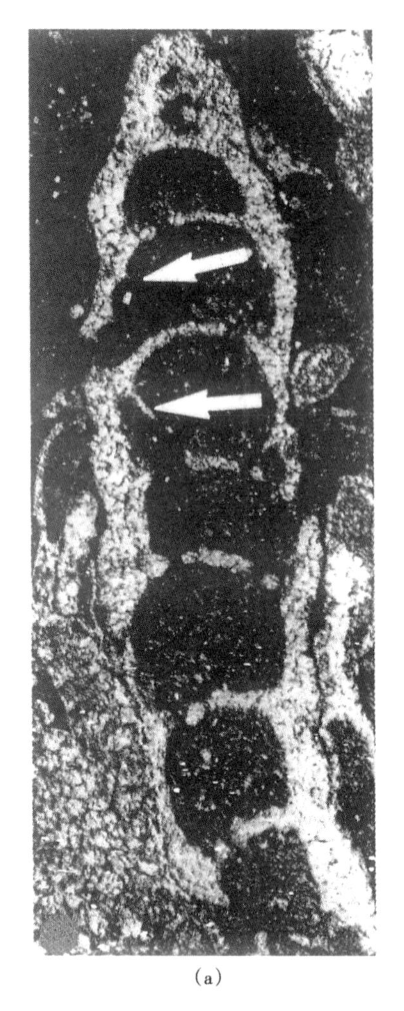
(a)

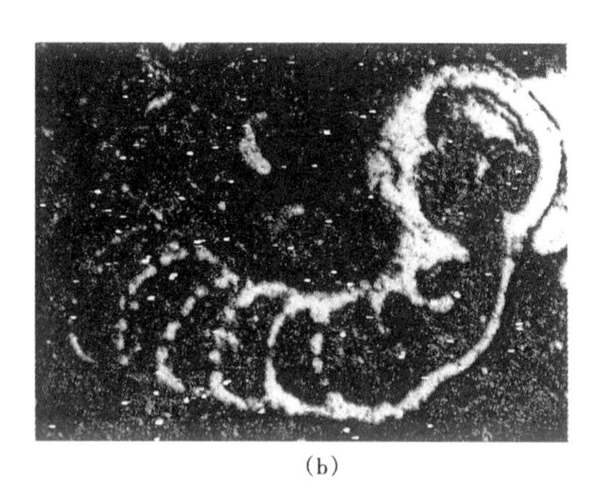
(b)

图 91 *Anisothalamia*

(a) 正模标本的纵切面（这是薄片），可见海绵体的外壁较厚，房室之间的间壁拱起，其上有微孔；房室内有支柱填充组织，这些支柱以箭头表示，×20；(b) 参考标本的切面，其下部的外壁已有部分钙化，而上部的房室之间的间壁上都有微孔，×10

属 *Rigbyspongia* de Freitas，1987 里格比海绵属

主要特征：海绵体呈链条状，外壁多孔，其内有骨纤充填；位于轴部的腹腔处有多个直径相等的出水管；海绵体的顶面有浅的腹腔凹陷，下有直径相同的腹腔出水管，这些出水管都汇聚到此腹腔凹陷；除此之外，还有其他相似的出水沟道，它们都通向那些位于出水口旁边的外孔；在房室内有许多垂直的支柱填充组织（图 93）。

时代：志留纪；分布：加拿大。

属 *Sphaerothalamia* Senowbari-Daryan，1994 球腔形海绵属

主要特征：海绵体呈串珠状，无中央出水管或腹腔，它们由许多球形到半球形房室组成；这些房室由下往上增大；房室的外壁上有许多微孔，这些微孔显示二分叉的特征；从房室的间壁和外壁（ectowall）上伸展出支柱状的物体，由此形成许多泡沫板；这些泡沫板可填满一部分房室，或完全将它们填满；骨骼为文石质，具有不规则的显微结构；骨纤是由单轴骨针和一端呈球状的单轴骨针（tylostyles）组成，它们成为基本骨骼之内的组成物（图 94）。

时代：三叠纪；分布：土耳其。

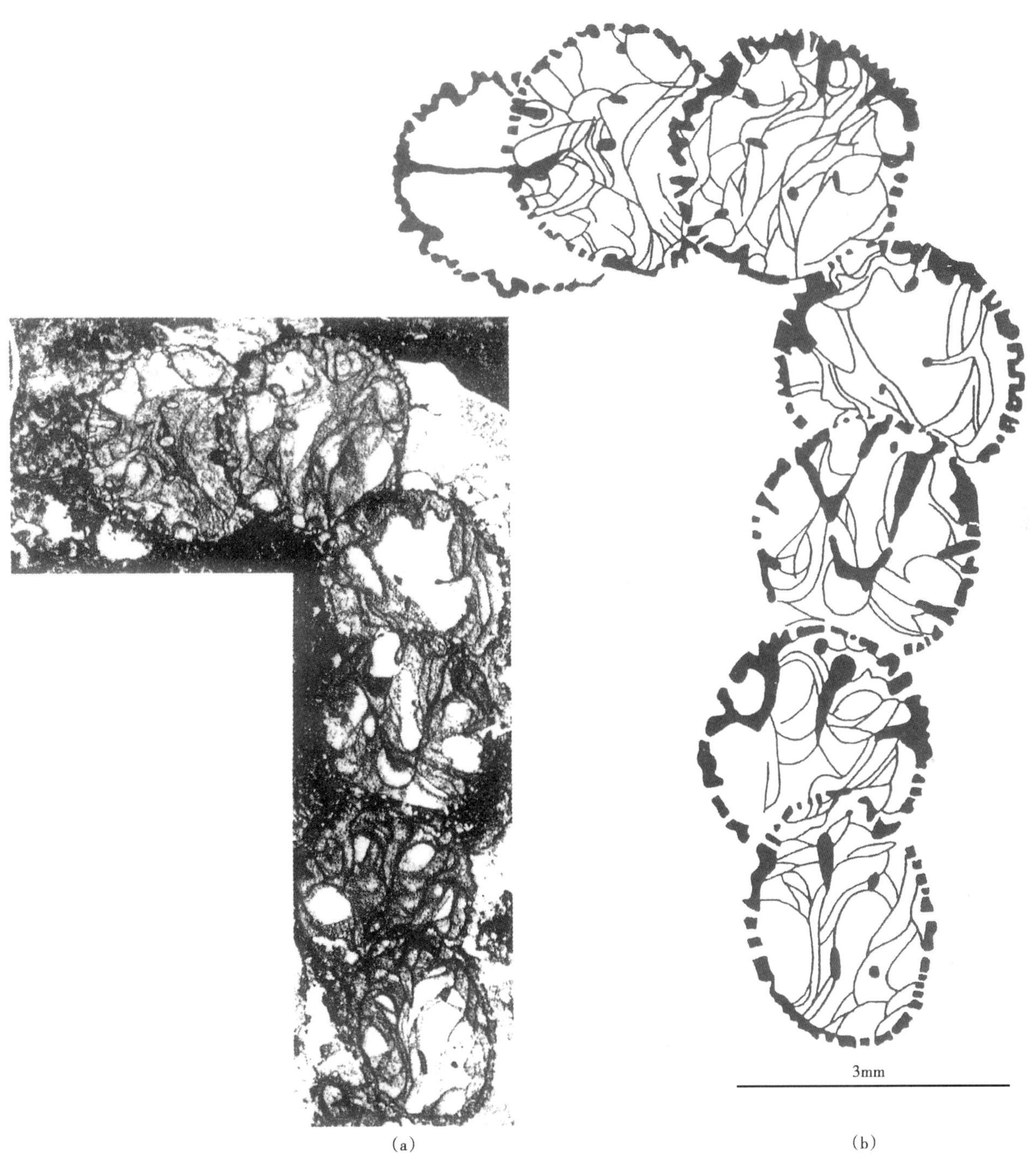

图 92 *Antalythalamia*

(a) 正模标本的纵向薄片，在 7 个多微孔的房室内有支柱和泡沫板，×10；

(b) 正模标本的素描图，可见粗黑的支柱和薄的泡沫板

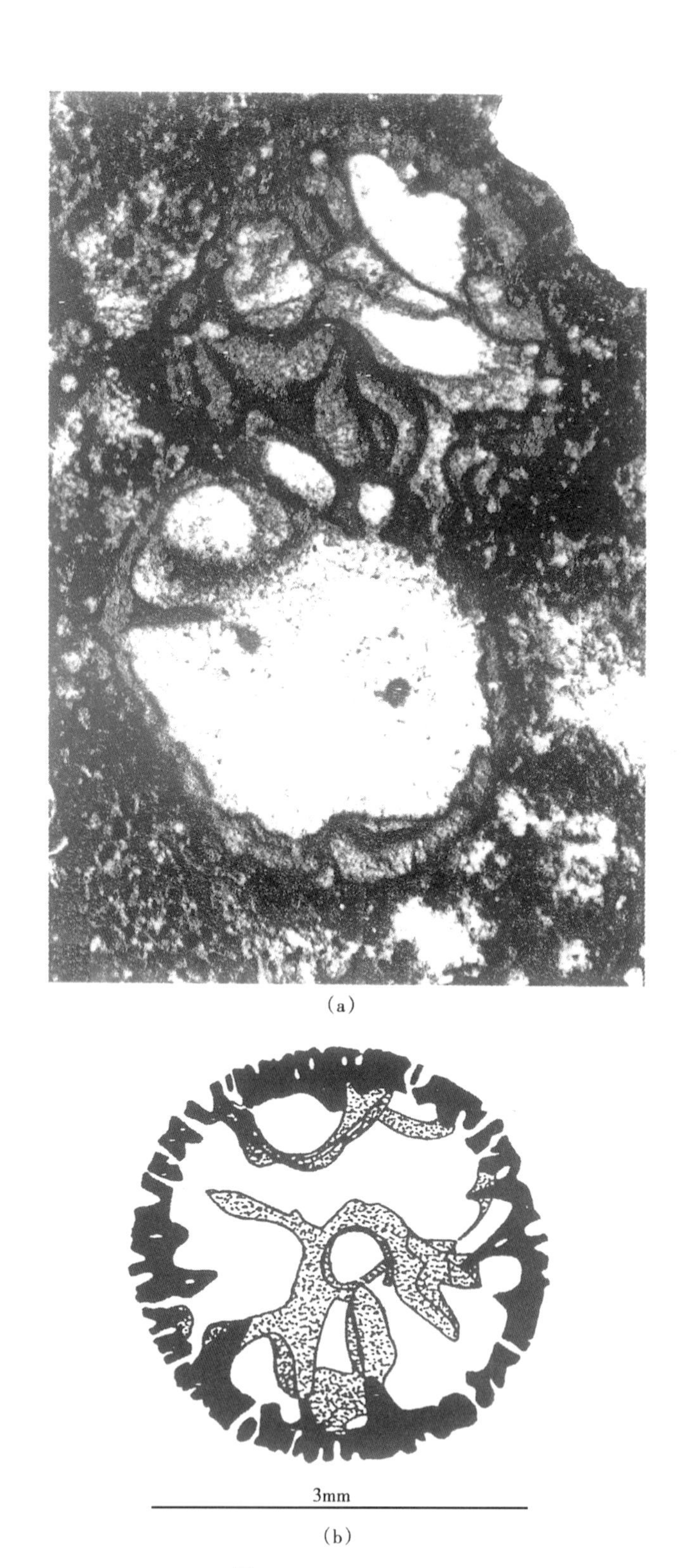

图 93 *Sphaerothalamia*

(a) 正模标本，这是薄片，可见三个房室，房室内有较厚的泡沫状填充组织，它们分布在那些从外壁伸出的支柱状物体上；在外壁内有呈分叉状的微孔，×10；(b) 副模标本的横切面素描图，表示外壁具有分叉状的微孔，房室内有填充组织；黑色代表支柱，而小点代表泡沫组织

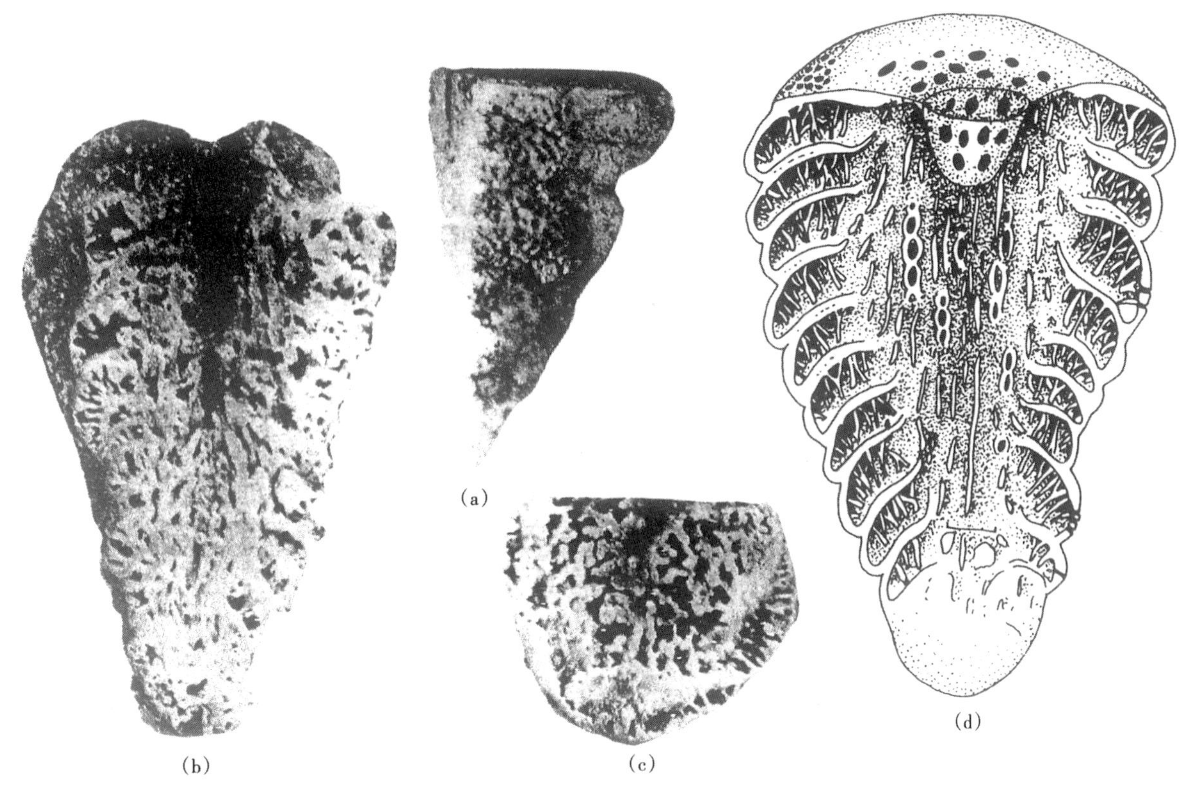

图 94 *Rigbyspongia*

（a）正模标本的侧边缘图，可见外壁上有许多外孔，×2；（b）海绵体的纵切面，在海绵体下部的轴部可见数个垂直的出水管，其上就成为宽大的腹腔；房室内可见许多支柱填充组织，×2；（c）海绵体的横切面，×2；（d）海绵体复原的素描图

科 Palermocoeliidae Senowbari-Daryan，1990 巴勒莫腔海绵科

属 *Palermocoelia* Senowbari-Daryan，1990 巴勒莫腔海绵属

主要特征：海绵体呈圆柱形，它由相互叠覆的圆帽状房室组成；房室的外壁上布满了呈放射状的、平行排列的管状微孔系统；房室内是由骨纤状的填充组织组成，很像 *Stylothalamia* 的填充组织；骨骼具有微粒显微结构，这些结构也许是成岩作用所产生的；在较老的房室内到处可见网格状的填充组织，而那些泡沫状组织只分布于较老房室的边缘（图 95）。

时代：晚三叠世；分布：意大利。

科 Girtyocoeliidae Finks and Rigby，2004 吉尔提腔海绵科

属 *Girtyocoelia* *Cossmann*，1909 吉尔提腔海绵属

主要特征：海绵体呈球形房室或当彼此相接时呈球形，它们排列成近于平行的、分叉的、偶然为网结状的一列一列，每一列中各个房室之间都以连续延伸的、较窄的中央管相互连接；中央管或中央出水口易于从外面识别，而且从最后一个房室处伸出到体外；幼年期海绵（protocysts）胶粘在壳体或其他的海绵之上生长，而且在早期缺乏中央的腹腔，且它们的外管（exauli）也许很短或较长；外壁未见微孔，但在其中央赤道环带上有较大的、圆形的外孔（exopore），这些外孔都出现于像喷口状的外管的顶端，有时还有明显的外唇；而这些外管的内端则有半球状的筛网，其上分布着小的圆孔（cribribulla），此筛网往往能鼓入到房室内；外壁的里面可能有由纤针组成的网结状的网格，但在房室的管道内，未发现纤针，也许在房室的管道内出现泡沫组织；内壁上有或大或小的圆形孔，它们通常聚集于两个环带内，其中一个环带在房室的下面，而另一个环带则位于房室的上端，这些环带也是鼓入到房室内；当连续发育的房室相互连接时，其间壁（interwall）通常显示双层特征，因为它们是下面房室的外壁和上面房室的外壁相互叠覆而

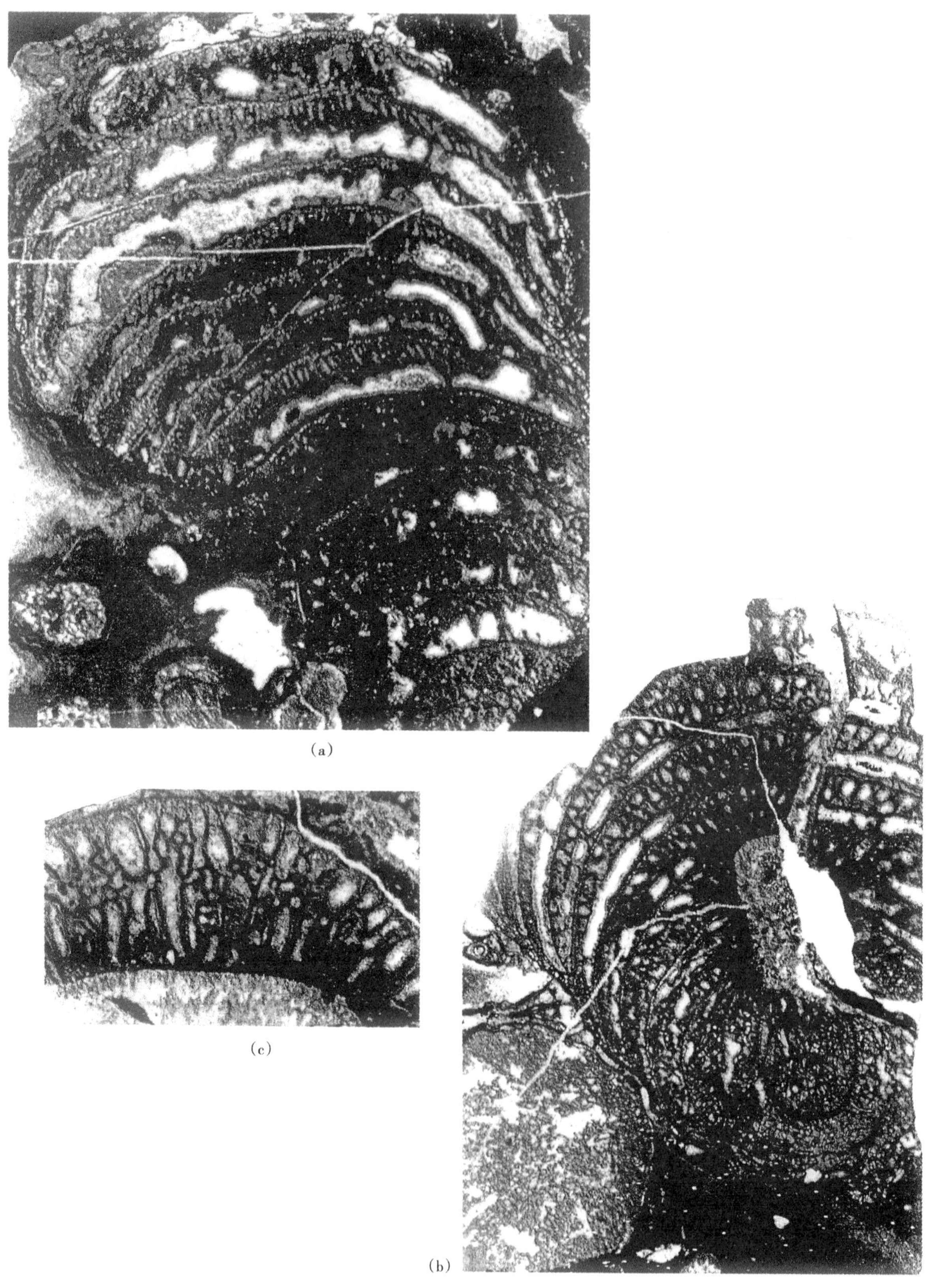

图 95 *Palermocoelia*

(a) 正模标本的纵切面，具有低矮的房室，其内有一部分已填充了基质或方解石；管状的微孔都出现于海绵体中、上部房室的外壁上，×4；(b) 正模标本下部的纵切面，可见中央腹腔和具有厚的外壁的房室，这些外壁上都有管状微孔，×2；(c) 海绵的中央腹腔壁的显微结构，显示管状微孔和管状微孔之间的填充组织，×5

成；外壁的显微结构是由较小的（直径 20~60μm）、等直径的纤球组成，外壁的内层是由羽状结构组成，但未见骨针存在（图 96）。

时代：奥陶纪—三叠纪；分布：奥地利、美国、意大利、突尼斯、西班牙、泰国和中国等。

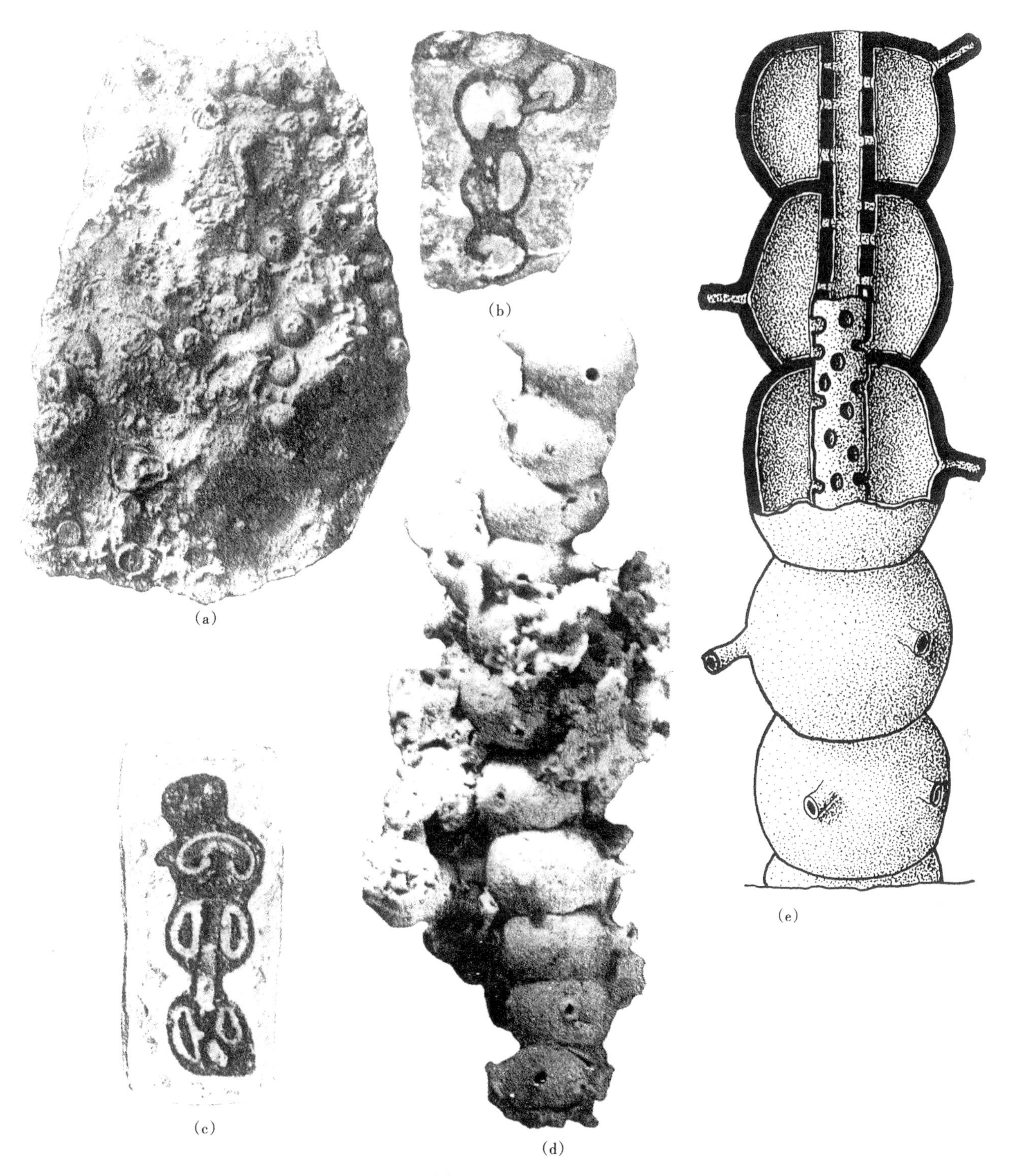

图 96 *Girtyocoelia*

（a）数个个体，表示其生长状况，×1；（b）可能为磨光面，可见球形的房室和其轴部的腹腔，×2；（c）可能为磨光面，可见较长的中央管把两个房室连接在一起，但各个房室彼此分离，×2；（d）硅化标本，在每一个球形房室上有一根很明显的外管，×1.5；（e）复原图，表示各个房室、中央的腹腔以及外管的特征

属 *Amphorithalamia* Senowbari-Daryan and Rigby, 1988 长腔海绵属

主要特征：海绵体由球状的房室组成，它们包覆在其他的生物之上生长，球状房室是由较长的、有时呈分叉的小管连接在一起，长管可以认为是外管（exauli）；在每一个房室的表面都饰有一个或多个呈椭圆形的小孔簇，在其周围包围着低矮的围唇；每一个房室里面都填充了纤细的脑纹状骨纤网格，而这些骨纤能勾画出网结状的管形空间；外壁无微孔；海绵体无出水口；显微结构不明；骨针也未找到（图97）。

时代：二叠纪；分布：突尼斯。

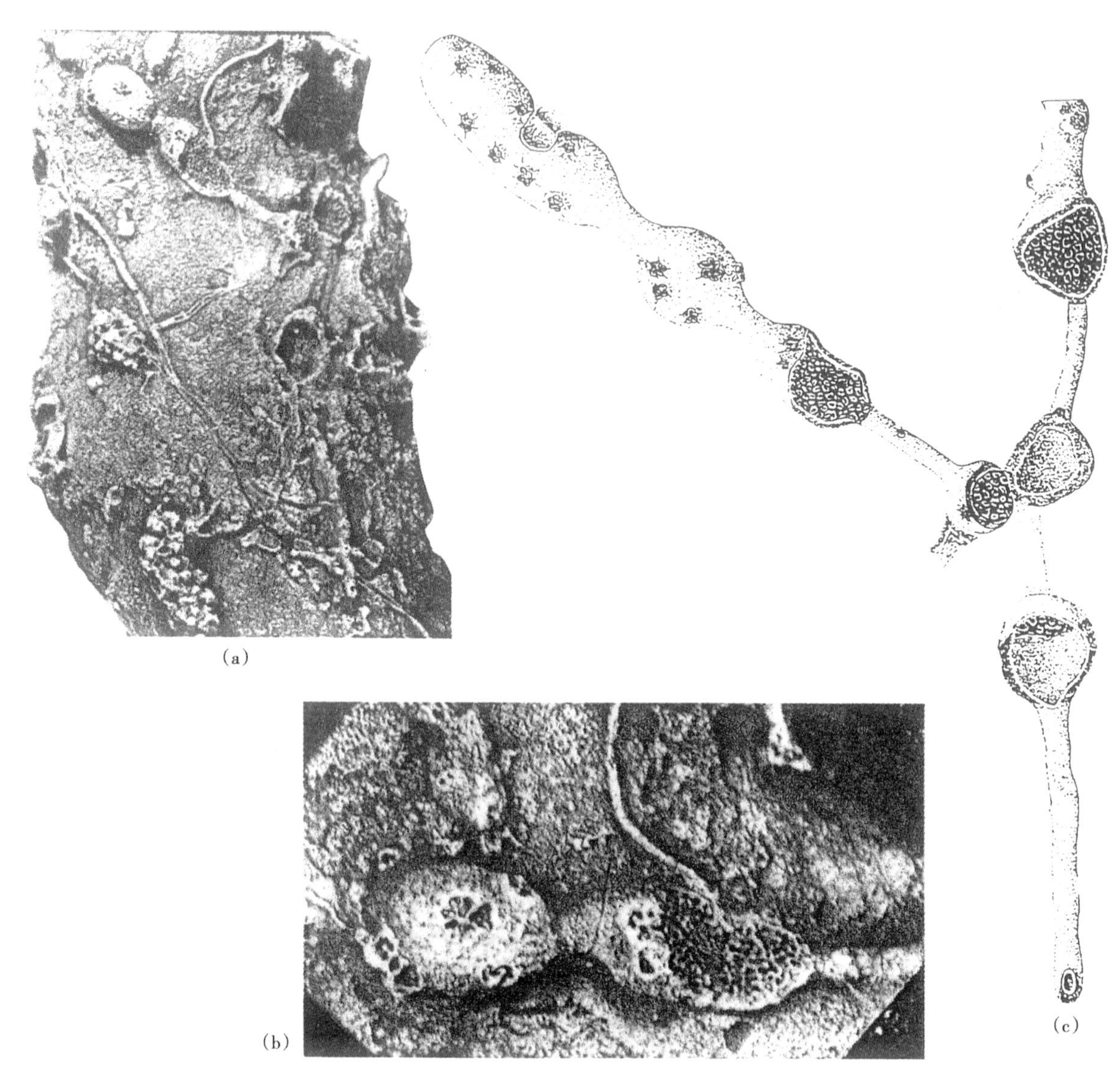

图97 *Amphorithalamia*

（a）像保暖瓶式的房室，它们都有小管连结在一起，×2；（b）正模标本的两个房室，房室上都饰有若干个小孔，而房室内已填充了网格状骨纤，×5；（c）正模标本的图解示意图，代表一个个体的两个分叉的枝体，或为两个个体，×2

属 *Calymenospongia* Elliott, 1963 隐面腔海绵属

主要特征：海绵体为小型、单列的个体；房室接近于球形，其内无填充物；房室之间的间壁是由两层融合而成，这样就使得间壁成为较厚的间壁；房室之间靠一个通过间壁的出水孔相互连通；海绵体的外壁饰有不多的、呈分散状的、且散乱分布的、直径较大的进水孔（图98）。

时代：古近纪古新世；分布：伊拉克。

(a)　　　　(b)

图 98　*Calymenospongia*

（a）正模标本，显示出该海绵呈单列的生长形态，×1

（b）副模标本的垂直切面，可见两层间壁已融合在一起，因而较厚，但外壁则较薄，×25；

属　*Enoplocoelia* Steinmann，1882　备装腔海绵属

主要特征：一个圆柱形的海绵体，其外缘并不显示分节的特征；中央的出水口约占海绵体直径的 1/4；外壁上被一些圆形的、呈裂口状的、拉长的小孔所穿透，小孔可呈脑纹状的空间，或外壁上饰有一排有围唇的圆孔，或外壁上有像火山口状的突起；房室很低矮；间壁呈筛网状，这是间壁上被许多圆形的间壁孔穿过的缘故，这些小孔有两个不同大小的孔径，它们的孔径处于外壁上的大孔和小孔之间；内壁上的内孔呈圆形，或垂直地拉长，它与间壁上大的间壁孔相同；房室内垂直的骨纤也许附着在房室的一侧；房室内没有见到骨骼，房室壁是由等大的纤球组成；早期的房室和出水口中也许被画笔状文石结构的次生沉积物所填充；骨针不清楚（图 99）。

时代：二叠纪—三叠纪；分布：突尼斯、奥地利和意大利等。

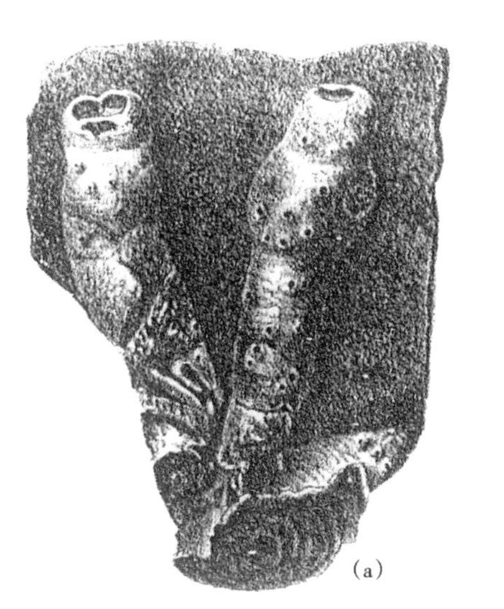

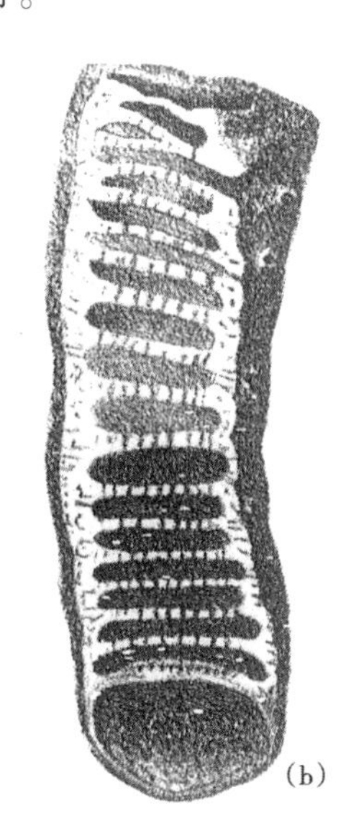

(a)　　　　(b)

图 99　*Enoplocoelia*

（a）分叉状个体的侧面图，可见有围唇的外孔，×2；（b）正模标本的磨光面，可见低矮的房室之间的间壁，在间壁上已被许多微孔所穿透，×4

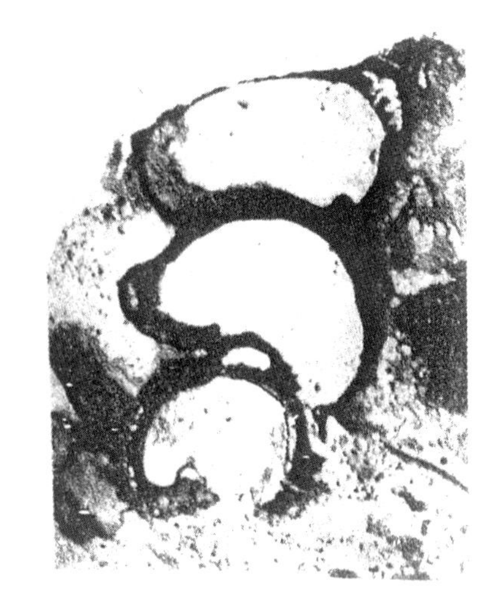

图 100 *Henricellum*

正模标本的纵切面，具有球形的房室，其内无填充组织；房室的外面只有少量的外孔，×2

属 *Henricellum* Wilckens，1937 亨里克海绵属

主要特征：海绵体由球形到半球形的房室组成，它们相互连接成一串，而且在每一个房室的外面还附着较小的、像小泡状的房室，这些小泡状房室与主要房室之间有一根小管相连，但也可能与主要房室之间没有沟通；在每一个房室上还能见到一些较大的外孔，除了这些外孔外，再无其他微孔；房室内部未见任何的骨纤填充；显微结构和骨针的状况均不清楚；海绵体的外表面似乎显得很粗糙（图 100）。

时代：二叠纪—三叠纪；分布：俄罗斯、加拿大和印度尼西亚。

属 *Phraethalamia* Senowbari-Daryan and Ingavat-Helmcke，1994 箭囊腔海绵属

主要特征：一个长茎状的、没有微孔的海绵，体内的中央有两个或更多的呈平行分布的腹腔，它们均通过那些圆钟状的、相互叠覆的房室；在这些腹腔壁上可见许多分叉的小管，它们都伸入到房室内；房室内既无泡沫组织，也无其他填充物（图 101）。

时代：二叠纪；分布：泰国。

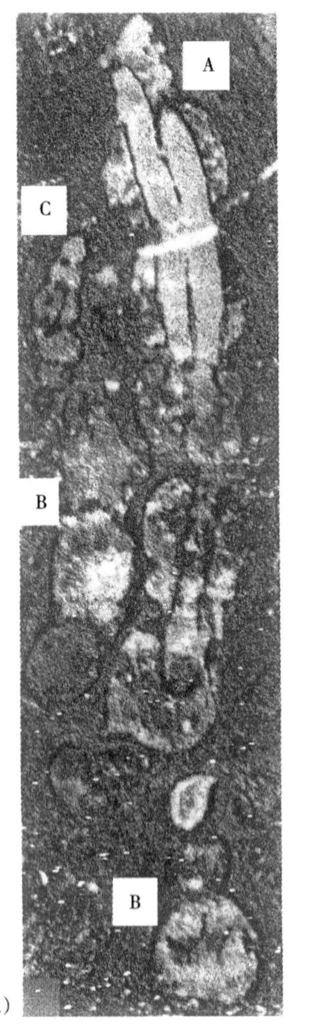

(a)

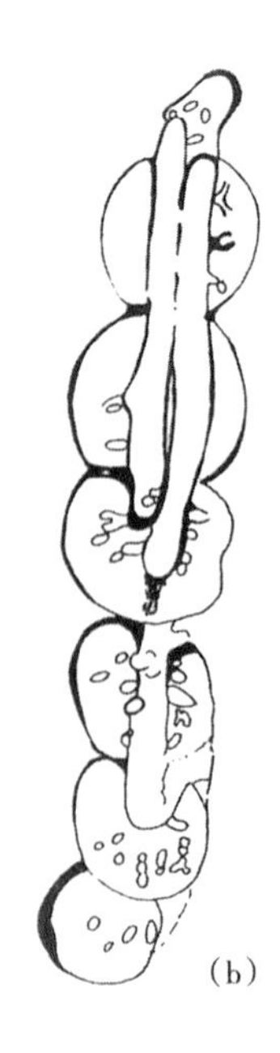

(b)

图 101 *Phraethalamia*

(a) 正模标本，显示通过数个房室的纵切面；在其中央有两个较宽的腹腔，×2；(b) 正模标本的素描图，表示球形房室的外壁未见微孔，位于海绵体中央有两条腹腔管，从这些腹腔管上有伸入到房室内的许多小管

属 *Polyedra* Termier and Termier 1955

主要特征：海绵体呈圆柱形，它是由相互叠覆的球形房室组成；中央腹腔管约占海绵体直径的1/5~1/3；在海绵体的外面可以区分成较大的、平坦的或内凹的多边形面积，每一多边形面积都有突起的边缘，而其中央则有一个较大的圆形的筛孔（labripore）；在海绵体的外表面，包括那些多边形面积的里面或外面，都有纤细的网格状的装饰；在本属的原始描述中曾提到内部的房室相当于每一个多边形面积，这些房室通过筛孔彼此相通，而且中央腹腔有时可以分割成许多部分（图102）。

时代：二叠纪；分布：塔吉克斯坦和突尼斯等。

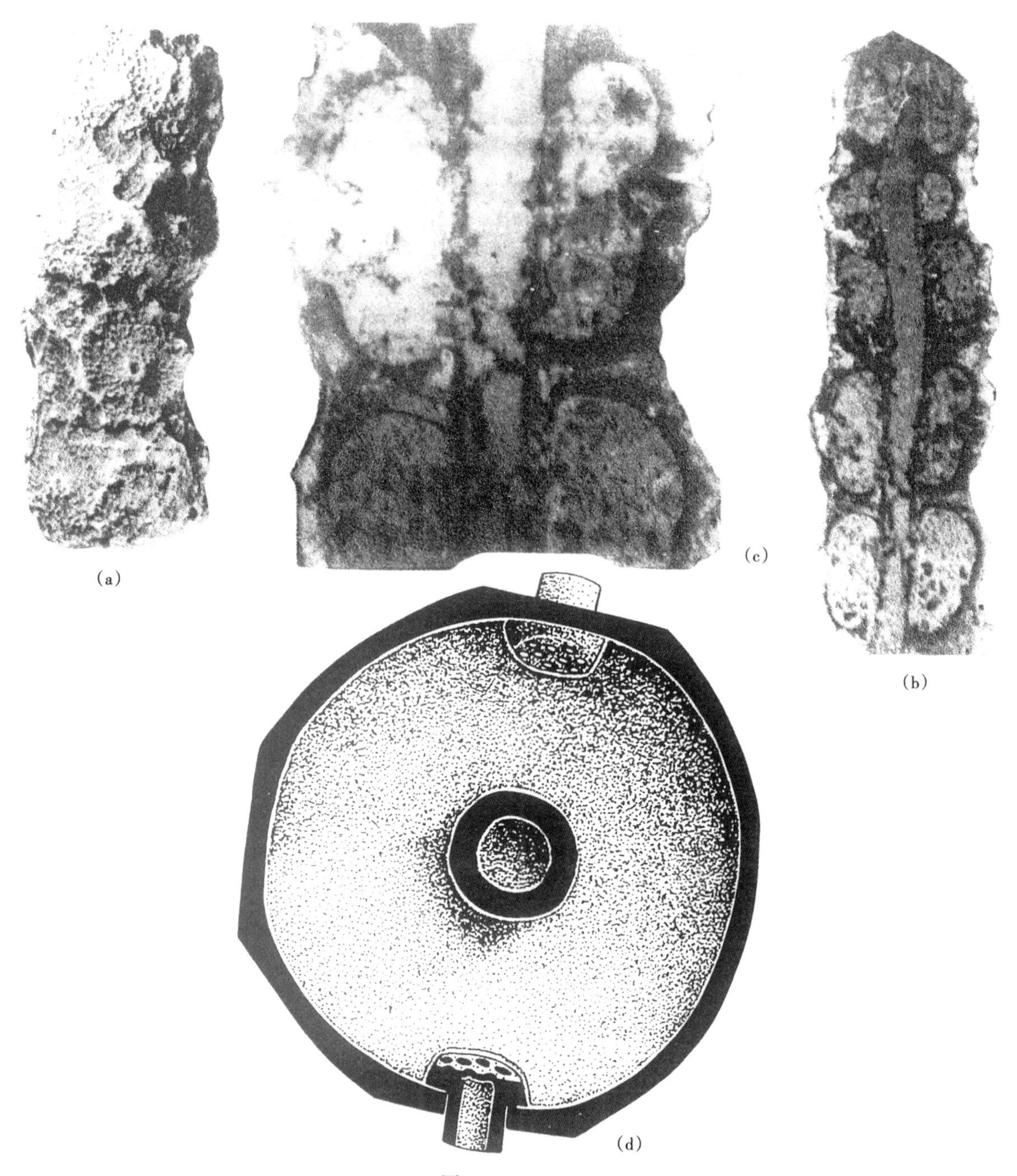

图102 *Polyedra*

（a）海绵体的外边缘图，在每一个平坦的多边形面积内均有一个有外唇的筛孔，在此多边形面积上可见网格状的装饰，×2；（b）海绵体轴部的磨光面，显示其生长形态和腹腔管，还可见到由底部往上的第二个房室右边的外壁上的筛孔，×2；（c）上一标本下部的显微照片，图中显示两个房室，上面房室的外壁右侧的中间位置可见筛孔，×5；（d）圆球状房室横切面的图解示意图，图中表示此房室的表面有两个较短的外管，其内端有筛网，而在房室的中央则显示出中央腹腔

属 *Solenocoelia* Cuif，1973 管腔海绵属

主要特征：海绵体呈锥形，其外壁未见微孔；海绵体内也未见骨骼构造，但偶而可见到较薄的、弯曲的、像床板一样的隔板；外壁的原始层和一切隔板都是由较小的、等直径的纤球组成，但外壁的内层显示斜角或画笔状显微结构；未见骨针（图 103）。

时代：三叠纪；分布：土耳其。

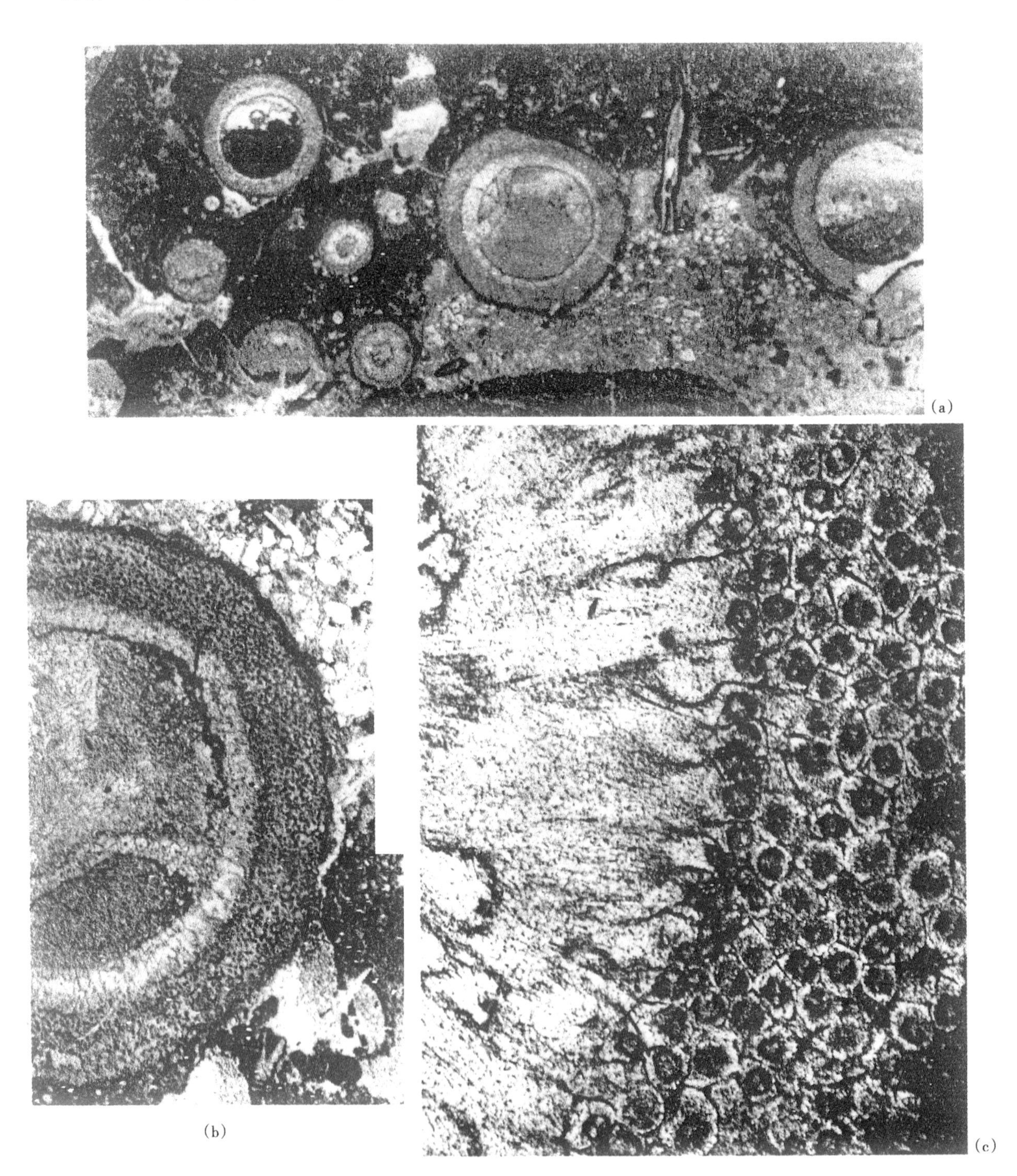

图 103 *Solenocoelia*

（1）正模标本，显示出一群生物的横切面，×4；（b）表示外壁的内外两层和海绵体内的拱起的隔板，均显示纤球结构，此图为横切面，×18；（c）显微照片，表示外壁的外层是由等直径的纤球组成，而其内层则为强烈不对称的斜角或画笔状显微结构，×100

属 *Sollasia* Steinmann，1882 索拉西海绵属

主要特征：海绵体是由球形到桶形的房室组成，它们相互连接成直线形；外壁未见微孔，但在房室的中央赤道环带上有较大的、呈圆形的、有围唇的外孔；海绵体内缺失中央腹腔，也无内壁，但在每一个房室的顶面有出水口；下一个房室外壁的主要层（primary layer）是从外边缘开始生长的，因此间壁是从前一个房室的外壁延展而成；次要层（secondary layer）衬垫了每一个房室的里面，并覆盖了间壁的上表面和下表面；外壁和间壁的主要层有许多纤细的网结状沟道，这些沟道可能是内石菌或藻类的丝状体；尚未找到纤球和骨针（图 104）。

时代：石炭纪—三叠纪；分布：西班牙、奥地利、突尼斯、意大利、阿曼、中国、美国和俄罗斯等。

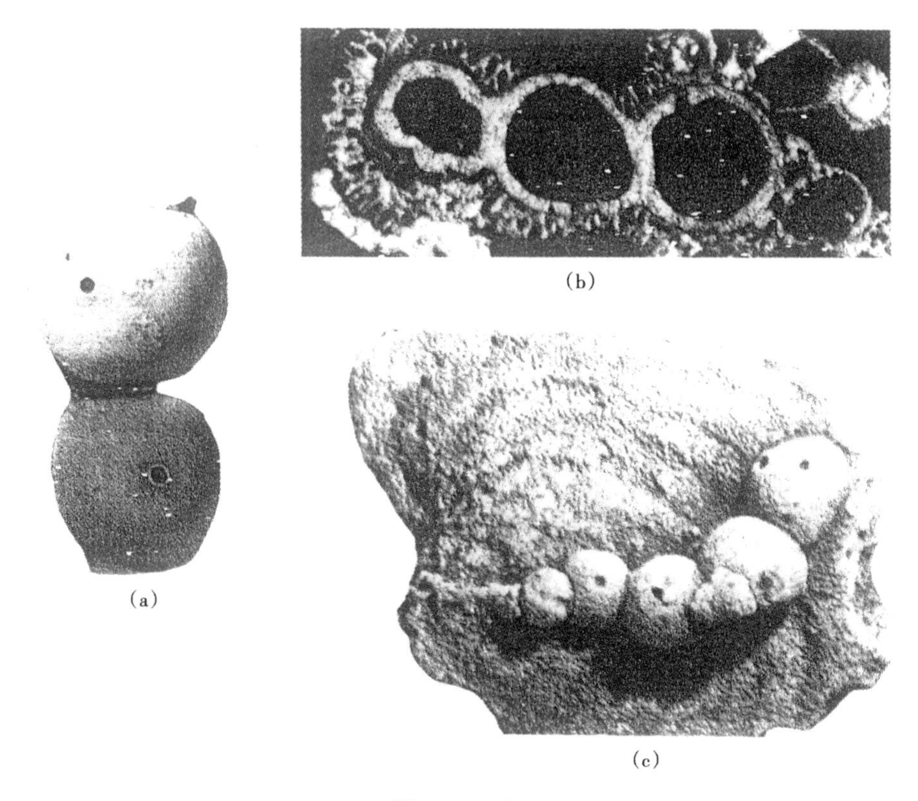

图 104 *Sollasia*

（a）具有两个房室的标本，可见房室的外壁光滑，可见有围唇的外孔，×2；（b）由三个房室组成的一块标本，可见其间壁是由两层组成，房室内未见填充组织；外壁显示纤球结构；其外已被刺毛海绵所包覆，×5；（c）可见海绵体房室的直径在生长的早期有不断增加的趋势，×3

科 Thaumastocoeliidae Ott，1967 奇异腔海绵科

属 *Thaumastocoelia* Steinmann，1882 奇异腔海绵属

主要特征：海绵体呈圆柱形，它是由许多房室组成；每一个房室呈圆球形或桶形，未见中央腹腔；外壁未穿孔，但有少数呈圆形的、有外唇的外孔，或存在一些圆形的、呈筛网状的一簇小孔；这些筛网状的小孔都是微微地凹进在外表面之下，但其周围都有隆起的外唇；间壁孔聚集成一簇筛孔，并弯入到下面的房室内；房室内未见骨骼构造；房室的间壁实为下面的一个房室的外壁往上延伸而成，其上覆盖着上一房室的次要层；外壁和间壁是由主要层组成，它们是由那些较大的、等直径的纤球组成，而其内衬垫的次要层则由画笔状显微结构组成；在次要层内推测有较大的钙质骨针（单轴骨针和分叉骨针），可能代表内石菌或藻类的丝状体任意切面，而那些比较纤细的、呈不规则分叉的丝状体不仅在次要层内见到，也可在主要层的纤球内找到（图 105）。

时代：二叠纪—三叠纪；分布：阿曼、中国和美国等。

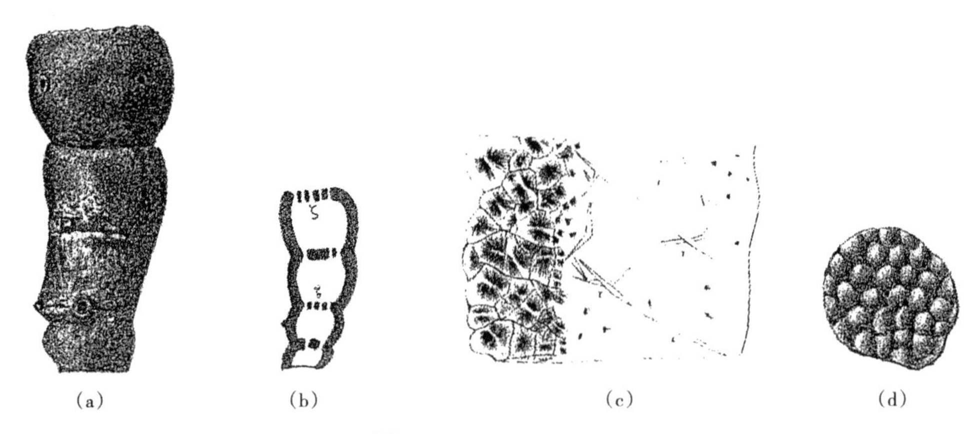

(a) (b) (c) (d)

图 105 *Thaumastocoelia*

(a) 由桶形房室组成的海绵体，其上分布着有外唇的外孔，×2；(b) 这是纵向切面，可见有微孔的间壁和无微孔的外壁，×1；(c) 房室外壁的切面，可见较大的、等直径的纤球，并见也许是钙质骨针，这些骨针具有画笔状显微结构，×25；(d) 顶视图，可见多微孔的间壁，×10；

属 *Follicatena* Ott，1967 囊链海绵属

主要特征：海绵体是由球形房室组成，它们可联合成一串；中央腹腔缺失；外壁无微孔，但有一群具有筛网的外孔；也存在筛网状的间壁孔，它们刺穿了双层式的间壁；房室内部通常填充了许多泡沫组织，除此之外，未见其他的内部结构；显微结构不清楚，也未见骨针（图 106）。

时代：二叠纪—三叠纪；分布：意大利、塔吉克斯坦、中国、美国和加拿大等。

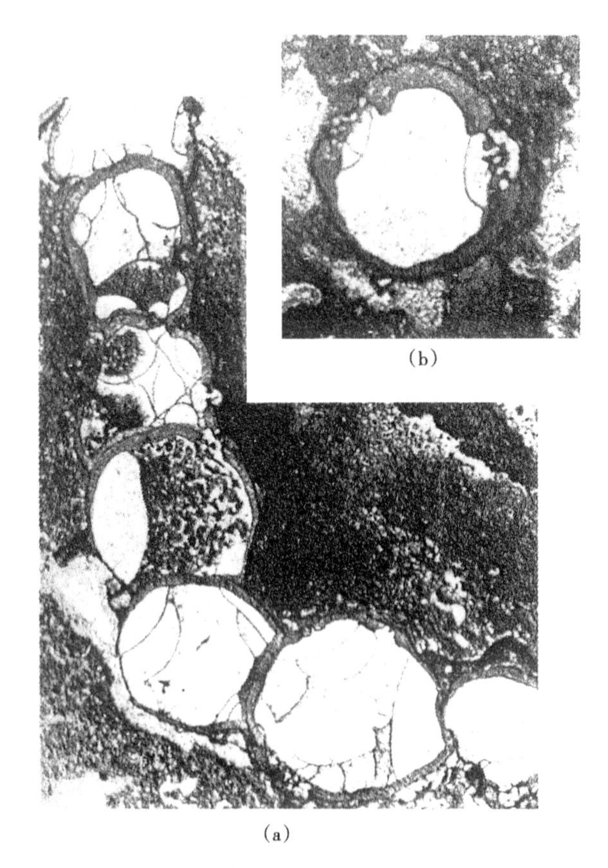

(b)

(a)

图 106 *Follicatena*

(a) 正模标本的纵向切面，可见球形房室，其外壁未见穿孔，但可见筛网孔，×2.5；(b) 横切面，可见两个清晰的筛网孔，×5

属 *Pamirothalamia* Boiko，1991 帕米尔腔海绵属

主要特征：海绵体呈链条状的柱体，它是由 9 个房室组成，长约 36mm；房室接近于圆形，但在两个房室相接处略显收缩；房室高 3~4mm，宽 5~6mm；中央腹腔属于隐管型，其直径约 1~3mm，腹腔壁很薄，其上有许多微孔；房室的外壁不均匀，在两个房室的连接处，外壁很薄，只有 0.5mm，有加倍重复现象，如同 *Sollasia*。房室的外壁显示团块状的特征，厚可达 2.5mm，其内有弯曲的沟道。因此外壁呈筛网状（图 107）。

时代：三叠纪；分布：塔吉克斯坦。

(a) (b)

图 107 *Pamirothalamia*

(a) 一个大型海绵的纵切面，可见其外壁较厚，而间壁是由双层组成；中央腹腔并未清楚地显示出来，×4；
(b) 横切面，可见在厚的外壁之内有很复杂的进水沟道，×4

属 *Pamiroverticillites* Boiko，1991 帕米尔轮生海绵属

主要特征：海绵体呈圆柱状或锥状的圆柱体；房室呈圆环状，房室内填充了弯曲的薄板，这些薄板的厚度只有 0.2~0.3mm；中央腹腔属于反管型，其宽度约占海绵体的直径的 1/6；外壁上被蛇曲状的微孔所穿透；它的模式种为 *Sphaeoverticillites conicus* Boiko（图 108）。

时代：三叠纪；分布：塔吉克斯坦。

属 *Porefieldia* Rigby and Potter，1986 集孔海绵属

主要特征：海绵体呈小型尖锥状的圆柱体，它由许多相互叠覆的房室组成，这些房室在体外易于见到；海绵体内没有腹腔；外壁也无微孔，但有 2~5 个筛网状椭圆形小孔分布区，此处称为集孔（pore field），它们大致与外表面一样平，但其周围有显著的围唇；这些小孔接近于多角形，它们之间有纤细的

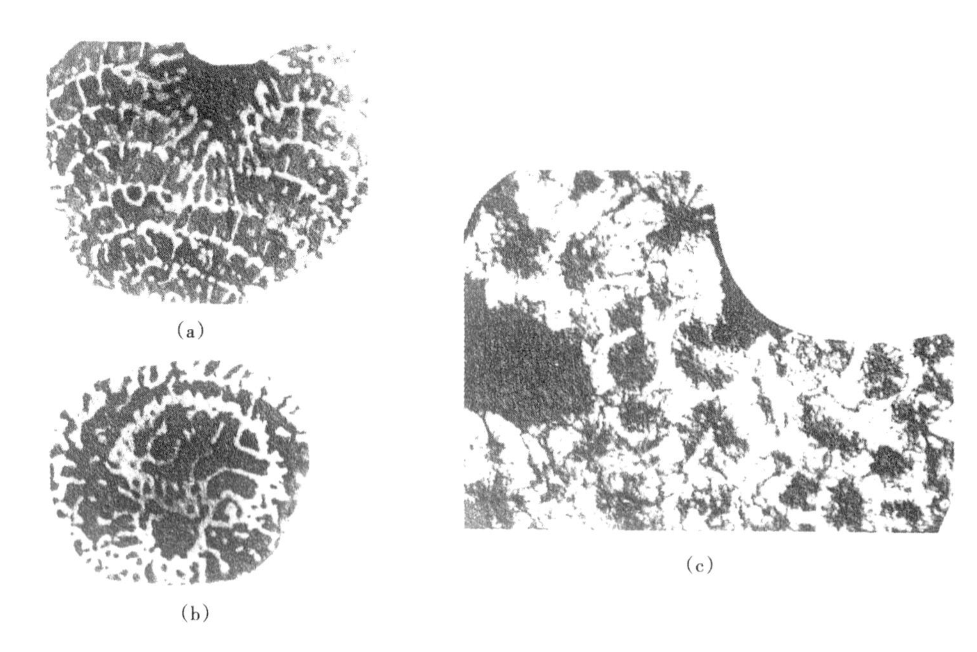

（a）

（b）

（c）

图 108　*Pamiroverticillites*

（a）海绵体的垂直切面，可见其房室很低矮，它们彼此叠覆生长，其内有垂直的骨纤薄板，作为填充组织；海绵体内有较浅的腹腔，×1；（b）这是横切面，可见很窄小的中央腹腔；外壁多微孔，×2；（c）海绵体一部分外壁的显微结构，可见外壁内的纤球结构，×50

骨纤；房室之间的间壁上有小孔，这些小孔也具有与筛网孔相似的形状，但较大；插入的骨纤可能包覆在上表面（upper surface）；房室内也许存在泡沫板；显微结构和骨针均不明（图 109）。

时代：晚奥陶世晚期；分布：美国加利福尼亚。

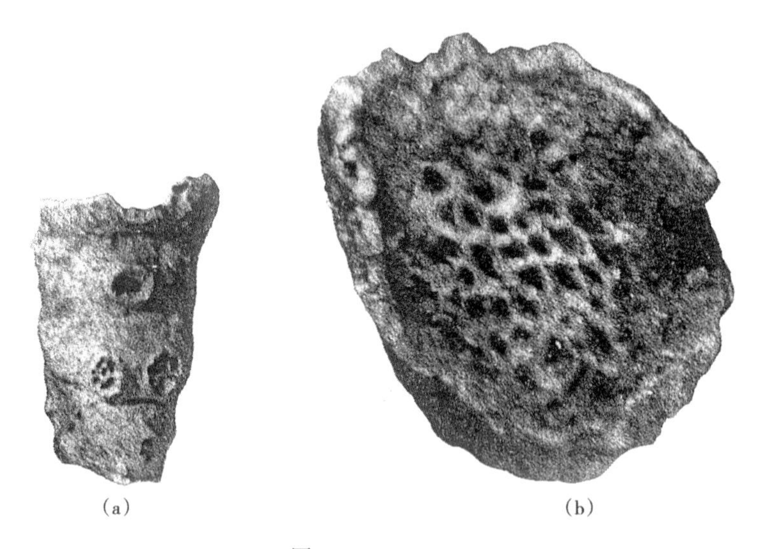

（a）

（b）

图 109　*Porefieldia*

（a）倒锥形正模标本的侧边缘图，已硅化，有明显的小孔分布区—集孔，在每一个房室上有数个这样的集孔分布区，像一簇有边缘的小孔，×2；（b）破碎顶面的切面，可见筛网状的间壁和较厚的外壁，×5

属　*Pseudoporefieldia* Rigby，Potter and Blodgett，1988　假集孔海绵属

主要特征：此属与 *Porefieldia* 一属不同之处在于其外壁上除了存在集孔区外，还有许多较小的、分散状分布的外孔；每一个房室只有一个集孔区（图 110）。

时代：中奥陶世—晚奥陶世；分布：美国阿拉斯加。

属 *Sphaeroverticillites* Boiko，1990　球形轮生海绵属

主要特征：海绵体较大，呈球形或杯子状，它具有圆柱形的、反管型的腹腔管；房室像圆钟状，彼此叠覆生长，在外表面未见在两个房室之间有收缩的现象；房室内填充了骨纤；显微结构呈纤球结构（图111）。

时代：三叠纪；分布：塔吉克斯坦。

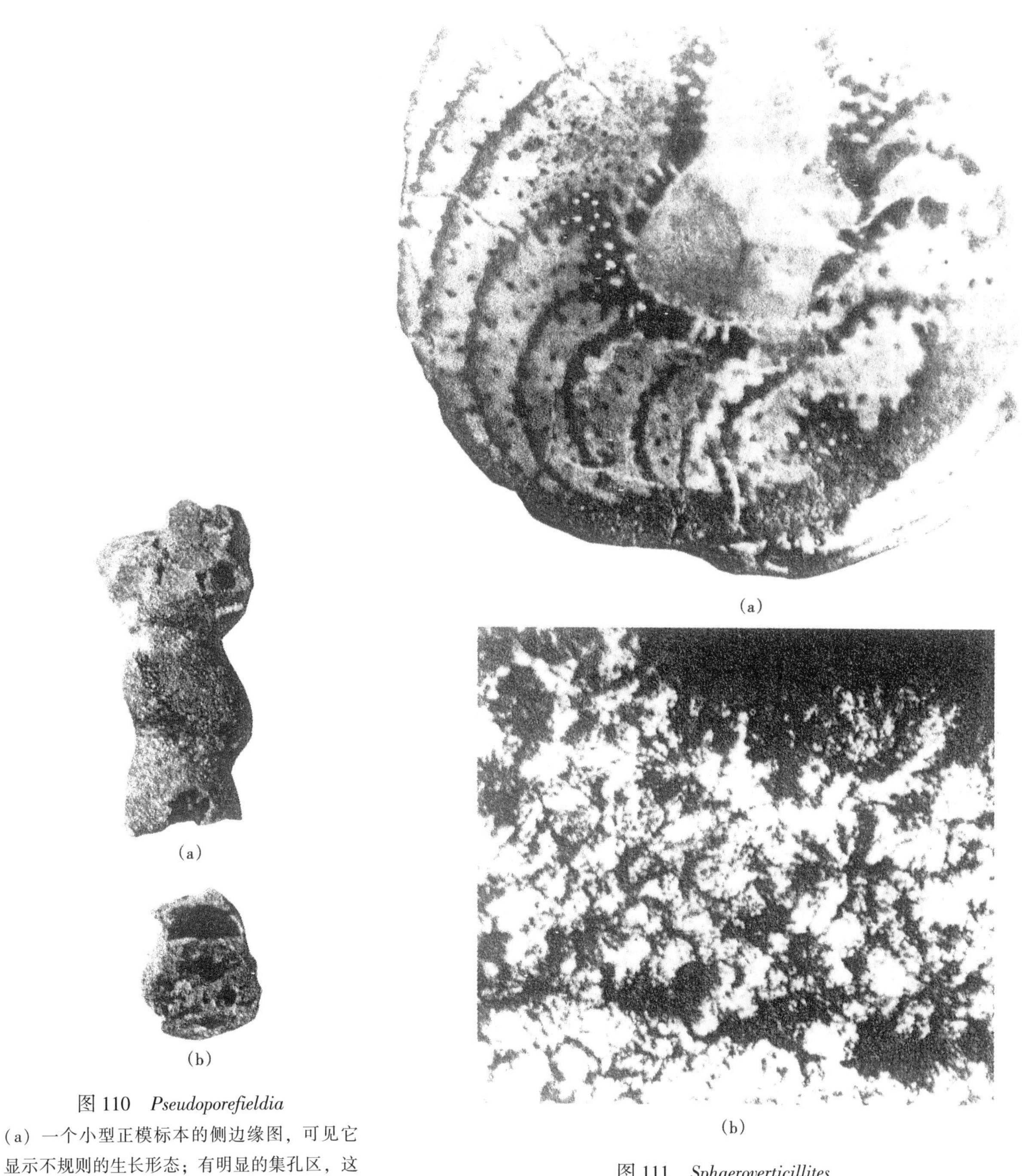

(a)

(b)

图110　*Pseudoporefieldia*

(a) 一个小型正模标本的侧边缘图，可见它显示不规则的生长形态；有明显的集孔区，这些集孔区就是进水孔，但在每一个房室上，只有一个集孔区，×5；(b) 一个已破损的海绵体的上表面，可见较大的、圆形的间壁孔，×5

(a)

(b)

图111　*Sphaeroverticillites*

(a) 正模标本的垂直切面，显示出此海绵体呈球形的外形；它具有反管型的腹腔，腹腔壁较厚；房室低矮，相互叠覆生长；外壁多微孔；房室内有垂直生长的、似短棒样的骨纤填充组织，×2；(b) 显微照片，可见纤球结构，×100

科　Aphrosalpingidae Myagkova，1955　泡沫喇叭形海绵科

亚科　Fistulosponginınae Termier and Termier，1977　笛管海绵亚科

属　*Fistulosponginina* Termier and Termier，1977　笛管海绵属

主要特征：海绵体呈圆柱形，其圆形到多边形的房室组成一个单层，它们包围着比较窄小的中央腹腔管；外壁被一簇多边形的小孔所刺穿，但其周围有低矮或十分明显的外唇，除此之外，外壁上还有纤细的微孔；间壁是双层式，如同外壁一样，也被许多小孔所刺穿；内壁孔要比外壁上的小孔孔径大一些；据说在内壁内有纵向沟道；房室内没有填充组织；外壁的显微结构为纤球状，但未找到骨针（图 112）。

时代：二叠纪；分布：突尼斯和阿曼。

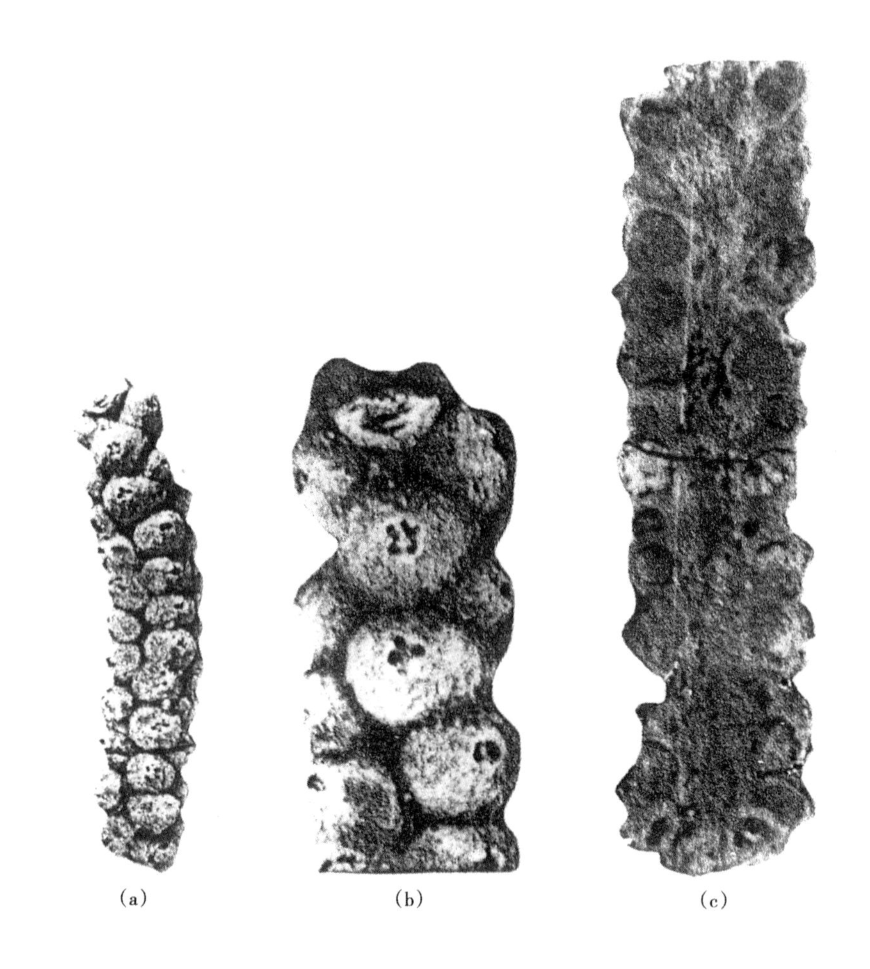

图 112　*Fistulosponginina*

（a）模式标本的侧边缘图，在排成一列的蛋形房室上有星状出水孔，×2；（b）侧边缘的放大图，在房室上有星状出水孔，×5；（c）海绵体的垂直切面，代表磨光面，可见围绕着中央腹腔管分布的房室，×2

属　*Aphrosalpinx* Myagkova，1955b　泡沫喇叭形海绵属

主要特征：海绵体呈明显的倒锥形、圆柱形或为短茎，或为分叉的、单列式的海绵体，在其中部和上部有开放的腹腔，但在其下部则成为一簇直径较小的出水管；有许多房室，它们都呈辐射状排列，其中有一些房室的外面有明显的管状进水口，这些进水口到达房室内就成为小管；在腹腔壁上的微孔有时呈 S 形出水沟道；房室内有泡沫填充组织，尤其是那些位于下部的房室（图 113）。

时代：志留纪；分布：俄罗斯乌拉尔和美国。

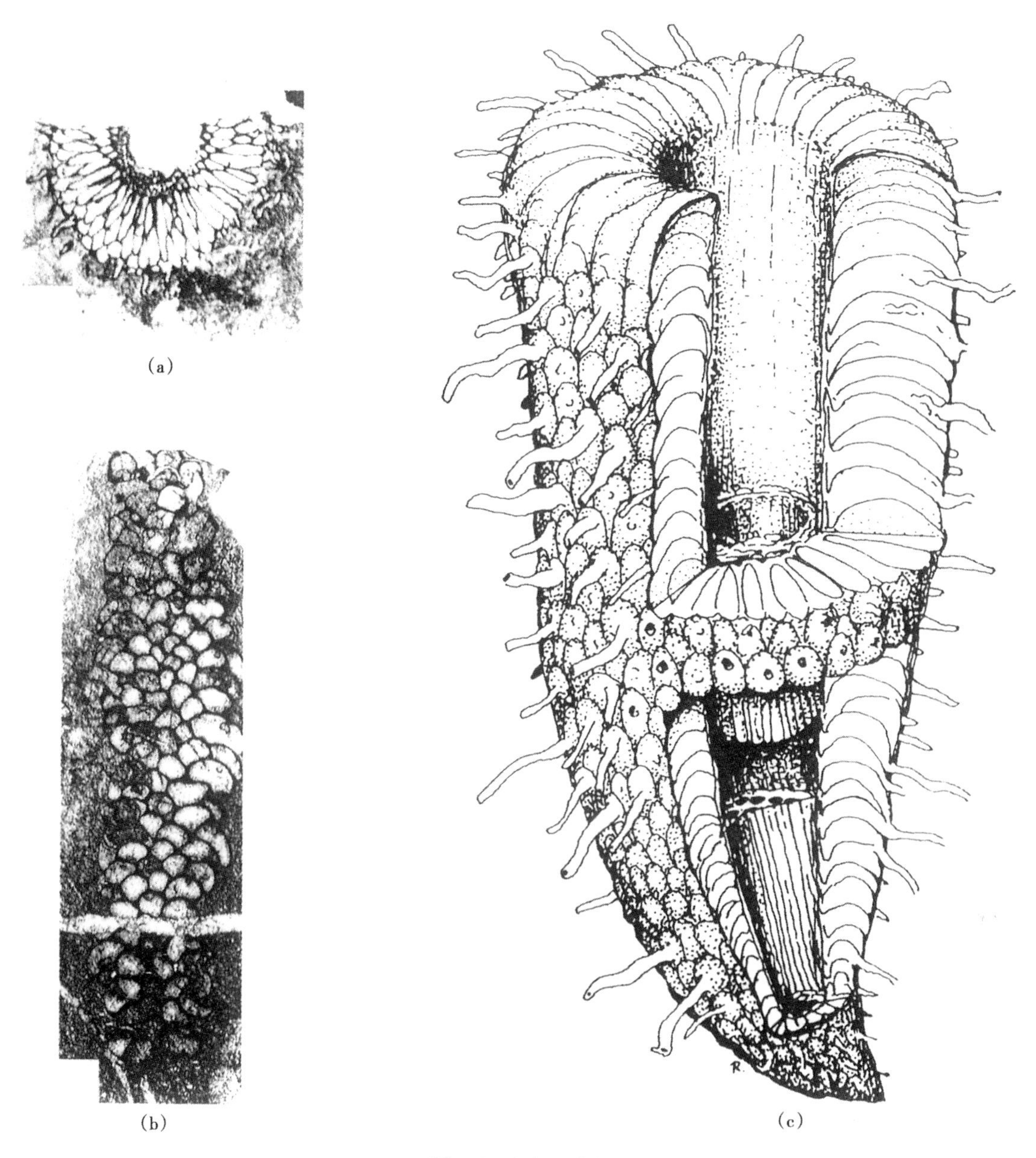

图 113 *Aphrosalpinx*

（a）横切面，可见管状的腹腔，在其周围有呈辐射状的细胞层或房室层，其上有明显的外管（exaules），×3；
（b）通过辐射状房室的弦切面，它们呈鳞片状的特征，还可见一些进水管或外管的横切面，表现为小的圆环，×4；
（c）海绵体的复原图，表示房室和进水管（或外管）的发育状况；在其下部的中央有一簇直径较窄的出水管，而上部则为开放的腹腔

属 *Cystothalamiella* Rigby and Potter，1986 小泡沫腔海绵属

主要特征：海绵体呈锥状的圆柱体，它是由许多球形的房室组成，这些房室簇拥于中央腹腔的周围；如果这些房室相互挤压，那就成为多角形的房室；中央腹腔的直径约占海绵体直径的1/3；海绵体的外壁一般无孔，但有短的外管，它们都分布在那些低矮的小瘤之上，而且有筛网（craticula）；筛网的小孔接近于多角形；各个房室之间均未连通，且房室之间的间壁上也未见微孔；腹腔壁上的微孔，呈圆形到近于多角形，且密集分布；在腹腔壁上有不规则的纵向长脊，这一特征相似于 *Cystauletes* King，1943 的原始骨纤；房室内也许有泡沫填充组织；显微结构不明，骨针的状况也不清楚（图 114）。

时代：晚奥陶世晚期—志留纪；分布：美国加利福尼亚州和阿拉斯加州。

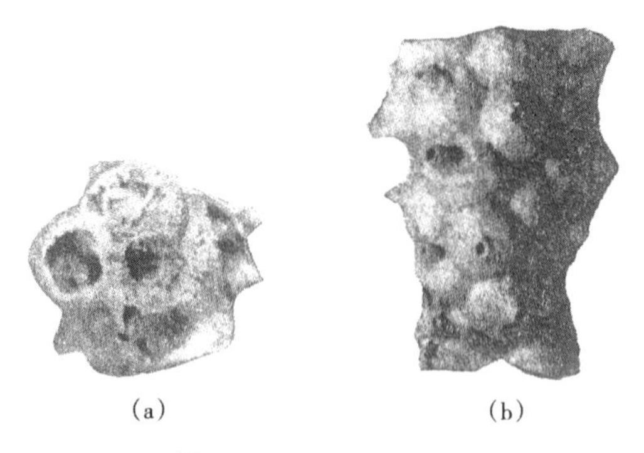

（a）　　　　　　　　（b）

图 114　*Cystothalamiella*

（a）正模标本的侧边缘图，可见呈圆形到多角形的房室，每一个房室都有一个外管，×2；
（b）海绵体的侧边缘图，可见许多圆形的房室簇拥在中央腹腔的周围，它们均有短的外管，×2

属　*Nematosalpinx* Myagkova，1955a　线喇叭形海绵属

主要特征：海绵体呈小型的、圆柱状的个体，显示二分叉，它是由许多球形的房室组成；房室构成单层，它们都围绕着位于中央的一簇出水管；这些出水管一般贯穿了整个的海绵体；在房室的外面分布着弯曲的外管（exaule）；房室之间的间壁管（intertube）很发育；腹腔壁上的微孔很明显，也较大，并能进入到中央出水管内（图 115）。

时代：志留纪；分布：俄罗斯和美国。

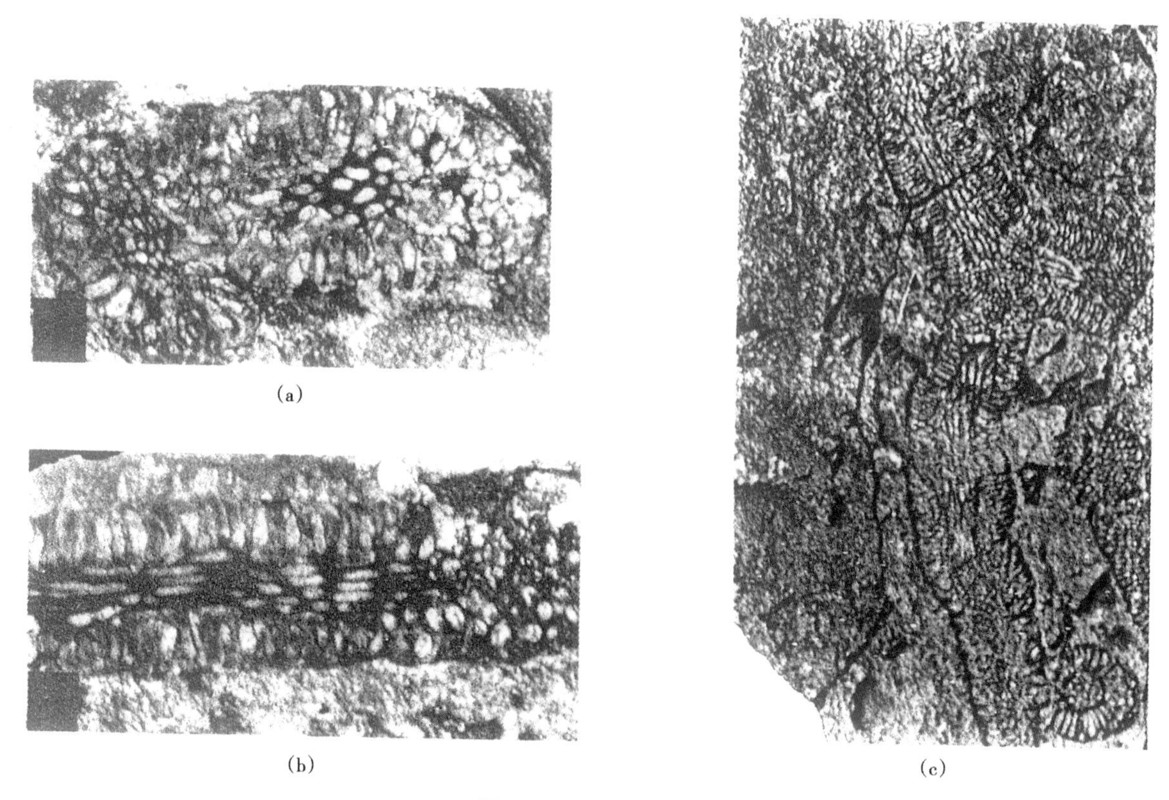

（a）

（b）　　　　　　　　（c）

图 115　*Nematosalpinx*

（a）海绵体的周围，显示放射状分布的房室，它们都围绕着一簇位于中央的、具有厚壁的出水管分布，×10；
（b）纵切面，显示海绵体外面的细胞状房室，而在海绵体的轴部是一簇出水管，×10；
（c）已受到风化的标本，可见海绵体的横切面以及分叉个体的纵切面，×2

属 *Uvacoelia* Keugel，1987 葡萄状腔海绵属

主要特征：海绵体呈一串链条或呈团块状的一团，可见这些圆球形的房室都围绕着前管型的腹腔分布；每一个房室的外壁未见微孔，但是每一个房室都有出水孔（apopore）与中央的腹腔相通（图 116）。

时代：石炭纪；分布：奥地利。

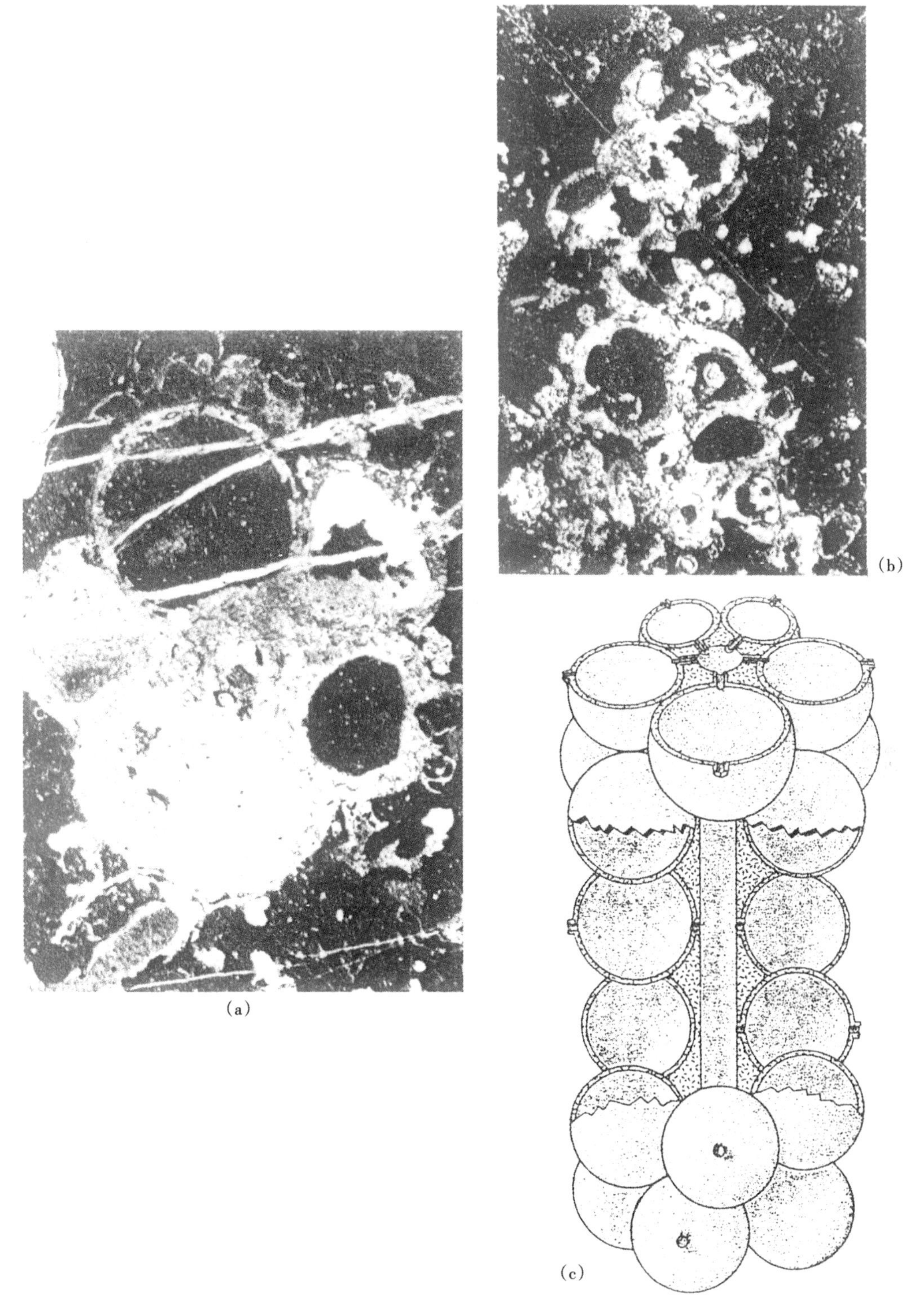

图 116 *Uvacoelia*

（a）正模标本，显示出球形的房室，它们有长的外管；在中央腹腔壁上分布着直径较大的内孔（endopore），×5；（b）纵切面，显示球形的房室，其上可见较长的外管，×3；（c）海绵的复原图

亚科 Vesicocauliinae Senowbari-Daryan，1990 泡沫茎海绵亚科

属 *Vesicocaulis* Ott，1967 泡沫茎海绵属

主要特征：海绵体是由半球状的房室组成，彼此叠覆成链条状；外壁不穿孔，但有筛网状的群孔，每一个群孔之下有一块骨纤，形成薄片（也许是筛网状的构造）；中央腹腔壁的外面有骨纤分布带围绕着，它们可勾画出蛇曲状、网结状的细沟道，而且都平行于腹腔延展，但可进入到腹腔内，如像内孔一样，还可以进入到房室内；房室内有薄的泡沫板，这些泡沫板往往显示纵向拉长，且平行于外壁；间壁都是从前一房室的外壁往内延展而成；显微结构不清楚，骨针也未找到（图 117）。

时代：三叠纪；分布：奥地利、意大利、捷克、斯洛伐克、希腊和匈牙利等。

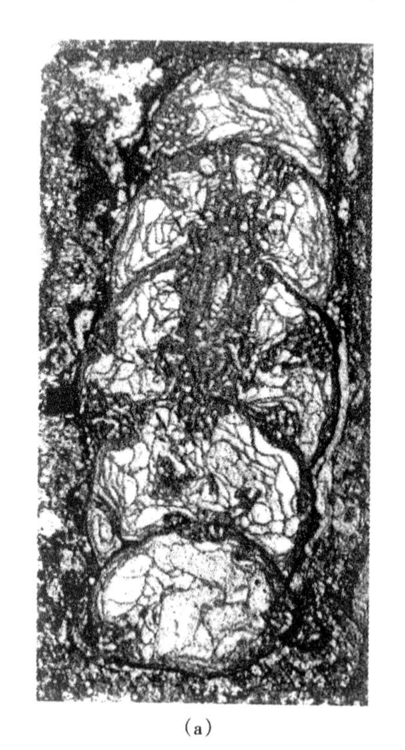

（a）

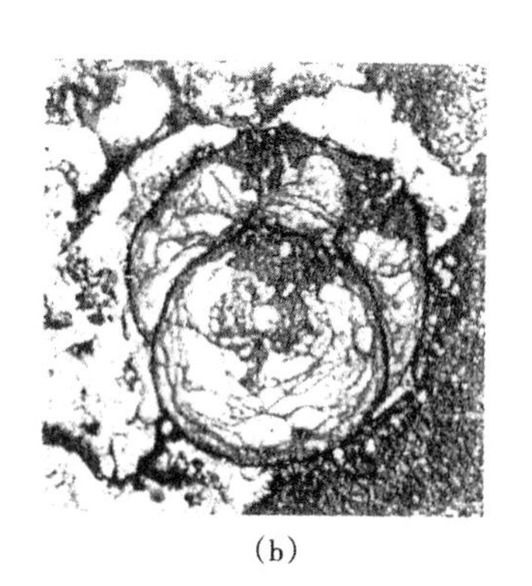

（b）

图 117 *Vesicocaulis*

（a）正模标本，这是斜切面，可见房室内充满了泡沫板，而较窄的管状腹腔则有网结状的小沟道；房室外壁上有筛网状的群孔，×5；（b）通过两个房室的横切面，其内充满了泡沫板，它们都围绕着较窄的腹腔分布，而房室的外壁上则有筛网状的群孔，×5

属 *Russospongia* Senowbari-Daryan，1990 拉索海绵属

主要特征：这是一个无穿孔的茎状海绵，它具有半球状的房室，这些房室可形成一条链条状；海绵体内有可能有前管型或反管型的腹腔，此腹腔通过整个的海绵体；房室内有隔板状的骨纤，作为填充组织；房室的外壁和填充组织均显示层纹状的显微结构；可见分散状分布的微孔，它们常出现于房室的底部；房室内也有泡沫组织；显微结构和骨针的状况均不清楚（图 118）。

时代：三叠纪；分布：意大利。

属 *Tolminothalamia* Senowbari-Daryan，1990 胆大房室海绵属

主要特征：这是无微孔的海绵，它具有反管型的中央腹腔；腹腔壁很薄，有许多微孔；房室之间的间壁要比外壁厚一些；外壁的微孔不发育；骨骼的显微结构属于不规则的文石结构；骨针状况不清楚（图 119）。

时代：三叠纪；分布：意大利西西里岛和斯洛文尼亚。

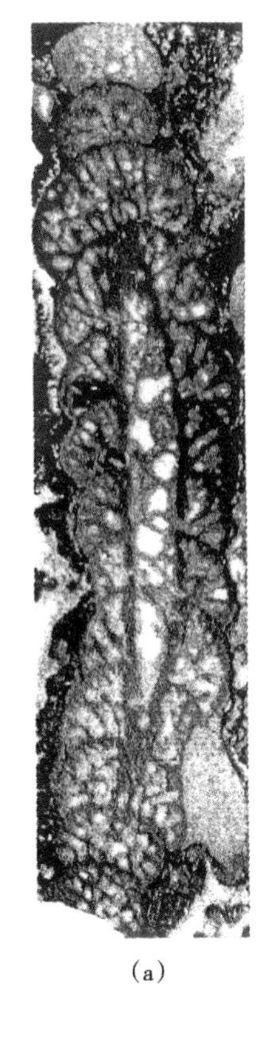

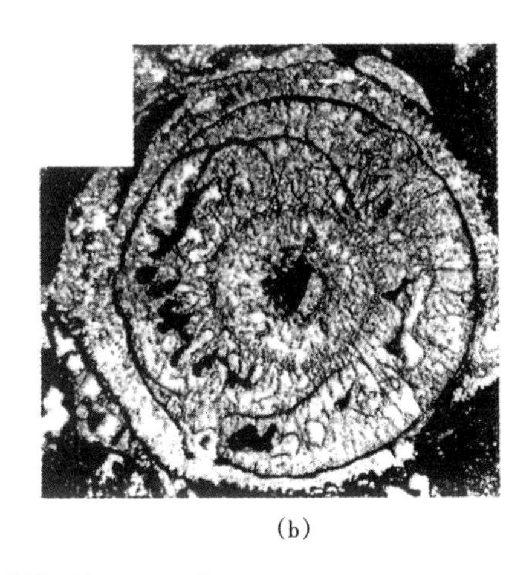

(a)　　(b)

图 118　*Russospongia*

(a) 正模标本，代表圆柱形海绵体的纵切面，房室内有隔板状骨纤填充组织，×2；
(b) 横切面，显示房室的壁很薄，房室内有放射状的隔板，作为填充组织，×2

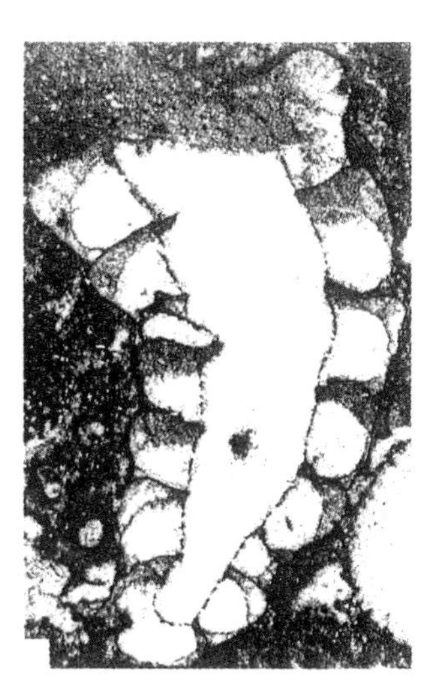

图 119　*Tolminothalamia*

海绵体的纵切面，它具有很宽大的腹腔，但其腹腔壁很薄；房室之间的间壁较厚，但未见微孔，×5

属　*Yukonella* Senowbari-Daryan and Reid，1987　育空海绵属

主要特征：海绵体由链状的房室组成，体内或有双向管型的腹腔，或为前管型的腹腔；前者的内壁既有往上延伸，也有向下伸展；腹腔内还有一些直径较小的沟道；在海绵体的外壁还出现一些粗孔，但不是微孔；房室之间的间壁上密布着许多微孔；房室内一般无填充组织，但可见到一些泡沫组织（图 120）。

时代：三叠纪；分布：加拿大育空地区。

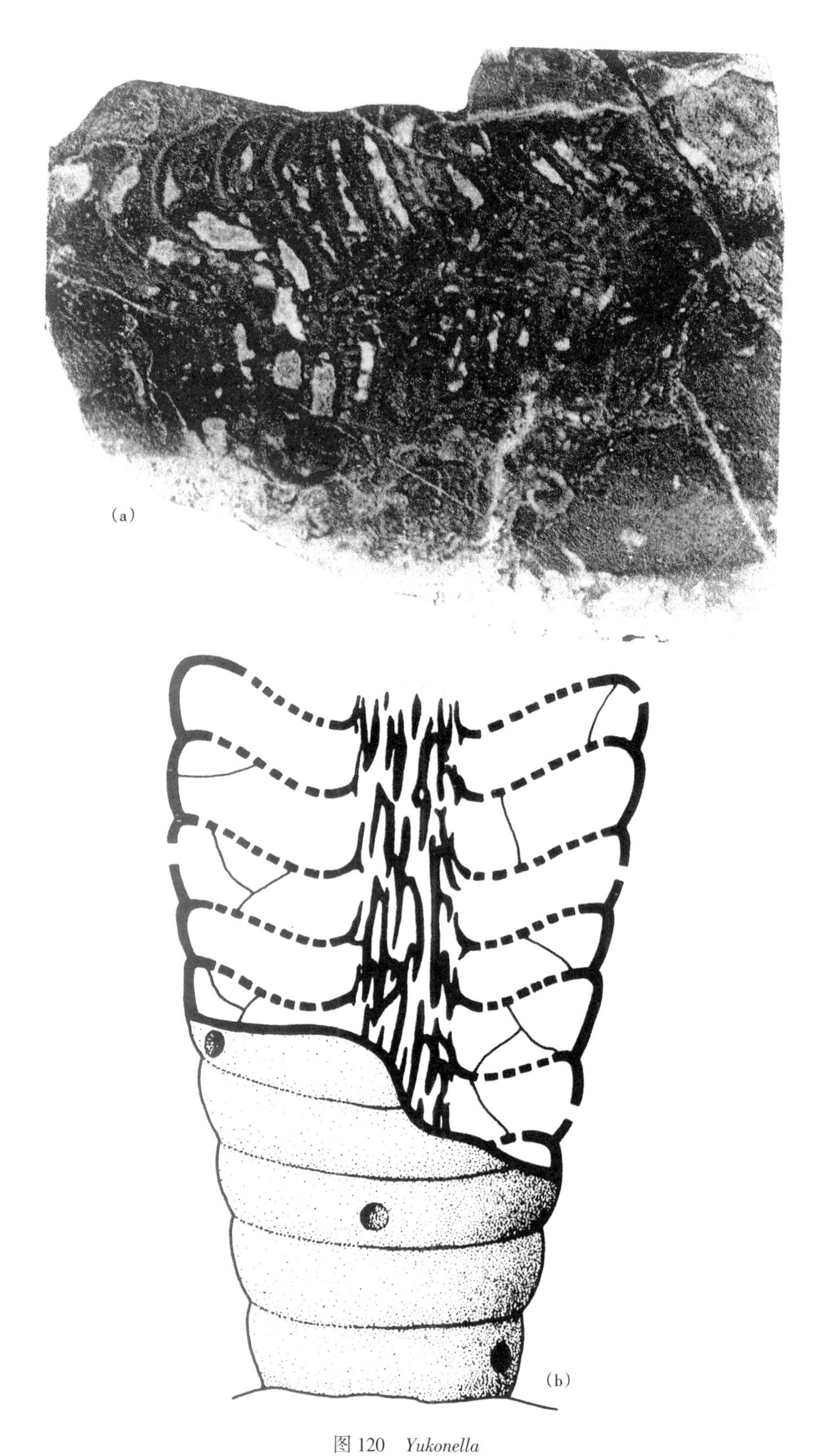

图 120　*Yukonella*

(a) 海绵体的纵切面，显示出房室的间壁上有许多微孔，但它到外面的外壁上就消失不见；在腹腔内可见一簇出水沟道，×2；
(b) 海绵体的复原图，此图显示出皮层的特征和海绵体内的结构，如中央的腹腔和房室间壁上的微孔分布状况

亚科　Palaeoschadinae Myagkova, 1955

属　*Palaeoscheda* Myagkova, 1955a

主要特征：海绵体呈不规则的、明显的倒锥形到圆柱形，围绕着中央腹腔有许多呈球状的房室，这些房室都往上拱起，并围成一层；中央的腹腔是由数个出水沟道组成；间壁和外壁都是由两层组成，其内层为致密层，仅见呈分散状分布的微孔，而外层则有密集的粗孔；腹腔壁上有较大的粗孔，由此往房室的里面伸出小管，这些小管也可能分叉；外壁上的外管（exaules）并不发育（图 121）。

时代：志留纪；分布：俄罗斯、美国和加拿大。

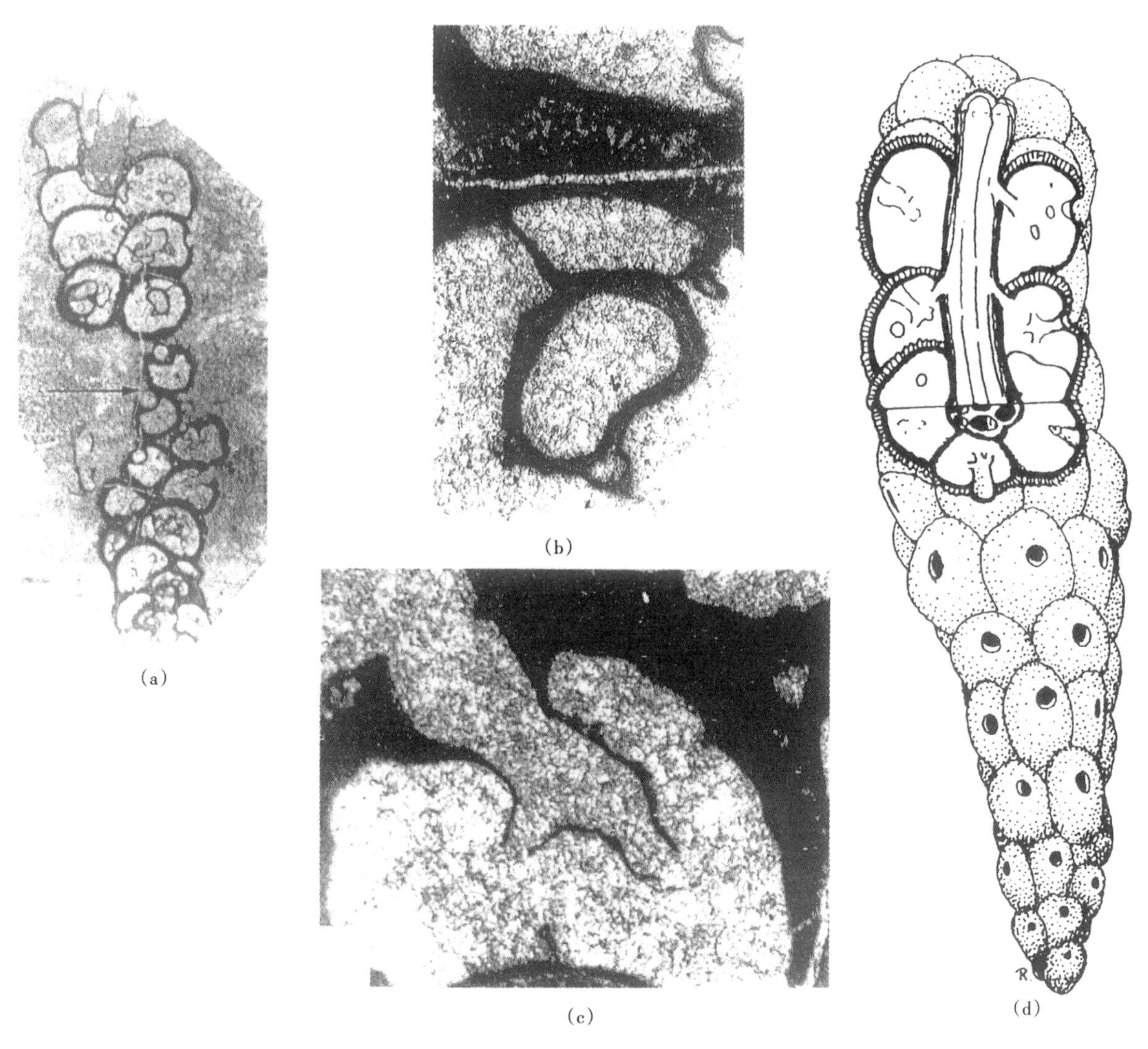

图 121　*Palaeoscheda*

(a) 较完整的纵向切面，可见球形的房室，×2；(b) 显微照片，可见被粗孔穿过的间壁，此间壁的上、下又有以后增加的层纹状薄层，×20；(c) 间壁上的小管，它能穿透间壁，×25；(d) 复原图，显示房室的排列状况、中央腹腔以及腹腔壁上的小管伸入到房室内的情况

科　Glomocystospongiidae Rigby, Fan and Zhang, 1989　群泡海绵科

属　*Glomocystospongia* Rigby, Fan and Zhang, 1989a　群泡海绵属

主要特征：海绵体呈团块状，向外展开或呈分叉的圆柱形，它有近于平行的、像裂口状、有时呈放射状排列的洞穴式的空间；在这些空间之间分布着小的、半球形的房室，这些房室的突面都是向着上面和外

面；每一个房室都有一个孔通向这些洞穴式的空间，也可见极少量的房室只有一个小孔与相邻房室沟通；除此之外，房室内就再无其他的小孔（图 122）。

时代：二叠纪；分布：中国。

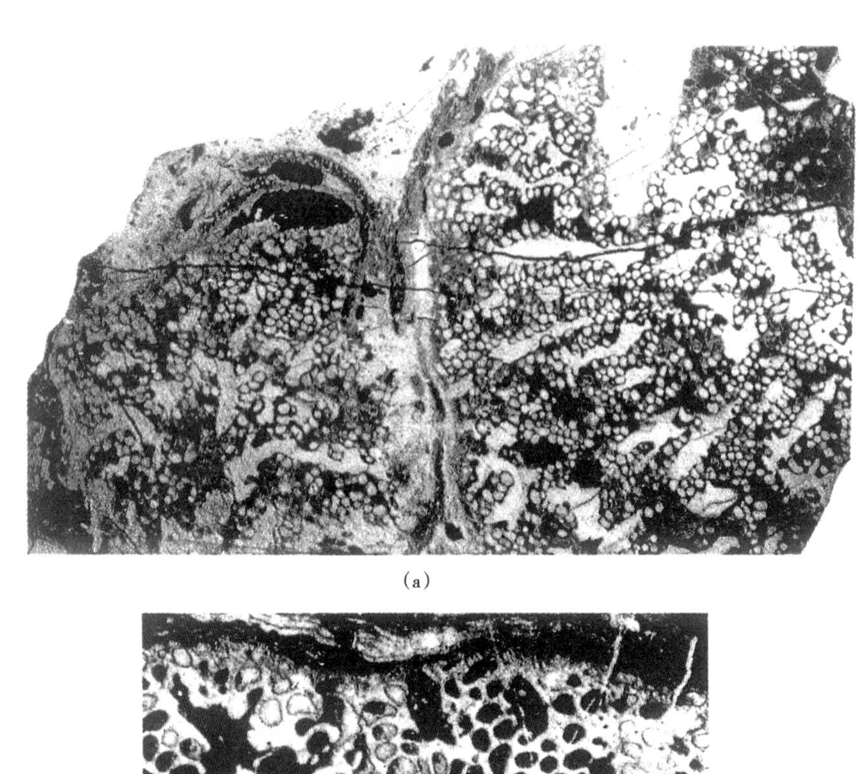

（a）

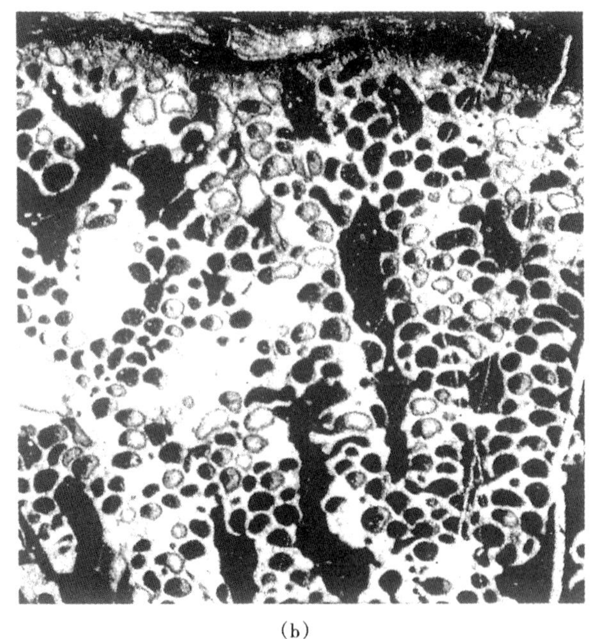

（b）

图 122 *Glomocystospongia*

（a）海绵体的形态呈半球状，也可呈分叉的叶片状，它是由许多小房室组成，这些房室都是围绕着进水裂口和出水裂口分布，×2；（b）显微照片，可见较小的、团聚在一起的房室，每一房室都有一个小孔，它们都围绕着进水—出水的裂口分布，×5

属 *Huayingia* Rigby and others，1994 华蓥山海绵属

主要特征：海绵体呈结核状、团聚状，或呈叶片状展开，也可呈板状，它们都是由许多较小的新月形房室组成，这在垂直切面内可清楚地见到（图 123b），而在其水平切面内，可见其房室呈拱起的三角形到抹刀状（spatulate），或新月形；外壁无微孔，但可见一个较大的反管型的口孔；房室内仅见少量的泡沫组织（图 123）。

时代：二叠纪；分布：中国。

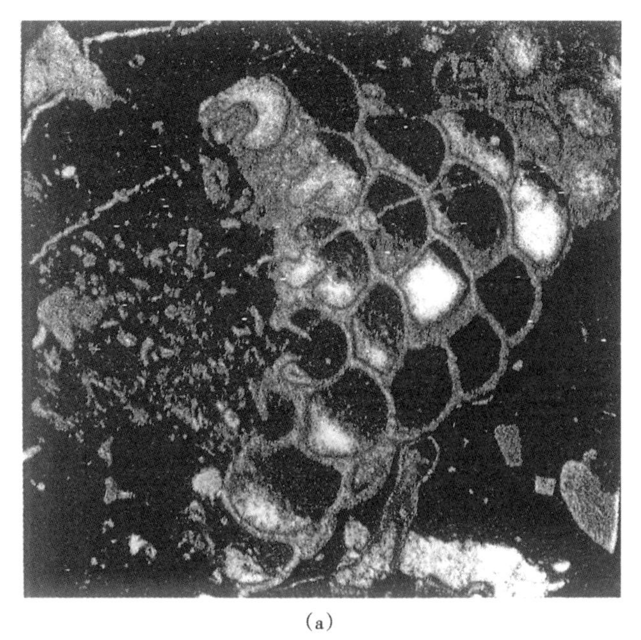
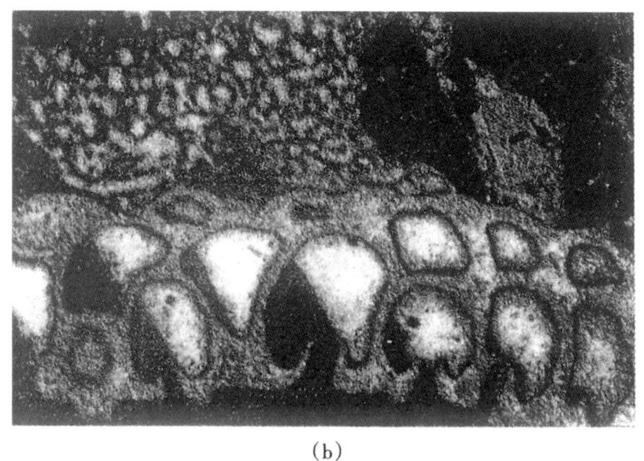

(a)　　(b)

图 123　*Huayingia*

（a）薄板状海绵体的水平切面，可见泡沫状的房室，它们都有反管型的出水口，位于此图的左侧，×5；
（b）薄板状海绵体的垂直切面，可见拱起的房室，在其底部有向内弯曲的口孔，×5

科　Sebargasiidae de Laubenfels，1955　塞巴加斯海绵科

属　*Sebargasia* Steinmann，1882　塞巴加斯海绵属

主要特征：海绵体呈圆柱形，它是由许多相互叠覆的房室组成，在外面易于识别；中央腹腔的宽度约占海绵体直径的 1/3；外壁上的外孔较小，呈圆形，密集分布；间壁是前一房室的外壁向内延伸而成，它也有微孔；内壁是一个房室的间壁往下延伸而成，因而呈反管型的腹腔管；内壁，即腹腔壁，也饰有小孔；房室内仅见少量的填充组织；外壁的显微结构不清楚，也未找到骨针（图 124）。

时代：石炭纪；分布：西班牙。

属　*Amblysiphonella* Steinmann，1882　钝管海绵属

主要特征：海绵体呈圆柱形，有时呈近于平行的、分叉的分支；从外面见到的这些分节（segement）相当于里面的房室，它们均排列成纵向的一列；中央腹腔的宽度约占海绵体直径的 1/3；外壁饰有许多圆形的微孔，这些微孔密集分布；间壁是从下面房室的外壁往内延展而成，它也有许多微孔；内壁有时较薄，但内孔则较大，且稀疏分布；房室和腹腔内可见泡沫板；外壁的显微结构是由较小的、等直径的纤球组成，未见骨针（图 125）。

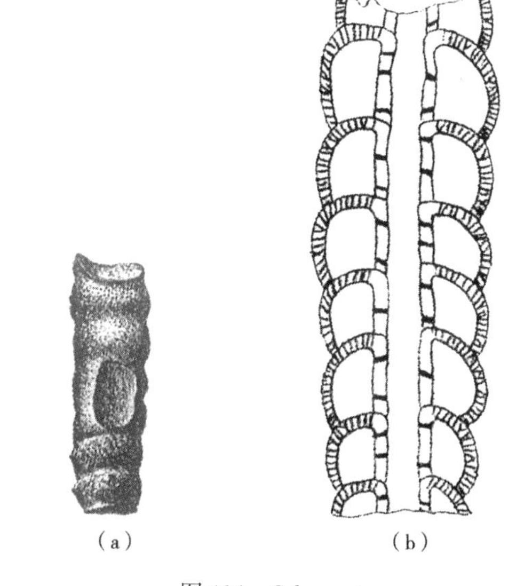

(a)　　(b)

图 124　*Sebargasia*

（a）近于圆柱形标本的侧边缘图，×1；
（b）纵切面，可见围绕着腹腔管分布的房室，在腹腔壁上有较粗的孔，而间壁和外壁上仅见微孔，×2

时代：石炭纪—三叠纪；分布：世界各地。

属 *Chinaspongia* Belyaeva，2000 中华海绵属

主要特征：海绵体呈串链状，外表饰有微孔；当它发育到某一特别阶段时，如其旁边有连接的海绵时，就能形成海绵群体。这时，此海绵群体具有共同的外壁；除了有中央管以外，还有侧向管，它可穿过 2 个或 3 个相邻的房室；在局部位置，这些侧向管可与房室外壁相连（图 126）。

时代：二叠纪；分布：中国。

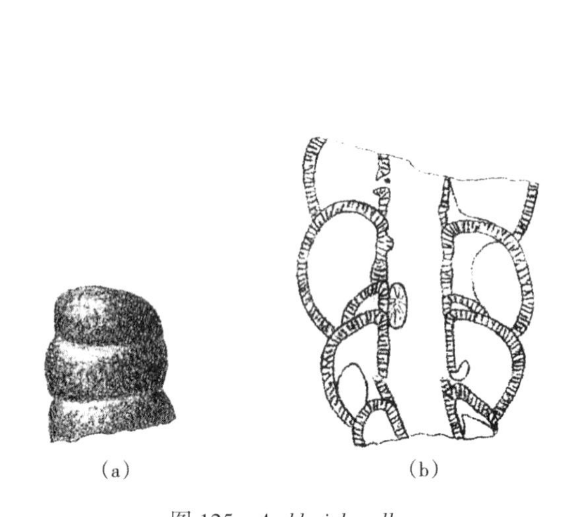

图 125 *Amblysiphonella*

（a）正模标本的侧边缘图，×1；（b）纵切面，可见围绕着多孔的腹腔分布的房室，房室内有分散状分布的泡沫板；外壁和间壁上均有均匀分布的微孔，×2

图 126 *Chinaspongia*

通过两个圆柱形分支的斜切面，每一分支都有明显的中央管和分叉状的侧向管；房室外壁上都有圆形的进水孔，×2

属 *Crymocoelia* Belyaeva，1991 克里米亚海绵属

主要特征：海绵体由许多房室串联而成，成为纵向的一列；其房室在海绵体的下部接近圆柱形，而在海绵体的上部则呈球形；中央腹腔属于反管型；腹腔管壁是由较薄的、已有穿孔的内层和有许多出水沟道聚合的外层共同组成。因此，腹腔管壁的结构是很复杂的；多孔的间壁显平坦，但它接近边缘部分时就向下弯曲；房室的外壁较薄，有许多微孔；早期的房室内填充了泡沫组织，而那些晚期的房室都缺乏填充组织，但最后一个房室则有网格状骨骼；显微结构具有粒状结构（图 127）。

时代：二叠纪；分布：乌克兰。

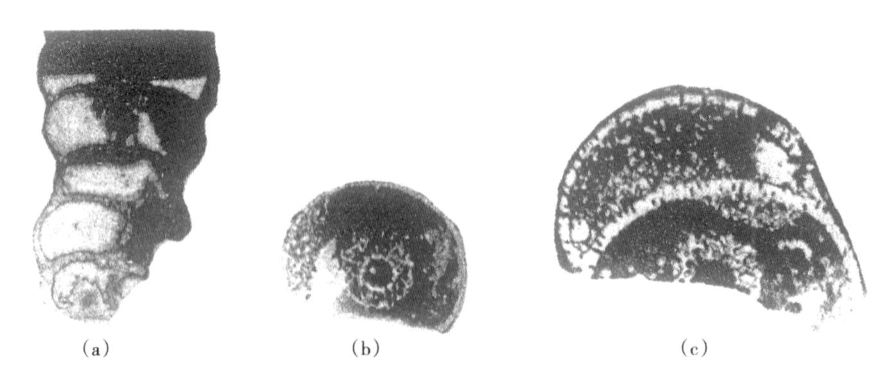

图 127 *Crymocoelia*

（a）接近于垂直的海绵切面，可见房室排列成单列；（b）横切面，显示多孔的腹腔壁，×1；（c）海绵的斜切面，可见多孔的外壁和间壁，而在此图下方的中央，可见较厚的腹腔壁，且多孔，×2

属 *Laccosiphonella* Aleotti, Dieci and Russo, 1986 深管海绵属

主要特征：海绵体呈圆柱形，体外的分节相当于内部的房室；这些房室低矮，它们彼此叠覆生长在一起；中央腹腔的宽度相当于海绵体直径的1/3；外孔、间壁孔和内孔的直径大致相同，一般较小，且密集分布；腹腔壁较厚，其上的微孔可成为短的沟道，它们也许连接在一起；在房室内有泡沫组织；显微结构不明，也未见骨针（图128）。

时代：二叠纪；分布：意大利西西里岛。

属 *Lingyunocoelia* Fan, Wang and Wu, 2002 凌云海绵属

主要特征：海绵体呈链球状的一串，它是由许多球形的房室相互叠覆而成；轴部有中央腹腔管；房室内填充了泡沫状或不规则的填充组织；外壁和中央腹腔壁上均缺失微孔；外壁存在管状出水管（图129）。

时代：二叠纪；分布：中国广西。

(a)　(b)　(c)

图128 *Laccosiphonella*

(a) 圆柱形海绵体的侧边缘图，显示微弱的轮环状，每一轮环相当于一个房室，×1；(b) 纵切面，可见腹腔壁较厚，且多孔；左侧的房室截面呈三角形；(c) 横切面，表示房室的外壁较薄，但腹腔壁则较厚，×2

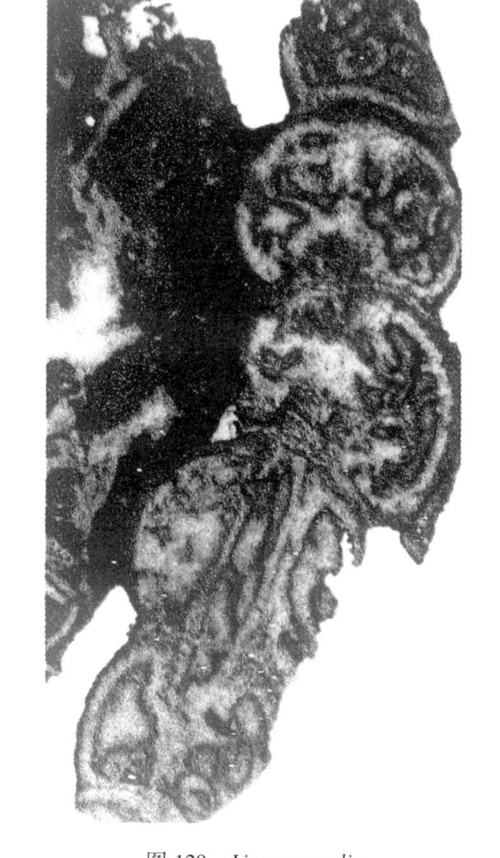

图129 *Lingyunocoelia*

近于垂直的切面，可见球形的房室叠置在一起，成为一串；轴部有中央腹腔；房室内有泡沫状填充组织，×2

属 *Minisiphonella* Boiko, 1991 小腹腔管海绵属

主要特征：海绵体呈链条状，在中央轴部有腹腔管，围绕此腹腔管分布着近于圆形到近于半球形的房室；这些房室较小；房室的外壁上有清晰的、水平肋脊（图130）。

时代：三叠纪；分布：塔吉克斯坦。

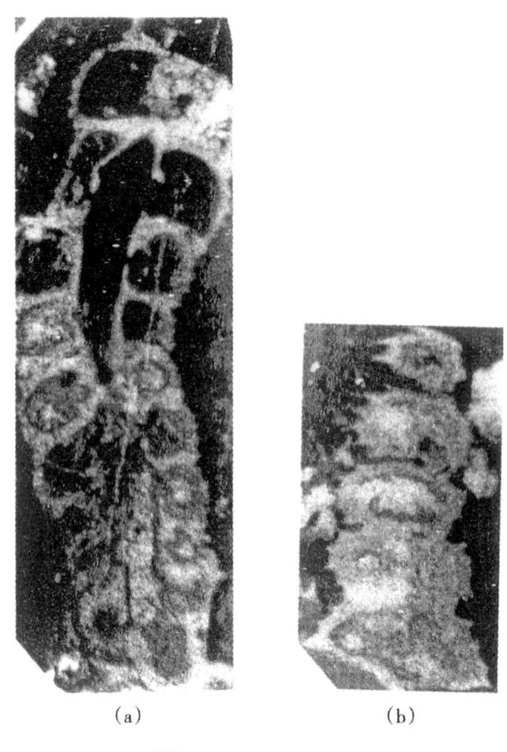

图 130　*Minisiphonella*

(a) 有些斜切的纵切面，可见彼此叠覆的房室，体内有清晰的中央腹腔和较粗的出水孔；在房室的外面的肋脊上还有纤细的进水沟道，×10；(b) 通过房室外壁的弦切面，可见瘤突状的外表面和穿过外壁的、较简单的进水孔，×10

属　*Oligocoelia* Vinassa de Regny，1901　少腔海绵属

主要特征：海绵体呈弯曲的锥体，外表并未显示出分节的情况；海绵体内有较宽大的、往上增宽的中央腹腔；某些分节可能呈不完整的、突圆盘状（toroidal）；外壁上有密集的圆孔；间壁是外壁向内延伸而成，但间壁孔要比外壁孔大一些，且分布较为稀疏；内壁，即腹腔壁，是间壁往下延伸而成，因而它属于反管型的腹腔管；内孔，即腹腔壁上的孔与间壁孔很相似；房室内未见填充组织；显微结构和骨针的状况均不清楚（图 131）。

时代：三叠纪；分布：匈牙利。

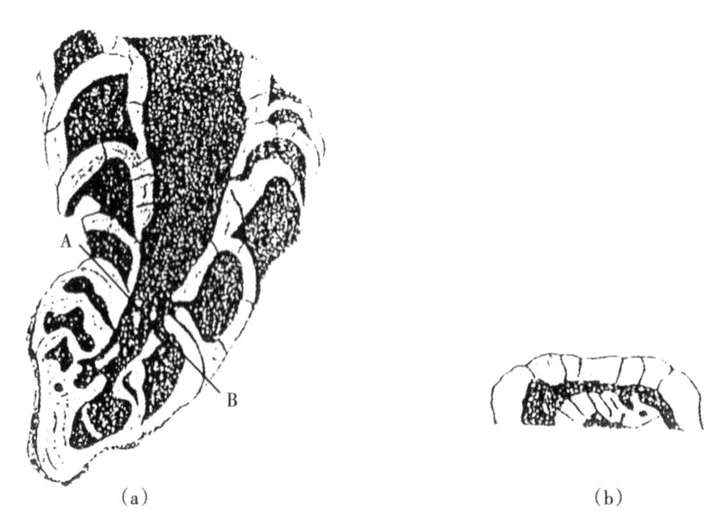

图 131　*Oligocoelia*

(a) 纵切面，显示海绵的外形、房室以及中央腹腔，×2；(b) 沿着 A—B 线切得的横切面，显示外壁和中央腹腔壁上的内孔，×2

属 *Paramblysiphonella* Deng，1982 拟钝管海绵属

主要特征：海绵体呈较直的圆柱形体，由于房室的大小有差异，因而使海绵体的外缘显示出轮环状的特征；每一轮环代表体内的一个房室，而这些房室具有相近的大小；海绵体内有中央腹腔；在其纵切面内可见每一个房室的顶面强烈地往上拱起；外壁上有许多微孔，这些微孔呈圆形，外壁内还被许多小的沟道穿过；房室内未见泡沫填充组织（图 132）。

时代：二叠纪；分布：中国西藏。

（a）　　（b）

图 132 *Paramblysiphonella*

（a）海绵体的纵切面，可见较宽的中央腹腔；房室的顶面显示不连续的间壁；

（b）海绵体的横切面，可见较宽的中央腹腔和其周围的房室，×1

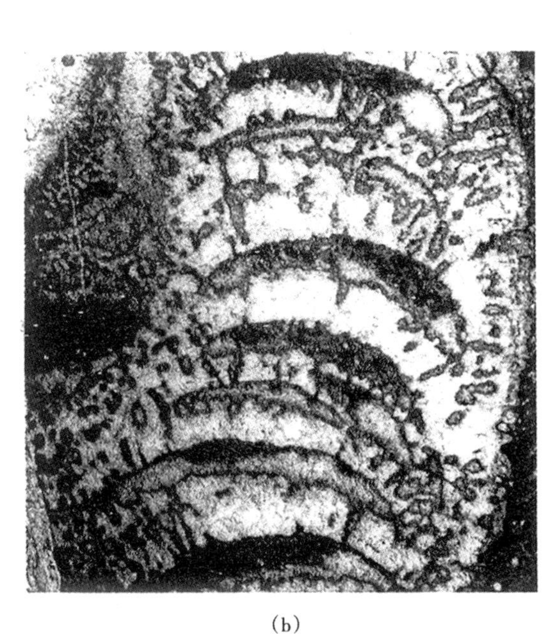

（a）　　（b）

图 133 *Polycystocoelia*

（a）正模标本，可见帽子状的房室，它们呈叠覆生长；间壁和外壁上已被许多微孔所刺穿，×1.5；（b）间壁上有相当粗大的间壁孔；在此图的左侧代表中央腹腔，在此腹腔壁上也有许多微孔，即内孔；在此图的右侧可见外壁上有许多微孔，×10

属 *Polycystocoelia* Zhang，1983 多囊腔海绵属

主要特征：海绵体呈圆柱形，或呈单个的细茎，或分叉的细茎，其中央腹腔管属于反管型，但此腹腔管也许不太发育；叠覆的房室呈扁平状或帽子状，它们呈鳞片状排列；体内缺乏泡沫组织和其他的填充物；外壁和间壁是由单层组成，其上被许多小孔所刺穿，但未见其他较粗大的孔（图 133）。

时代：二叠纪和晚三叠世诺利期；分布：中国、突尼斯、加拿大和俄罗斯。

属 *Pseudoamblysiphonella* Senowbari-Daryan and Rigby，1988 假钝管海绵属

主要特征：海绵体呈锥状的圆柱体，它由叠覆状的房室组成，各个房室的连接状况在体外能见到；海绵体的轴部有 4~6 个较窄小的、圆形的腹腔管；外壁孔较小、密集分布，呈圆形，甚至接近脑纹状的特征；房室的外壁向内弯曲延伸，从而形成间壁；房室内填充了骨纤结构，这些骨纤能勾画出网结状的小管，这些小管可进入到中央腹腔管；显微结构和骨针的状况均不明（图 134）。

时代：二叠纪；分布：突尼斯。

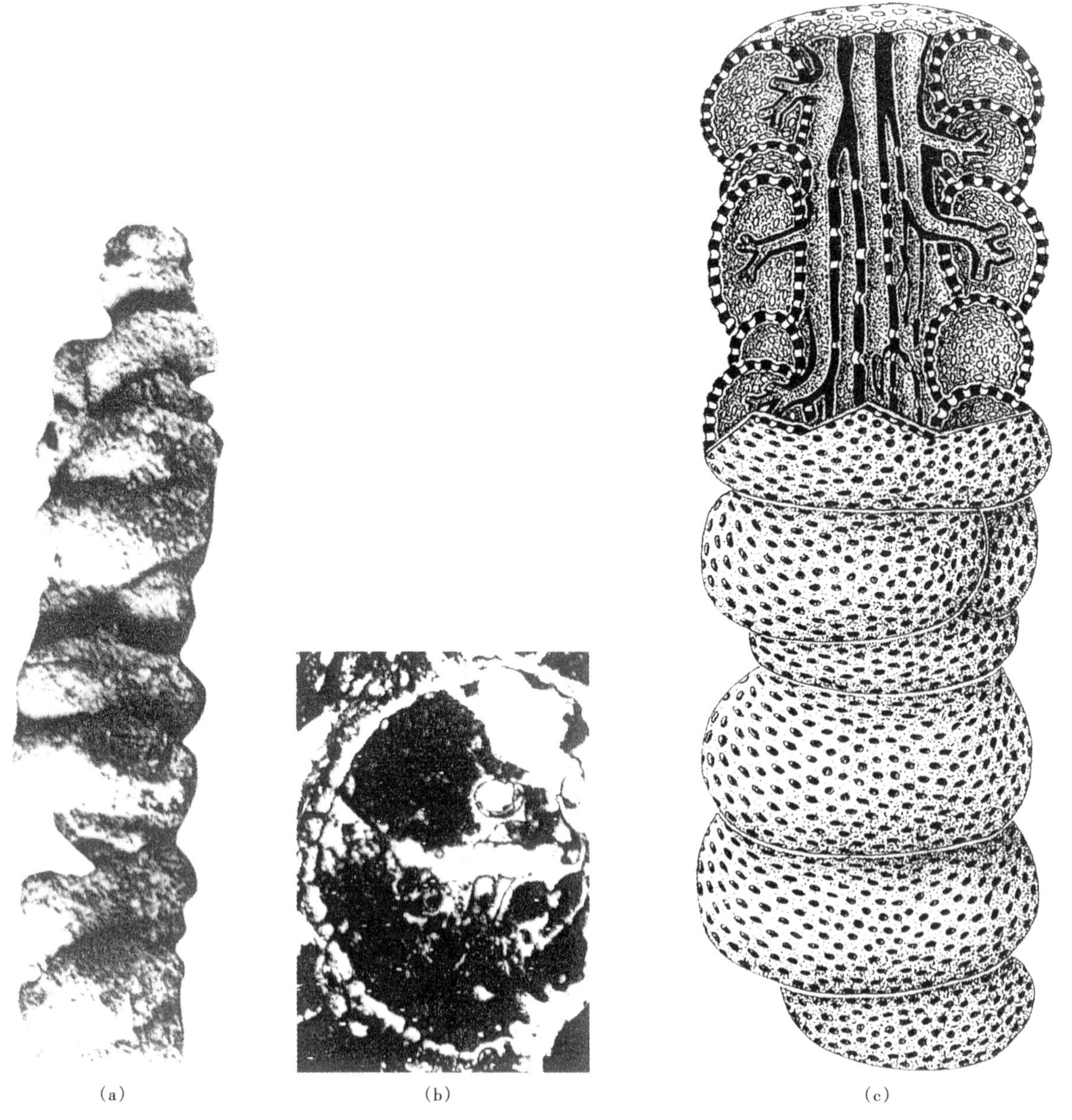

（a） （b） （c）

图 134 *Pseudoamblysiphonella*

（a）海绵体是由钟铃状的房室相互叠置而成，×2；（b）横切面，可见内部有分叉状的沟道；外壁上有许多微孔，×5；（c）复原图，可见钟铃状的房室，其内有分叉状的沟道；在轴部有较多的腹腔管

属　*Pseudoguadalupia* Termier and Termier，1977a　假瓜达鲁普海绵属

主要特征：海绵体呈圆柱形，它是由叠覆的球形房室组成；其中央腹腔的宽度约占海绵体直径的1/3；外壁表面覆盖着密集的、呈圆形的或多边形的塌陷，在此塌陷区的底部的中央均有一个圆形的外孔；整个外壁上布满了这些外孔；间壁可能是双层式，也即是上下两个房室的外壁叠在一起而成；间壁孔与外壁孔很相似，但腹腔壁上的微孔，即内孔，则稀疏分布，其直径要比外孔大；在房室内还可发现泡沫组织和小球状孢体，这些孢体如同 *Intrasporeocoelia* 内的内孢体；显微结构和骨针均不清楚（图 135）。

时代：二叠纪；分布：意大利和突尼斯。

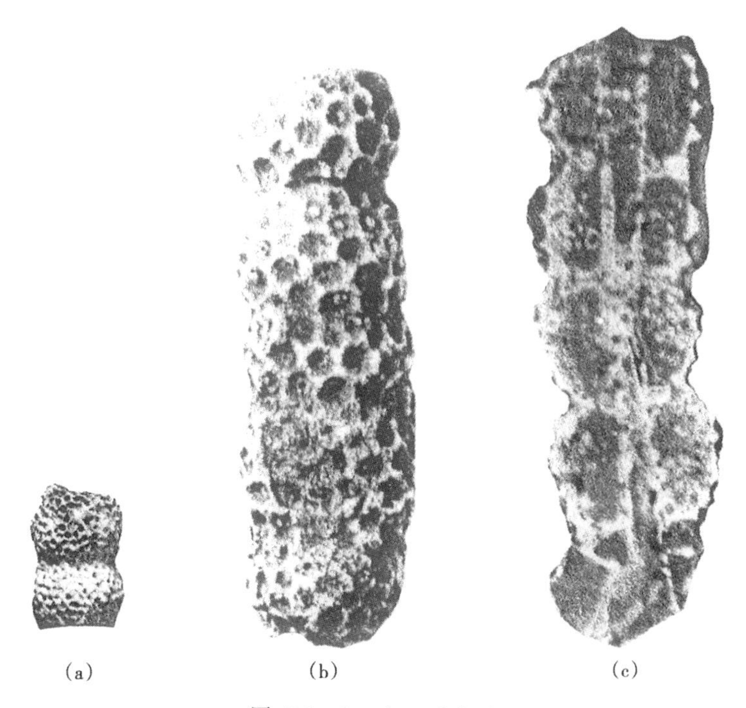

（a）　　（b）　　（c）

图 135　*Pseudoguadalupia*

（a）海绵体的一部分，代表两个房室，其外表上有圆形或多边形的塌陷区，×1；（b）海绵体的侧边缘图，可见在每一个塌陷区的中央有一个较大的外孔，×1；（c）海绵体的磨光面，可见中央腹腔和其周围的房室，×2.5

属　*Stylocoelia* Wu，1991　柱腔海绵属

主要特征：海绵体呈圆柱形，它是由低矮的房室叠覆而成；外壁和间壁被许多微孔所穿过；中央腹腔较窄小，其内壁上也饰有微孔；各个房室内有短柱填充，它们均垂直于间壁，而且只出现于房室内（图 136）。

时代：二叠纪；分布：中国。

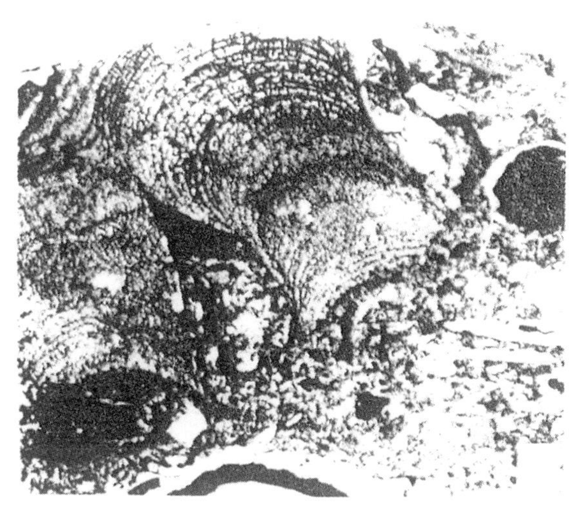

图 136　*Stylocoelia*

海绵体的纵切面，在低矮的房室内有短柱填充，×2

属　*Vesicotubularia* Belyaeva，1991　泡沫管海绵属

主要特征：这是串链状的海绵，由许多房室组成，外壁饰有微孔；早期的房室内填充了泡沫组织，但到晚期的房室则仅见泡沫状的沟道；中央腹腔属于反管型，也填充了网格组织；泡沫板对房室外壁的形成可起很大的作用（图 137）。

时代：二叠纪；分布：乌克兰。

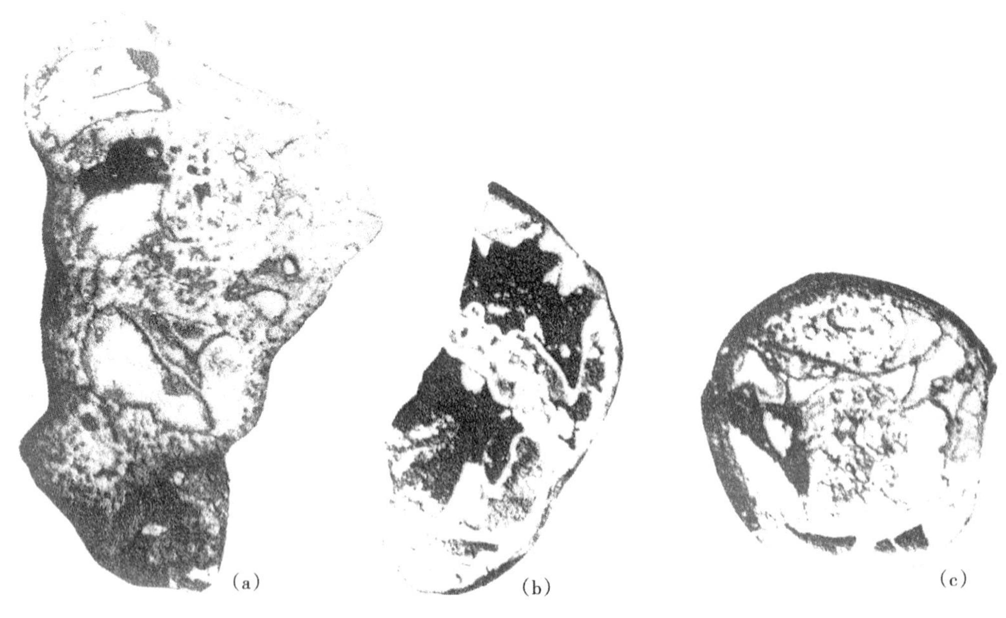

图 137 *Vesicotubularia*

(a) 垂直切面，表示海绵体的外形和较大的房室，×2；(b) 外壁和间壁的切面，可见沟道和泡沫组织，×5；
(c) 横切面，可见泡沫填充组织，×5

科 Olangocoeliidae Bechstädt and Brandner，1970

属 *Olangocoelia* Bechstädt and Brandner，1970

主要特征：海绵体是由球形的、具有薄壁的房室组成，这些房室可连接在一起，或呈分散状分布；房室的大小仅数毫米，房室上有孤立分布的小孔（图 138）。

时代：中三叠世；分布：意大利。

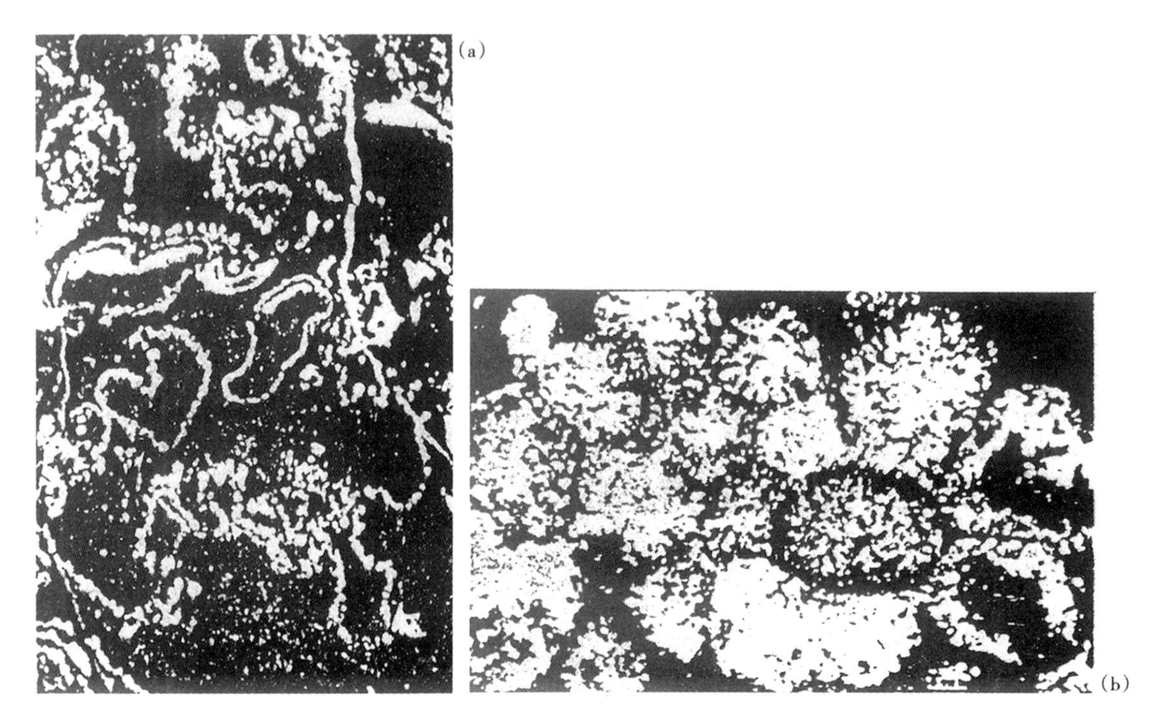

图 138 *Olangocoelia*

(a) 正模标本，这是薄片，可见具有薄壁的、球形到不规则形状的房室，其内填充了灰泥，而其周围也是灰泥，×2；
(b) 通过房室的弦切面，可见房室的外壁显示不规则的特征，×20

科 Cliefdenellidae Webby，1969 克利夫登海绵科

属 *Cliefdenella* Webby，1969 克利夫登海绵属

主要特征：海绵体是由低矮的、呈薄板状的房室组成，其内是空的；房室之间的间壁都缺失微孔，但有许多垂直的、像支柱状的小管，这些小管都是从间壁上发生，并往下弯曲而成，成为反管型的进水沟道；出水系统或星状出水系统都是从房室中侧向聚合而成，且弯曲成一簇近于垂直的管状出水管；垂直的进水管和垂直的出水管彼此不相连接；泡沫组织只出现于早期的房室内，也可出现于垂直的进水管和垂直的出水沟道内；间壁可能是由三层组成，其上下层都是亮层，而中间层为暗色层；海绵体的上表面显示锯齿状（图 139）。

时代：中奥陶世—晚奥陶世；分布：澳大利亚和美国等。

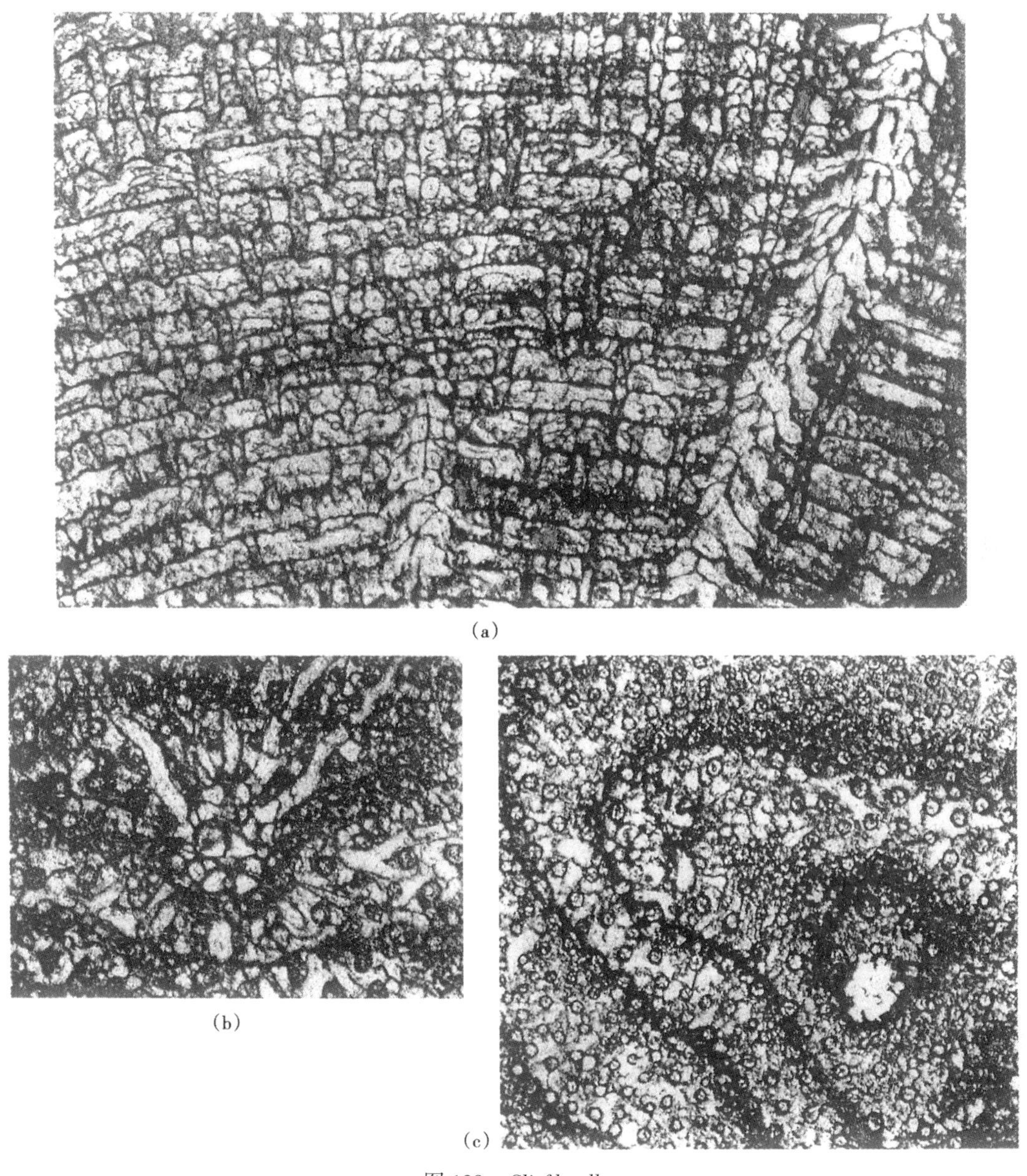

(a)

(b)

(c)

图 139 *Cliefdenella*

(a) 正模标本，可见明显的、较粗的出水沟道，它们可穿过平板状的房室，而这些房室的间壁又被许多直径较窄的进水沟道所穿过，×4；(b) 副模标本的横切面，该横切面通过一些出水沟道，×4；(c) 横切面，显示出直径较大的出水沟道和许多较窄小的进水沟道，×4

图 140　*Khalfinaea*

（a）横切面，显示一簇明显的中央管，其周围有厚壁，此厚壁是由铃形房室组成，房室内填充了泡沫组织以及其他的填充组织，并见放射状进水沟，×3；（b）纵切面，显示出往上拱起的房室，它有蜂窝状的内壁，从而可限定中央腹腔管；房室上有往下弯曲的进水沟道，×4；（c）纵切面，具有中央腹腔管，其周围分布着低矮的房室；房室外的外壁无穿孔，房室内有纤细的泡沫组织和往下弯曲的进水沟道，×4

属 *Khalfinaea* Webby and Lin，1988 哈尔菲纳海绵属

主要特征：海绵体呈锥状的圆柱体，很少分叉；它们具有低矮的、拉长的、微微拱起的房室，这些房室均相互叠覆生长；在房室的外面有较窄的、环带状的、不穿孔的外壁；房室之间的间壁则呈层纹状，往上拱起，它的上表面可能显示锯齿状，局部地方往下弯曲，从而形成近于垂直的进水管；在海绵体的中央有直径较大的中央腹腔，其管壁，即内壁，较厚，且有小管将其刺穿成许多小孔，从而形成蜂窝状的特征；海绵体内有任意定向的中央腹腔、呈星状分布的沟道（进水沟），这些沟道大小不一；体内还有次生的泡沫组织和骨纤组织；泡沫组织也可出现于房室和进水沟内（图 140）。

时代：晚奥陶世；分布：中国和俄罗斯等。

属 *Rigbyetia* Webby and Lin，1988 奥陶纪里格比海绵属

主要特征：海绵体呈倒锥形到圆柱形，有时呈分叉状；房室低矮，呈轮环状，其外壁不穿孔；间壁显示层纹状，微微拱起，其上也无孔，但其上面显示锯齿状，局部向下弯曲成为垂直的进水沟；在海绵体的轴部有一个较大的中央出水管，它与那些呈水平展布的出水沟道似乎连接在一起；未见明显的内壁和内孔；房室内的泡沫组织很稀少，在其他地方也未见这些泡沫组织（图 141）。

时代：晚奥陶世；分布：美国和澳大利亚等。

图 141 *Rigbyetia*

（a）分叉状的正模标本的外边缘图，可见呈轮环状分布的皮层，×2；（b）同一标本的另一侧面，可见低矮的房室，其上有管状的进水管，×2；（c）从下面往上观察到的间壁，可见位于中央的、较大的出水管，其周围分布着许多较小的进水管，×5；（d）海绵体表面的放大图，可见水平分布的间壁，其上有进水管，×10

科 Girtycoeliidae Finks and Rigby，2004 格蒂腔海绵科

属 *Girtycoelia* King，1933 格蒂腔海绵属

主要特征：海绵体是由球状或半球形的房室组成，它们可排列成一列，还可经常产生近于平行的分支；这些分支可侧向相连；海绵体内未见腹腔；外壁上密布着近于多角形到圆形的外孔，这些外孔有两种大小；此外，在两个房室的相邻处，还可出现更大的圆形孔，它们都有高隆的外唇；海绵体的皮层无微孔，通常呈一块一块地出现，因此它们就覆盖了小的外孔，并围绕着大的外孔，成为明显的围边；此海绵体的皮层上也许覆盖着很细的横向皱纹；间壁是由下伏房室的外壁往内延伸而成，其间壁孔的大小如同外壁上的小的外孔；房室内有泡沫板，它们平行于外壁分布，且与次生的、未穿孔的沉积物相连；外壁是由等直径的纤球组成；次生沉积物呈层纹状，显示斜角显微结构；未见骨针（图 142）。

时代：石炭纪—三叠纪；分布：美国、俄罗斯、意大利西西里岛和塔吉克斯坦。

属 *Takreamina* Fontaine，1962

主要特征：海绵体是由球形的房室组成，这些房室外形相近，它们可排成一列，有时呈近于平行的分支，这些分支可在侧向相连，从而形成扇形体；在每一个房室的上面均有一个窄小的中央出水口，但无腹腔；外壁上的微孔较小，呈圆形，密集分布，它们具有两个孔径；间壁是由下伏房室的外壁往内延伸而成，其上有小孔和出水口；房室内有泡沫板，但无其他的填充组织；显微结构和骨针不明（图 143）。

时代：二叠纪—三叠纪；分布：意大利西西里岛、突尼斯、美国、中国、巴基斯坦、柬埔寨和印度尼西亚等。

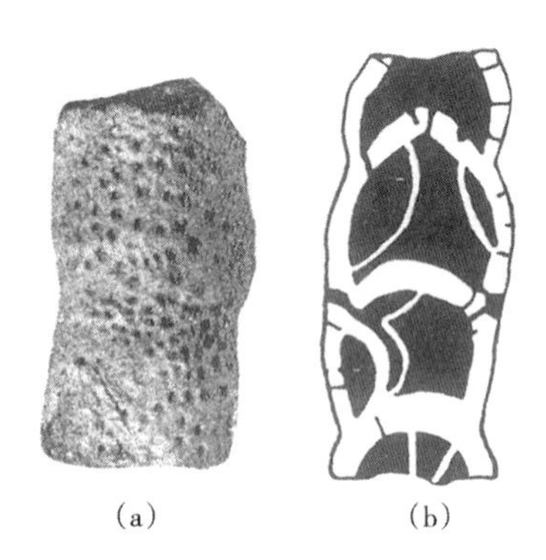

(a) (b)

图 142 *Girtycoelia*

（a）共模标本（cotype）的侧边缘图，可见半球形房室的外壁上有许多微孔，×2；（b）磨光面，未见腹腔，但房室上有外孔、间壁孔，房室内有稀少的泡沫组织，×2

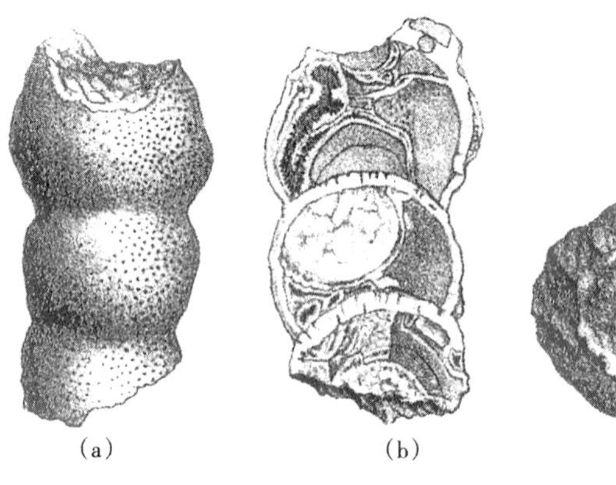

(a) (b) (c)

图 143 *Takreamina*

（a）正模标本的侧面图，它是由半球形的房室彼此叠覆而成，外壁饰有微孔，×1；（b）垂直切面，可见房室内有不规则分布的泡沫板，而位于海绵体上部的房室内可见中央出水口，×1；（c）海绵体的顶视图，位于海绵体上部的房室内有出水口和多孔的外壁，×1

科 Guadalupiidae Girty，1909 瓜达鲁普海绵科

属 *Guadalupia* Girty，1909 瓜达鲁普海绵属

主要特征：海绵体呈耳朵形，或杯状，或漏斗状的锥状圆柱体，或呈扁平、且分叉的海绵薄片；房室呈五点形或叠覆状排列，在外壁和内壁之间拉长；从横截面上来看，近端变尖，而远端向外突起，很像枕状岩流的样子，在外壁的一侧向外鼓起；房室里面有一个或许多扁平的、未穿孔的隔板，或里面无填充物；房室的大小和比率随着种的不同而不同，但在同一个个体内是稳定的；在海绵体的里面通常有网结状的骨纤，一般垂直于表面分布，从而使其成为粗毛状；在此层骨纤上可以见到十分明显的、分叉的沟道，它们聚合到那些较大的圆形出水口内，有时则聚合到那些较模糊的中央区；外孔、间壁孔和内孔呈圆形，它们密集分布，但外孔的孔径非常小，内孔有时可大于间壁孔；间壁孔有时可被封闭；外壁和骨纤的显微

结构是由那些等直径的、较小的纤球组成，未见骨针（图 144）。

时代：二叠纪；分布：美国、突尼斯、中国、意大利西西里岛、墨西哥和委内瑞拉。

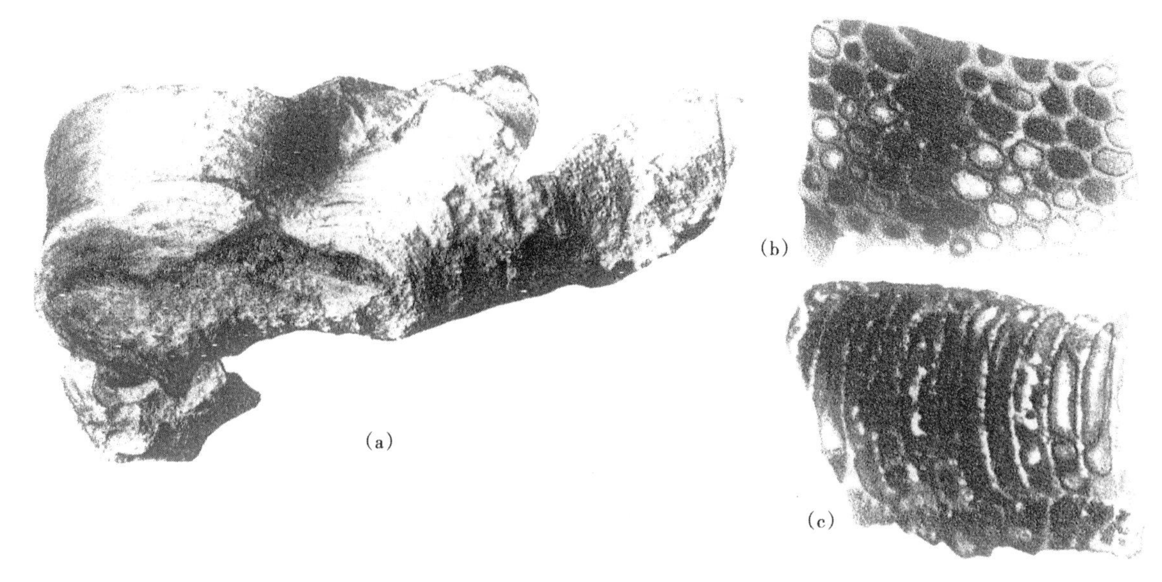

图 144 *Guadalupia*

（a）正模标本的侧边缘图，呈亚圆柱体到倒锥形，×1；（b）通过房室的弦切面，×5；（c）通过许多房室的纵切面，×5

属 *Cystauletes* King，1943 泡沫管海绵属

主要特征：海绵体呈较长的圆柱形，它具有很多分支；体内有较宽大的中央腹腔；房室呈梅花形状，围绕着中央腹腔分布，它们的远端突起，而近端呈尖角状，从而使海绵体的外面略显突起；房室内未见隔板；外孔、间壁孔和内孔都是小而圆，密集分布，它们的孔径大致相同，但是内孔要比其他的微孔更为密集分布；骨纤衬在腹腔的里面，它是由细小的脑纹状的细脊（narrow ridge）组成，而这些细脊可勾画出相似直径的沟道；显微结构是由那些等直径的小纤球组成，未见骨针（图 145）。

时代：石炭纪—三叠纪；分布：美国、西班牙、意大利西西里岛、中国、俄罗斯和突尼斯。

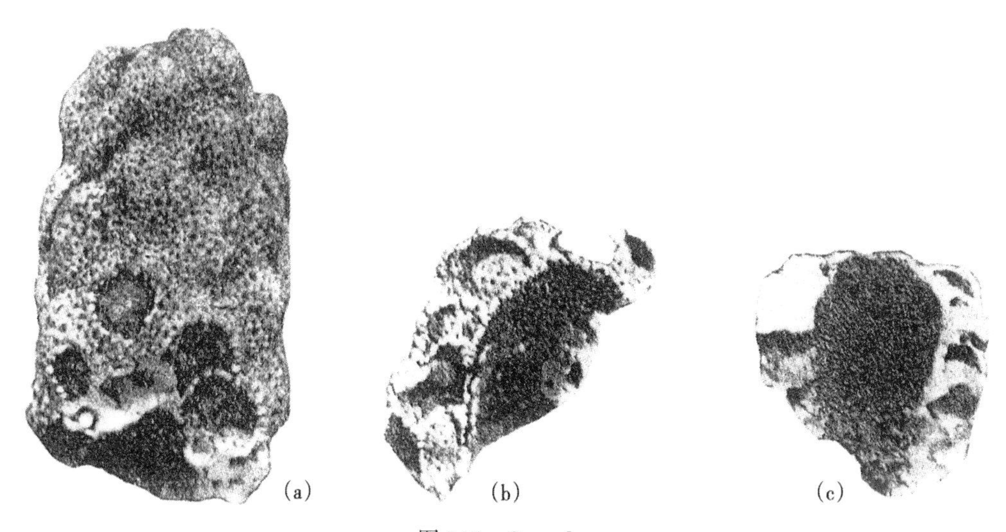

图 145 *Cystauletes*

（a）一个近于圆柱形海绵体的侧面图，可见许多呈乳头状的房室，在房室上饰有许多微孔，×2；（b）通过一部分腹腔和外壁的斜切面，可见向上拱起的间壁；在间壁和外壁上都有许多微孔，×2；（c）垂直切面，通过一个宽大的腹腔和许多拱起的房室，×2

属 *Cystothalamia* Girty，1909 泡沫腔海绵属

主要特征：海绵体呈分叉的圆柱体，其中央为空心，它有一系列从里面伸出的椭圆形到裂口状的开口，它们分布于圆柱体的一侧；这些开口可以伸展成杯形的侧边分支（side branches）；海绵体的内部空间约占海绵体直径的1/2，此内部空腔充满了骨纤；在海绵体内，有时可见平行分布的纵向出水沟和星状出水沟系统，而有时平行排列的出水沟道可填满海绵体的部分内部或完全填满了内部，如同勒蒙内海绵属*Lemonea*一样；房室呈拱球状，其外边缘明显地突起；外孔、间壁孔以及内孔均较小，呈圆形，密集分布；内孔的孔径约为外孔的两倍，而间壁孔则居于中间；有些房室内有无微孔的隔板，但其他房室内都是空的，没有填充物；显微结构呈纤球状，未见骨针（图146、图147）。

时代：石炭纪—三叠纪；分布：突尼斯、美国、俄罗斯、意大利、中国和中亚。

（a） （b）

图146 *Cystothalamia*

（a）两个硅化的标本，并排在一起，可见团集状的房室，其外壁均有微孔，×2；

（b）通过外壁的纵切面（磨光面），可见泡沫状的房室，×3

（a） （b） （c）

图147 *Cystothalamia*

（a）纵向的斜切面，可见中央腹腔外面的泡沫状房室；（b）在海绵体的外面显示微弱的轮环，其外面的小瘤都是拱起的房室外壁所产生的小瘤；（c）顶视图，可见中央的腹腔和其周围的房室；（a）—（c）均×1

属 *Diecithalamia* Senowbari-Daryan，1990 迪谦腔海绵属

主要特征：海绵体呈圆柱形，体外有圆孔；它拥有文石质的基本骨骼，这些骨骼显示不规则文石显微结构；海绵体外层的房室围绕着一束垂直的腹腔管，它们呈团聚状分布；网格状填充组织仅在束状的腹腔管内见到；腹腔管属于前管型腹腔管；骨纤状况不清楚（图 148）。

时代：三叠纪；分布：意大利、奥地利、希腊和前南斯拉夫等。

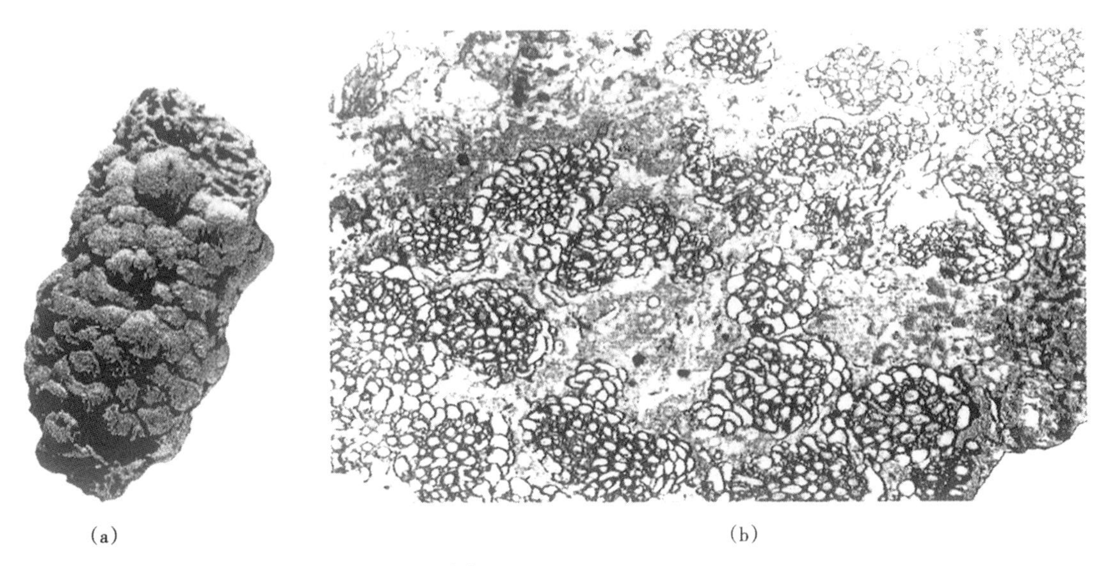

(a) (b)

图 148 *Diecithalamia*

（a）副模标本的侧边缘图，显示出外面的团集状房室，×2；（b）纵切面，显示出体外的团集状房室，而在中央部位则有一簇垂直分布的腹腔管，×5

属 *Discosiphonella* Inai，1936 圆盘管海绵属

主要特征：复原的海绵体很像半圆形的口袋（或为 pita 的一半），它有直而长的开口边，推测是口孔；半圆形口袋的两边都是由球形到多角形的房室组成，但只有一层；它们都向外面突起，但里面略显平坦；骨纤结构不明显；内壁要比外壁厚，而间壁总是向着口孔拱起；内孔、外孔和间壁孔的孔径都十分接近，且都密集分布；外孔呈圆形，但其他的孔只能在切面内见到；腹腔管内有不规则分布的、无微孔的隔板，一般都向内凹陷，而房室内也有许多不穿孔的薄片（也许是隔板或泡沫板）；显微结构不清楚，骨针也未找到（图 149）。

时代：石炭纪—三叠纪；分布：中国、泰国、意大利和秘鲁。

属 *Lemonea* Senowbari-Daryan，1990 勒蒙内海绵属

主要特征：海绵体呈直的锥形到圆柱形，其中央腹腔的一部分或整个分布着平行的出水沟道，而这些出水沟道都是骨纤勾画出来的；如同 *Guadalupia* Girty，1909 一样，也是围绕着腔室（thalamidarium）。因此，当前描述的属可过渡为 *Guadalupia* Girty，1909；*Cystothalamia* Girty，1909 也具有平行分布的出水沟道，其中一部分分布在腹腔空间内（图 150）。

时代：二叠纪；分布：美国、突尼斯、意大利、塞尔维亚和中国。

属 *Praethalamopora* Russo，1981 先房室海绵属

主要特征：海绵体呈圆柱形，房室从外面看并不明显，海绵体的外表覆盖着较小的、但密集分布的圆孔；中央腹腔较窄，其直径只有海绵体直径的 1/5；房室或多或少地，呈辐射状围绕着中央腹腔排列，其切面呈椭圆形；房室的高度小于房室的内径；房室的外壁上有许多微孔；骨纤不明显，其显微结构呈纤球状结构（图 151）。

时代：三叠纪；分布：意大利。

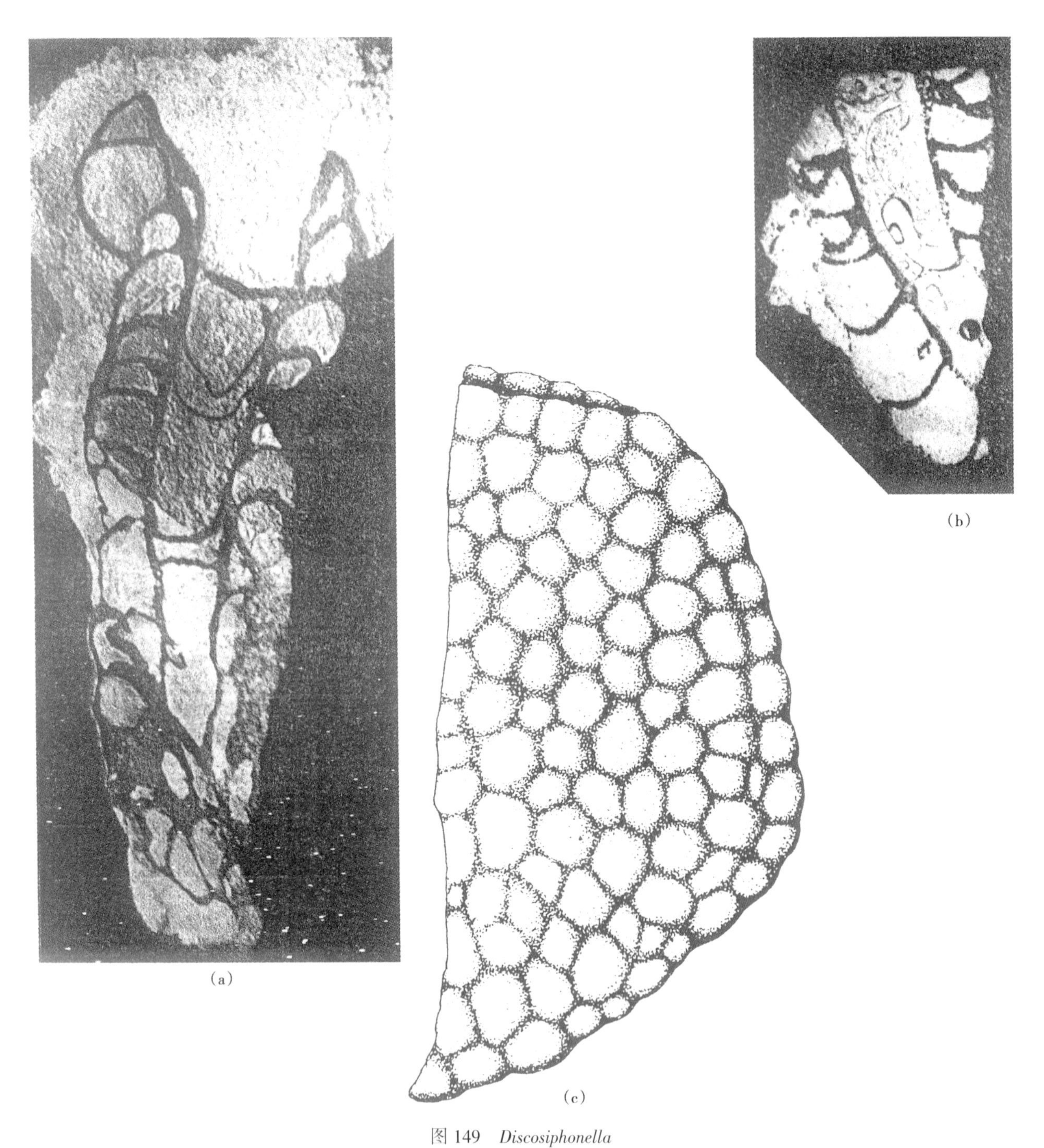

(a)

(b)

(c)

图 149 *Discosiphonella*

(a) 一个已受到风化的标本的切面，×1；(b) 几乎平行于口孔的切面，×1；(c) 图解示意图，显示房室和口孔的特征

图 150 *Lemonea*

（a）正模标本的横切面，可见呈辐射状排列的房室，它们都围绕着宽大的腹腔分布；腹腔内充填了许多泡沫组织，×5；（b）纵切面，可见往上拱起的房室，腹腔内有泡沫组织，×5；（c）磨光面，显示出三个圆柱形个体的纵切面，可见在海绵体的外面有叠覆的房室，而在中央则有较宽大的腹腔，其内有泡沫填充组织，×1

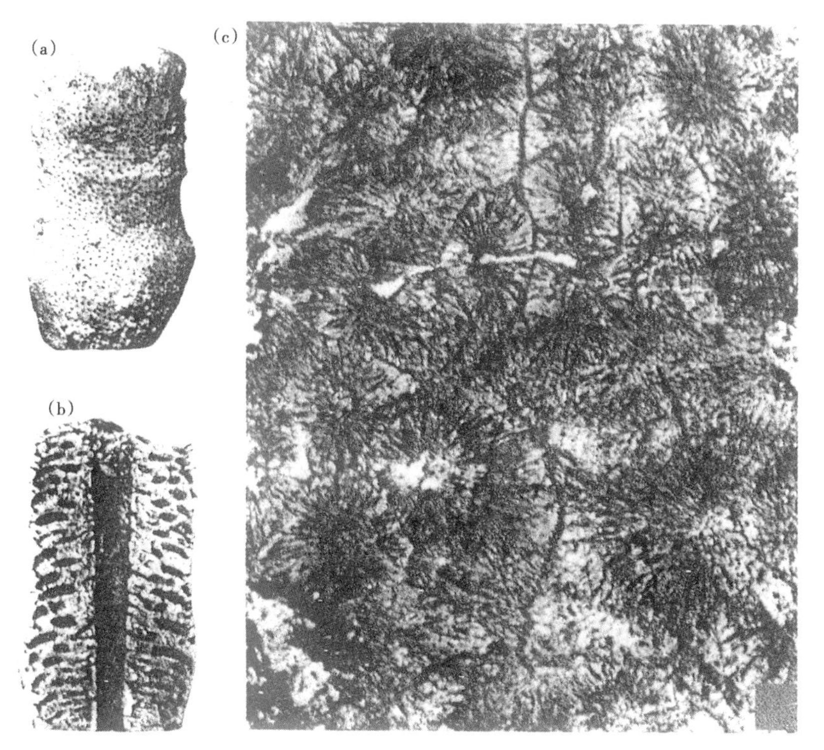

图 151 *Praethalamopora*

（a）正模标本的侧边缘图；（b）纵切面，可见中央的管状腹腔，在其周围则有稍为拱起的房室，×2；（c）横切面，显示纤球状的显微结构，×200

目　Vaceletida Finks and Rigby，2004　伟西雷特海绵目

此目的海绵以其基本骨骼内特有的显微结构为其特征，也即是具有不规则的文石结构，或称为微粒文石结构；它是在细胞外、覆盖在胶状的基质上分泌而成（Vacelet，1979；Wood，1990）；活着的代表就是 *Vaceletia* Pickett，1982，它具有串管海绵的形态，但缺失骨针，而那些具有同样显微结构的古代属种也是这样的；从组织学和胚胎学来说，此目应置于角骨海绵（Ceractinomorpha）亚纲（Vacelet，1983，1985）；此目的各科均以其总体形态的不同来建立的。

科　Solenolmiidae Engeser，1986　管形海绵科

亚科　Solenolmiinae Senowbari-Daryan，1990　管形海绵亚科

属　*Solenolmia* Pomel，1872　管形海绵属

主要特征：海绵体呈分节状的圆柱体，每一房室呈球形到圆桶形；中央腹腔约占海绵体直径的 1/3；外孔较小、呈圆形，分布均匀，且很密集；根据 Pomel（1872）的意见，在海绵体的外面突起处或小瘤（tubercle）处，都有这些外孔，而这些突起和小瘤都排成一列；间壁孔的孔径如同外孔的孔径；内孔略大一些，但稀疏分布；内壁的厚度要比外壁和间壁的厚度厚一些；房室内均充填了骨纤，这些骨纤能勾画出网结状的小管；这些小管都是呈向上和向外延展，小管的管径较大，截面呈多角形；房室内还有泡沫组织，且这些泡沫板可以切断这些小管；骨纤的显微结构属于伟西雷特（vaceletid）型的微粒文石；未见骨针（图 152）。

时代：二叠纪—三叠纪；分布：突尼斯、意大利西西里岛、阿曼、加拿大和塔吉克斯坦。

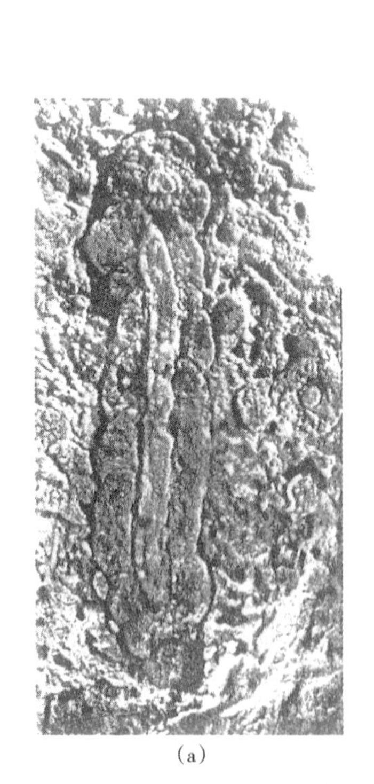

(a)

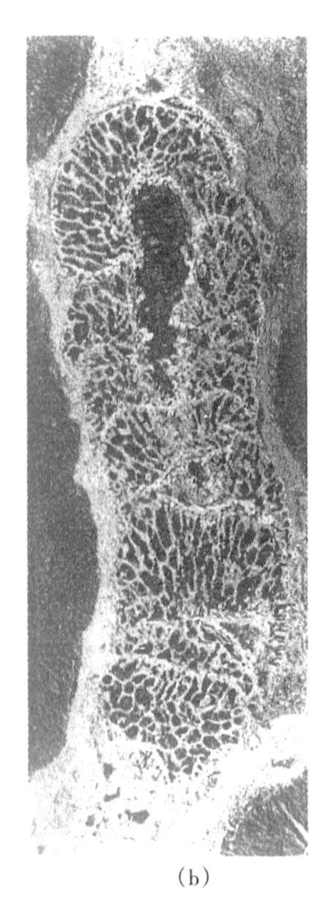

(b)

图 152　*Solenolmia*

(a) 已受到风化标本的纵切面，可见管状的腹腔，房室内有网格填充组织，×1；(b) 纵切面，显示房室的特征，可见中央腹腔壁上有许多微孔，房室内有呈网格状填充组织，×2.5

属 *Ambithalamia* Senowbari-Daryan and Ingavat-Helmcke，1994 双腔海绵属

主要特征：海绵体呈圆柱形，分叉者较少，未见腹腔；海绵体外的分节状况和体内的房室均不明显；在海绵体内出现一些极细的间断线，这些细线也许是房室的间壁，也可能是生长线；海绵体内可见较规则的纤针，它们可形成网格状骨骼（图 153）。

时代：二叠纪；分布：泰国。

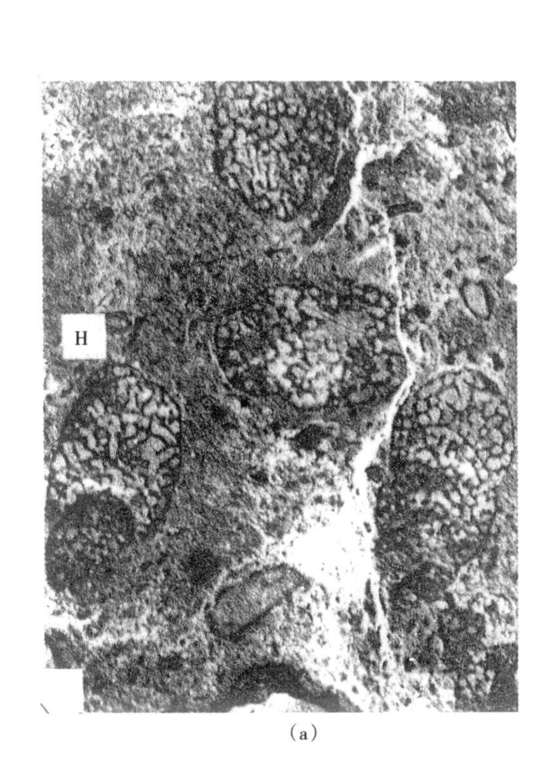

(a)

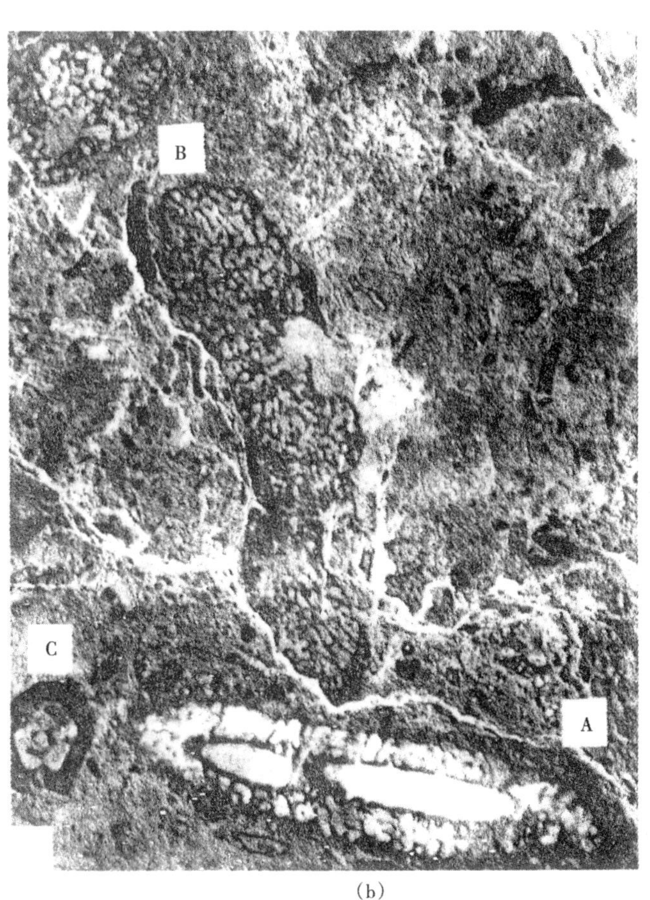

(b)

图 153 *Ambithalamia*

（a）通过正模标本（H）和相关海绵的斜切面，显示不清楚的分节状况和体内的网格状骨骼，×4；（b）一个海绵的纵切面（B），显示典型的皮层和网格状骨骼，但缺失中央腹腔，与其伴生的还有 *Bisiphonella*（A）和 *Solutosaspongia*（C），×4

属 *Cryptocoeliopsis* Wilckens，1937 类隐腔海绵属

主要特征：海绵体由许多半球形的、相互叠覆的房室组成；中央腹腔缺失不见；薄的外壁和内壁都被那些孔径不一和分布无规律的微孔所穿过；房室里面充满了网结状的骨纤，它们显示出往上和往外延展的特征；这些骨纤又能勾画出网结状的小管，在这些小管中，有一些小管的管径要比另一些更粗一些；显微结构不清楚，骨针的状况也不明（图 154）。

时代：三叠纪和侏罗纪；分布：印度尼西亚和波兰。

属 *Deningeria* Wilckens，1937 德宁格尔海绵属

主要特征：海绵体呈圆柱形，具有球形的房室，体内有直径较窄的中央腹腔；腹腔壁较薄，但很发育；房室的间壁模糊不清或缺失不见；外壁是由骨纤组成的网格加厚而成；在此海绵内，所有的微孔似乎都是骨纤之间的空间；在房室内均被那些较细的、骨纤网格填满，它们能勾画出网结状的、呈蛇曲状的小管，这些小管显示出往上和往外延展的趋势；显微结构不清楚，也不知骨针的状况（图 155）。

时代：三叠纪；分布：印度尼西亚、意大利和塔吉克斯坦。

图 154 *Cryptocoeliopsis*
正模标本，代表纵向延展的切面；在球状房室内充填了网结状骨纤，×2

图 155 *Deningeria*
正模标本的纵切面，可见球形房室，其内已充填了纤细的骨纤结构，×2

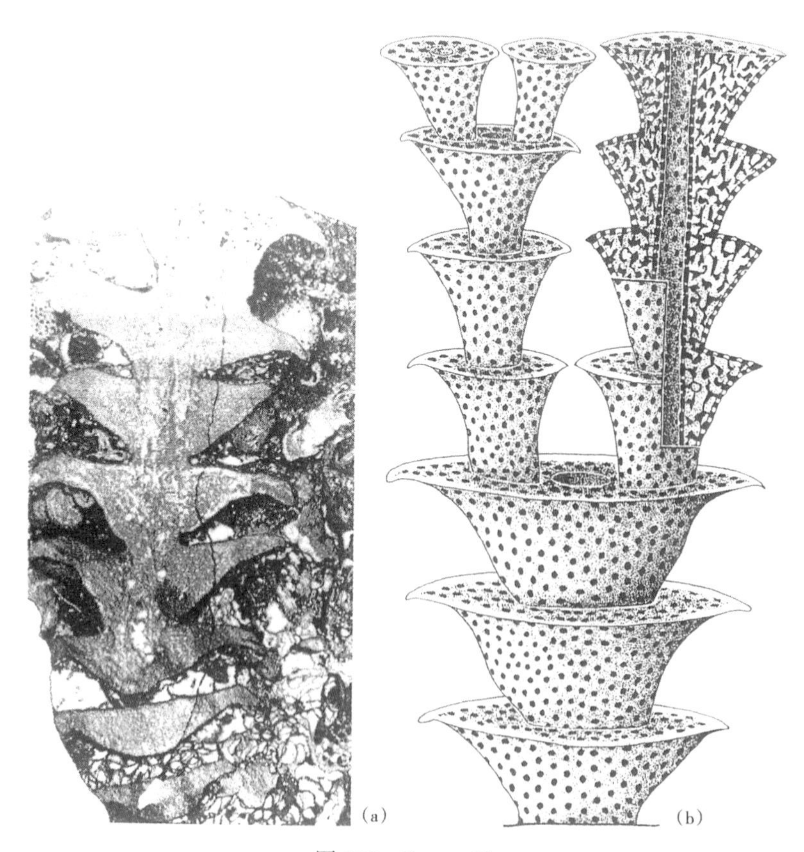

图 156 *Panormida*
（a）纵切面，显示出清楚的生长形态，它有直径较窄小的中央腹腔；房室内有较粗的骨纤填充组织，×1；
（b）复原图，表示该海绵的形态、有微孔的中央腹腔和多孔的外壁；房室内有较粗的骨纤填充组织

属 *Panormida* Senowbari-Daryan，1980 怕诺纳海绵属

主要特征：海绵体呈串球状，甚至可出现二分叉的海绵体，它们是由彼此叠覆生长的、呈明显的锥形到圆盘形的房室组成；中央腹腔呈假管型的腹腔；房室内有较粗的网格状的骨纤填充组织（图 156）。

时代：三叠纪；分布：意大利。

属 *Paradeningeria* Senowbari-Daryan and Schäfer，1979 拟德宁格尔串管海绵属

主要特征：有微孔的海绵，其中央腹腔管属于前管型腹腔管；在房室的内部有较粗的、网格状的填充组织，且都有微孔，但到房室的外面，这些网格状的填充组织则显得很细，而且很致密，无微孔（图 157）。

时代：二叠纪—三叠纪；分布：乌克兰、意大利、奥地利、俄罗斯、伊朗、美国和加拿大等。

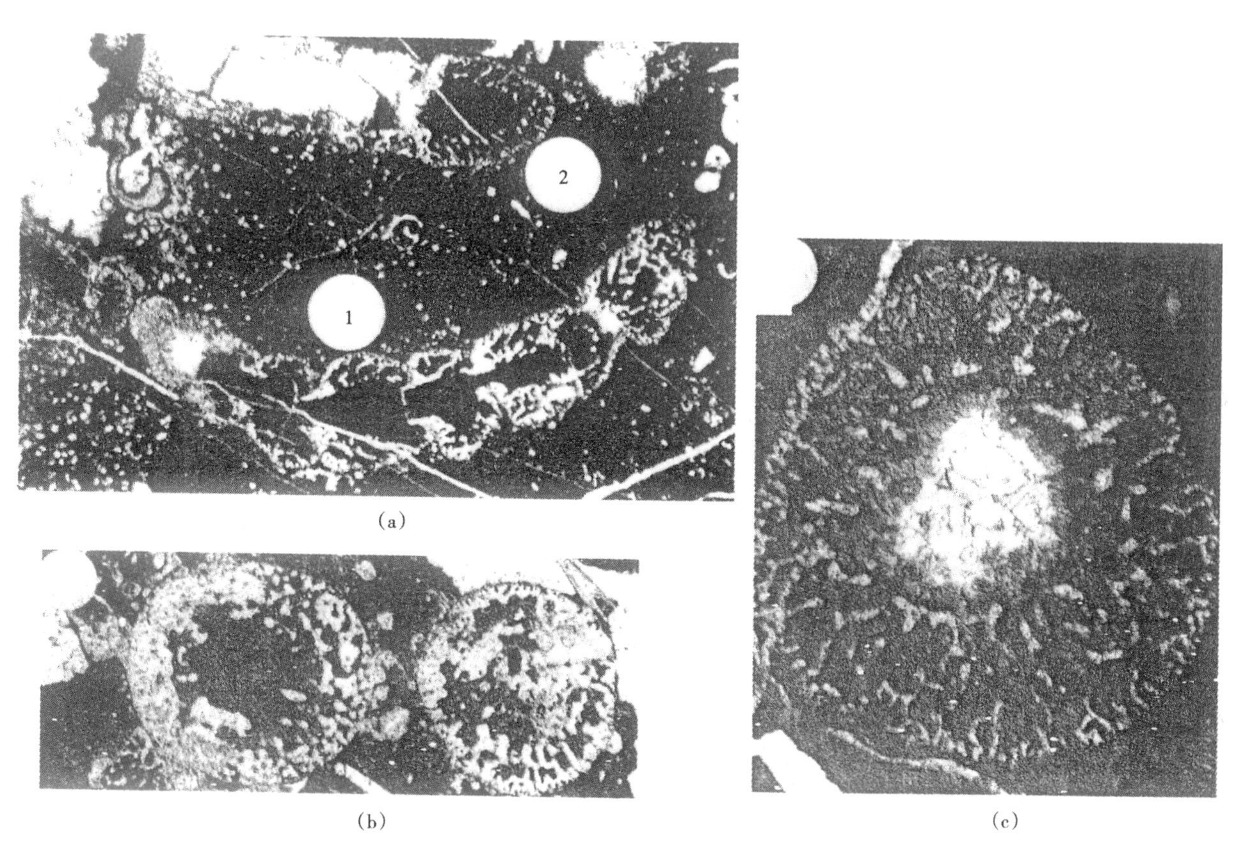

图 157 *Paradeningeria*

（a）正模标本，显示纵切面（图中的 1），可见房室的内部有填充组织，但它们都分布在房室的外部，×4；（b）副模标本的横切面，可见房室内已填充了骨骼，房室的外壁饰有微孔，×5；（c）副模标本的横切面，可见房室内有较粗的填充组织，这些填充组织到房室的边缘则显得很细，×3.9

属 *Polythalamia* Debrenne and Wood，1990 多房室海绵属

主要特征：球形的海绵，或不规则生长的、由许多房室组成的海绵，它由许多球形的房室叠置而成；房室的外壁很薄，饰有许多不规则排列的微孔；海绵体内具有反管型的、多微孔的中央腹腔；房室内缺乏原始的填充组织，但有次生的泡沫组织；骨针显然是不存在的；显微结构呈不规则状（图 158）。

时代：早寒武世；分布：美国。

属 *Preverticillites* Parona，1933 前轮生海绵属

主要特征：海绵体呈圆柱形，其外面显示出轮环状褶皱突起；这些环形突起或多或少与内部的房室有关；外壁上也许饰有许多微孔；中央腹腔较窄小，其宽度约占海绵体直径的 1/5；内壁很清楚，有较小的内孔；在低矮的房室内已充填了呈放射状的、垂直展布的、呈蛇曲状和网结状的骨纤，这些骨纤可以勾画出管状空间；骨纤的显微结构不清楚，骨针也未找到（图 159）。

时代：二叠纪—三叠纪；分布：意大利、突尼斯、俄罗斯、阿曼、中亚、匈牙利和希腊等。

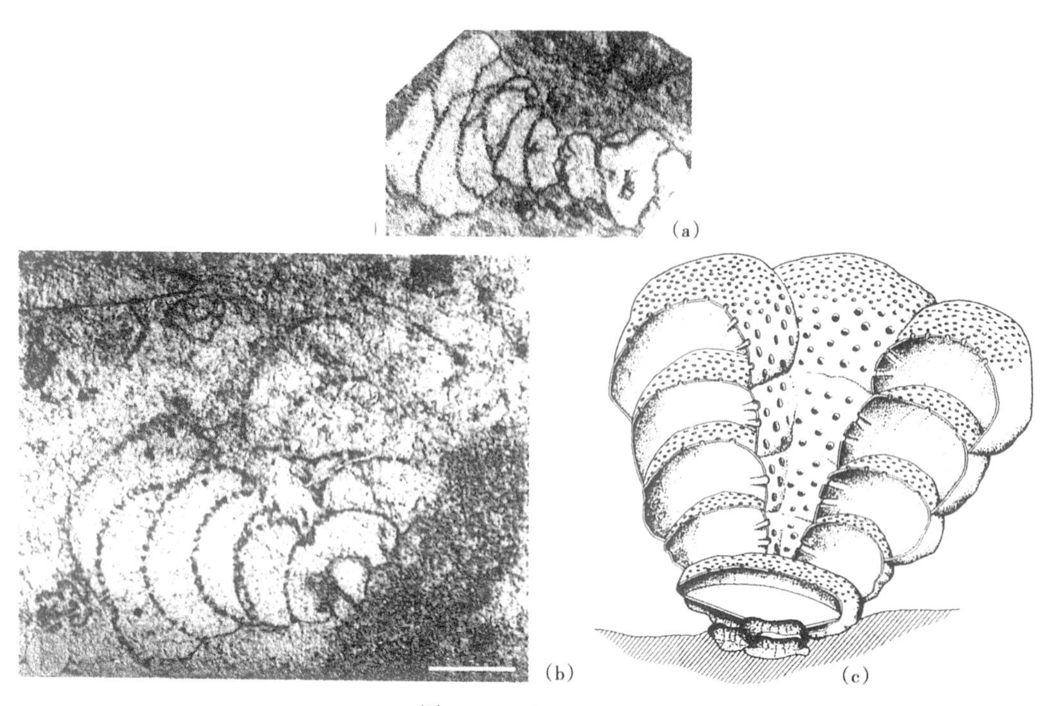

图 158 *Polythalamia*

（a）正模标本的纵切面，显示呈球形的房室和较发育的中央腹腔，×20；
（b）纵切面，显示出许多房室，其外壁多微孔，×10；（c）复原图，约×15

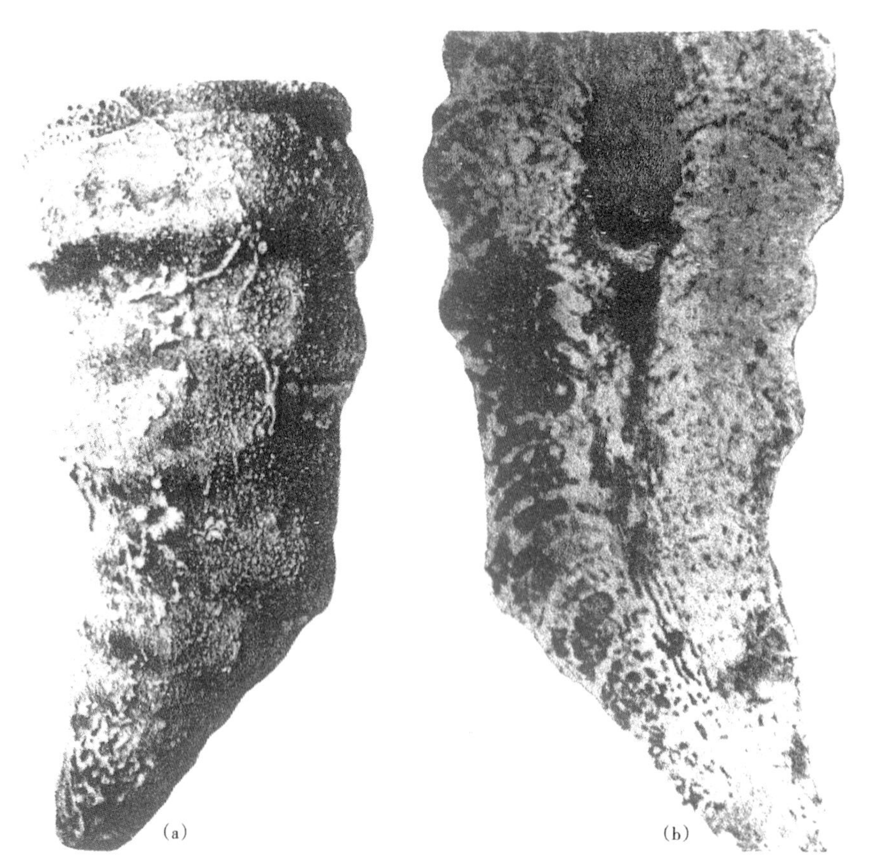

图 159 *Preverticillites*

（a）海绵体的外表的特征，显示出它呈陡峭的倒锥形，外壁饰有许多微孔，×2；（b）圆柱形海绵体的纵向磨光面，显示出它有明显的中央腹腔和拱起的房室；房室内有小柱填充组织，×2

属 *Sahraja* Moiseev, 1944 萨拉加海绵属

主要特征：海绵体为呈分节的海绵，它有较宽大的中央腹腔；外壁从比例上来说较厚，但内壁则较薄；它有或多或少连续的中央腔；外壁上被许多分叉的、或呈放射状的沟道和小孔穿过；骨针状况不清楚(图160)。

时代：三叠纪；分布：俄罗斯、塔吉克斯坦、伊朗和土耳其。

图160 *Sahraja*

横切面，显示出有较厚的外壁，在外壁内存在着向内聚合的、放射状进水沟；这些进水沟，抵达中央腔后就消失不见，×3

属 *Senowbaridaryana* Engeser and Neumann, 1986 赛诺夫巴列达扬海绵属

主要特征：海绵体呈圆柱形，它是由许多房室组成，房室内有网格状的填充组织；每一个房室较为平坦；中央腹腔属于假管型；显微结构不清楚（图161）。

时代：中三叠世—晚三叠世；分布：意大利、奥地利、匈牙利、希腊和俄罗斯。

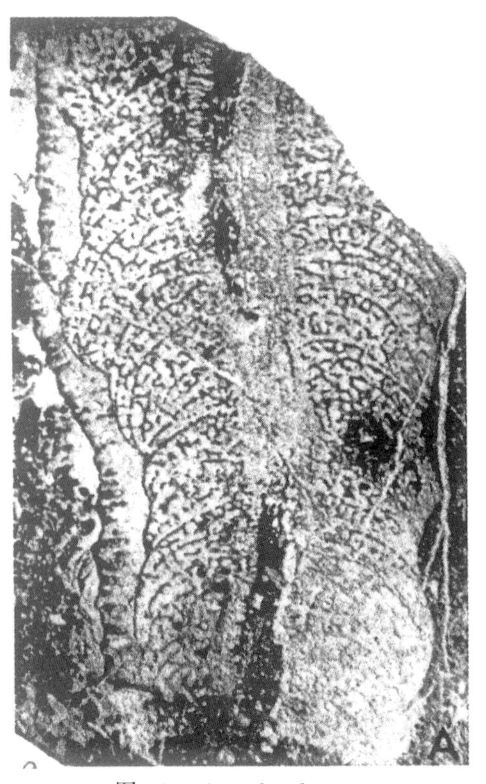

图161 *Senowbaridaryana*

正模标本的纵切面，可见房室低矮，且都往上拱起；房室内填充了网格状的填充组织；在此海绵体的中央可见腹腔，×3

属 *Seranella* Wilckens，1937　塞兰岛海绵属

主要特征：海绵体呈圆柱形，它具有球形的或半球形的房室；体内有较窄的中央腹腔；外壁孔、间壁孔和腹腔壁上的微孔均密集分布，都很小，其孔径并不均匀，这些微孔的形状不清楚；房室内已填充了较细的骨纤组成的网格，它们能勾画出呈网格状的小管，这些小管与外壁孔相通；显微结构不清楚，骨针也不明（图 162）。

时代：三叠纪；分布：印度尼西亚。

图 162　*Seranella*

正模标本的纵切面，它具有球形的房室、较窄的腹腔和多孔的外壁；房室内有纤细的骨纤填充组织，×2

属 *Welteria* Vinassa de Regny，1915　伟尔特串管海绵属

主要特征：海绵体呈圆柱形，从外表可见圆球状的房室；海绵体内有中央腹腔；在每一个房室上，仅有少量的、直径较大的外壁孔；除了这些外壁孔以外，外壁上没有其他的穿孔；在房室之间的间壁上有许多较小的圆孔；腹腔壁只有在间壁存在的地方，才能见到腹腔壁；房室内填充了许多泡沫组织；显微结构不清楚，骨针也未找到（图 163）。

时代：二叠纪—三叠纪；分布：印度尼西亚、奥地利、意大利和阿曼等。

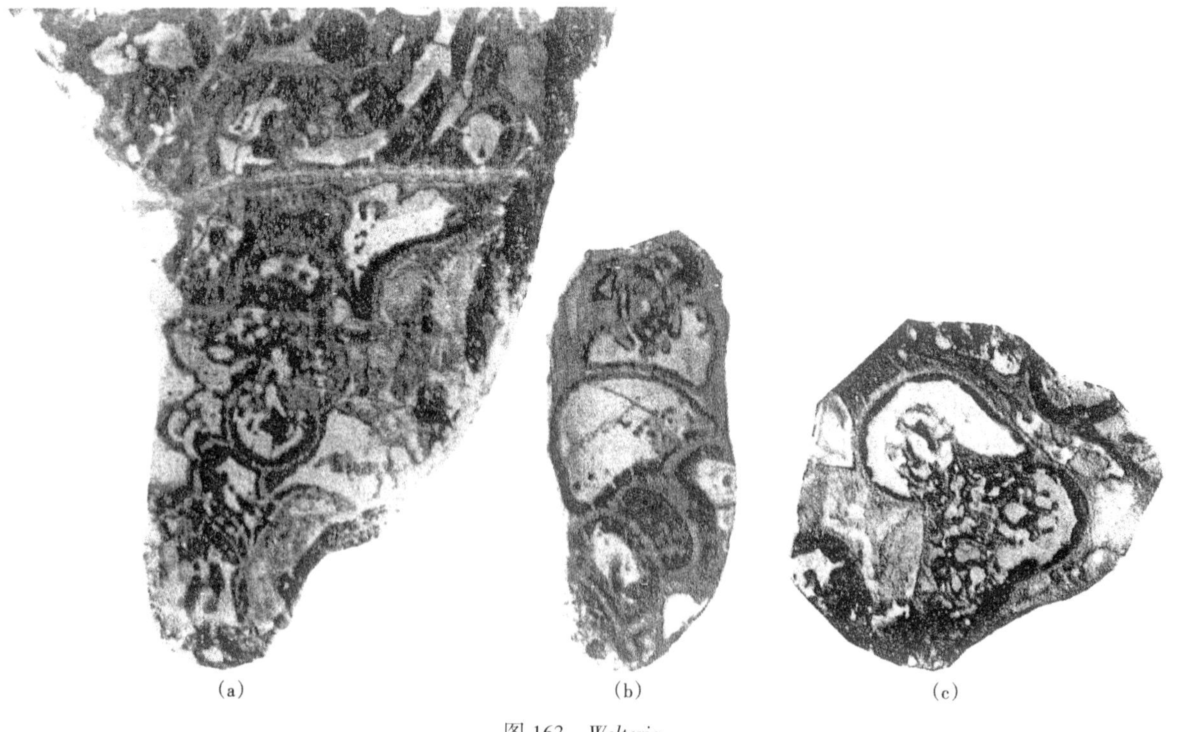

图 163　*Welteria*

（a）正模标本的纵切面，从外面可见球形的房室；（b）纵切面，显示出管形的腹腔；（c）斜切面，可见房室内的泡沫组织，×2

亚科　Battagliinae Senowbari-Daryan, 1990

属　*Battaglia* Senowbari-Daryan and Schäfer, 1986

主要特征：海绵体是由团集状房室组成细茎，它有假管型到反管型的中央腹腔管；在中央腹腔管内已充填了气泡状的填充组织，而不是泡沫状的组织；在房室内有网格状的骨纤结构（图 164）。

时代：三叠纪；分布：意大利和斯洛文尼亚。

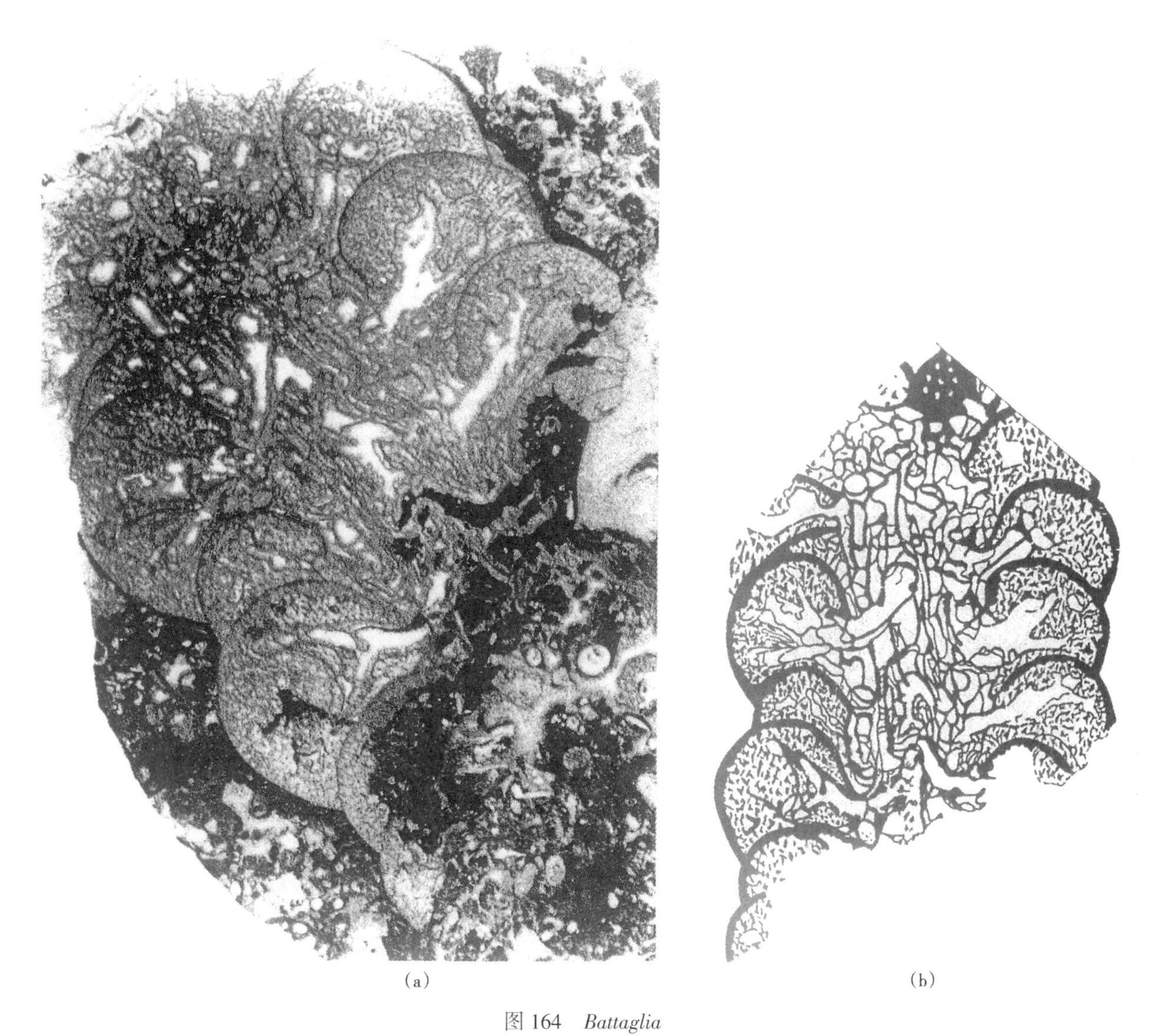

(a)　　(b)

图 164　*Battaglia*

(a) 正模标本的纵切面，它具有分叉状的沟道，这些沟道均能进入到中央腹腔管内；在那些团集状的房室内有网格状的骨纤结构，×1.5；(b) 正模标本的素描图，显示房室的特征和沟道系统，×1

科　Colospongiidae Senowbari-Daryan, 1990　居串管海绵科

亚科　Colospongiinae Senowbari-Daryan, 1990　居串管海绵亚科

属　*Colospongia* Laube, 1865　居串管海绵属

主要特征：海绵体呈分节状，每一节代表一个球形房室，可见每一房室的直径有往上增加的趋势；无中央腹腔，也无中央出水口；外壁上的微孔较小，彼此等大，呈圆形，它们之间的间距大于这些微孔的直径，而且这些微孔都分布于每一个房室外壁的上部，约占 2/3，而其下面的 1/3，则未见微孔，但偶而可

见较大的、有围唇的外孔；房室之间的间壁和间壁孔只代表前一房室顶部的特征；房室内部可能填充了泡沫组织，它与房室外壁的次生衬垫物能连接在一起，且向内和向上突起；除此之外，房室内未见其他的骨骼；外壁的显微结构为微粒状的文石，如同活着的 *Vaceleta* Pickett 一样；在外壁内已发现单轴骨针（图 165）。

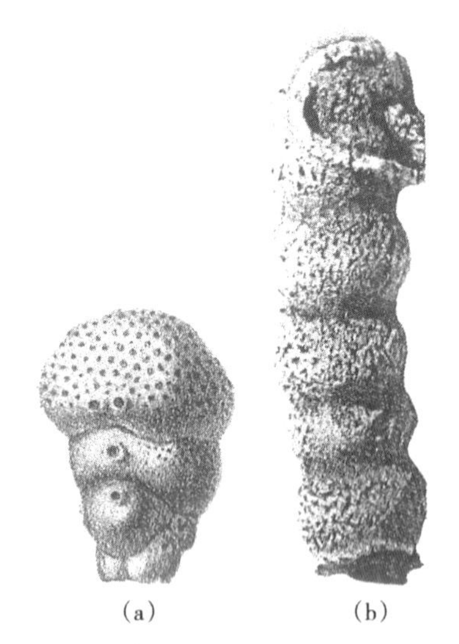

（a）　　（b）

图 165　*Colospongia*

（a）正模标本的侧边缘图，×2；（b）海绵体的侧边缘图，显示出外表面的分节状况和外壁上的微孔，×2

时代：石炭纪—三叠纪；分布：加拿大、秘鲁、突尼斯、阿曼、中国、泰国和俄罗斯等。

属　*Blastulospongia* Pickett and Jell，1983　囊球海绵属

主要特征：此海绵体是由一个球形房室组成，中央腹腔不存在，也没有内部的填充组织；根据此海绵体的简单结构和较小的个体，将其归属海绵动物是有问题的，此生物也许是有孔虫或放射虫（图 166）。

时代：早寒武世—晚寒武世；分布：中国湖北和澳大利亚。

属　*Pseudoimperatoria* Senowbari-Daryan and Rigby，1988　假皇串海绵属

主要特征：海绵体呈圆柱形，或呈分叉的圆柱形，它是由相互叠覆的锥形房室组成；每一房室都往上张开，从而形成清楚的外边缘和平坦的上表面；外壁孔较小，稀疏分布，它有两种孔径；内壁呈筛网状，其上饰有较大的、近于多角形的、甚至成为蛇曲状的内孔；房室内无填充组织；显微结构不清楚，也未发现骨针（图 167）。

时代：早奥陶世—二叠纪；分布：美国和突尼斯。

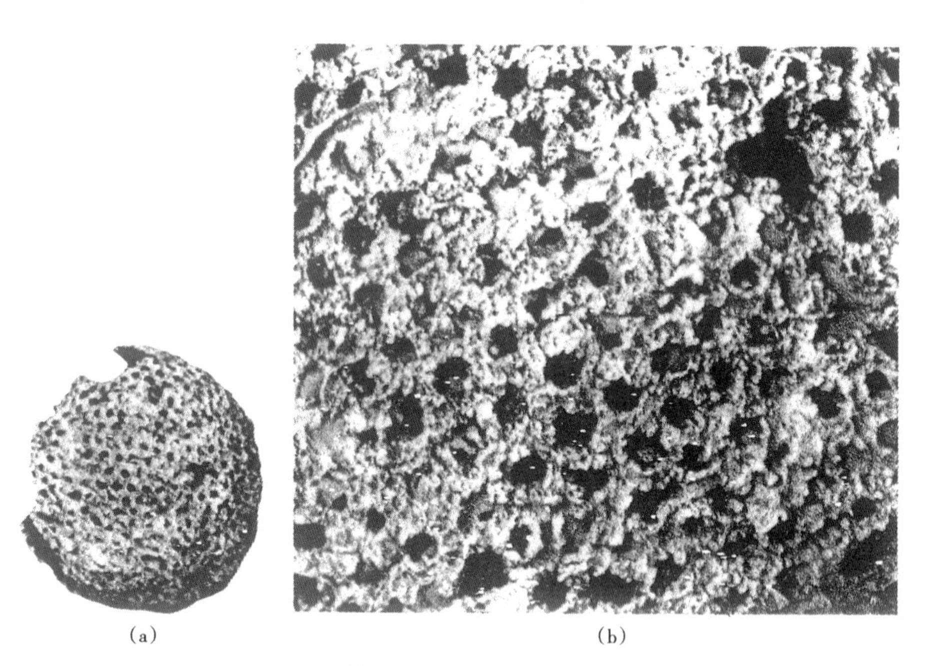

（a）　　（b）

图 166　*Blastulospongia*

（a）正模标本，显示球形的房室，其外壁多微孔，×20；（b）外壁的显微照片，可见其上有许多微孔，×95

属　*Subascosymplegma* Deng，1981　亚扭囊海绵属

主要特征：海绵体呈板状，或扇形，它是由几个呈同心状的、环带状到新月形的房室组成；房室的外壁上饰有许多微孔；房室内有泡沫填充组织，也可能没有这些填充组织（图 168、图 169）。

时代：二叠纪；分布：中国和突尼斯。

属　*Tristratocoelia* Senowbari-Daryan and Rigby，1990　三层腔海绵属

主要特征：海绵体是由桶形房室组成，它们相互叠覆生长，其外壁饰有许多密集的微孔，也有少量的、有外唇的小孔；在各个桶形房室之间分布着向外突起的、呈环带似的环圈，其上也有许多微孔；在海

图 167 *Pseudoimperatoria*

（a）正模标本的侧边缘图，可见房室呈宽盆状，它们相互叠覆生长，×2；
（b）顶视图，可见房室的顶面（间壁），其上饰有许多粗孔，×2

图 168 *Subascosymplegma*

板状海绵体的垂直切面，显示叠覆状的房室；房室的顶面为往上拱起的间壁，其上有许多微孔，×4

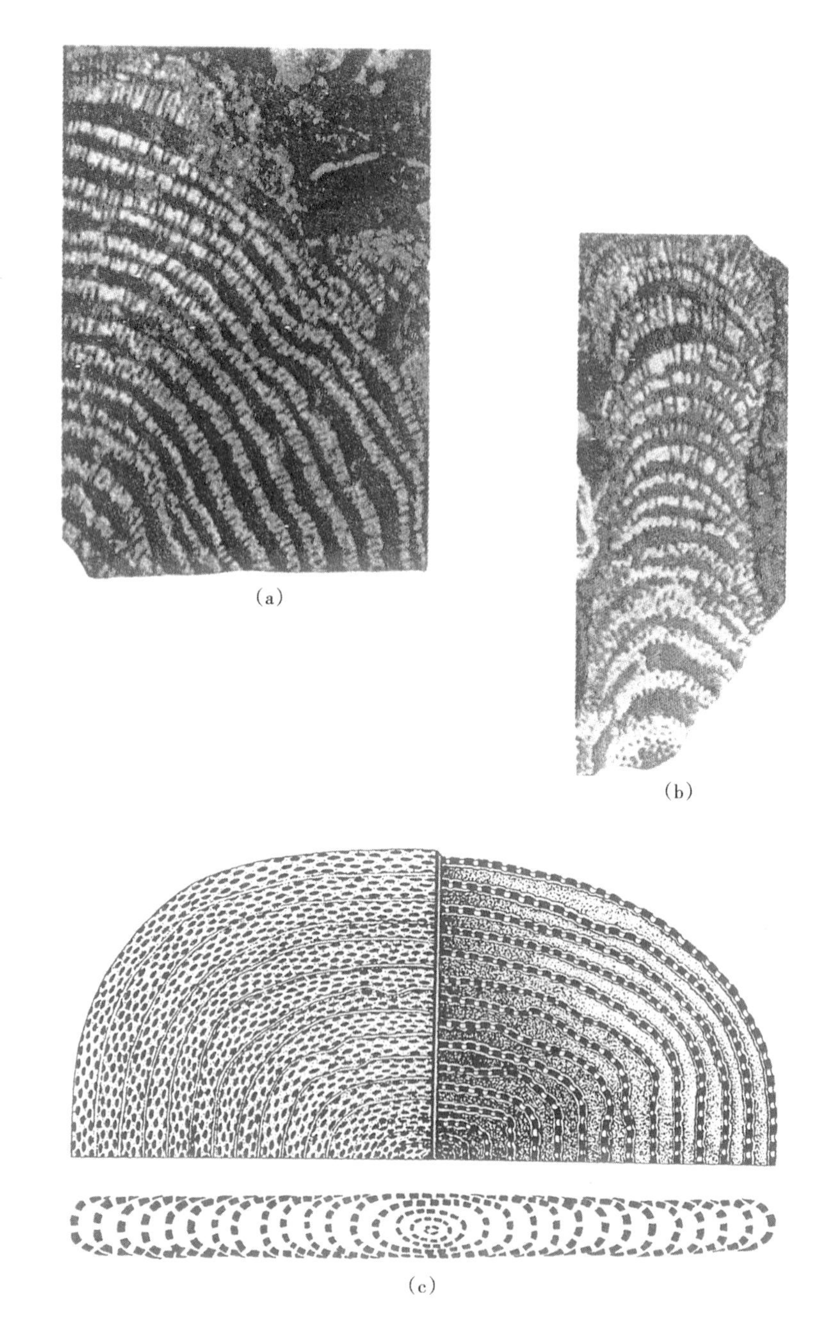

图 169 *Subascosymplegma*

（a）平行于一个茶碟所切得的切面，显示出许多很宽的但较低矮的房室，这些房室的间壁上密布着微孔，×2；
（b）垂直于海绵体表面切得的切面，显示出新月形的房室断面，房室之间的间壁上饰有许多微孔，间壁较厚，×2；
（c）海绵的再造复原图，上图代表薄板状海绵的水平切面，显示出非常宽大的但较低矮的房室；下图代表该薄板状海绵的垂直切面

绵体的垂直切面内，可见房室之间的间壁较厚，其上分布着较大的间壁孔；房室的里面充填了次生的、层纹状充填物和泡沫组织（图 170）。

时代：二叠纪；分布：突尼斯和美国等。

属 *Uvothalamia* Senowbari-Daryan，1990 葡萄房室海绵属

主要特征：海绵体圆椭圆形的外形，它是由低矮的椭圆形房室组成，这些房室的边缘和顶面都被上面的房室所覆盖。因此，不能见到分节的状况；房室内缺乏填充组织（图 171）。

时代：二叠纪；分布：意大利西西里岛。

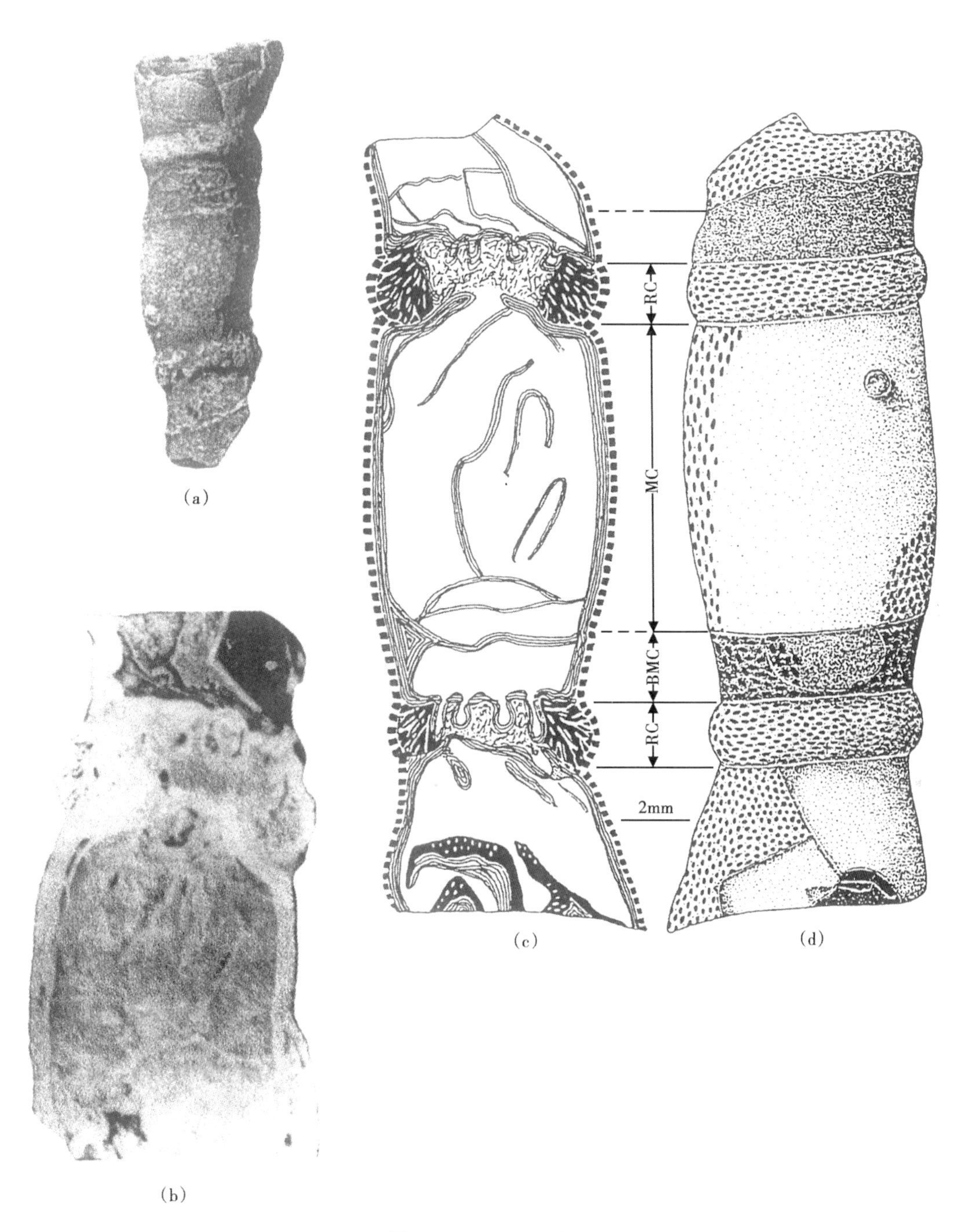

图 170 *Tristratocoelia*

(a) 正模标本，在一个完整的房室的上端和下端各有一个较短的环圈，而此海绵体的上下代表一部分房室，×2；
(b) 海绵体轴部的磨光面，可见桶形房室和环圈内的结构均十分复杂，×5；(c) 桶形房室内部和环圈内部的结构详细图；
(d) 海绵体的桶形房室和环圈的外表特征（BMC：主要房室的底部；MC：主要房室；RC：环圈）

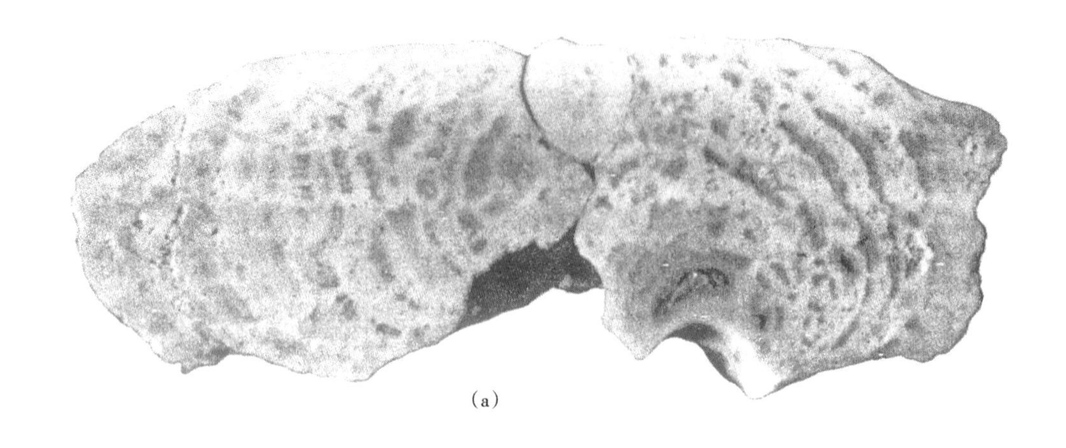

（a）

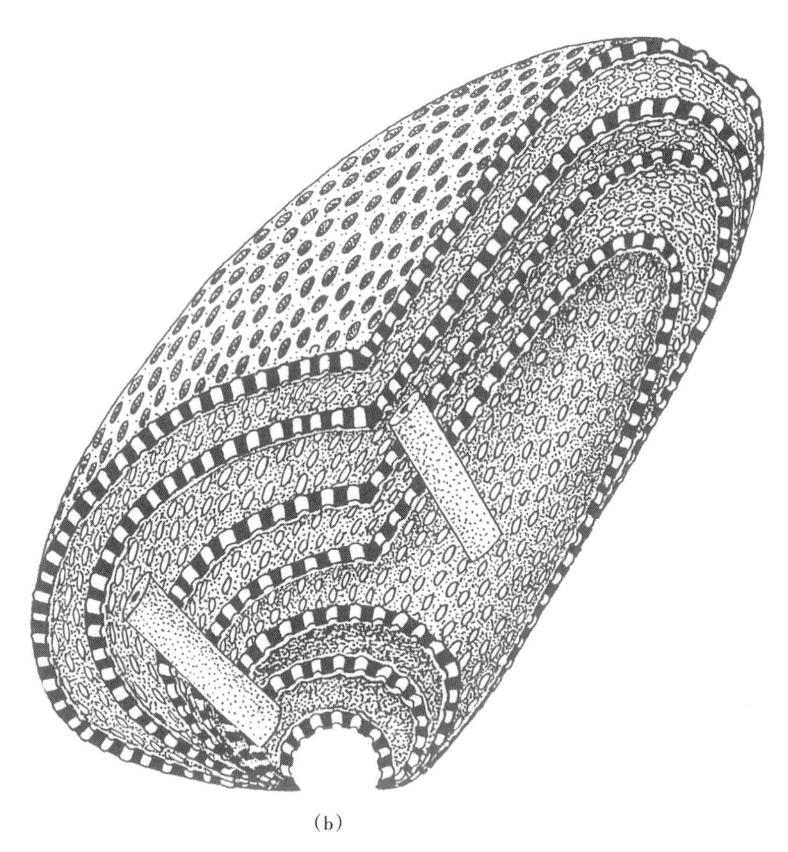

（b）

图 171　*Uvothalamia*

（a）正模标本的一个切面，显示出低矮的房室；海绵体呈椭圆形的生长特征，×2；

（b）复原图，显示出海绵体呈椭圆形的外形，它具有低矮的房室；房室的外壁有许多微孔

亚科 Corymbospongiinae Senowbari-Daryan，1990 丛花海绵亚科

属 *Corymbospongia* Rigby and Potter，1986 丛花海绵属

主要特征：海绵体是由一群球形到椭圆形的房室组成，它们也许营包覆状的生长方式；每一个房室均有一根较长的外管，这些外管都是从乳头状的突起处伸出，它们都朝着同一方向，可能代表向上生长的方向；房室的外壁都有圆形的小孔；相邻的房室也许就是籍助这些圆形的小孔相互沟通，而不是靠外管；房室内也许存在着泡沫组织；显微结构不清楚，也未见骨针（图 172）。

时代：晚奥陶世晚期；分布：美国加利福尼亚州和得克萨斯州。

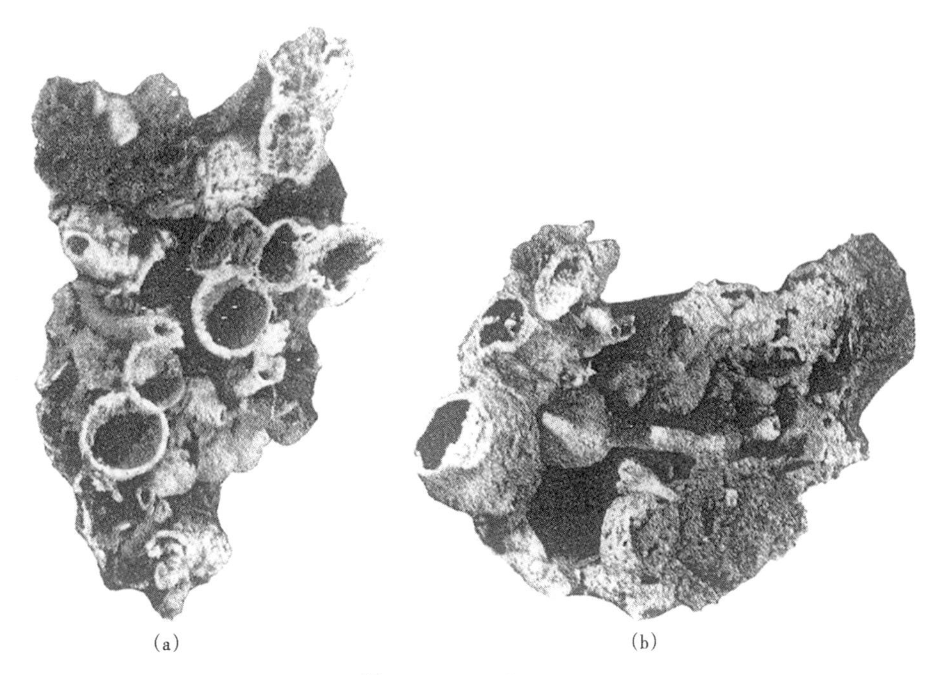

(a)　　(b)

图 172 *Corymbospongia*

（a）硅化的正模标本，它是由联生的或分离的球形房室组成，每一个房室都有一根外管，×2；
（b）硅化的副模标本，它具有较大的房室，其外壁上饰有微孔，并有明显的外管，×2

属 *Exaulipora* Rigby，Senowbari-Daryan and Liu，1998 外管孔海绵属

主要特征：海绵体是由许多圆球形到接近于球形的房室团聚而成，也许有一些房室呈串珠状排列；每一个房室上有一根或两根、长而粗的外管；外管壁和房室的外壁均饰有许多微孔；外管的底端都有一块筛网板；房室内均充填了泡沫板（图 173）。

时代：奥陶纪—二叠纪；分布：美国等。

属 *Imbricatocoelia* Rigby，Fan and Zhang，1989a 叠覆腔海绵属

主要特征：海绵体呈圆柱形到棒形，或呈圆球形，它有一个很窄小的、像沟道似的中央腹腔；这些特征在一个种内表现为多个像沟道状的中央腹腔，然而在另一个种内甚至完全缺失不见；房室都很小，呈半球状，或呈小的面包状；从这些房室的排列式样来看，它很像典型的 *Guadalupia*，即它们呈相互叠覆状的排列方式，同时它们还围绕着中央腹腔呈多层式的排列；内孔（腹腔壁上的孔）、外孔和间壁孔虽有，但较稀疏分布；在海绵体的外表能识别这些房室，它们都表现为瘤状的突起（图 174）。

时代：二叠纪；分布：中国、阿曼和俄罗斯。

属 *Lichuanospongia* Zhang，1983 利川海绵属

主要特征：海绵体呈圆柱形或接近于圆柱形，或呈倒锥形，它是由许多低矮的、垂直叠覆或辐射状叠覆的新月形房室组成；中央腹腔管属于反管型，在其腹腔壁上有许多微孔；房室壁是由双层组成，其内层较厚，饰有粗孔，而外层较薄，仅见微孔；房室内泡沫组织很稀少（图 175）。

时代：二叠纪；分布：中国和俄罗斯。

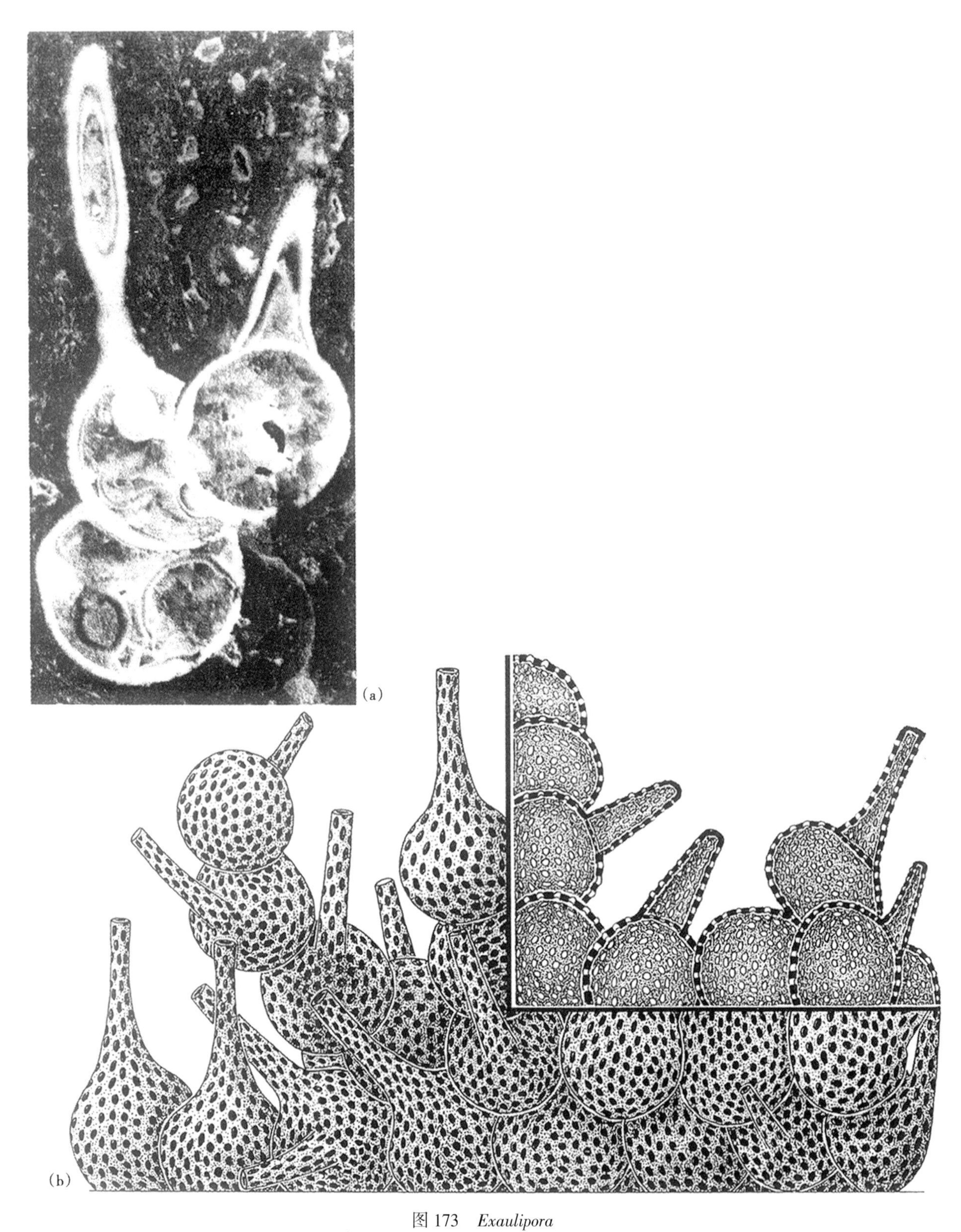

图 173 *Exaulipora*

（a）正模标本，由三个房室组成的一个海绵体的切面，可见其内部均已充填了泡沫板，其中有两个房室上有较长的外管；房室的外壁和外管壁上都有微孔，×2；（b）海绵体的复原图，表示整个海绵体的总体形态、多孔的房室外壁以及多孔的外管；在外管的底端都有筛网板，由此与那些圆球状的房室相通

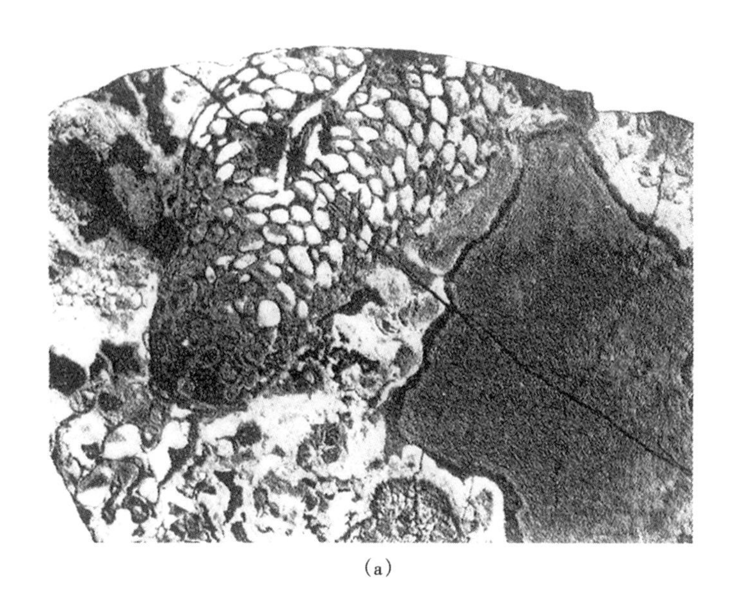

（a）

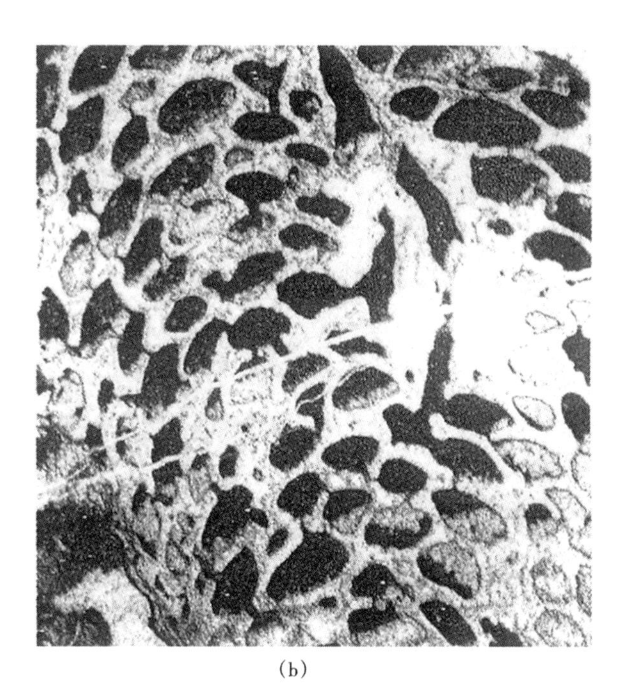

（b）

图 174　*Imbricatocoelia*

（a）正模标本，海绵体的斜切面，可见明显的中央腹腔和那些呈新月形的房室；在房室的顶面，即间壁上仅见少量的粗孔，×1；（b）正模标本的一部分，可见各个房室之间的间壁表面很光滑，仅见少量的微孔，但有直径较大的外孔，它们都通向位于中央的腹腔管，×2

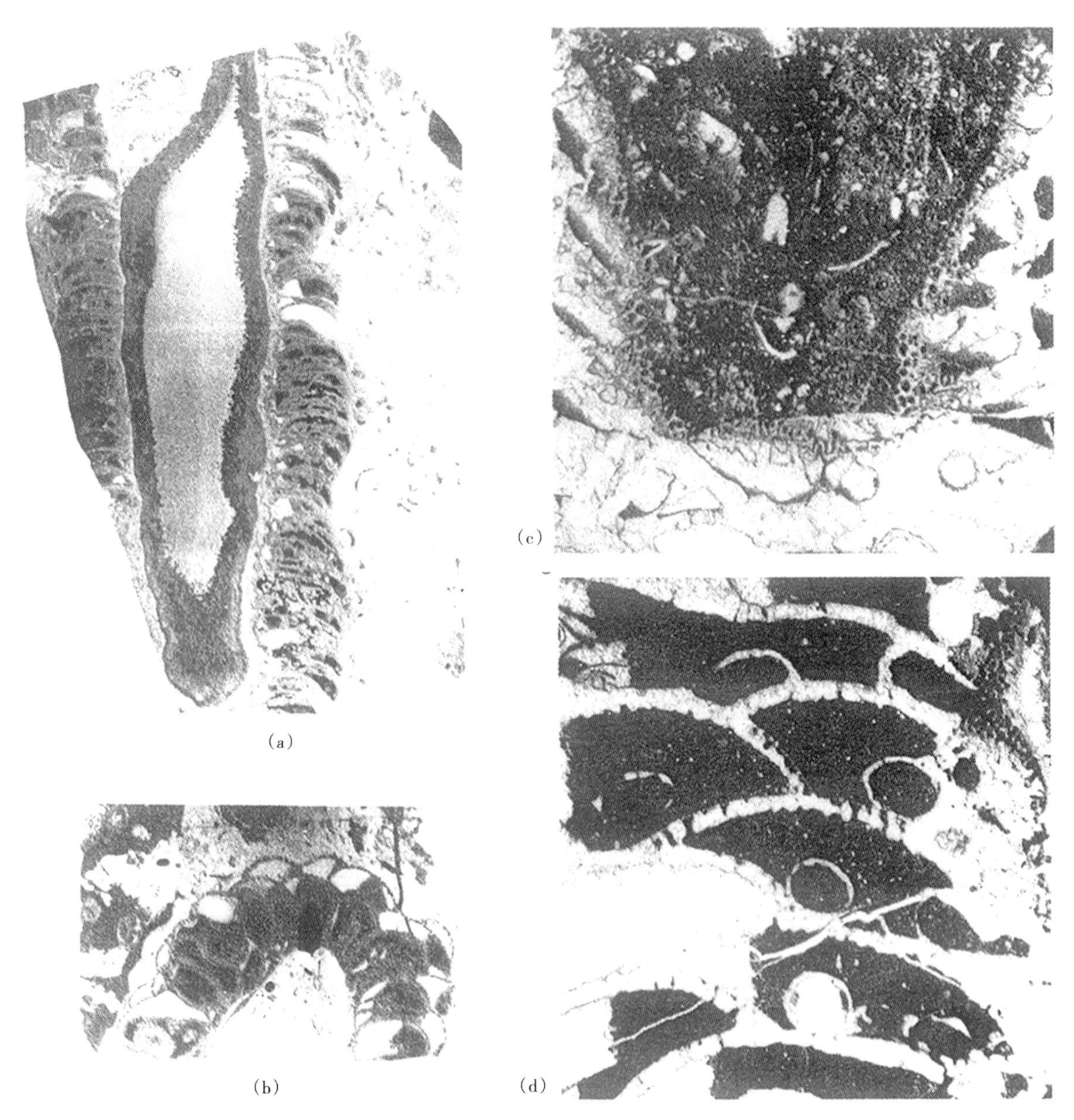

图 175 *Lichuanospongia*

（a）纵切面，可见围绕着中央腹腔分布的、呈相互交叠的房室，房室向上拱起，×1；（b）横切面，可见相互交叠的房室，×2；（c）显微照片，代表紧贴着腹腔壁的弦切面，可见腹腔壁上的网格状骨纤结构，×5；（d）通过外壁的垂直弦切面，可见新月形房室；房室之间的间壁上有微孔，×5

属 *Neoguadalupia* Zhang，1987 新瓜达鲁普海绵属

主要特征：海绵体呈平坦的薄板状，它由许多圆球形到接近圆球形的房室组成；这些房室一般表现为彼此叠覆排列；房室的外壁上均被许多微孔所刺穿；房室内没有填充组织；海绵体内也没有位于中央的腹腔（图 176）。

时代：二叠纪—三叠纪；分布：中国、美国、伊朗和俄罗斯等。

属 *Parauvanella* Senowbari-Daryan and di Stefano，1988 拟葡萄状串管海绵属

主要特征：此海绵体呈彼此包覆状的团块体，它们都包覆在其他的海绵动物之上生长；此海绵体是由相互叠覆的、呈球形到半球形的房室组成，各个房室之间都靠那些较粗的圆孔相互沟通；房室内缺失内部的填充组织（图 177）。

时代：二叠纪—三叠纪；分布：意大利、奥地利、伊朗、俄罗斯远东地区、中国、突尼斯、阿曼和美国。

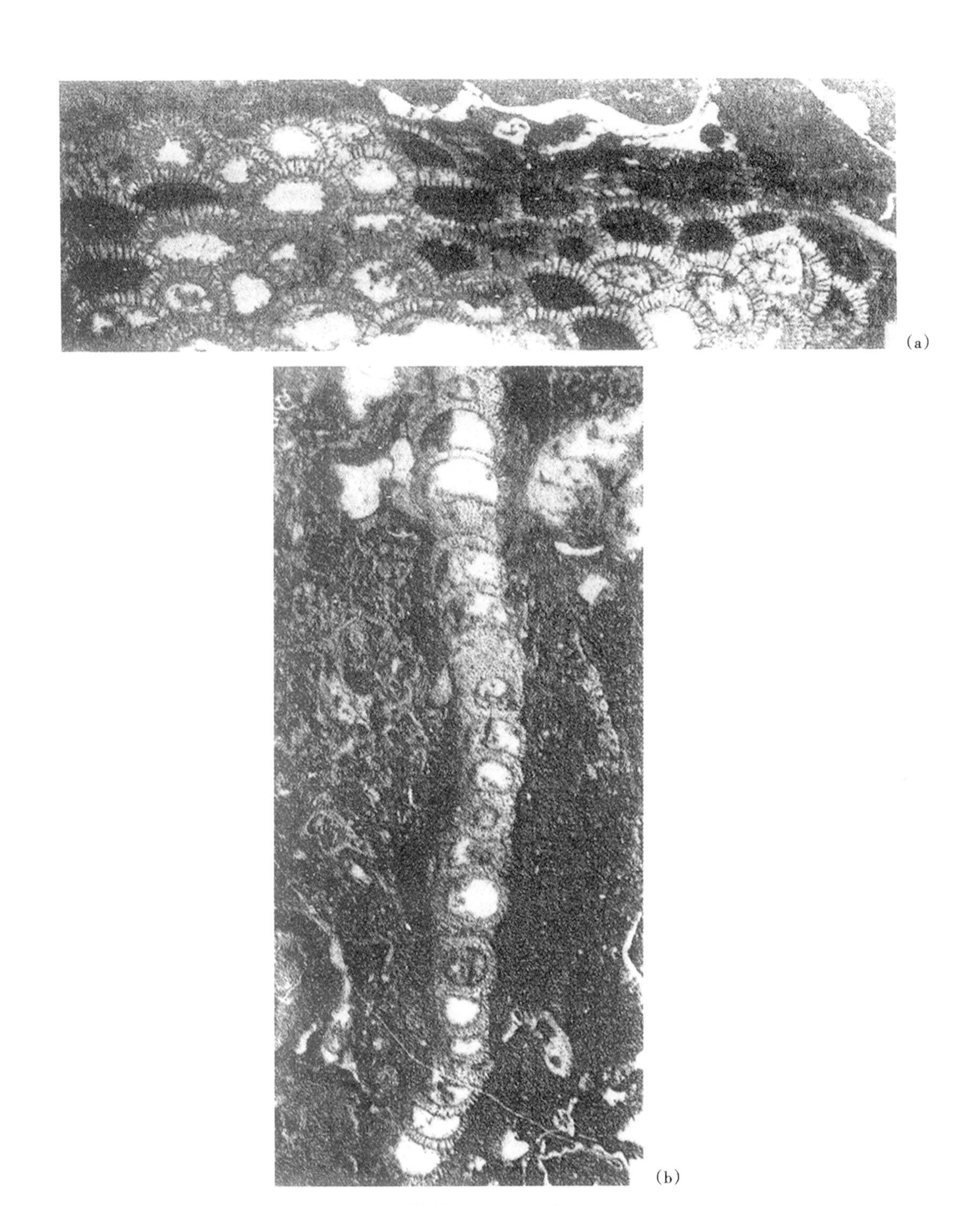

图 176 *Neoguadalupia*

（a）通过一个宽大的薄板状海绵体的横向切面，可见鳞片状的房室交互叠覆在一起；房室之间的间壁上有小孔，×4；（b）通过该薄板状海绵体的垂直切面，可见新月形的房室似乎从中央位置向两侧叠覆生长，×2

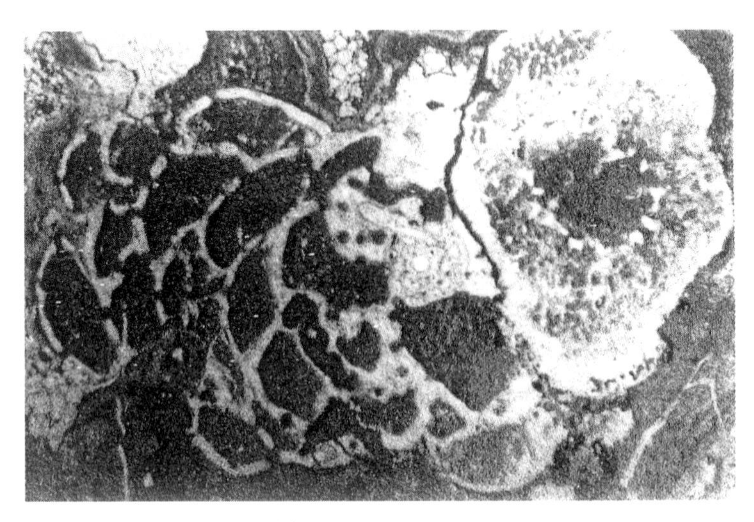

图 177 *Parauvanella*

正模标本的纵切面，可见该海绵体是由半球形的房室叠覆生长而成，并包覆在一个纤维海绵体的外面，×3

属 *Platythalamiella* Senowbari-Daryan and Rigby，1988 板腔海绵属

主要特征：此保存不完整的标本几乎与 *Guadalupia* Girty，1909 的模式种的标本非常相似，所不同的就是它缺失骨纤（trabecularium）结构和房室内的隔板。骨纤完全有可能存在，隔板也可能有的，但未能保存，或未被人们识别。在副模标本的图像中，可以见到也许是隔板，但这些隔板在 *Guadalupia* 一属内通常很稀少，或缺失不见（图 178）。

时代：二叠纪—晚三叠世；分布：突尼斯、帝汶岛、意大利、印度尼西亚的马鲁古群岛。

科 Gigantothalamiidae Senowbari-Daryan，1994 巨型串管海绵科

属 *Gigantothalamia* Senowbari-Daryan，1994 巨型串管海绵属

主要特征：海绵体呈球形到椭圆形的外形，或为不规则的团块状海绵，它是由许多十分低矮的、新月形到横向拉长的扁豆形房室组成；房室的外壁上有许多孔径较大但不规则分布的小孔；在海绵体内可见一些孤立分布的沟道，可能作为从体内排出废水的腹腔管；房室内未见填充组织，也未见泡沫组织；海绵体的基本骨骼具有文石质纤球结构，但骨针尚未发现（图 179）。

时代：三叠纪；分布：土耳其。

属 *Zanklithalamia* Senowbari-Daryan，1990 赞克尔房室海绵属

主要特征：一个体型较大的海绵，它是由许多较宽大的扁平房室组成；房室之间分布着一束一束的沟道，它们往往能穿过几个房室，且都垂直于外表面；房室内一般都是空的，或有许多垂直的支柱；除此之外，在房室内，泡沫组织出现较少；此海绵的原始骨骼矿物可能是文石，其显微结构不清楚，也许是纤球状结构（图 180）。

时代：晚三叠世；分布：奥地利。

科 Tebagathalamiidae Senowbari-Daryan and Rigby，1988 特巴加海绵科

属 *Tebagathalamia* Senowbari-Daryan and Rigby，1988 特巴加海绵属

主要特征：海绵体呈多孔的圆柱形细茎体，可见围绕着具有厚壁的腹腔管分布的、呈放射状排列的、细管状的房室；这些房室的横截面呈多角形或接近于六角形，它们可组合成一层围绕着中央腹腔管分布；在连续延展的海绵体的外壁上，其分节的状况不明显或不能识别；外壁上刺穿了许多小的但密集分布的

图 178 *Platythalamiella*

（a）沿着标本的表面切得的水平切面，显示出房室的外形，其外壁较厚，可见许多微孔；这些房室彼此叠覆往上生长，×2；
（b）通过一块薄板的垂直切面，可见新月形的房室彼此交叠生长；在房室壁上有许多微孔，×1

图 179　*Gigantothalamia*

(a) 已受到风化的正模标本的表面，可见在中央位置，围绕着大孔有短的出水管，×0.8；

(b) 海绵的纵切面，显示出低矮的房室，在房室壁上有微孔，并见到一些较粗的出水沟道，×0.8

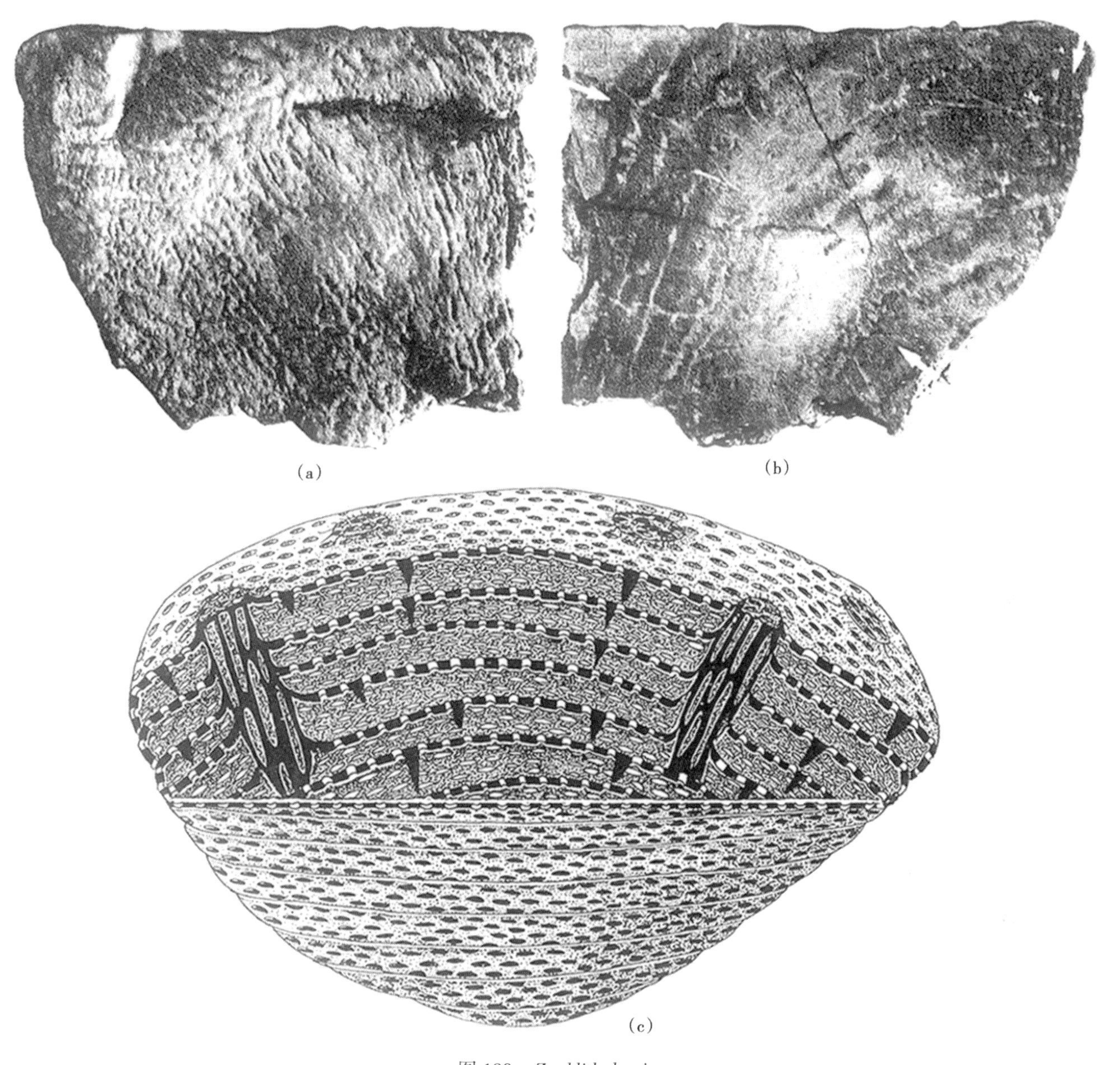

图 180 *Zanklithalamia*

（a）一块已受到风化的标本，具有拉长的房室，房室之间有一束一束分布的出水沟道，×0.7；（b）一个切面，可见拉长的房室，在其中央和右上侧有一束模糊的出水沟道通过，×0.7；（c）复原图，显示出低矮的房室，在房室内有少量的支柱填充组织，并见成束的出水沟道和分散状分布的小沟道（在图中以黑色表示）

外孔；间壁孔稍大一些，但分布稀疏；每一个房室与中央腹腔管是靠那些较大的、呈管形到分叉状的微孔相互沟通，当然，这些微孔与相邻房室的微孔可以联合成互相连通的细管，并进入到中央腹腔管；显微结构不清楚，也未发现骨针（图 181）。

时代：二叠纪；分布：突尼斯、意大利和中国。

属 *Annaecoelia* Senowbari-Daryan，1978 阿纳腔海绵属

主要特征：表现为包覆状生长习性的海绵，它是由一堆团集状、呈不规则叠覆的、通常为半球形的房室组成；外壁上饰有微孔，而且围绕着每一个房室都是相连的；从某些房室上可伸出一些外管状的细管，它们往往能穿过一个或几个房室后，才停止生长；这些细管的管壁呈薄片状，未见微孔，但偶然有较大的开口，伸入到房室内；在房室内和细管内均可出现许多泡沫组织（图 182）。

时代：晚三叠世；分布：奥地利和意大利等。

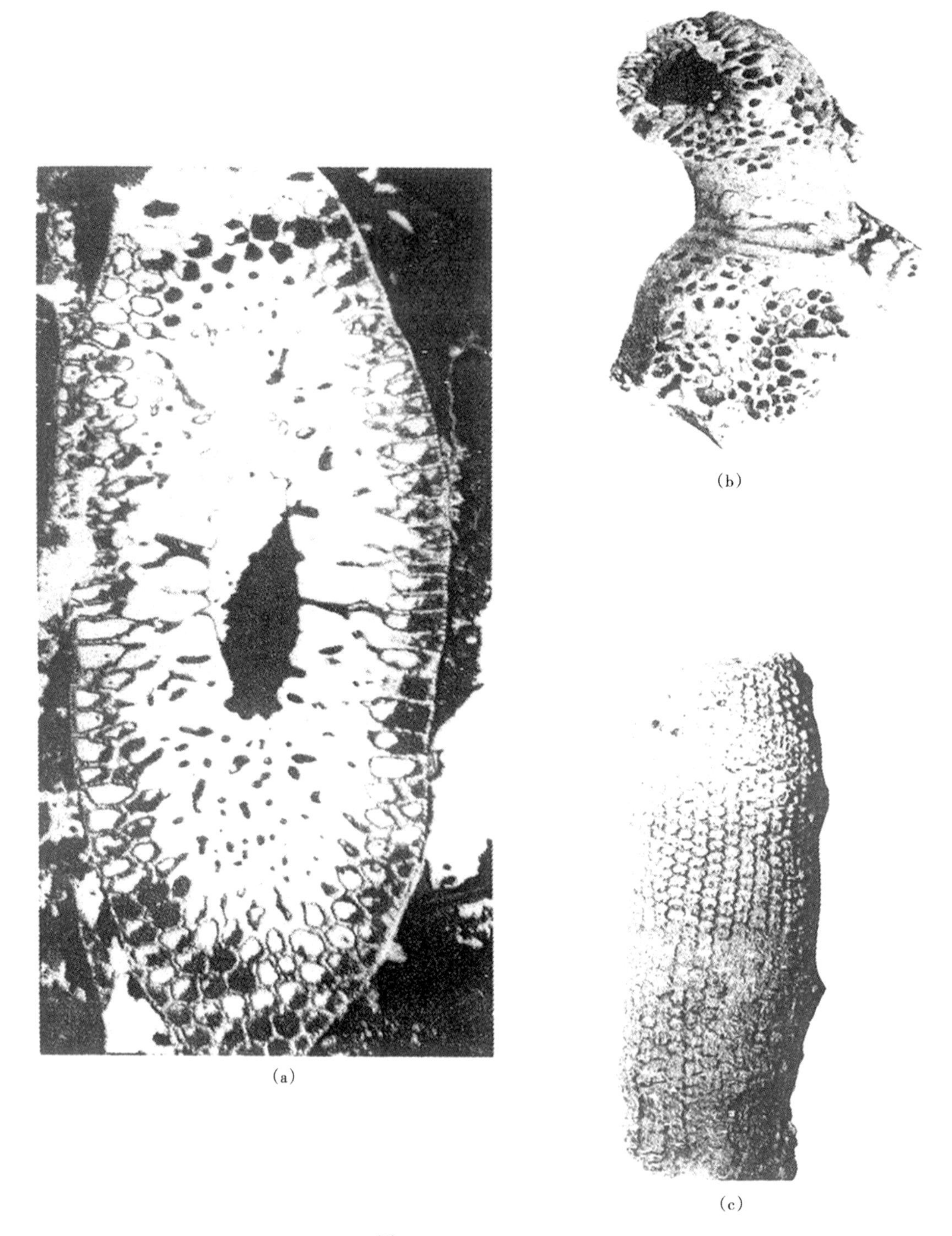

图 181 *Tebagathalamia*

（a）正模标本，斜切面，可见横截面呈多边形的、细管状的房室，每一房室与中央腹腔管都是靠较窄小的沟道连通，×4；
（b）副模标本，围绕着腹腔管分布着多角形的房室，此处外壁已被风化掉；如外面的皮层保存完好时，则出现许多微孔，×2；
（c）副模标本的侧边缘图，可见房室排列成规则的一行一行，其截面呈六角形；此处的皮层已被剥蚀掉，×2

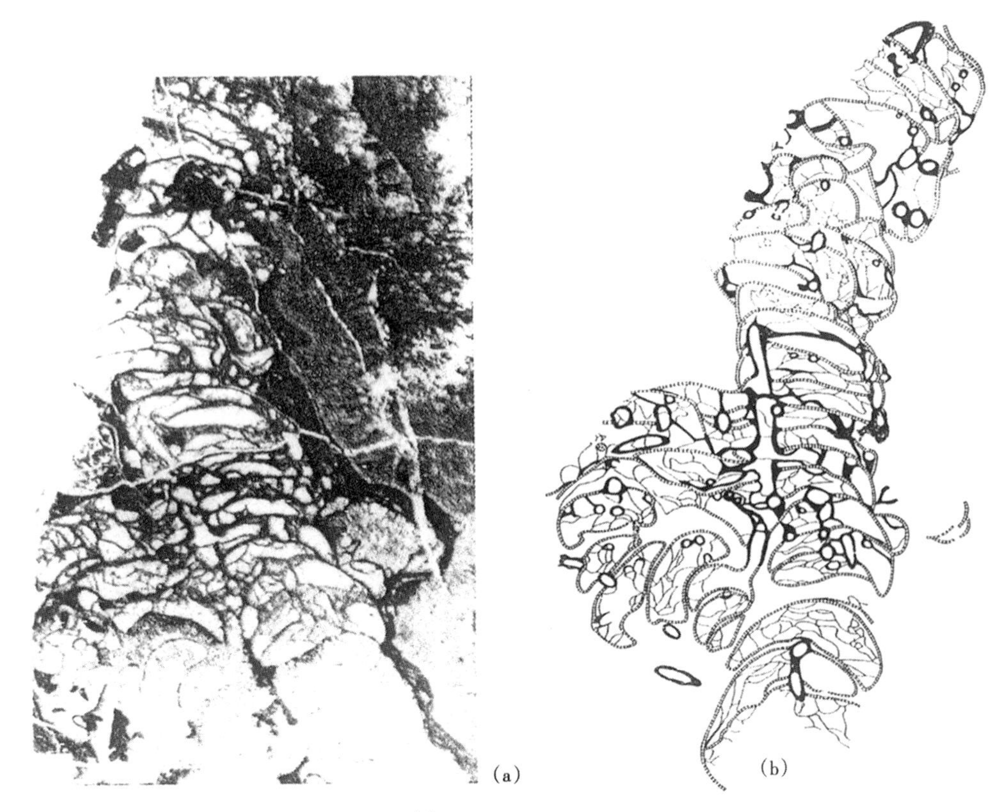

图 182 *Annaecoelia*

（a）正模标本的纵切面，显示出呈团集状、不规则房室，在一些房室之间有外管状的垂直细管，使它们连接在一起，×1；
（b）正模标本的素描图，可见通过几个房室的细管，这些细管的管壁较厚；海绵体房室的外壁和间壁均有微孔，有一些房室内还有泡沫填充组织

属 *Graminospongia* Termier and Termier，1977a 草海绵属

主要特征：海绵体呈非常纤细的、具有枝状的圆柱体，中央腹腔仅占海绵体直径的 1/10 到 1/5；外壁具有呈五点状分布的、有围唇的微孔，每一个微孔相当于体内的一个辐射状的房室；在房室之间的间壁上，微孔也很多，且较小；腹腔壁上的内孔要比外壁上的微孔稍大一些，也许每一个房室拥有一个内孔；在腹腔内也许存在着原始骨纤结构（图 183）。

时代：二叠纪；分布：意大利、突尼斯和中国。

科 Cheilosporitiidae Fischer，1962 唇孢海绵科

属 *Cheilosporites* Wähner，1903 唇孢海绵属

主要特征：一类串管海绵，在其生长的早期缺乏中央腹腔管，但到晚期则有反管型的腹腔管；海绵体内既无泡沫组织，也无其他的填充组织（图 184）。

时代：三叠纪；分布：意大利、奥地利、原南斯拉夫和匈牙利。

科 Salzburgiidae Senowbari-Daryan and Schäfer，1979 萨尔茨堡海绵科

属 *Salzburgia* Senowbari-Daryan and Schäfer，1979 萨尔茨堡海绵属

主要特征：海绵体具有团集状的房室，其外表饰有许多微孔，海绵体内缺乏腹腔管，但偶尔可见反管型的腹腔管；房室的壁具有双层，但房室内没有任何填充组织；外壁上的微孔呈杂乱分布（图 185）。

时代：二叠纪—三叠纪；分布：意大利的西西里岛、阿曼、中国、奥地利、美国和加拿大。

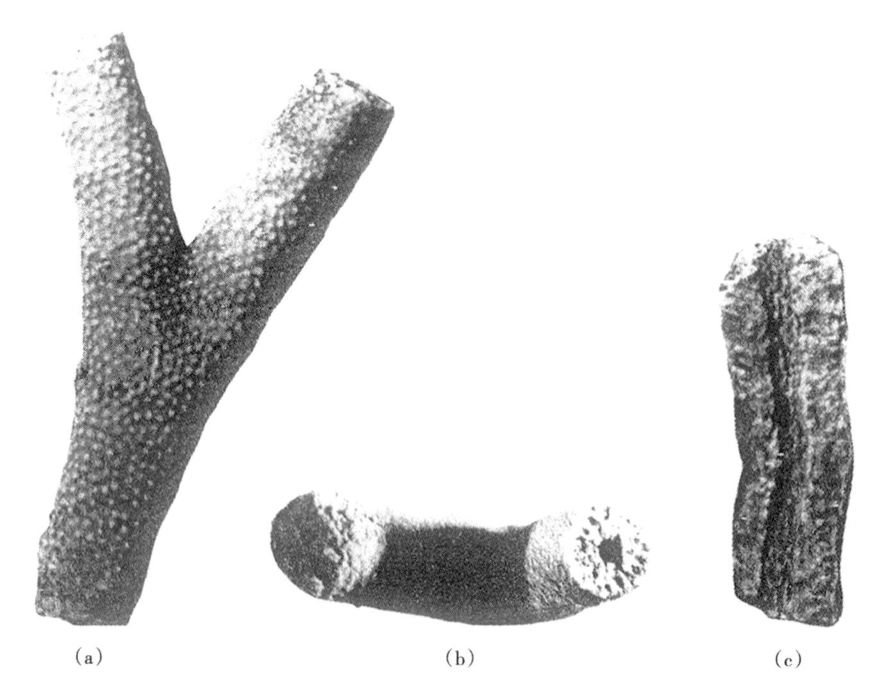

(a)　　(b)　　(c)

图 183　*Graminospongia*

（a）一个枝状海绵体的侧边缘图，可见其皮层上出现突瘤状的细孔，×1；（b）同一标本的顶面图，显示出中央的腹腔和其周围的房室，×1；（c）已受到风化标本的垂直切面，可见明显的中央腹腔和其周围的房室，×3

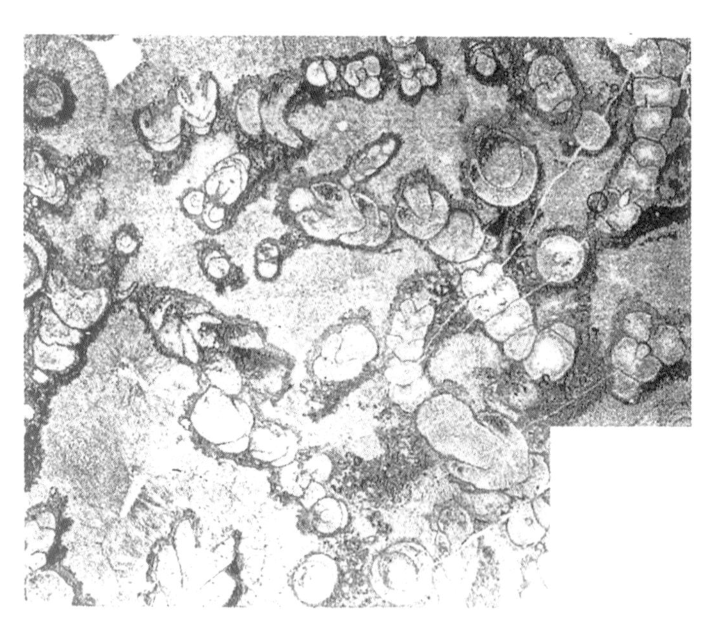

图 184　*Cheilosporites*

一个薄片，在此薄片中，出现了数个个体，它们处于不同的定向；在这些海绵体的周围可能被暗色的泥晶所包覆，或被藻类包覆，×3

科　Cribrothalamiidae Senowbari-Daryan，1990　筛网房室海绵科

属　*Cribrothalamia* Senowbari-Daryan，1990　筛网房室海绵属

主要特征：海绵体呈茎枝状的海绵，由团集状的房室组成；这些房室分布在反管型中央腹腔管的周围；房室的外壁具有蠕虫状弯曲的小孔，并且在皮层的外表面还有附加的、多孔的筛网；腹腔壁上也有筛网；房室内填充组织较少，但可见泡沫板（图 186）。

时代：三叠纪；分布：意大利。

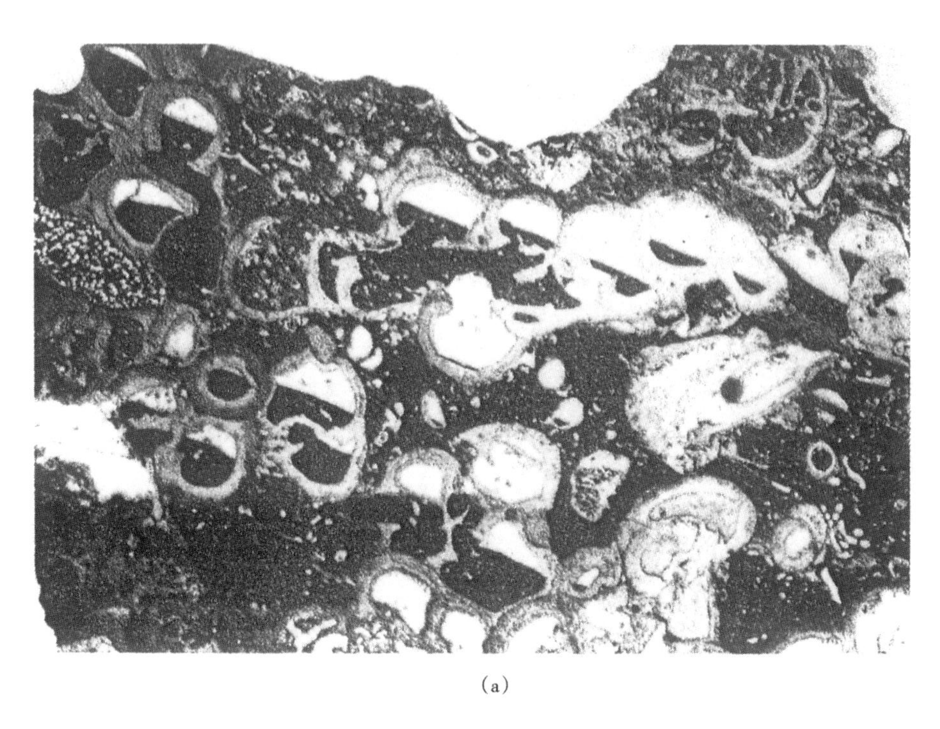

（a）

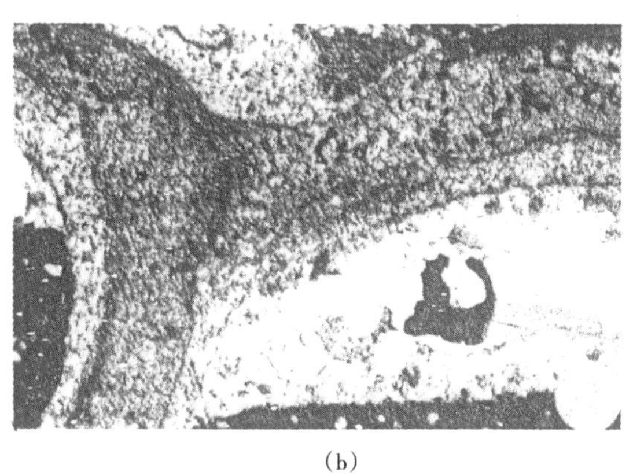

（b）

图 185　*Salzburgia*

（a）正模标本，由一群团集状房室组成的海绵，房室内未见填充组织，但在房室内显示出顶底构造，×2；
（b）显微照片，表示房室的外壁由双层组成，其外层都较厚；右侧的房室代表较老的房室，×10

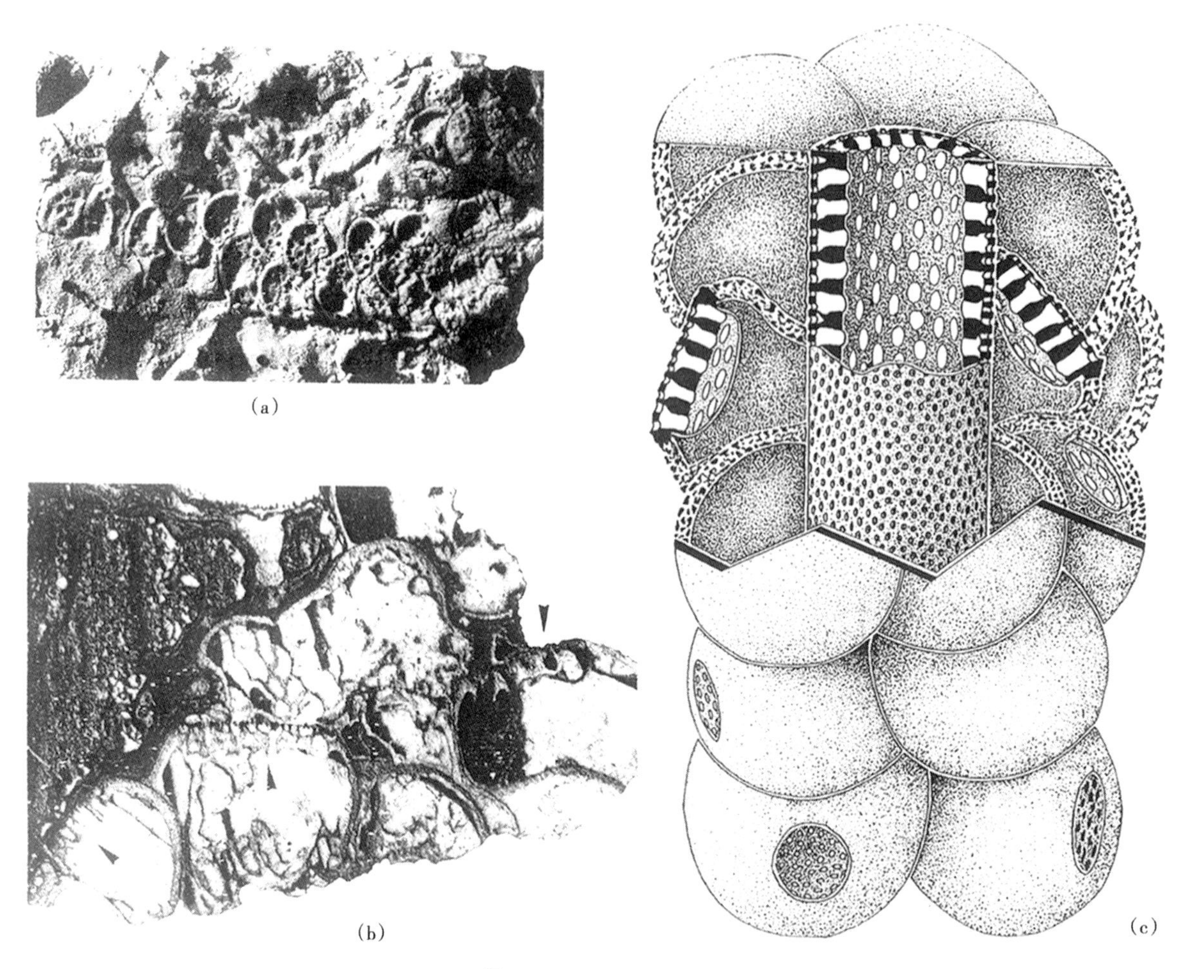

图 186　*Cribrothalamia*

（a）正模标本，可见此海绵体是由团集状的房室组成，它们都具有直径较大的微孔；在此图的下部可见腹腔壁，×1；
（b）通过团集状到不规则分布的房室的一个切面，其中在三个房室的外表有筛网（以箭头表示），×2；
（c）复原图，表示此海绵具有团集状的房室，其中有几个房室的外壁上有筛网；在腹腔壁上也有类似筛网式的小孔

科　Verticillitidae Steinmann，1882　轮生海绵科

亚科　Verticillitinae Steinmann，1882　轮生海绵亚科

属　*Verticillites* de France，1829　轮生海绵属

主要特征：海绵体呈尖锥状的锥体，可能分叉；中央腹腔约占海绵体直径的 1/5，偶尔还可见到较窄的、作为辅助功能的腹腔管；外壁呈网格状，其上密布着近于多角形的有时呈拉长的外孔（exopore）；内壁（腹腔壁）和间壁上也有相似的小孔；内壁内还有网结状的微沟道系统；房室较低矮，向上拱起，它们都由那些垂直的支柱将它们连接在一起。骨纤的显微结构不明，也未找到骨针（图 187）。

时代：白垩纪；分布：欧洲。

属　*Boikothalamia* Reitner and Engeser，1985　博伊柯海绵属

主要特征：海绵体呈圆柱形，其中央腹腔约占海绵体直径的 1/5 到 1/3；房室低矮，每一个房室被其相继生长的房室所包覆；外壁和间壁都呈网格状，它们都饰有近于多角形的小孔；房室内已填充了垂直的支柱，这些支柱往上延伸时可分叉；内壁的厚度相对较厚，它具有向内和往上延伸的沟道；在外壁和支柱内可能有二叉三权杆式骨针，对这些骨针，Senowbari-Daryan（1989）认为是假骨针（pseudospicule）（图 188）。

时代：侏罗纪；分布：俄罗斯的西伯利亚和塔吉克斯坦共和国。

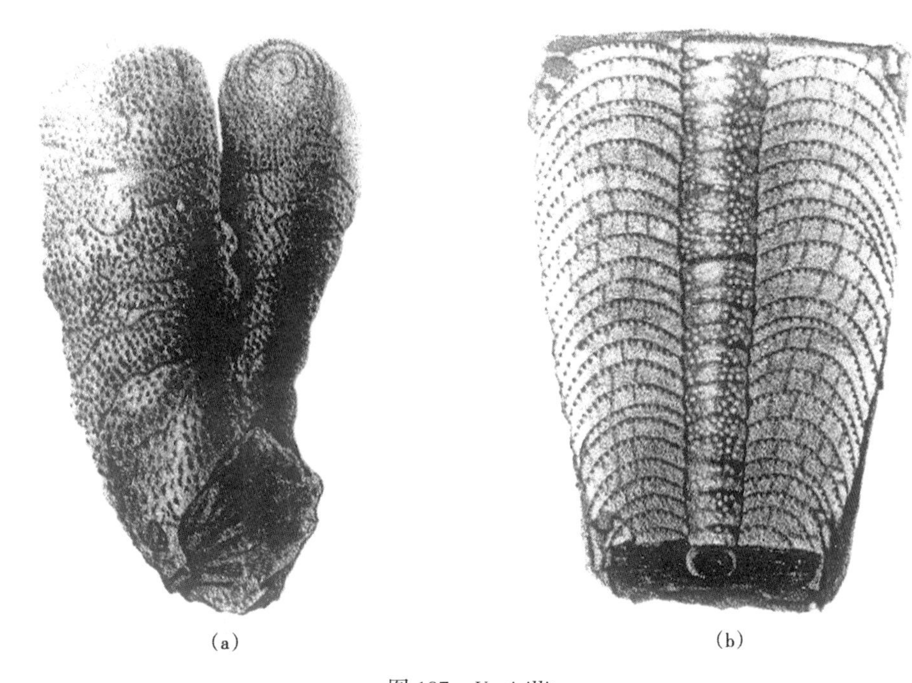

(a)　　　　　　　　　　　　(b)

图 187　*Verticillites*

（a）正模标本的侧边缘图，显示该分叉状海绵体的多孔的外壁，×1；（b）海绵体的垂直切面，可见位于中央的腹腔，并可见各个房室之间的多孔状间壁，×2

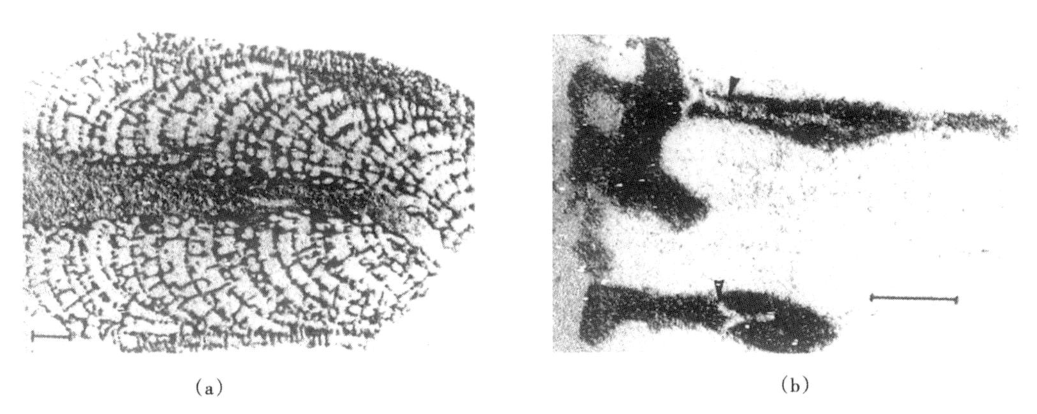

(a)　　　　　　　　　　　　(b)

图 188　*Boikothalamia*

（a）模式标本的纵切面，可见较窄的中央腹腔和向上拱起的房室，在房室内已充填了支柱，这些支柱可连接多孔的间壁和外壁，×5；（b）推测可能是二叉三杈杆式骨针，标尺为 125μm

属　*Marinduqueia* Yabe and Sugiyama，1939　马林杜克岛海绵属

主要特征：海绵体呈圆柱形，无骨针；中央腹腔约占海绵体直径的 1/3；房室低矮，其内有许多支柱充填，这些支柱可能连接成一列，从而形成网格状的特征；外壁上有密集分布的、多角形的微孔；房室内偶而能见到泡沫填充组织（图 189）。

时代：古近纪始新世；分布：菲律宾。

属　*Menathalamia* Reitner and Engeser，1985

主要特征：一个柱腔型的海绵，在其上部有一个深陷到体内的中央腹腔，但不能识别它的腹腔壁；在海绵体的外表有许多较小的圆形微孔，但其孔径有变化；早期的海绵体内是没有中央腹腔。因此，进水孔也许聚合成星根状的出水系统；在反管型的腹腔壁上的出水孔具有相当大的孔径，而且它们显示不规则的形状（图 190）。

时代：白垩纪；分布：西班牙。

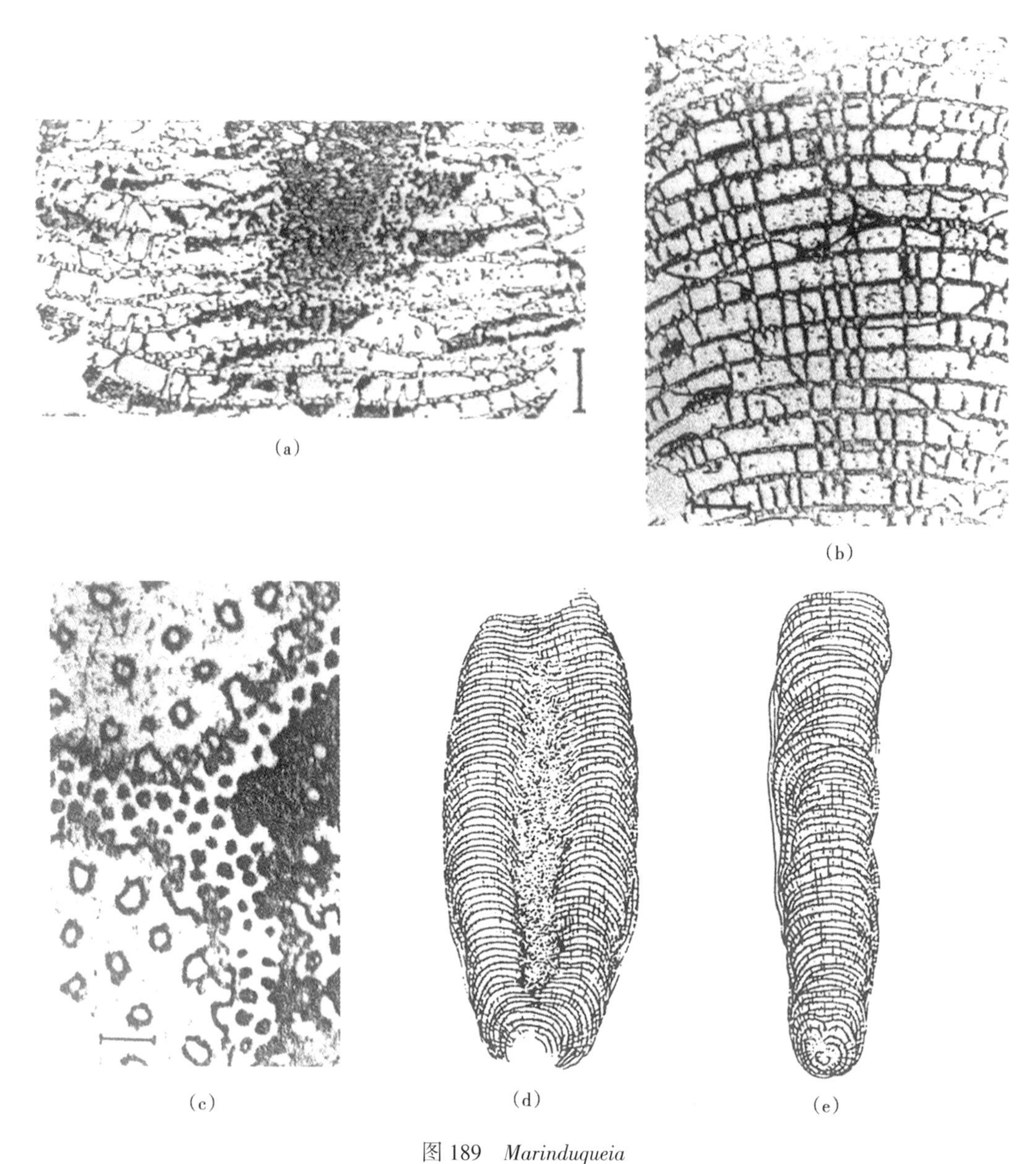

图 189 *Marinduqueia*

（a）纵切面，显示出中央腹腔和低矮的房室，在房室内有支柱充填，它们可将多孔的间壁连接起来；（b）纵切面，可见低矮的房室，其内有支柱充填，这些支柱可连接多孔的间壁，×4；（c）通过多孔间壁的横切面，可见房室内规则分布的支柱，×5；（d）—（e）该海绵的素描图，表示房室、中央腹腔以及房室内支柱的发育状况，×1

属 *Murquiathalamia* Reitner and Engeser，1985 摩尔圭海绵属

主要特征：海绵体呈宽大的团锥体，它有较宽大的、开放的中央腹腔；海绵体的外壁是由房室的间壁与房室的外壁相互叠覆而成；房室较高，呈半球形，其内有少量的支柱；房室外面的小孔呈圆形；在骨骼内已发现黄铁矿的物体，它们分布在钙质骨骼之内，很像前二叉三杈杆式骨针（prodichotriaenes），但Senowbari-Daryan（1989）认为是假骨针（图 191）。

时代：白垩纪；分布：西班牙。

属 *Stylothalamia* Ott，1967a 支柱房室海绵属

主要特征：海绵体呈宽锥形，其内有较窄的中央腹腔，也可能没有腹腔；房室较低矮，在这些房室内有往上分叉的支柱，其横截面呈圆形；在早期的房室内存在着未穿孔的泡沫板；内孔（腹腔壁上的孔）、间壁孔以及外孔的孔径基本上是相同的，绝大多数都很小，且密集分布，其形状为圆形到拉长形，或接近

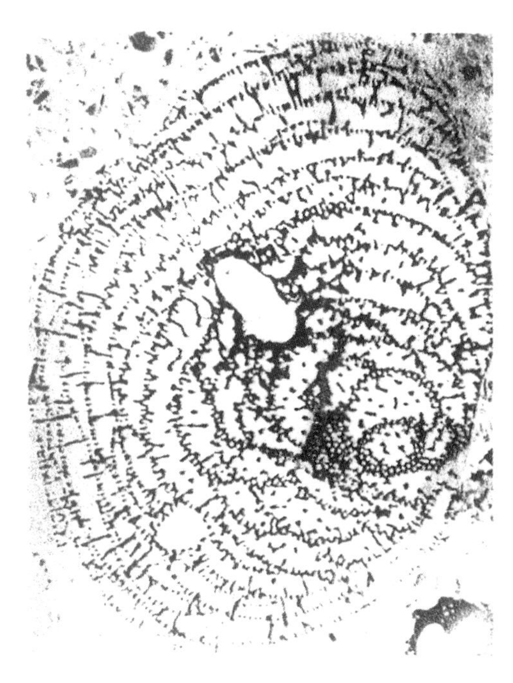

图 190 *Menathalamia*

正模标本的横切面，可见位于中央靠左侧处的腹腔；低矮的房室内有放射状分布的支柱；房室之间的间壁上分布着微孔，×5

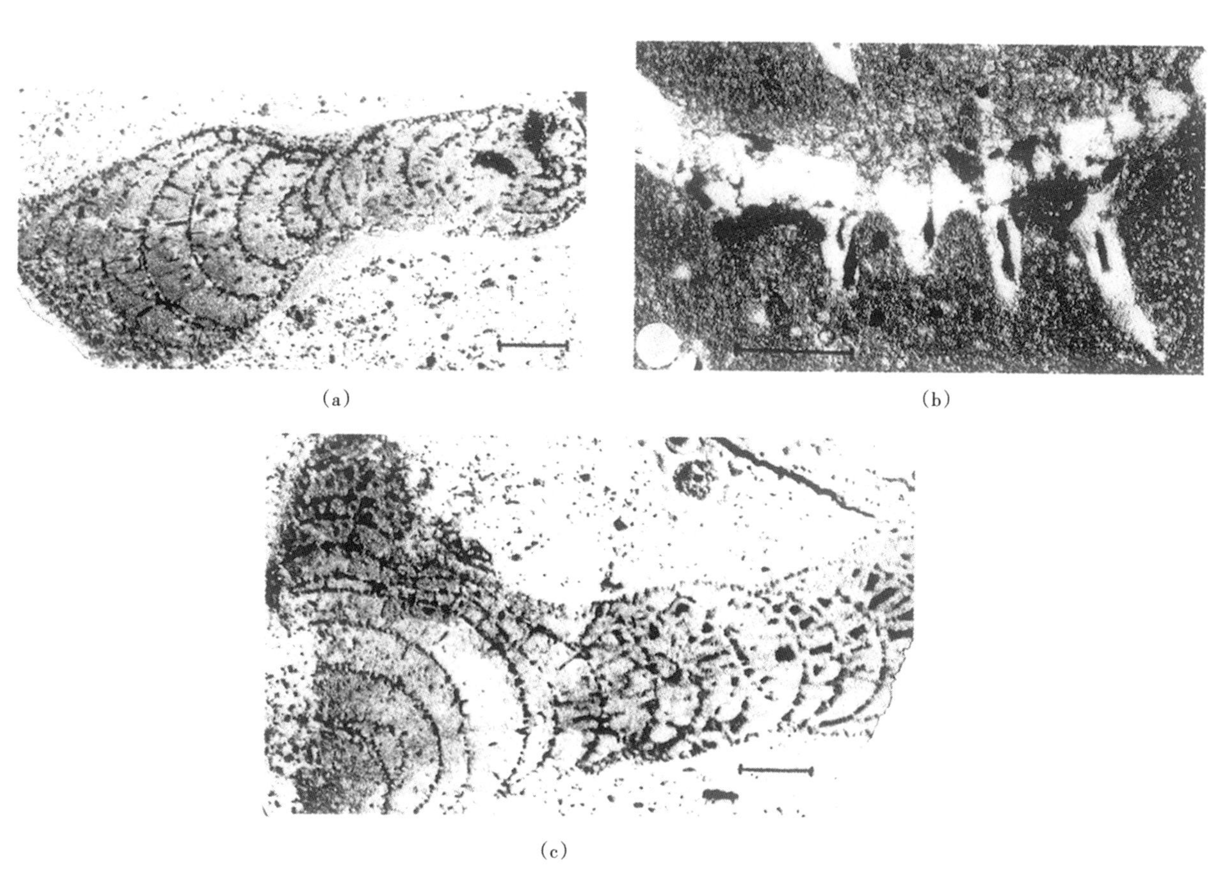

图 191 *Murquiathalamia*

(a) 正模标本，显示出较高大的房室，其内有支柱充填，×4；(b) 可能是大骨针，它已被黄铁矿交代成假形，这些大骨针假形都分布在外壁内，标尺为 0.1mm；(c) 通过一个宽大的、呈倒锥形海绵的副模标本的弦切面，可见反管型的腹腔以及在那些拱起房室内的支柱，×4

多角形，或裂片状，也有少数较大的圆孔；骨纤的显微结构为由伟西雷特（Vaceletid）型的文石针组成的绒毛状结构，但未见骨针（图 192）。

时代：二叠纪—晚白垩世；分布：中国、奥地利、土耳其、伊朗、秘鲁、摩洛哥和美国等。

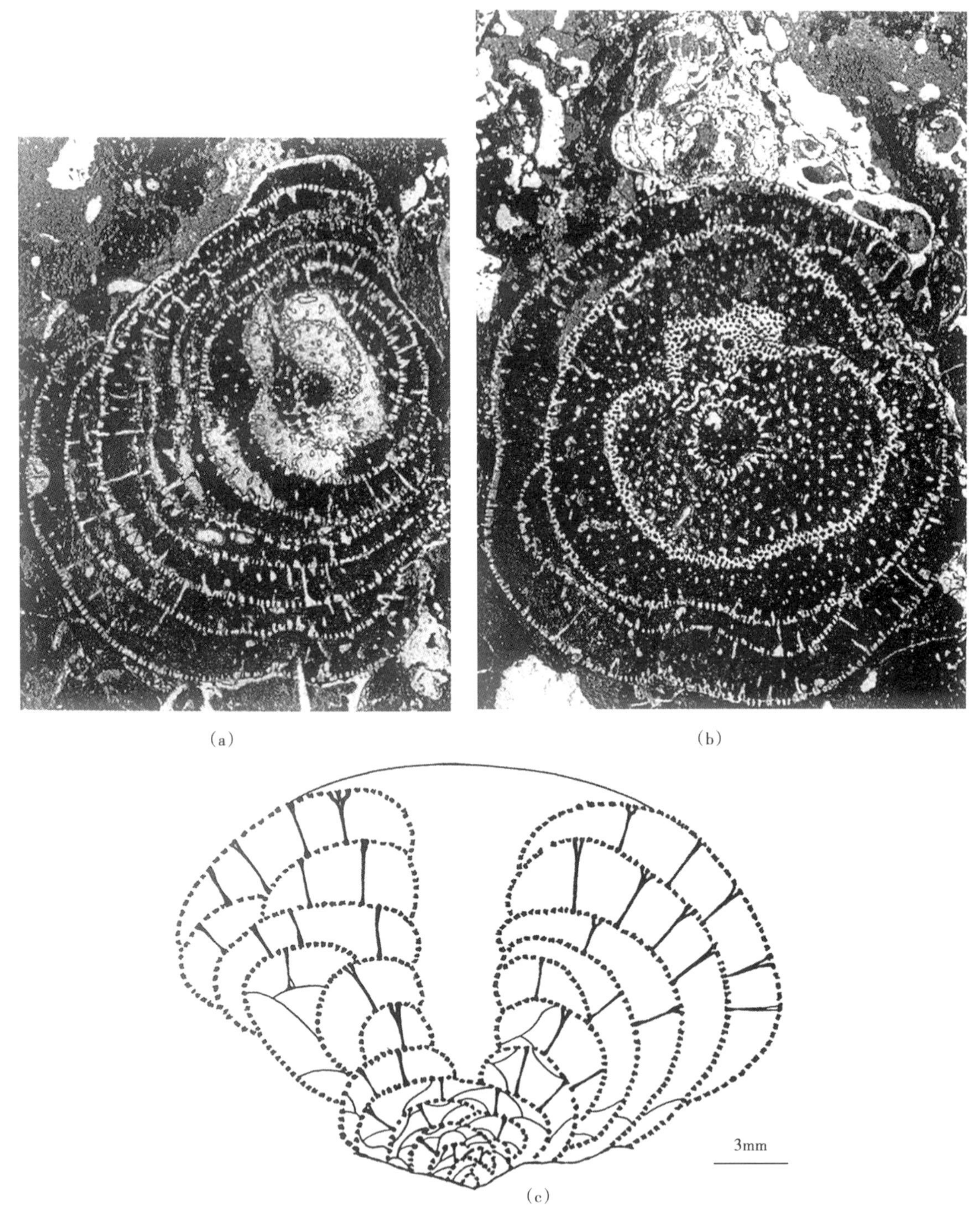

图 192　*Stylothalamia*

（a）正模标本下部的横切面，此切面是在离海绵体底面之上 4mm 处切得的切面，可见围绕着较窄的中央腹腔周围的圆形房室，其外壁上均饰有许多微孔；在房室内分布着稀疏的支柱，×4；（b）离海绵体的底面之上 6mm 处切得的横切面，可见里面的两个房室内围绕着中央腹腔有均匀分布的支柱；在该图的中央代表此切面可能平行于房室的表面。因而，可见间壁上的微孔，×4；（c）海绵体的图解示意图

属　*Vaceletia* Pickett，1982　伟西雷特海绵属

主要特征：海绵体呈圆柱形，体外显示出分节状况；上表面拱起，有时还有分叉的情况；中央腹腔较窄小，仅占海绵体直径的1/8；外壁显示出网格状的特征，它具有接近多角形或裂片状的外孔（exopore）；外壁的表面显示出粗粒状和微针状，那些微针可与同样大小的微孔交替出现；间壁的表面和腹腔壁的表面如同外壁表面的特征一样；间壁孔和内孔如同外孔的孔径和形状；骨纤的显微结构呈文石针组成的不规则绒毛结构，骨针缺失不见（图193）。

时代：白垩纪—现代；分布：西班牙、澳大利亚、印度洋和西太平洋。

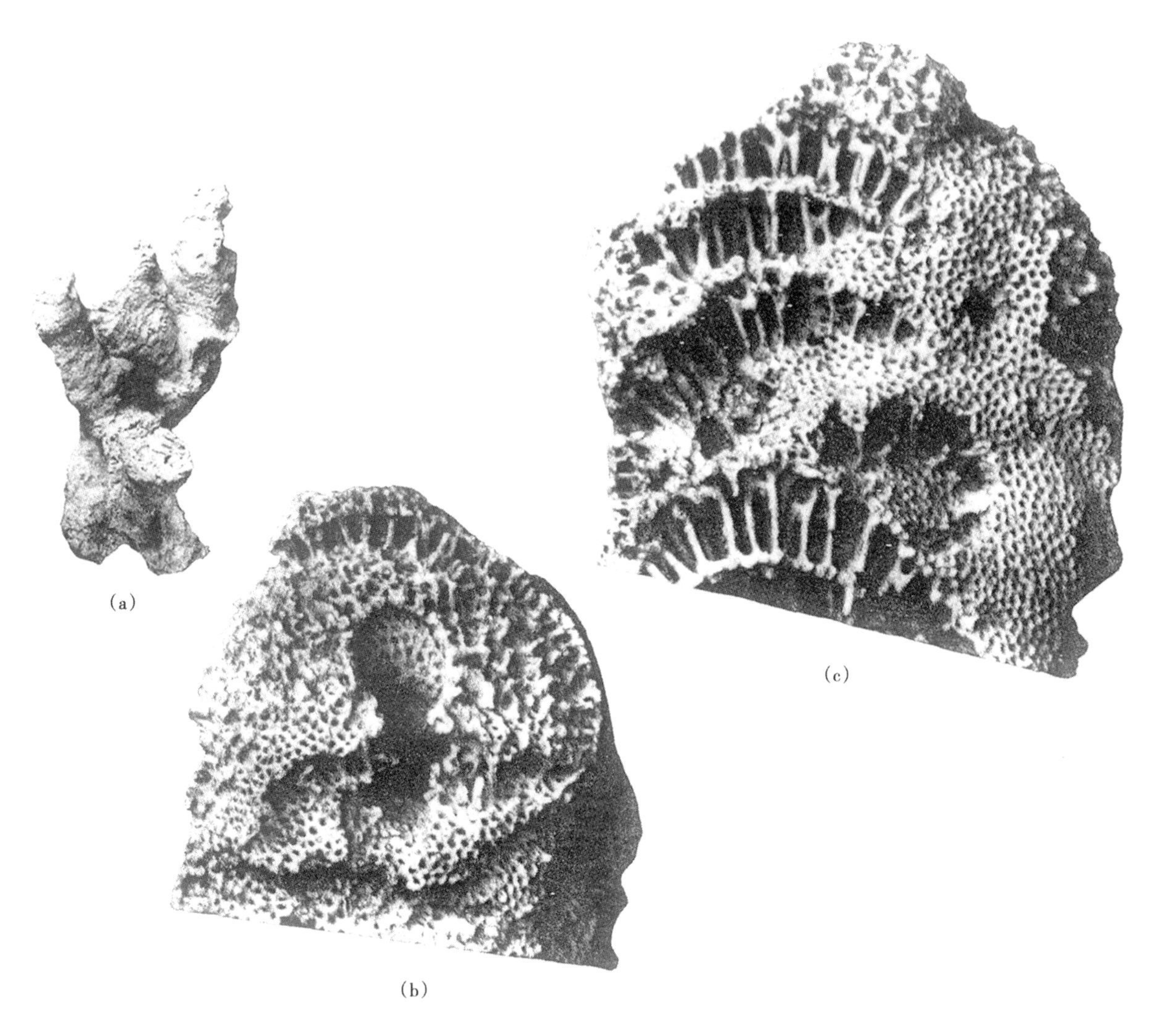

图193　*Vaceletia*

（a）正模标本的侧边缘图，可见圆柱形的分支和体外微弱的轮环，×1；（b）通过外壁到腹腔的斜切面，可见腹腔上的出水孔以及不规则的骨骼，×10；（c）一块碎片的反面，可见许多房室，它具有支柱和连接把；皮层上有许多均匀分布的进水孔，×10

属　*Vascothalamia* Reitner and Engeser，1985　笛管状房室海绵属

主要特征：海绵体呈明显的倒锥形到圆柱形，其中央的腹腔在整个海绵体内具有稳定的直径，除了在海绵发育的幼年期；外壁内具有不规则的沟道系统，但在幼年期并不发育；由于腹腔壁出现加厚状况，因而，可形成出水孔；在骨骼内已发现大骨针，也许是双尖骨针（oxeas）（图194）。

时代：白垩纪；分布：西班牙北部。

属　*Wienbergia* Clausen，1982　维恩伯格海绵属

主要特征：海绵体呈圆柱形，其中央腹腔的宽度约占海绵体直径的1/5；房室较高；外孔接近多角

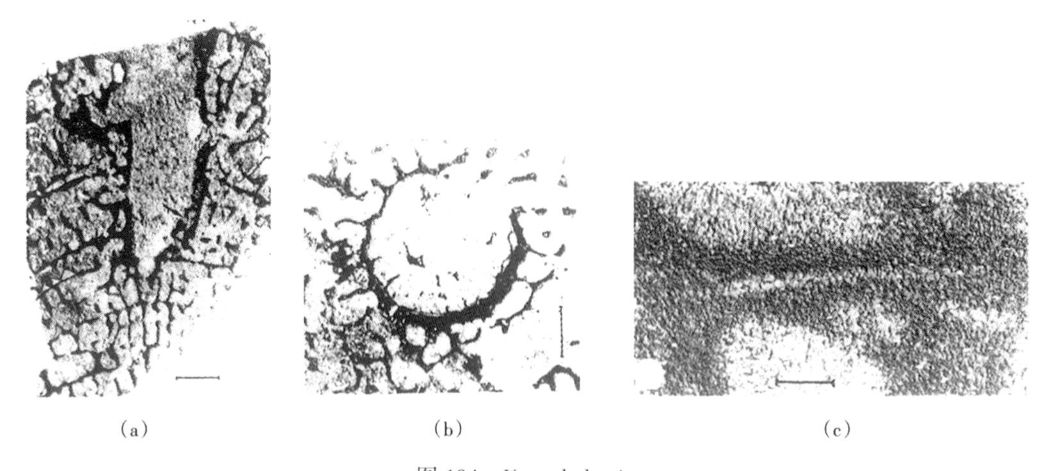
(a)　(b)　(c)

图 194　*Vascothalamia*

(a) 海绵体的纵切面，其腹腔壁已明显地加厚，同时可见不规则的纤状骨骼，×5；(b) 通过腹腔壁和其周围的一部分房室的横切面，×10；(c) 双尖大骨针，×100

形（图 195）。

时代：古近纪古新世（丹尼期）；分布：丹麦。

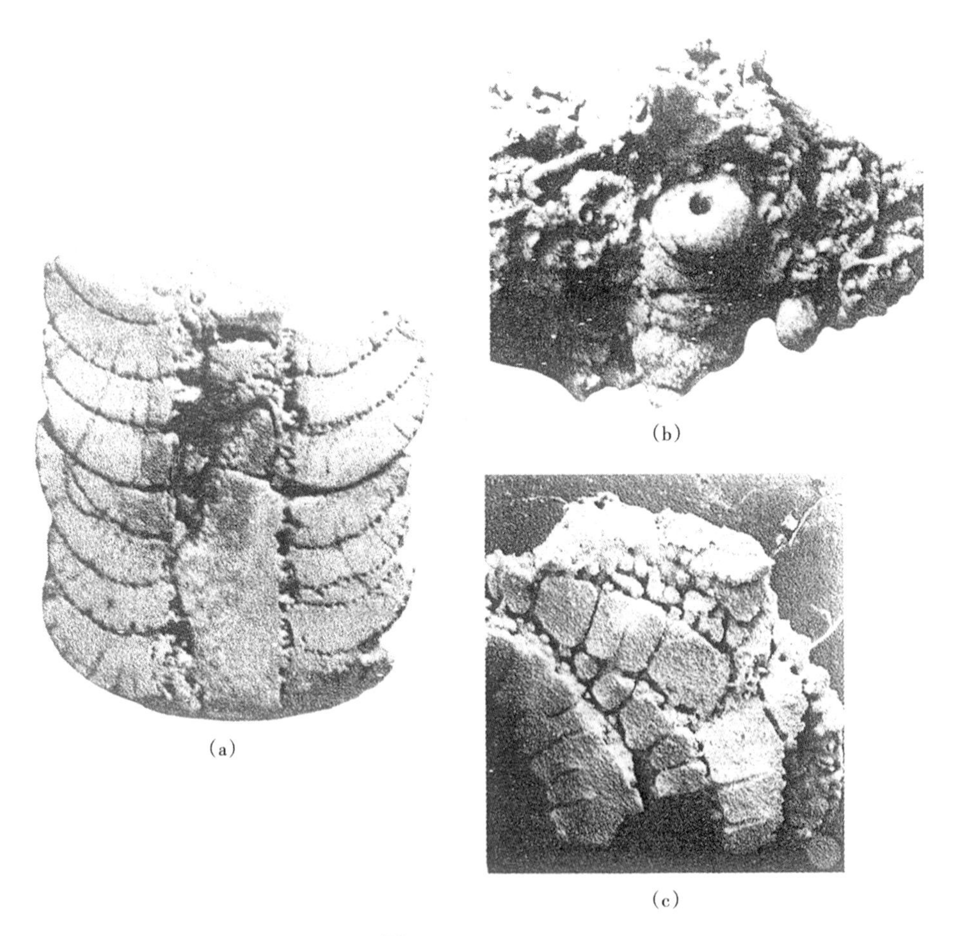
(a)　(b)　(c)

图 195　*Wienbergia*

(a) 一个已倒置的海绵体的磨光面，可见中央腹腔和拱起的房室；房室内有许多支柱和沉积物充填，×1；(b) 海绵体的侧边缘图，可见外壁上有装饰，×1.5；(c) 一个参考标本的切面，可见房室之间的间壁和房室内的支柱，×10

亚科　Polytholosiinae Seilacher，1962　多圆顶房室海绵亚科

属　*Polytholosia* Rauff，1938　多圆顶房室海绵属

主要特征：海绵体呈圆柱形，其外壁显示网状结构，饰有许多密集分布的、接近多角形的、呈裂片状或汇合在一起的外孔；中央腹腔约占海绵体直径的1/4到1/3；房室顶面的间壁孔与外壁上的外孔比较，它们的孔径很相似，但间壁孔要稍大一些；腹腔壁上的孔要比外孔和间壁孔更大一些；房室较高，其中一部分已充填了骨纤，它们能勾画出呈网结状的、辐射状分布的细管，这些细管能通向腹腔壁上的孔；骨纤主要发育于间壁的表面；骨纤的显微结构不清楚，骨针也未找到（图196）。

时代：二叠纪—三叠纪；分布：突尼斯、秘鲁、美国、意大利、加拿大和中亚地区。

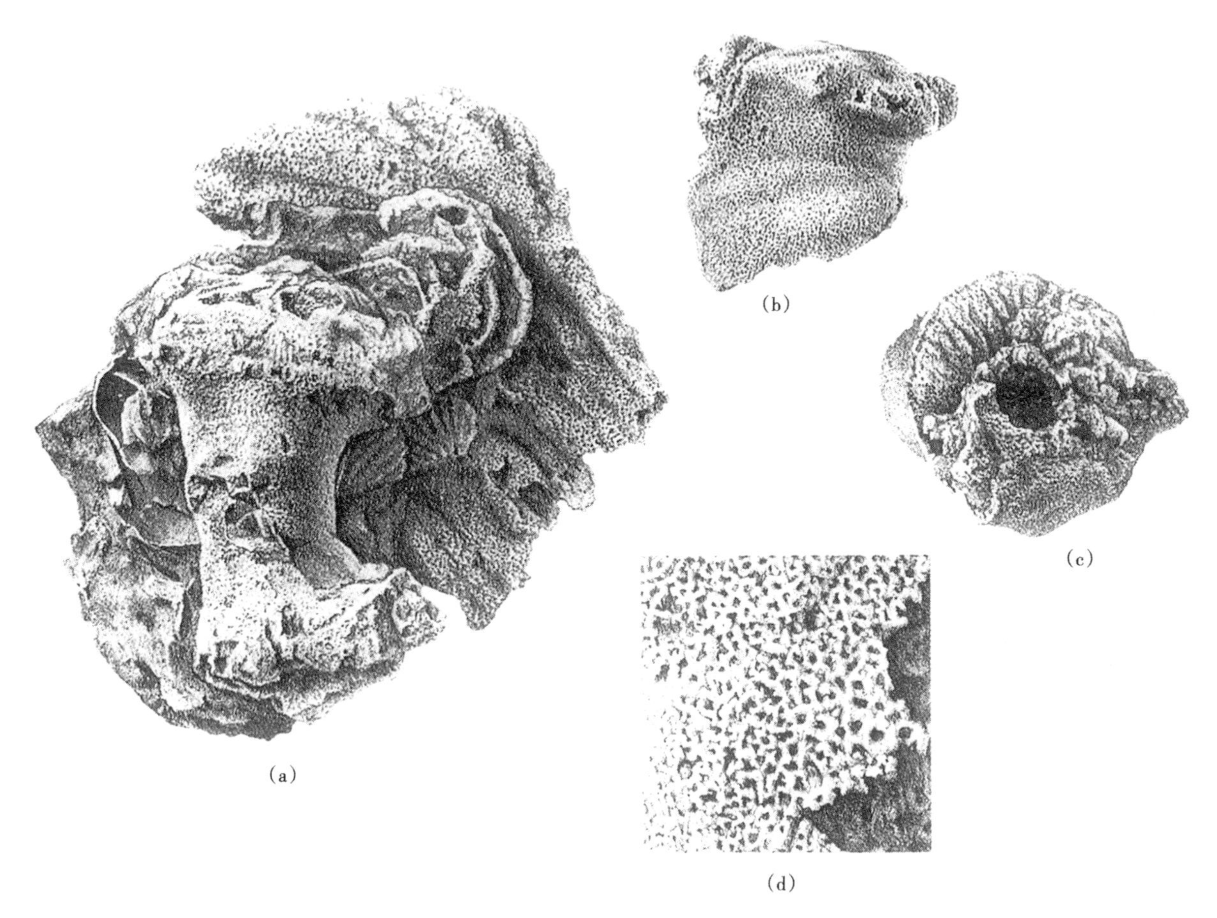

(a)　(b)　(c)　(d)

图196　*Polytholosia*

（a）近于圆柱形模式标本的侧边缘图，在下部的中央和上部的右侧，可见扭囊房室海绵 *Ascosymplegma* 覆盖在其之上，或与其互生；（b）模式标本的侧边缘图，显示出房室的特征和多孔的外壁；（c）顶视图，可见中央的腹腔和最上面的房室间壁上的放射状沟道，×1；（d）外壁的放大图，可见呈多角形的外孔，×3

属　*Ascosymplegma* Rauff，1938　扭囊房室海绵属

主要特征：海绵体呈扁平的、弯曲的或波纹状的薄片；但是，这些薄片的整体的形状还不清楚；其中有一个种具有指状突起；而模式种（type species）的房室很像侧向拉长的 *Guadalupia* 的房室，都呈拉长的扁豆体，并向着侧边缘消失不见；通常呈五点形的排列（图197）。

时代：三叠纪；分布：秘鲁、美国、加拿大、意大利和高加索地区。

属　*Nevadathalamia* Senowbari-Daryan，1990　内华达房室海绵属

主要特征：海绵体的房室呈链状排列，它们呈单列或为分叉的茎枝，体内具有一个反管型的中央腹腔；房室内有管状充填组织，但泡沫组织缺失或很少出现；微孔很简单，或多次分叉（图198）。

时代：三叠纪；分布：美国、墨西哥、加拿大和伊朗等。

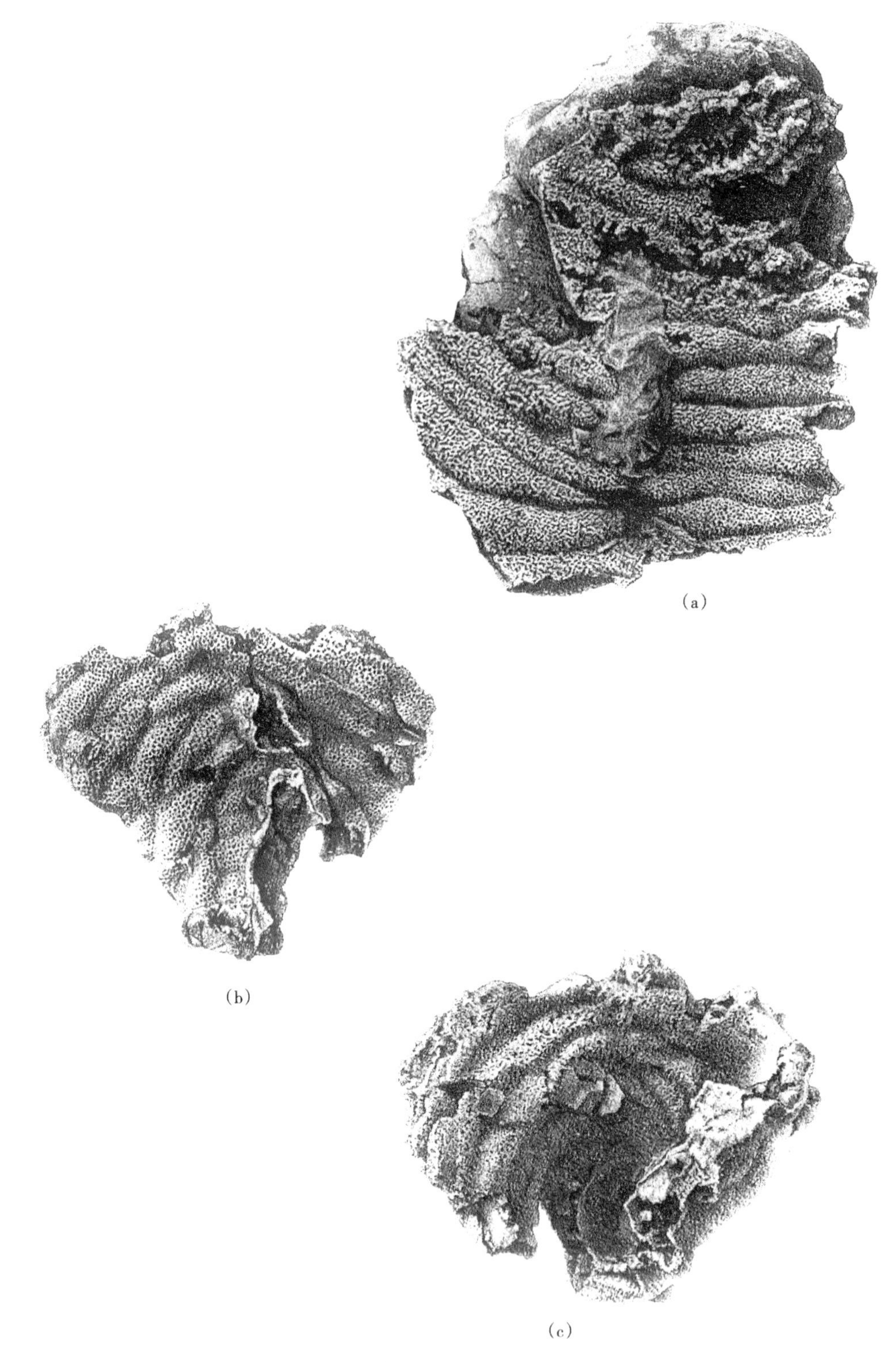

图 197 *Ascosymplegma*

（a）模式标本的侧边缘图，显示出由薄片构成的生长形态，它们是躺在多圆顶海绵 *Polytholosia* 之上往上生长的；（b）该模式标本的下部，显示出房室呈拱起的生长态势，×1；（c）房室外壁的放大图，可见许多外孔，×2

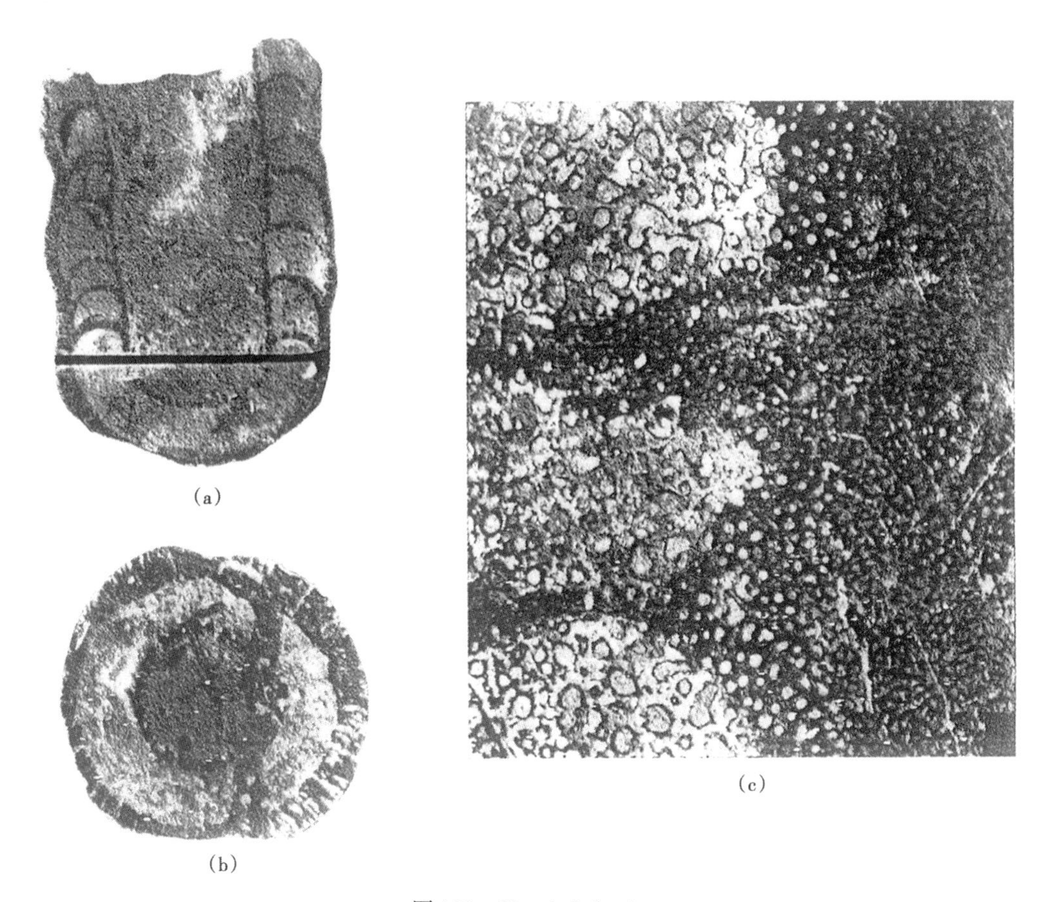

(a)

(b)

(c)

图 198 *Nevadathalamia*

(a) 一个参考标本的纵切面，可见多孔的房室，在某些房室内有稀疏分布的泡沫组织；(b) 横切面，显示出腹腔壁较外壁薄得多，它们都饰有微孔，×1；(c) 正模标本的外表面，可见左边房室内有管状充填组织，右边可显示出外边缘的装饰，而在中央部位则可见拱起的、多孔的房室壁，×2

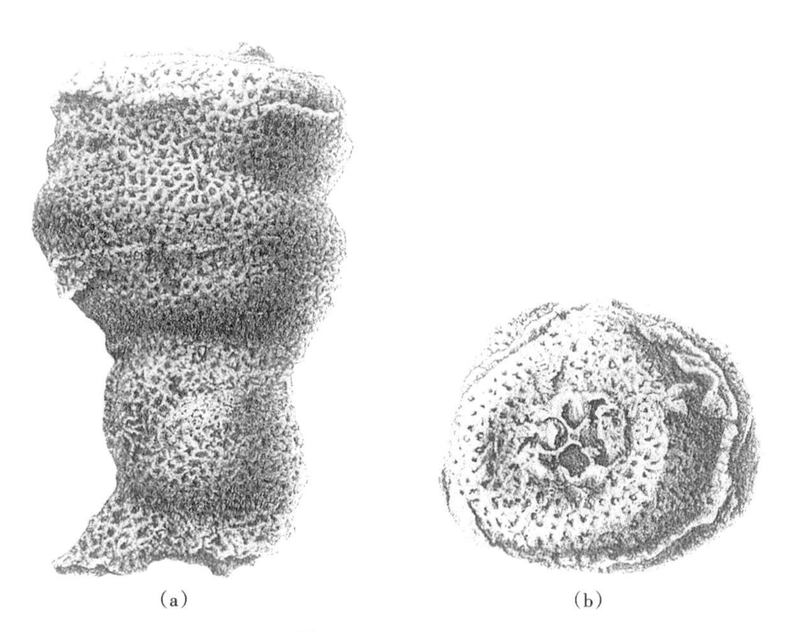

(a) (b)

图 199 *Tetraproctosia*

(a) 海绵体的侧边缘图，可见它有向外扩展的底部，而其顶面则有四个开口，它们显示出往上突起，×2；(b) 横切面，显示出腹腔顶面的开口已分裂成四个相等的小开口，×2

属 *Tetraproctosia* Rauff，1938 四肛海绵属

主要特征：海绵体呈锥状的圆柱形，其底部向外扩展，以便于能附着生长；外壁呈细网状，并密布着近于多角形的、裂片状或汇集状的微孔；中央腹腔约占海绵体直径的1/3，它在顶端开口处可分裂成四个彼此相等的、近于多角形的开口。内部结构不清楚（图199）。

时代：三叠纪；分布：秘鲁、帕米尔、塔吉克斯坦。

亚科 Fanthalaminae Senowbari-Daryan and Engeser，1996 范氏房室海绵亚科

属 *Fanthalamia* Senowbari-Daryan and Engeser，1996 范氏房室海绵属

主要特征：海绵体呈串珠状到不规则形状的细枝，体内未见中央腹腔；出水孔或出水口也许存在，但有各种排布状况（spacing）；海绵体内的填充组织或为管状，或为原始类型，或缺失不见，但泡沫组织从未见到（图200）。

时代：三叠纪；分布：土耳其、墨西哥、加拿大和美国。

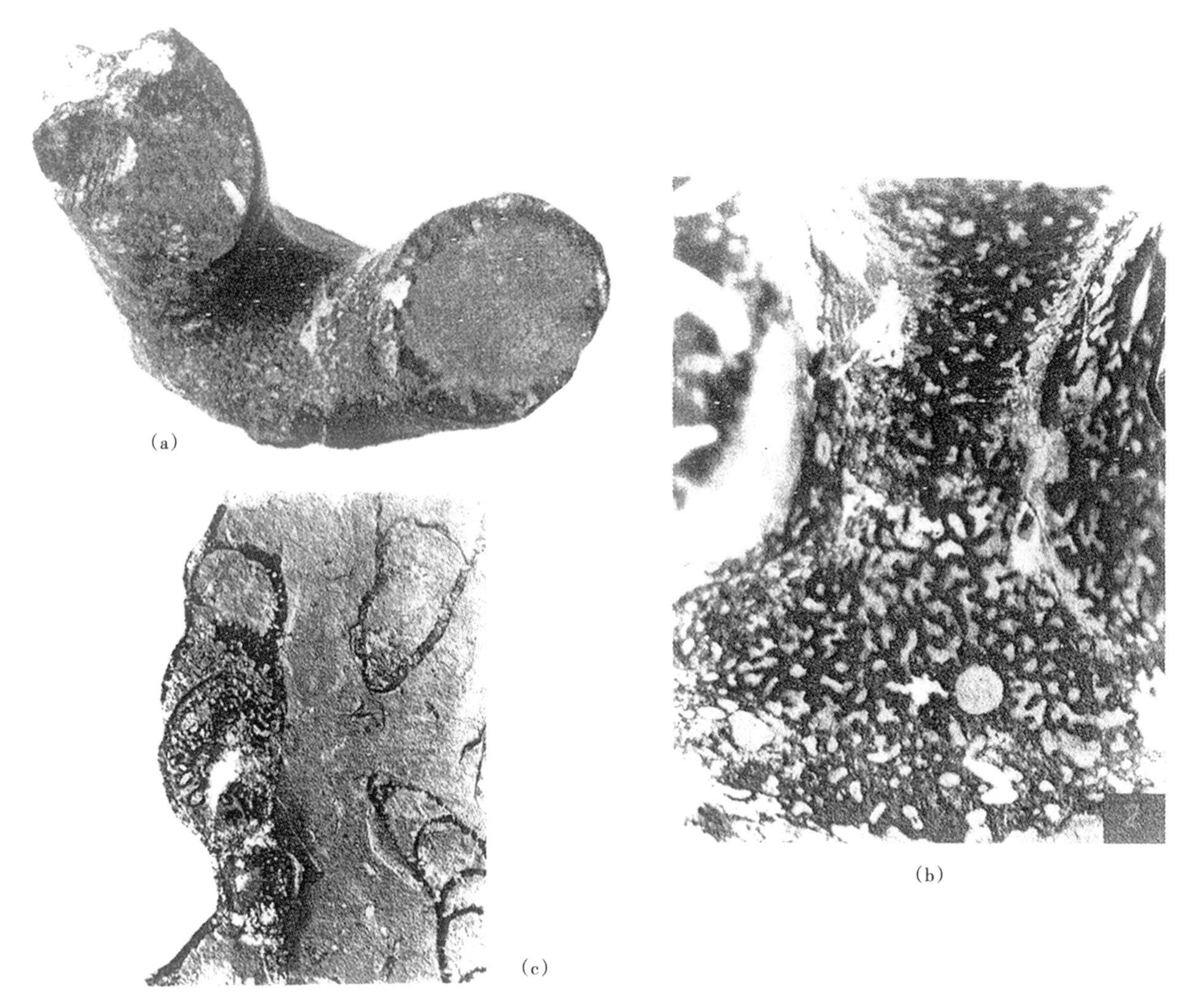

图200 *Fanthalamia*

（a）具有分叉状个体的正模标本，×2；（b）正模标本，显示骨骼孔和分支之间的微孔（ostia），×5；（c）三个茎枝的纵切面，位于左侧的细枝内可见已被管状填充组织填充的房室，×1

属 *Cinnabaria* Senowbari-Daryan，1990 锡纳巴海绵属

主要特征：海绵体呈盆子状或茶碟状，由许多相互叠覆的长管状的房室组成；这些房室表现出放射同心状的排列特征，或由许多串珠堆积而成的一列；在房室的外壁上有分叉的微孔；房室内的填充组织是很原始的，或呈颗粒状，在这些颗粒内可见粗管；海绵体内缺乏中央腹腔（图201）。

时代：三叠纪；分布：土耳其、美国、加拿大育空省和不列颠哥伦比亚省、印度尼西亚和墨西哥。

图 201　*Cinnabaria*

（a）垂直于盆子状海绵体的切面，可见相互叠覆生长的、弯曲的房室，其外壁上都有微孔，×1；

（b）平行于盆子状海绵体所切得的切面，可见长管形的房室，×1

亚科　Polysiphospongiinae Senowbari-Daryan，1990　多管类海绵亚科

属　*Polysiphospongia* Senowbari-Daryan and Schäfer，1986　多管类海绵属

主要特征：海绵体是由半球形的房室组成、呈团集状排列；房室都围绕着较宽大的腹腔分布，这些房室都表现出叠覆生长的特征；中央腹腔区内有一束纵向沟道，它们彼此分离；沟道具有前管型到反管型腹腔的特征；房室内有管状填充组织（图 202）。

时代：三叠纪；分布：意大利西西里岛。

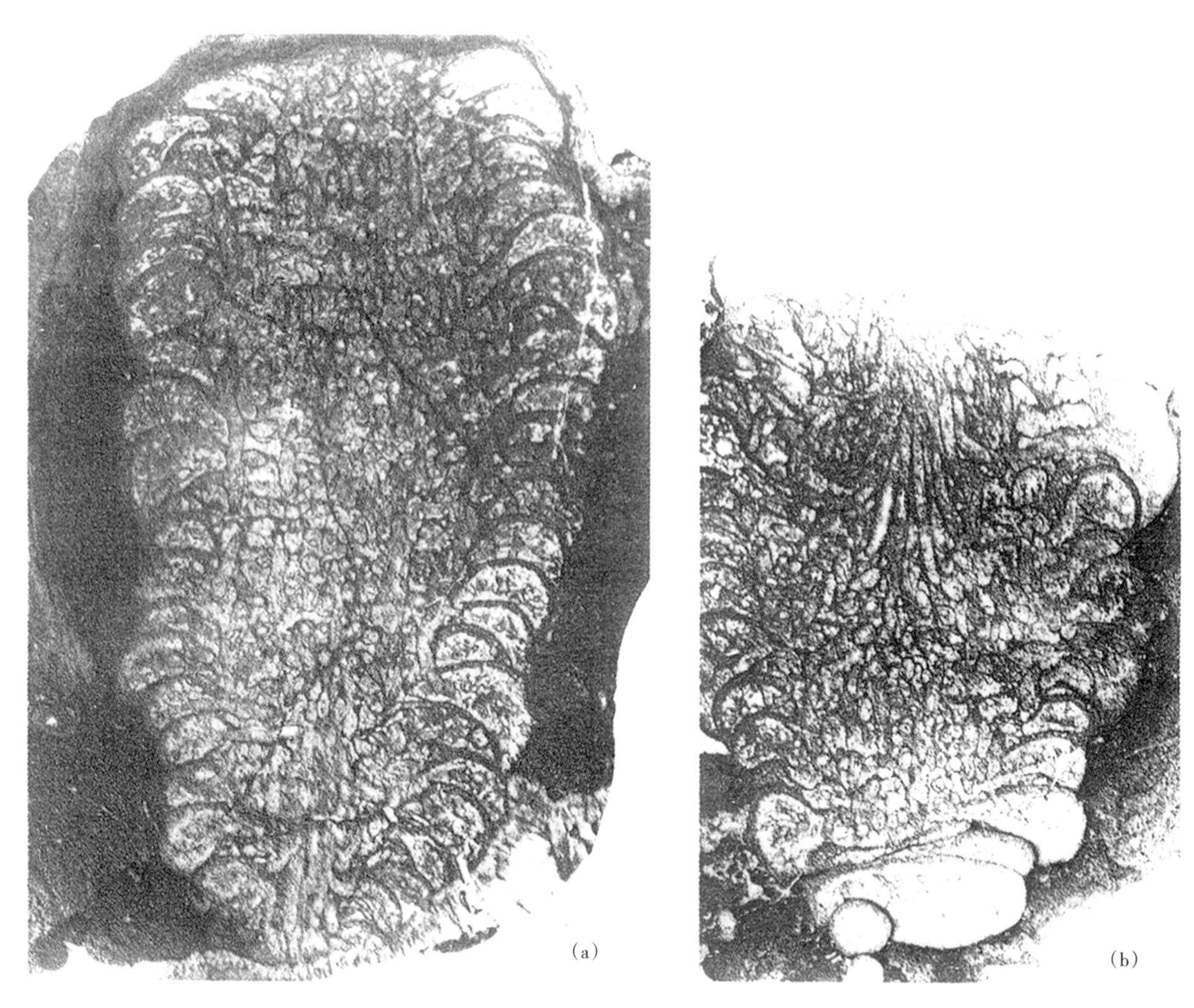

图 202 *Polysiphospongia*
(a) 正模标本的纵切面，可见在海绵体的边缘分布着团集状排列的房室，而其宽大的腹腔位置则分布着一簇出水沟道，×1.5；
(b) 平行于海绵体轴部所切得的切面，在此图的上部显示出一簇出水沟道，而此图的下部则表现出低矮的房室，×1.5

亚纲 Tetractinomorpha Levi, 1953 四射海绵亚纲

目 Hadromerida Topsent, 1898 韧海绵目

此目归属四射骨针海绵亚纲（Tetractinomorpha），其主要特征是具有两端呈球形的单轴骨针，但缺失四轴骨针，而且这些海绵经常出现星状微骨针。这些高钙化海绵的基本骨骼都是由方解石组成；在那些具有刺毛类形态的海绵中，如现代的 *Acanthochaetetes* Hartman and Greau, 1975，它具有层纹状显微结构。如果 *Chaetetes* Fisher de Waldheim, 1829 和其相关的海绵 *Merlia* Kirkpatrick, 1908 都是韧海绵目的话，这样其显微结构就是画笔状的显微结构。在那些具有串管海绵和纤维海绵形态的海绵中，其显微结构是均匀粒状的镁方解石显微结构。本目中的各科均以其总体形态来区分。

科 Celyphiidae de Laubenfels, 1955 果壳串海绵科

属 *Celyphia* Pomel, 1872 果壳串海绵属

主要特征：海绵体的房室呈球形到半球形，它们包覆在壳体的外面，而且彼此共同形成不规则的团

块；早期的房室要比晚期的房室小一些；外壁未见微孔，但有一些较大的、圆形的外孔，它们都有明显的外唇；这些外孔有时成为短的外管（exauli）；房室的里面有从外孔向内伸展的、分叉的细管；外壁显示层纹状结构。

时代：二叠纪—白垩纪；分布：俄罗斯、中国、意大利、奥地利、匈牙利和中亚等。

本属无图。

属 *Alpinothalamia* Senowbari-Daryan，1990 阿尔卑斯山海绵属

主要特征：海绵体呈多孔到无孔的茎枝，它是由团集状房室组成，这些房室排列成两层或多层；在海绵体的中央有一个或数个沟道，或腹腔，它们具有反管型的特征；填充组织一般缺失不见，但可出现泡沫填充组织；骨骼由高镁方解石组成，具有均匀粒状显微结构（图 203）。

时代：中三叠世—晚三叠世；分布：意大利、奥地利、匈牙利、希腊和俄罗斯等。

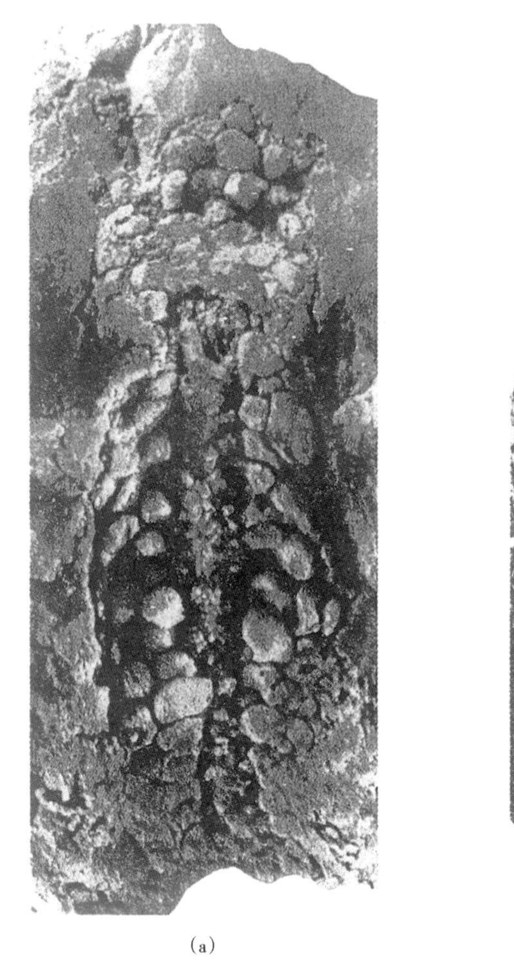

(a)

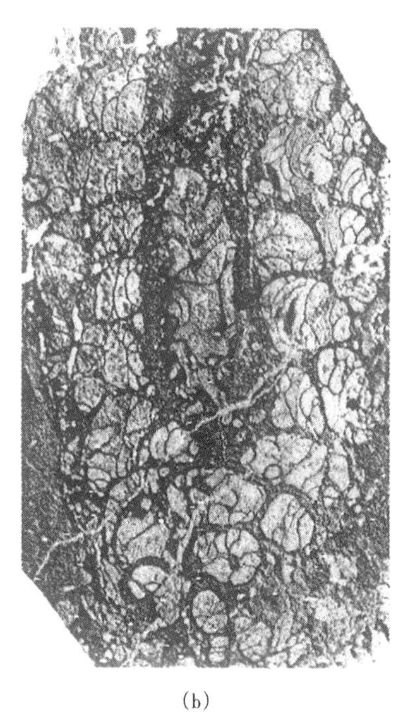

(b)

图 203 *Alpinothalamia*

（a）正模标本，显示出具有粗孔的中央腹腔壁和多层的房室，×2；（b）正模标本的反面，可见许多较大的、无微孔的房室，它们围绕着中央腹腔分布；房室内有泡沫填充组织，×3.5

属 *Cassinothalamia* Reitner，1987 卡西诺海绵属

主要特征：海绵体呈锥形，偶见分叉，具有半球形的顶面；在个体发育的晚期出现较窄小的中央腹腔；房室低矮，它们具有彼此相互叠覆的半球形的间壁，间壁之间可籍助许多垂直的支柱相连，而这些支柱的截面呈圆柱形到近于蛇曲状的弯曲；海绵体既无外壁，也无腹腔壁；间壁孔较小，呈圆形，密集分布；在那些早期已遗弃的骨骼部分，可见较薄的、垂直分布的泡沫板，它们与那些支柱连接在一起；骨骼内偶见骨针，主要是扭转小骨针、实星小骨针和单轴大骨针；骨骼是由均匀粒状镁方解石组成（图 204）。

时代：三叠纪；分布：奥地利、意大利和土耳其。

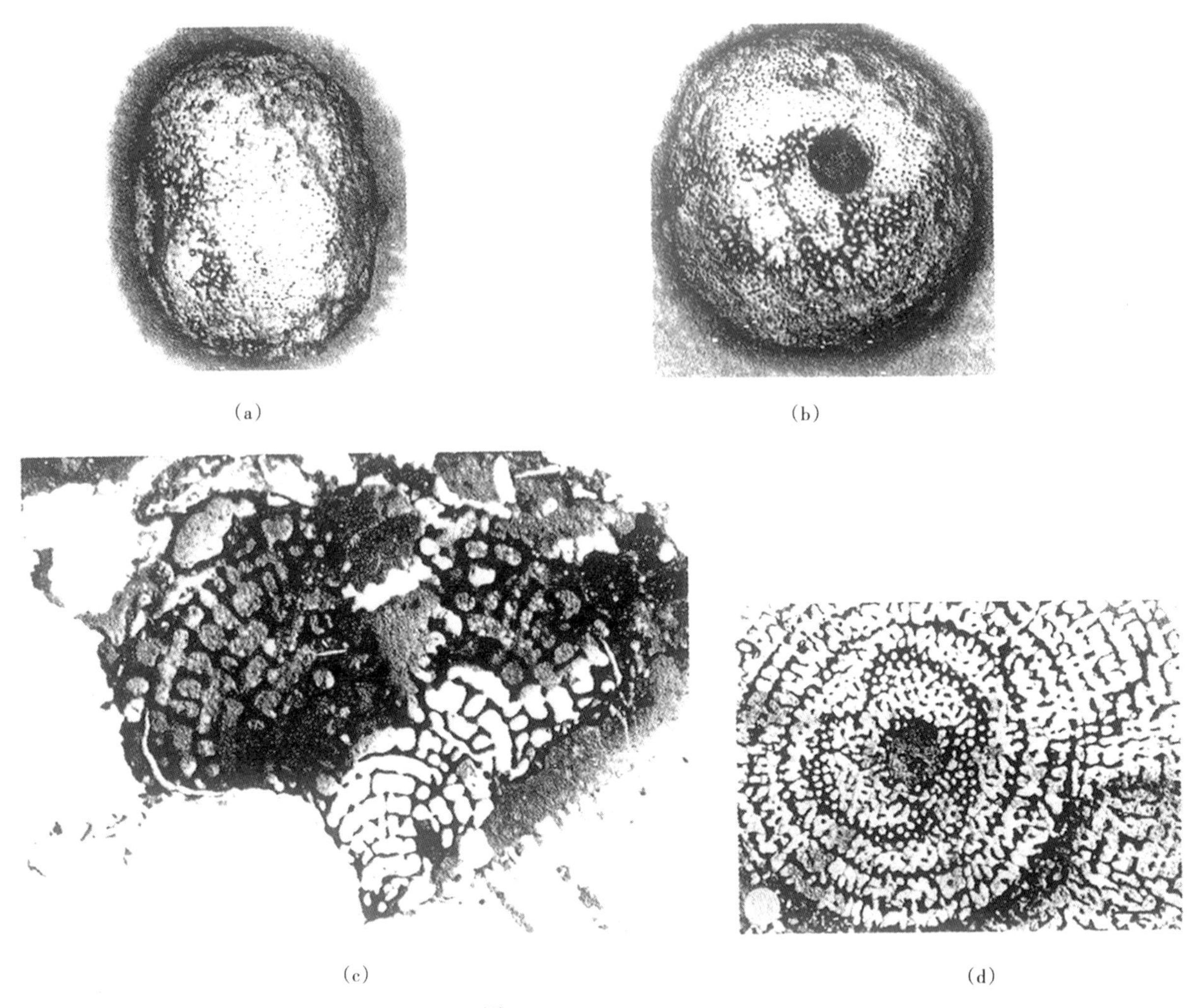

图 204 *Cassinothalamia*

（a）正模标本的侧边缘图，显示球状的外形，可见进水孔，×2；（b）顶视图，可见浅浅地凹入体内的出水口和许多均匀分布的进水孔，×2；（c）纵切面，显示中央腹腔和骨骼结构，这是副模标本×4；（d）横切面，显示同心状分布的间壁和围绕腹腔分布的放射状支柱，×1

属 *Jablonskyia* Senowbari-Daryan，1990 雅布隆斯基海绵属

主要特征：海绵体呈链状，由半球形到桶形的房室串联而成，未见中央腹腔，因而也未见内壁；房室的外壁上饰有许多微孔，间壁上也有微孔；在那些早期的房室内有泡沫组织充填；外壁的显微结构为微粒状的镁方解石；原来所谓的骨针，实为假骨针（图 205）。

时代：三叠纪；分布：奥地利、意大利、罗马尼亚和土耳其等。

属 *Leinia* Senowbari-Daryan，1990 莱纳海绵属

主要特征：海绵体呈圆柱形，外壁多孔，由许多极为低矮的和盾形的房室组成；中央腹腔属于反管型，它贯穿了整个的海绵体；房室内缺乏泡沫填充组织；海绵体的基本骨骼是由高镁方解石组成，显示粒状显微结构；骨针不明（图 206）。

时代：三叠纪；分布：奥地利和希腊。

属 *Loczia* Vinassa de Regny，1901 劳采海绵属

主要特征：海绵体呈锥状的圆柱体，其外表覆盖着皮层，皮层上分布着不规则的、且较广泛的微孔；覆有皮层的顶面未见出水口；在海绵体内分布着密集的、呈水平排列的骨骼单元，在这些骨骼片之间还存在着断续分布的垂直骨骼片，这些骨骼就像层孔海绵中的粗层和支柱；在海绵体的中央部位，还可见到连

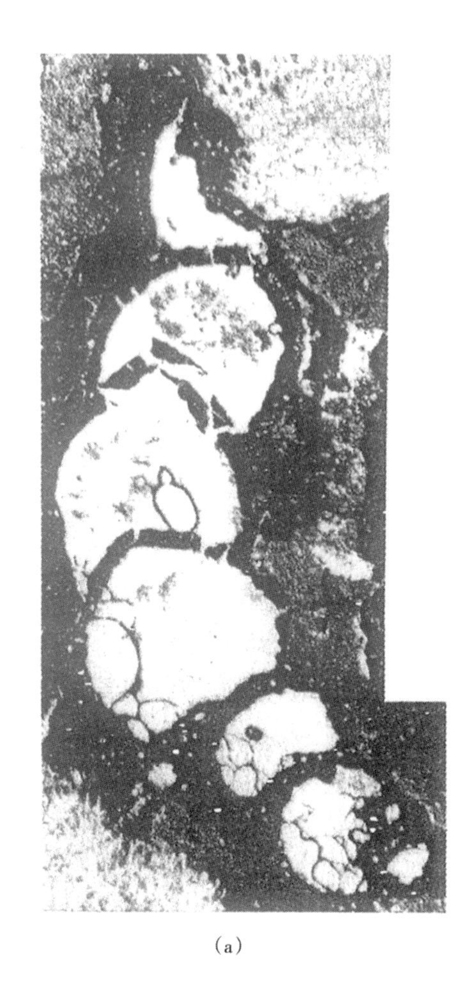

(a)

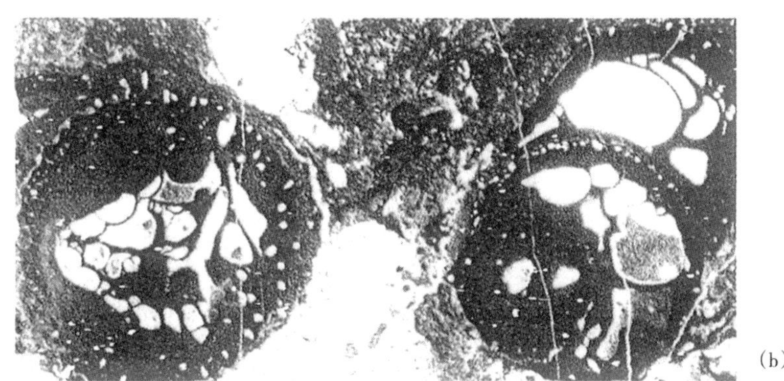

(b)

图 205　*Jablonskyia*

(a) 纵切面，可见半球形的房室，在房室的外壁上有许多微孔；早期的房室内可见泡沫状填充组织，但晚期的房室内则缺失不见，×4；
(b) 两个海绵个体的横切面，可见在房室的外壁（呈暗色）内有明亮的小孔充填物，而在房室内则有泡沫填充组织，×4

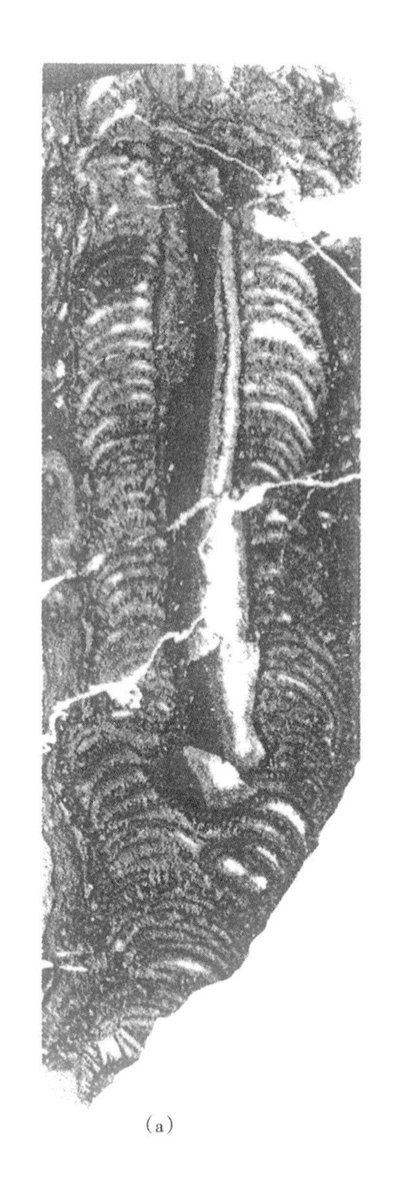

(a)

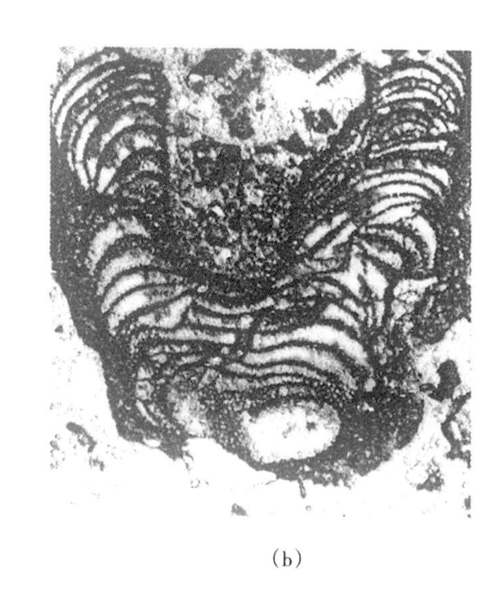

(b)

图 206 *Leinia*

（a）正模标本的薄片，显示其纵切面，可见低矮的盾形房室和反管型的中央腹腔；房室的外壁多孔，×1.5；

（b）斜切面，显示出宽大的中央腹腔，且可见外壁多孔，×1.5

续延伸的垂直支柱或骨片；骨纤的显微结构显示弯曲的曲线状，它们平行于骨骼单元的延展方向。因此，称为层纹状外壁结构（图 207）。

时代：三叠纪；分布：匈牙利和奥地利。

属 *Montanaroa* Russo，1981 蒙塔纳罗海绵属

主要特征：海绵体呈球形、串链状；在圆球的顶面上有出水口，其上覆盖着一块圆形的筛网板；在出水孔的周围有低矮的围唇；在各个房室之间也有这些出水口，可作为间壁孔来对待；除此之外，在圆球的表面均无微孔；球体的内部无填充组织，但偶见很薄的泡沫板，它们通常衬垫在外壁的内表面；外壁显示层纹状，而且具有不规则的显微结构（图 208）。

时代：三叠纪；分布：意大利。

属 *Pamirocoelia* Boiko，1991 帕米尔腔室海绵属

主要特征：海绵体呈团集状的群体，其组成的房室呈球形到锥形；海绵体内未见中央腹腔；每一个房室的远端部分有四个小孔，在各个小孔之上均覆盖着有穿孔的薄膜；房室的外壁很结实，但无微孔（图 209）。

时代：三叠纪；分布：塔吉克斯坦。

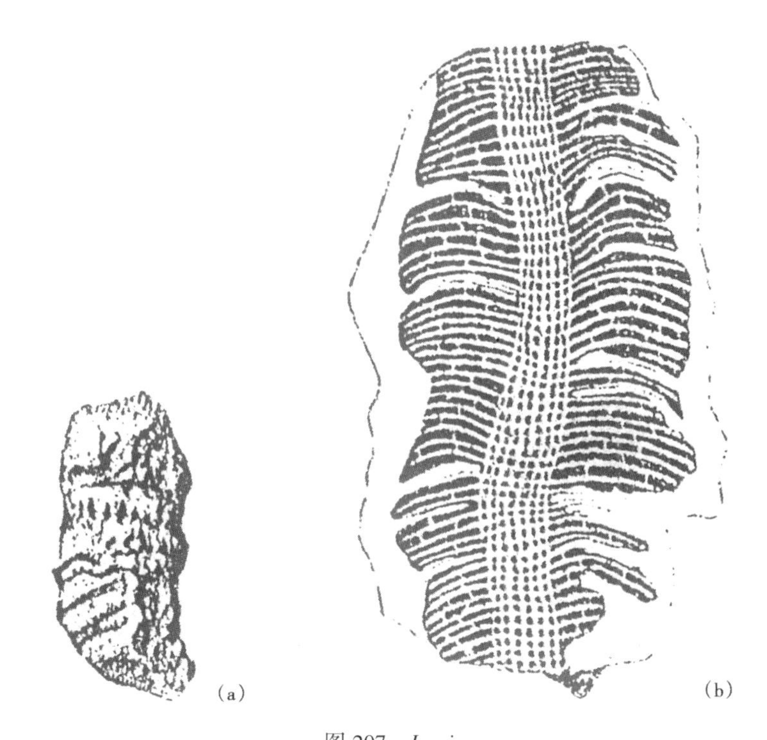

图 207 *Loczia*

（a）海绵体的侧边缘图，表示一般的生长状况，×1

（b）海绵体的垂直切面，可见水平分布的骨骼单元和断续分布的垂直支柱，×3；

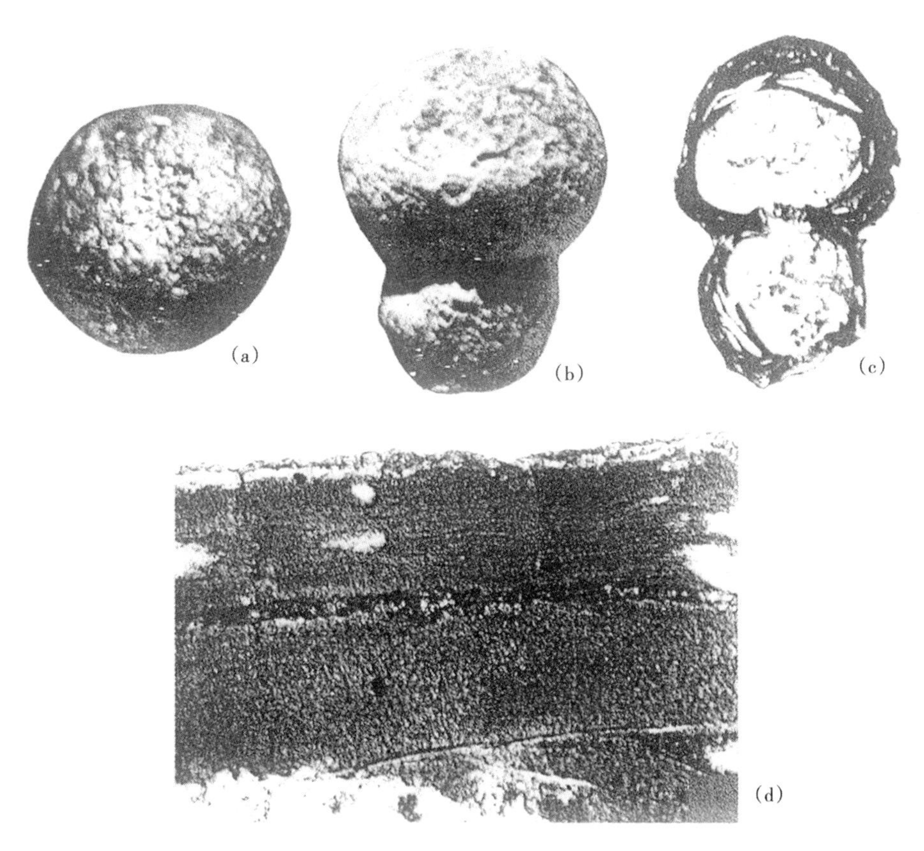

图 208 *Montanaroa*

（a）正模标本的顶面图，可见已被筛网板盖住的出水口，×9；（b）正模标本的外边缘图，×9；

（c）纵切面，显示出房室的生长状况和有筛网板盖住的出水口，×8；（d）层纹状外壁的显微结构，×150

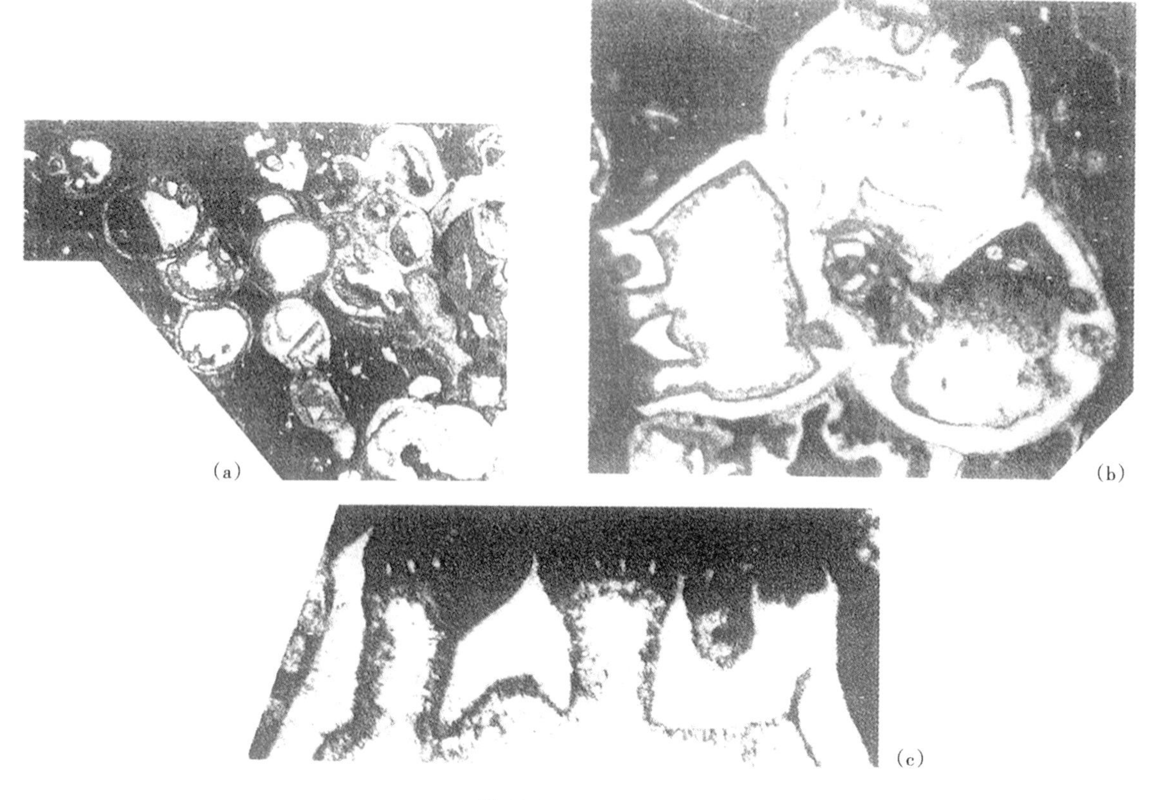

图 209　*Pamirocoelia*

（a）一簇球形的房室，在其厚壁上有较大的进水孔，×3；（b）横切面，在房室的微孔分布区有清晰的进水孔，而在此图中央位置则可见出水沟道，×10；（c）在 b 图的左侧下方的微孔分布区的显微照片，在每一个微孔之上有纱网，在图中以相连的小点表示，×25

图 210　*Paravesicocaulis*

正模标本的纵切面，可见许多球形的房室，其内有许多泡沫板，它们可勾画出许多管状空间，此空间相当于中央腹腔；房室之间的间壁实际上是房室上、下的外壁往内延展相互叠合而成，×5

属　*Paravesicocaulis* Kovacs，1978　拟泡沫腔海绵属

主要特征：海绵体由球形的房室连成一串，在房室的外壁上有极小的、密集分布的微孔，这些微孔的直径由 0.15～0.2mm；内壁显然缺失不见，但房室内已被泡沫板所充填；这些泡沫板平行于外壁排列，勾画出不连续的中央管状空间，相当于中央腹腔；在此相当于中央腹腔的空间内，在纵向泡沫板之间还有横向的泡沫板；间壁仅仅是位于下面房室的外壁和上面房室的外壁相互叠覆而成，中央有出水口；外壁据说具有非球粒状结构，且由数层组成；未见骨针（图 210）。

时代：三叠纪；分布：奥地利、匈牙利和意大利等。

属　*Pisothalamia* Senowbari-Daryan and Rigby，1988　豆腔海绵属

主要特征：海绵体由球形房室组成，其中央的圆形出水口约占海绵体直径的 1/5，或不到 1/5；此出水口位于海绵体中央凹陷处，它往下伸展成为一个圆球形的、像筛网状的构造，其上分布着较小的、密集分布的间壁孔；外壁上饰有许多、分散状分布的、较大的圆孔，这些较大的外孔的内端都有筛网；在较大的圆孔之间还存在着较小的外孔，它们可与那些外壁内的分叉管相互连通；房室内已充填了层纹状的次生组织，而在房室的下半部还有鲕粒填充；层纹状组织还可填充在出水口下方的圆球状筛网内，纹片呈向上和向内伸展，从而能勾画出近于平行的、树枝状的沟道；在外壁内有较细的、弯曲的二尖骨针和棒形骨针，它们呈不规则的排列，但较多地集中在出水口的附近，偶而出现在层纹状组织内，尤其在筛网的附近（图 211）。

时代：二叠纪；分布：突尼斯。

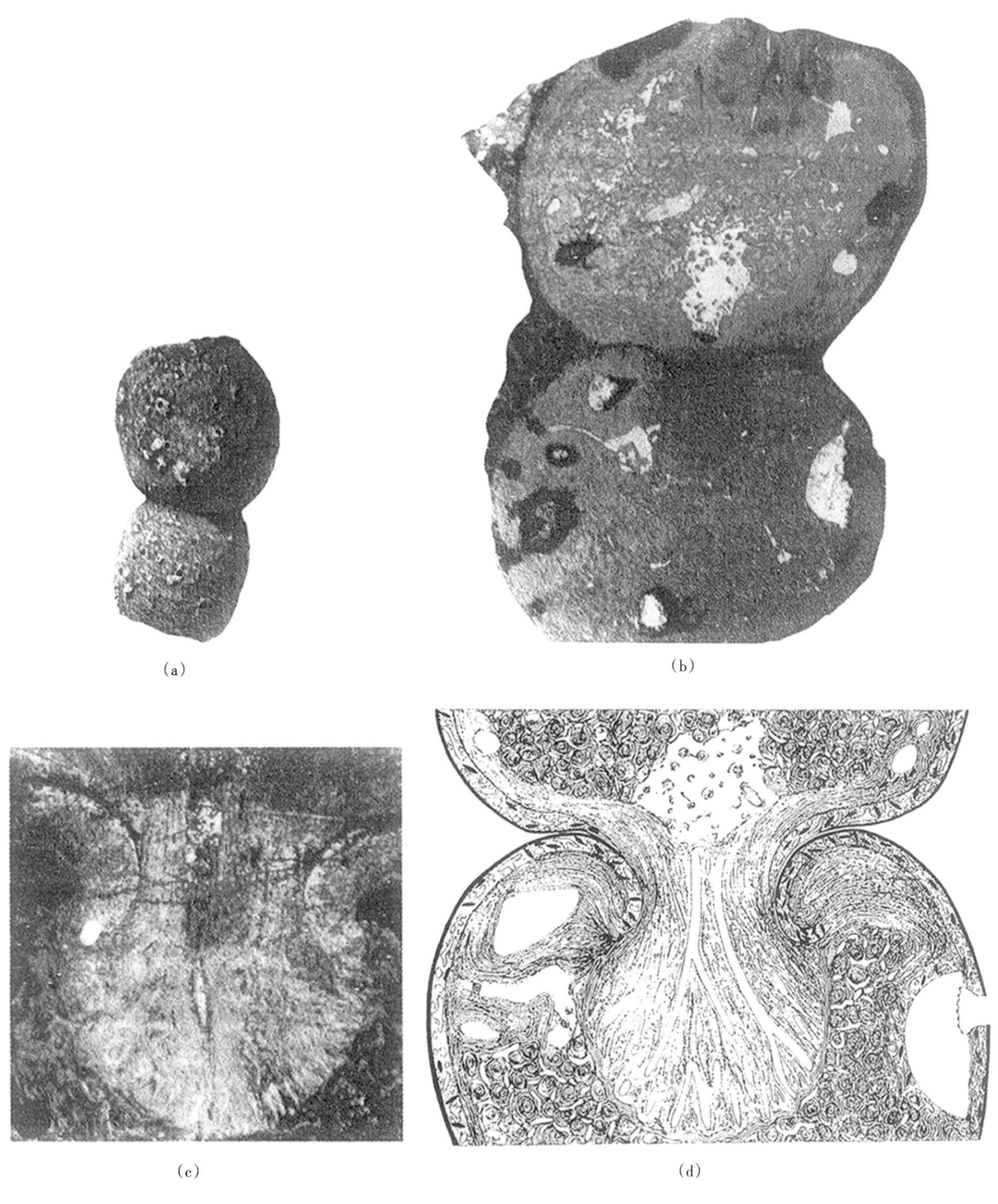

图 211 *Pisothalamia*

（a）一个小型的副模标本，在每一个房室上饰有数个有外唇的进水孔，×2；（b）正模标本的纵切面，可见两个房室，在每一个房室的出水口处都有圆囊状的物体，×2；（c）两个房室之间的揭片，用以说明沟道的详细情况和其周围的层纹状组织，×5；（d）两个房室之间的详细结构图，表示很复杂的沟道系统和其周围的层纹状组织；此外，在房室的外壁和间壁内有黑色的棒形骨针，而在房室的下部则有鲕粒填充

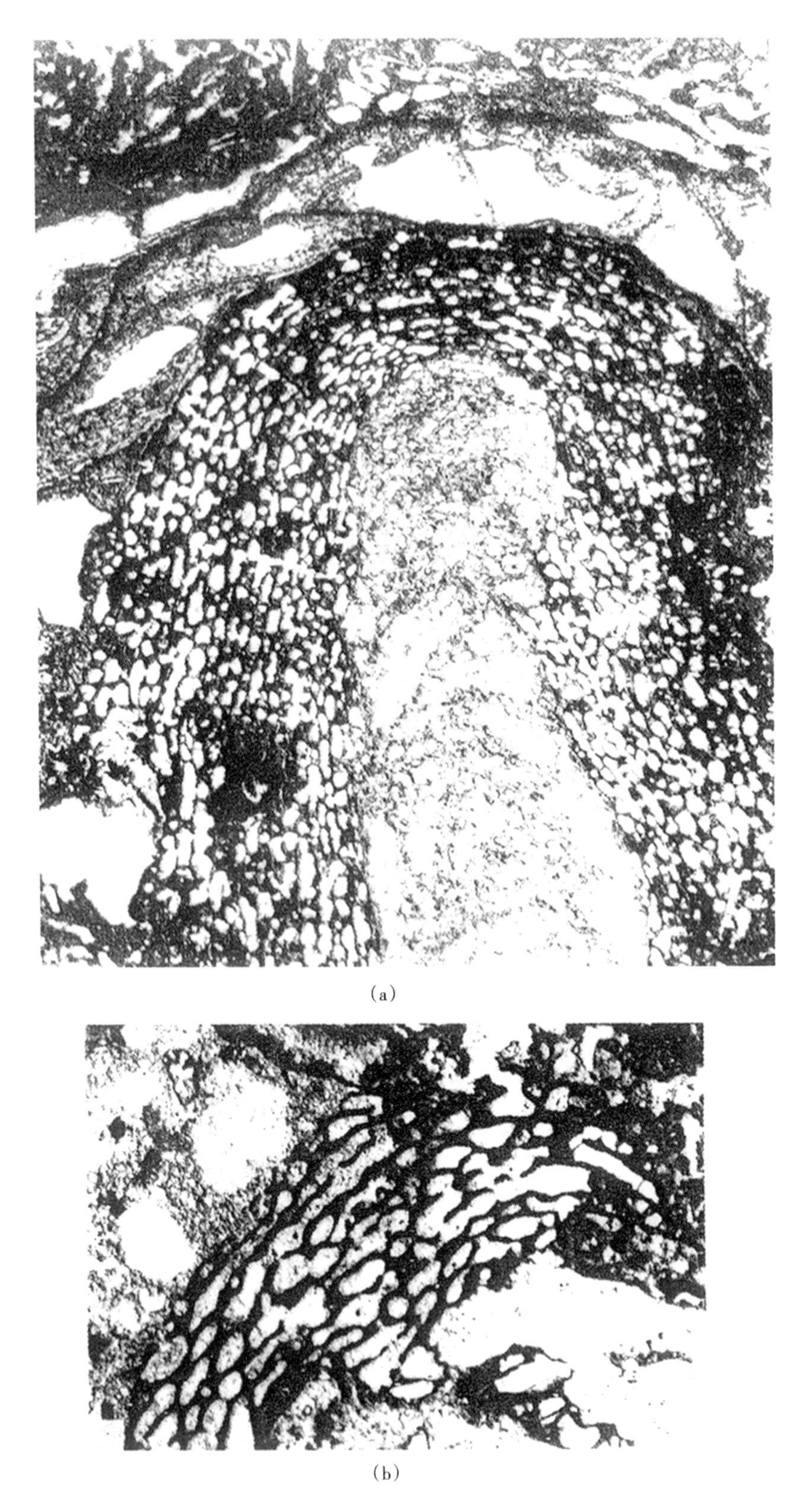

(a)

(b)

图 212 *Pseudouvanella*

(a) 正模标本，可见此海绵是由许多长椭圆形的房室组成，它们都有很厚的外壁，且均包覆在纤维海绵之外，但当前的海绵又被扁豆状海绵所包覆，×10；(b) 一个参考标本，可见形状不规则的、相互连接在一起的房室的切面，×10

属 *Pseudouvanella* Senowbari-Daryan，1994 假葡萄状海绵属

主要特征：一类包覆状海绵，且无孔，由许多拉长的椭圆形的房室组成；房室的长轴通常垂直于海绵体的生长方向，而且房室的外壁不是很直，呈波状起伏；在许多地方，上部的房室或较年轻的房室的外壁往后和往下弯曲，从而形成支柱，这些支柱具有很宽的基底；在局部地方，房室外壁可合并在一起，从而使外壁达到双层壁的厚度；这些海绵体的支柱相当于层孔海绵中的支柱，而且这些支柱很多；在某些房室内还能见到泡沫组织；骨针的状况不清楚（图 212）。

时代：三叠纪；分布：土耳其。

属 *Tongluspongia* Belyaeva，2000 桐庐海绵属

主要特征：海绵体是由较大的、形状不规则的房室组成，它们之间或有小管连接，或缺乏小管；房室的外壁是由内外两层组成；外层内还有许多粒状的小孢体，而内层呈模糊的重结晶层，其内可见纤球的残余结构；外壁很致密，不具微孔，但分布着较大的、稀疏分布的口孔，它们的周围也许有围唇；外壁内有一些单轴骨针；在房室内也许存在着泡沫组织（图 213）。

时代：二叠纪；分布：中国浙江。

(a)

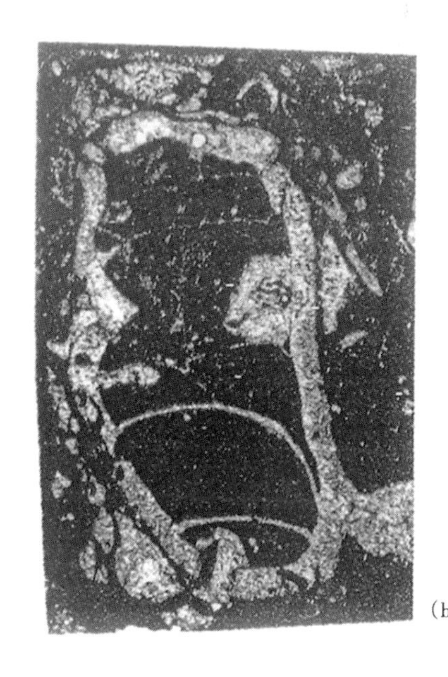
(b)

图 213 *Tongluspongia*

(a) 正模标本，代表斜的纵切面，显示出较大的、形状不规则的球形房室，可见房室外壁的外层较厚，结构较粗，而内层则表现出很纤细；在外壁上有较大的口孔，×5；(b) 海绵体的纵切面，可见房室内有拱起的泡沫板；房室的外壁结构似乎较粗，而且也较厚，×2

属　*Uvanella* Ott，1967　葡萄状海绵属

主要特征：海绵体呈半球形的包覆体，它们包覆在一个纤维海绵的外面；海绵体是由小孢状房室组成，它们组成略显同心状的薄层，或表现为粗层与支柱构造所成的不规则状、相互连接的空间，很像层孔海绵的特征；各个房室之间籍助那些在外壁上的、不规则的微孔来连通；在那些已被废弃的早期的房室内充填了薄的泡沫板；外壁的显微结构是由均匀粒状镁方解石组成的层纹状结构；有一块标本的底部发现了垂直定向的单轴双射骨针（图 214）。

时代：二叠纪—三叠纪；分布：中国、阿尔卑斯—地中海地区、意大利、希腊、伊朗、阿曼以及中亚地区。

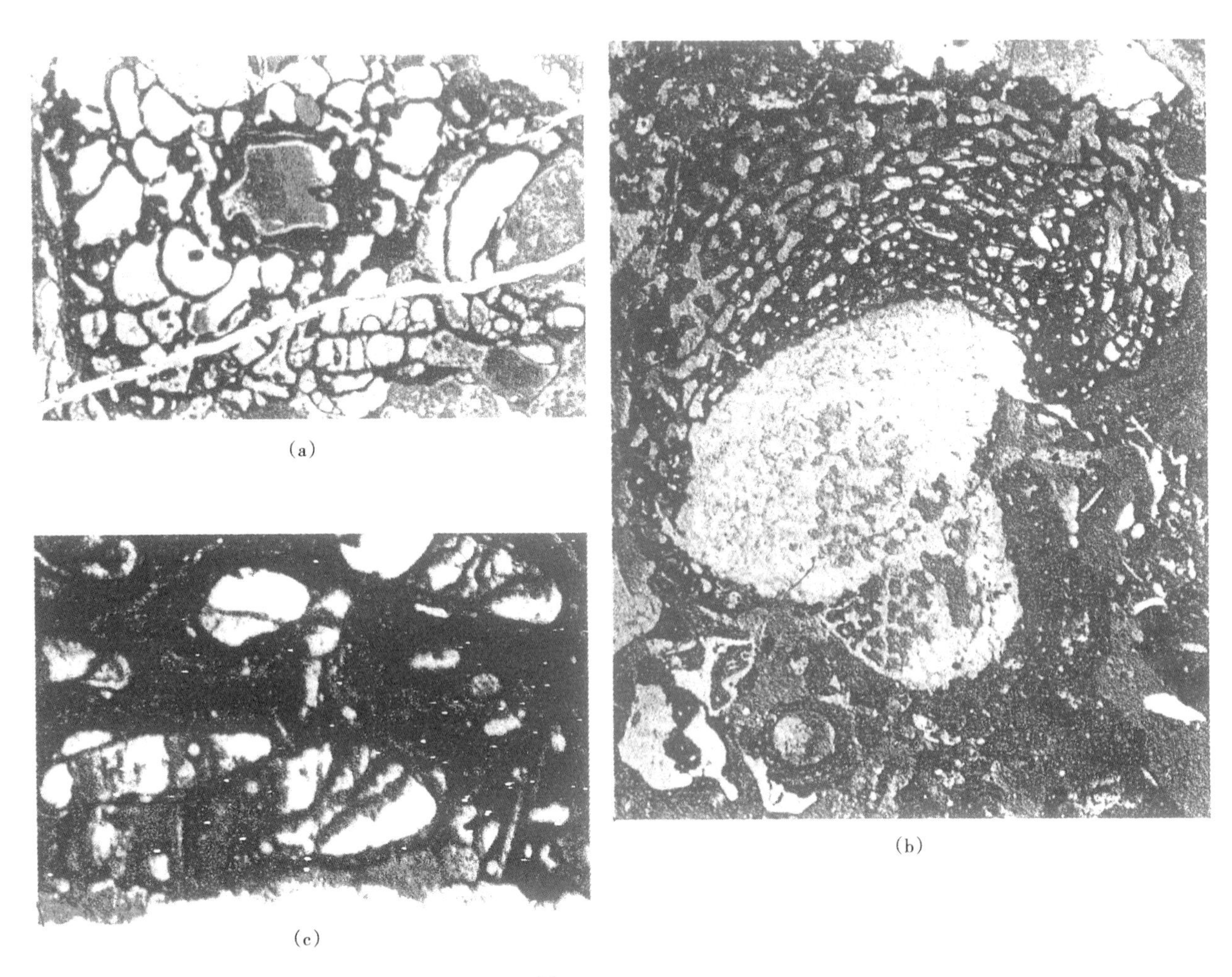

(a)

(b)

(c)

图 214　*Uvanella*

(a) 正模标本，代表弦切面，可见形状不规则的房室，其外壁上有许多微孔，×5；(b) 包覆在一个纤维海绵外面的纵切面，显示出层状分布的、像小孢状的房室，可见在其早期的房室内有泡沫填充组织，×5；(c) 海绵体底部的房室的显微结构，可见单轴双射骨针；这些骨针也许来自下面被包覆的海绵，×40

科　Coetinellidae Senowbari-Daryan，1978

属　*Coetinella* Pantic，1975

主要特征：海绵体呈圆柱形或锥形的圆柱体；海绵体外缘的分节状况不能见到或很难见到，但体内可见分节状况；各个分节在骨骼的边缘部分被放射状的、隔壁单元所分开；网格状填充组织发育在中央腹腔管的周围；贯穿整个海绵体的中央腹腔管属于双向管型（ambisiphonate）；骨骼的显微结构为粒状结构（图 215）。

时代：三叠纪；分布：奥地利、前南斯拉夫、意大利、土耳其、阿曼和希腊等。

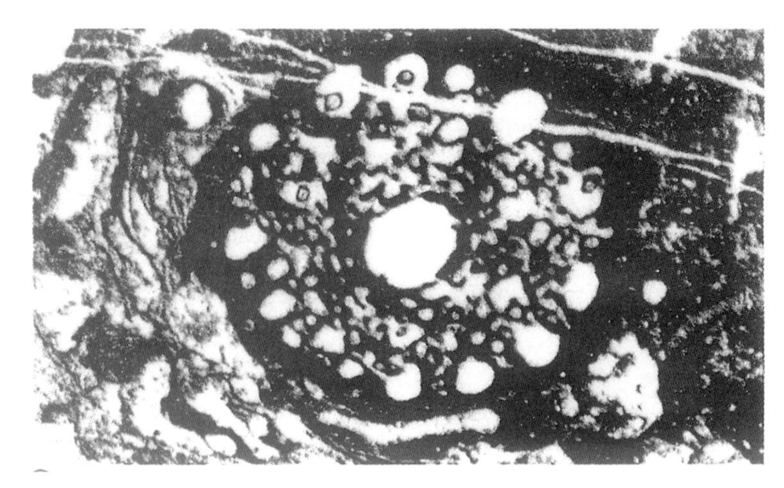

图 215 *Coetinella*

海绵体的横切面，它有较厚的外壁和位于中央的腹腔管；靠近海绵体的边缘分布着许多细管，而细管与腹腔管之间分布着网格状骨纤结构，×10

科 Polysiphonidae Girty，1909 多管海绵科

属 *Polysiphon* Girty，1909 多管海绵属

主要特征：海绵体呈锥形，其外壁不具微孔；在其中央部位有较窄小的、不连续的腹腔；腹腔壁上也无微孔，但从此复腔壁分出了细管，这些细管向上和向外延伸，止于外壁的里面，这样就形成了一圈环形管（图 216）。

时代：二叠纪；分布：美国得克萨斯州。

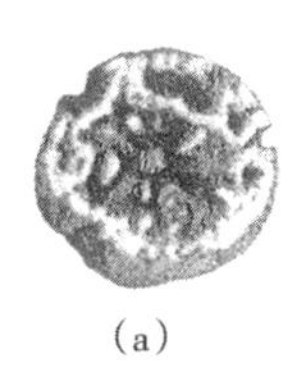

(a)

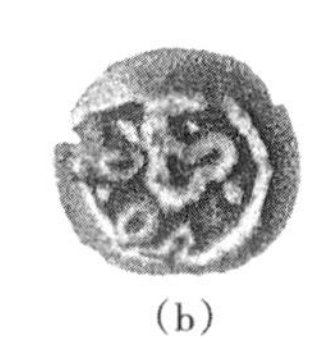

(b)

(c)

图 216 *Polysiphon*

(a) 已硅化的正模标本，顶视图；(b) 从底面观察到的海绵体底面图；(c) 海绵体的侧边缘图，×3

属 *Arbusculana* Finks and Rigby，2004

主要特征：海绵体呈圆柱形，体外有波状起伏的横向褶皱。因而，在体外显示出横褶和凹沟；中央腹腔较窄小；外表的微孔是骨纤之间的空间；海绵体的内部分布着较细的、骨纤组成的网格骨骼，从而勾画出网结状的沟道；从海绵体外壁到腹腔壁之间的中间处有一圈垂直沟道，其横切面呈圆形，直径约为腹腔直径的一半；较大的、放射状沟道是通过细孔进入到腹腔，并通过短的分支与那些垂直沟道相通；未见间壁；外壁和内壁也不易从骨纤组成的网格骨骼内分辨出来；骨纤的显微结构不清楚，也未见骨针（图 217）。

时代：二叠纪；分布：意大利和美国得克萨斯州。

属 *Zardinia* Dieci，Antonacci and Zardini，1968 扎迪尼亚海绵属

主要特征：海绵体呈锥形，体外显示分节的状况；在中央腹腔之外，围绕着腹腔有数圈较细的纵向出水沟道，靠近边缘有一圈，而靠近中央腹腔处又有一圈；这些纵向沟道都是出水沟道；外壁明显，但其上的微孔也许缺失不见；在腹腔壁上，也即是内壁上，可见较大的圆孔；内壁的特征是在间壁之上和之下的内壁较厚，即双向管型的腹腔壁；在间壁上有较大的、圆形的间壁孔，这些圆孔相当于纵向沟道通过间壁所成的孔；房室内充填了纤细的骨纤网格，由此可勾画出网结状的细管；骨纤的显微结构为均匀粒状镁方

(a)　(b)　(c)

图 217　*Arbusculana*

(a) 外表显示轮环状的、圆柱形海绵体的侧边缘图，×1；(b) 纵切面，可见窄小的腹腔和更小的、近于平行排列的垂直沟道，均已切断了那些骨纤骨骼，×2；(c) 横切面，可见轴部的腹腔和那些分布在边缘处的垂直沟道，周围都是骨纤骨骼，×2

解石，骨针不清楚（图 218）。

时代：三叠纪；分布：意大利和奥地利。

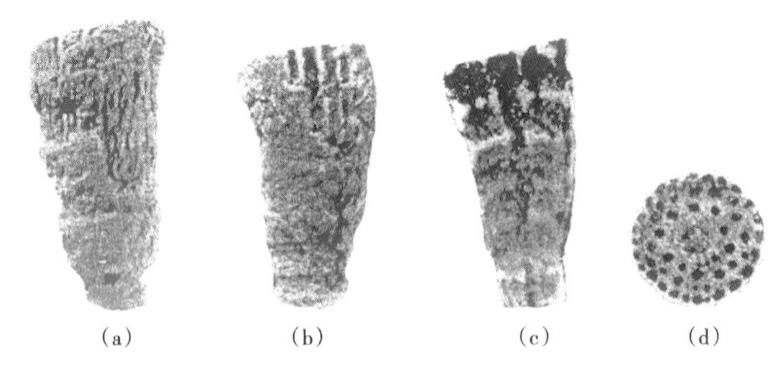
(a)　(b)　(c)　(d)

图 218　*Zardinia*

(a) 正模标本的外边缘图，在海绵体上部缺失皮层处，可见一些垂直伸展的出水沟道，×2.5；(b) 副模标本的外边缘图，可见体外已被致密的皮层覆盖，如无皮层时，就能见到垂直的出水沟道，×2；(c) 海绵体的纵向切面，可见房室的间壁，其上有垂直的出水沟道，×2.5；(d) 通过间壁的横切面，显示出中央腹腔管和其周围的纵向出水沟道，×2.5

钙质海绵纲

等于 Calcispongea de Blainville，1834，此名已被 Laubenfels（1955）转换和改正，也等于 Calcarosa Haeckel，1872；Megamastictora Sollas，1887。

主要特征：此海绵体的基本骨骼有骨针或无骨针；如有，其成分是镁方解石，它们是在细胞外分泌而成；骨针为三射骨针，即三个射分布在同一个平面上的骨针，以及由此引导出的其他形状。

时代：早寒武世—全新世。

此纲可分为两个亚纲：（1）Calcinea Bidder，1898 钙质海绵亚纲；（2）Calcaronea Bidder，1898 灰质海绵亚纲。

亚纲　Calcinea Bidder，1898　钙质海绵亚纲

主要特征：此海绵的领细胞的细胞核在底部；幼虫是体内的有腔胚囊（coeloblastula）；骨针在正常情况下包括三射等交角的骨针和三射等长的三射骨针；分布于全新世。此亚纲可分为两个目：（1）Clathrinida Hartman，1958 篓海绵目；（2）Murrayonida Vacelet，1981 默里海绵目。

目　Clathrinida Hartman，1958　篓海绵目

主要特征：骨骼是由彼此分离的骨针组成；此目包括下列各科：（1）Clathrinidae Minchin，1900 篓海绵科，其模式属是 *Clathrina* Gray，1867；篓海绵属（2）Soleneiscidae Borojevic and others，2002，其模式属是 *Soleneiscus* Borojevic and others，2002；（3）Levinellidae Borojevic and Boury-Esnault，1986，其模式属是 *Levinella* Borojevic and Boury-Esnault，1986；（4）Leucaltidae Dendy and Row，1913 白蹄海绵科，其模式属是 *Leucaltis* Haeckel，1872b；（5）Leucascidae Dendy，1893 白壶海绵科，其模式属是 *Leucascus* Dendy，1893；（6）Leucettidae Borojevic，1968 小白海绵科，其模式属是 *Leucetta* Haeckel，1872b。所有这些科均分布于全新世。

目　Murrayonida Vacelet，1981　默里海绵目

这是在钙质海绵亚纲中唯一能肯定的一个目，该目的所有的海绵都是由方解石组成骨骼。在默里海绵科内，它们具有像纤维海绵那样的骨纤基本骨骼，其外面则有皮层；这些皮层都是由三射骨针演化而成的叠覆状鳞片组成。在海绵体口孔的周围、进水面以及皮层之下均可见到分散状的、具有特殊形状的骨针。在拟默里海绵科 Paramurrayonidae 内，同样有鳞片组成的皮层，其内有呈一簇一簇的音叉状骨针，但是，在基本骨骼内则没有骨针。在 Lelapiellidae 一科内，其皮层是由那些增大的反足（anapodal）三射骨针组成，其内则有一簇一簇的较直的双射骨针，基本骨骼是由弯曲的双射骨针组成。

主要特征：骨骼是由叠覆的方解石鳞片组成，它们形成皮层；组成基本骨骼的骨纤是由纤球状或画笔状方解石组成，含有一束一束骨针；骨针通常为音叉状骨针；分布于全新世。此目有两个科：Murrayonidae Kirkpatrick，1910；Paramurrayonidae Vacelet，1967。

科　Murrayonidae Kirkpatrick，1910　默里海绵科

主要特征：基本骨骼是由方解石组成的坚硬的网格构造；皮层在出水口区域是由叠覆的钙质板组成，

而外壁的下部是由三射骨针组成；整个的体壁内包含着自由的、调音叉状（diapason）的三射骨针。

时代：全新世。

属 *Murrayona* Kirkpatrick，1910 默里海绵属

主要特征：海绵体呈球形，有短柄；顶部有一个圆形的出水口；整个海绵体的表面，除了口孔区以外，覆盖着近于圆形的、平平地突起的鳞片，这些无微孔的鳞片虽然相互叠覆，但没有融合在一起，它们可形成无微孔的覆盖层；在海绵体的中央赤道沟道区有密集分布的进水孔，其周围则有成束的三射骨针；此海绵还可表现为层纹状的形状，在其一面有许多鳞片，并有许多出水孔，而另一面则与中央赤道区的特征很相似，即有密集分布的进水孔；在鳞片层与主要骨骼之间分布着薄层，它是由彼此分离的三射骨针组成，这些骨针既有三射之间等角的骨针，还有箭头状骨针以及成束的音叉状骨针；主要骨骼是由扁平、弯曲的网结状骨纤组成，从而勾画出网结状的管状空间；它们具有中央沟道，这些沟道的里面衬垫着领细胞的房室；鳞片是由方解石组成，它们都是由三射骨针发育而成；骨纤主要由方解石组成，呈薄片状的纤球结构，其放射状的纤丝（fibrillae）可使骨纤的表面显示出微刚毛状（microhispid）特征；领细胞核在基底，幼虫是有腔胚囊（图 219）。

时代：全新世；分布：印度洋和太平洋。

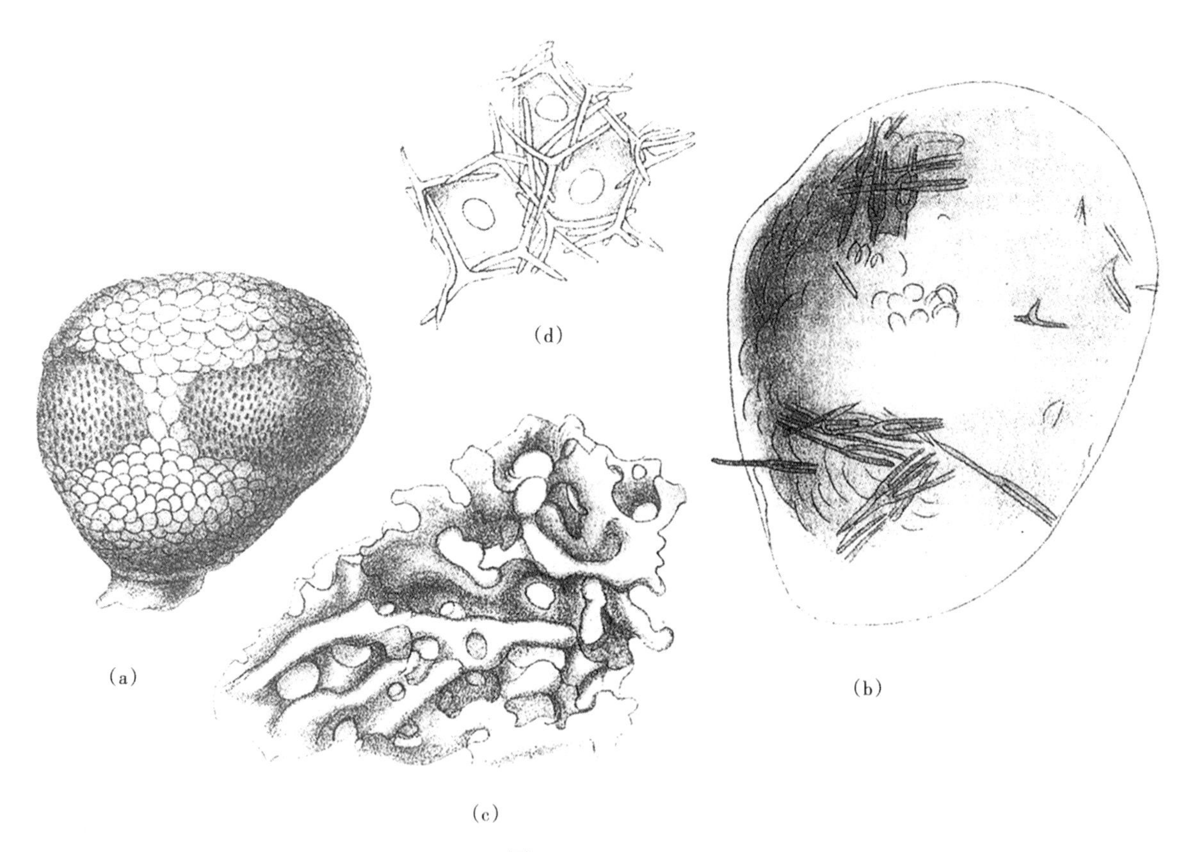

图 219 *Murrayona*

（a）一个模式标本的侧边缘图，可见钙质骨骼的里面为微纤状钙质骨骼，而外层则为叠覆状的鳞片，×5；（b）一个鳞片的里面，显示松散黏附的音叉状骨针，×100；（c）骨骼内部的表面，可见弯曲的骨纤，×20；（d）有孔区的一部分，显示出三个微孔，其周围分布着三射骨针，×125

科 Paramurrayonidae Vacelet，1967 拟默里海绵科

主要特征：骨骼是由一束音叉状三射骨针组成，无坚硬的构造；皮层的外层是由那些缺失骨针的、相互叠覆的钙质板组成，而内层则由自由分离的钙质板组成。

时代：全新世。

属 *Paramurrayona* Vacelet，1967 拟默里海绵属

主要特征：包覆状海绵，体型很小；海绵体的外面覆盖着相互叠覆的、椭圆形的鳞片，其下为由相互叠覆的、不规则的、呈矩形的薄片组成的致密层，这些薄片显然是从那些鳞片分离出来的；鳞片和薄片都是由放射状纤状方解石组成，其表面显示出乳头状；海绵体的内部包含着几束音叉状骨针，它们都呈垂直分布；中央的出水口贯穿了鳞片层和薄片层，在此出水口的周围有一圈四射骨针；海绵体的周围区分布着自由分离的箭头状三射骨针和各射之间等角的四射骨针和三射内针；领细胞的细胞核在基底；幼虫可能是两囊幼虫（parenchymella）；鳞片和薄片已被石内菌（endolithic fungus）钻穿（图 220）。

时代：全新世；分布：马达加斯加。

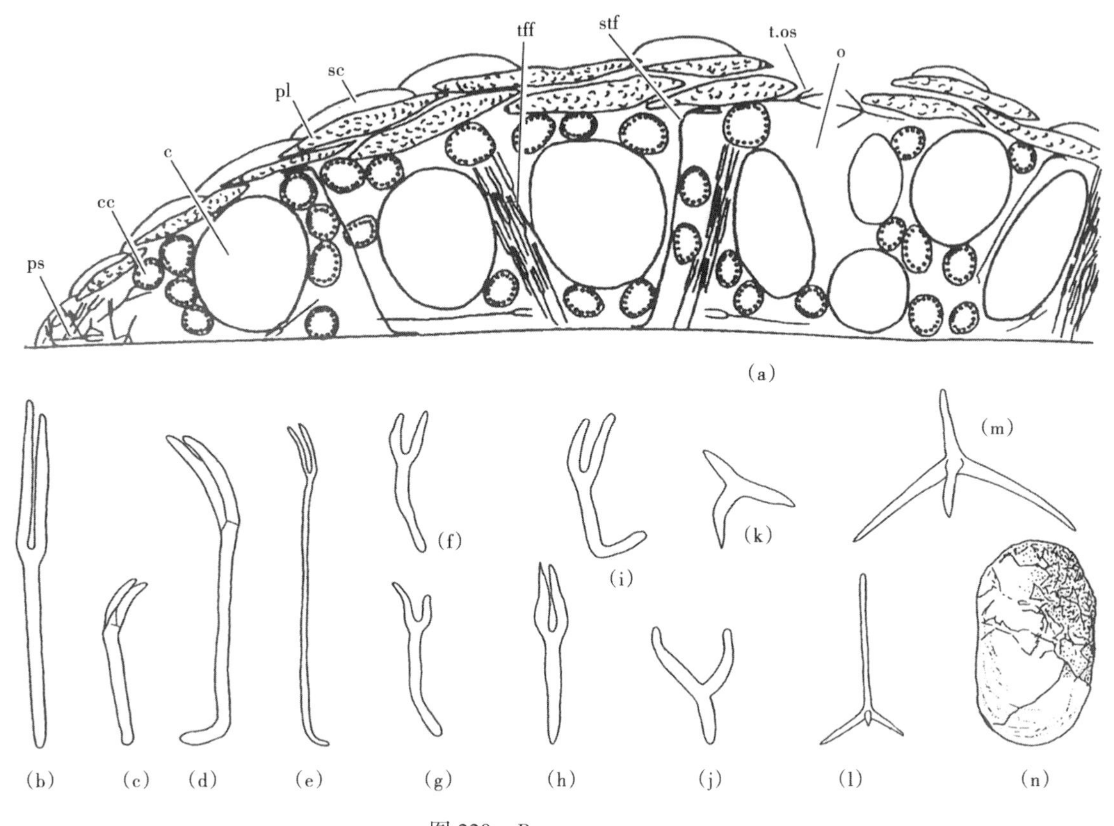

图 220 *Paramurrayona*

(a) 包覆状海绵的解剖示意图，其内有许多沟道（c）；(b) — (i) 各种类型的音叉状骨针，×200[(b) — (c)，(f) — (i)]，×100 (d-e)；(j) — (k) 三射骨针，×200；(l) — (n) 四射骨针、围口四射骨针，×100
cc—领细胞的房室；stf—起支撑作用的音叉状骨针；sc—鳞片；tff—音叉状骨针；o—出水口；pl—钙质薄片；ps—边缘骨针；t. os—出水口周围的四射骨针

属 *Lelapiella* Vacelet，1977

主要特征：海绵体的体型很小，属于包覆状海绵；它具有一个、很少有两个、外面有围唇的出水口；进水孔散布在海绵体的外表面；皮层是由较大的、反足的（anapodal）、各射之间等角的三射骨针组成，其外表面有乳突起，而且还有较小的、两射构成 120°的双射骨针；这些双射骨针也可形成致密的基底层；两层之间，即皮层与基底层之间，是由一束较直的双射骨针来连接，它们呈倾斜分布；出水口的周围分布着箭头状三射骨针的成对的射，而内部的沟道的周围则分布着各射之间等角的四射骨针，其第四个射指向沟道空间；领细胞的细胞核也许在底部；幼虫不明（图 221）。

时代：全新世；分布：印度洋和太平洋。

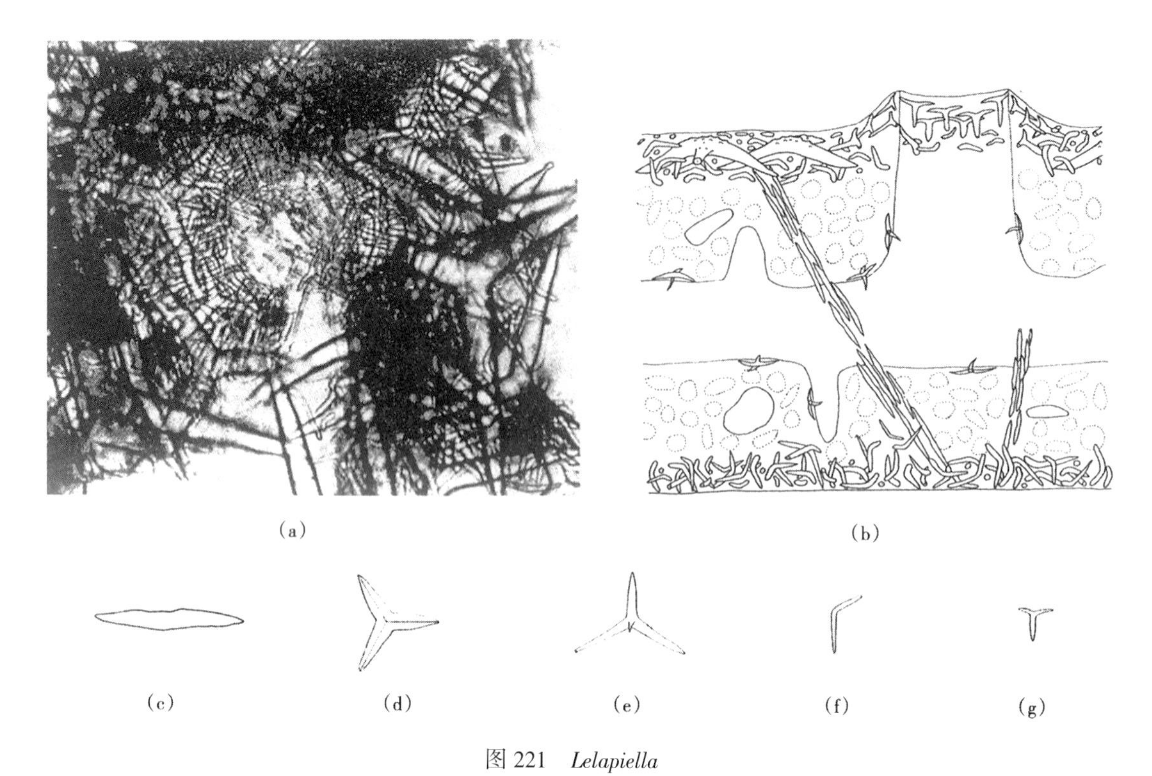

图 221 *Lelapiella*

(a) 出水口及其周围的骨针，显微照片，×70；(b) 海绵体的一般结构和骨针的分布状况，图解示意图，上面是皮层，而下面则是基底层，×70；(c) — (g) 各种骨针的类型：(c) 一个双射骨针的二个射，×100；(d) 皮层的三射骨针，×50；(e) 内部沟道周围的四射骨针，×100；(f) 弯曲的双射骨针，×50；(g) 围绕出水口的三射骨针，×50

亚纲　Calcaronea Bidder，1898　灰质海绵亚纲

主要特征：领细胞的细胞核在顶端；幼虫为两囊幼虫（amphiblastula）；所含的三射骨针主要是箭头状三射骨针；时代：早寒武世—全新世。此亚纲 5 个目。

目　Leucosolenida Hartman，1958　白管海绵目

目　Sycettida Bidder，1898　樽壶海绵目

时代：石炭世—全新世，该目包括下列两科：

科　Grantiidae Dendy，1893　毛壶海绵科

属　*Grantia* Fleming，1828　毛壶海绵属

主要特征：双沟型的海绵，在其皮层内有紧贴在皮层内的三射骨针或四射骨针，以及那些较小的、垂直于皮层的双射骨针；海绵体内有较大的三射骨针和双射骨针，它们也许突出在皮层表面上（图 222）。

时代：全新世；分布：世界各地。

属　*Protoleucon* Balkhovitinova，1923　原始复沟型海绵属

主要特征：海绵体呈圆柱形，具有伸陷到体内的腹腔；骨骼由蠕虫状的、呈环形的纤针组成，它们或形成不规则的隆起，或形成中间是空的弯曲管；可见直径较大的沟道，它们从皮层开始，直达海绵体的内部，但也有较细的沟道（图 223）。

时代：石炭纪；分布：俄罗斯莫斯科红色仓库。

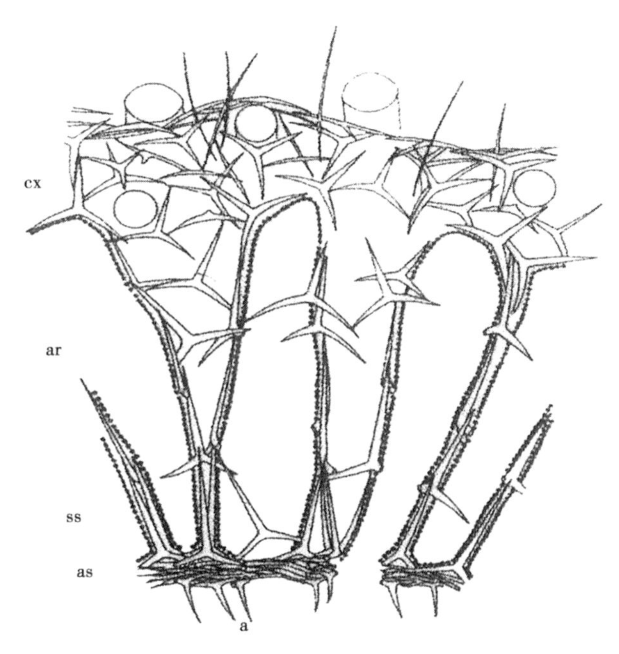

图 222　*Grantia*

海绵体的纵切面，上面为皮层，其下是主要骨骼。a—腹腔；ar—体内骨骼，由许多骨针相互绞合而成；as—腹腔骨骼，它是由那些彼此紧贴在一起的三射骨针和四射骨针组成；cx—皮层；ss—位于腹腔之上的骨针，其厚度达 700μm

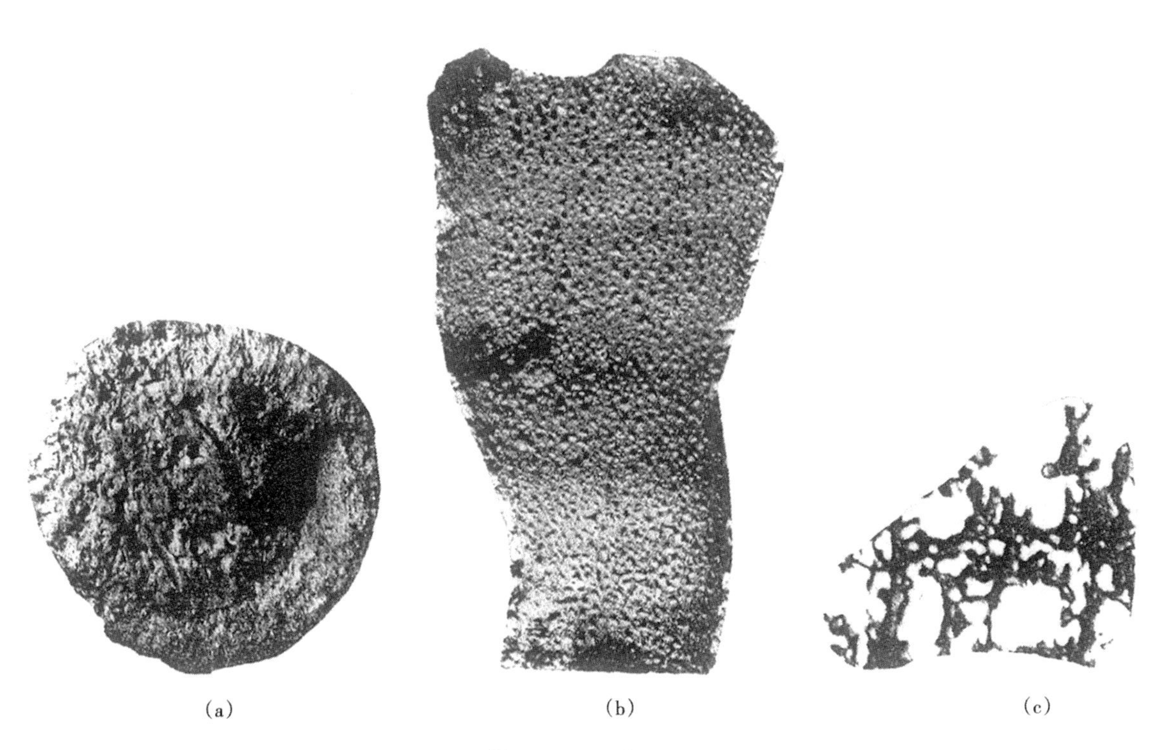

图 223　*Protoleucon*

（a）顶视图，可见较薄的外壁，其中央腹腔已被基质所充填，×2；（b）腹腔或海绵体的表面，可见许多不规则的出水孔或进水孔，×2；（c）在弦切面内的骨骼纤针，×10

属　*Protosycon* Zittel，1878b　原始双沟型海绵属

主要特征：此海绵的主要特征很像 *Grantia* Fleming，1828（图 224）。

时代：晚侏罗世；分布：德国。

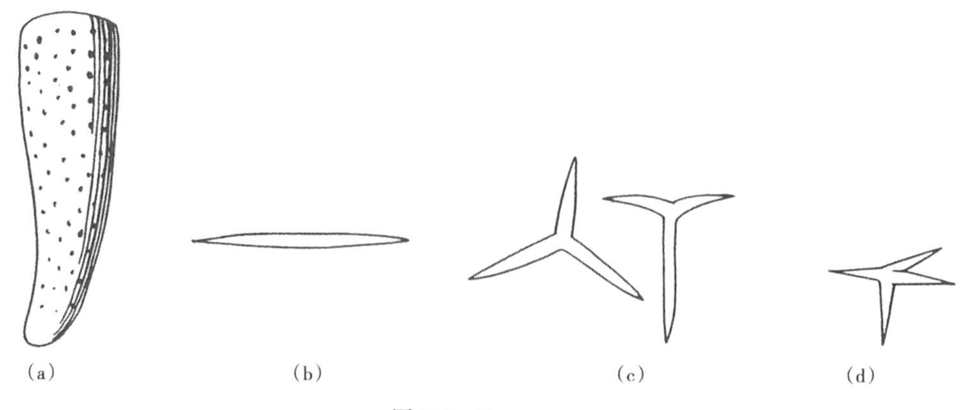

图 224 *Protosycon*

(a) 海绵体的侧边缘图；(b) —(d) 分别代表双射骨针、三射骨针和四射骨针，×150

科 Leuconiidae Vosmaer，1887 复沟型海绵科

属 *Leuconia* Grant，1833 复沟型海绵属

主要特征：此海绵属于简单的复沟型海绵，皮层的三射骨针覆盖在体内的双射骨针、三射骨针和四射骨针之上（图 225）。

时代：早侏罗世—全新世；分布：英国和世界各地。

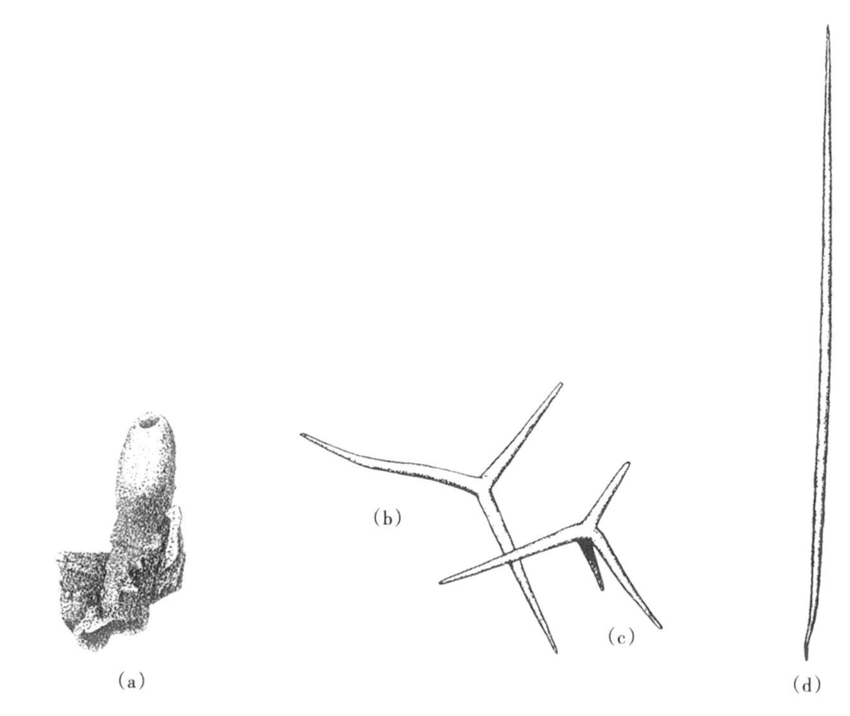

图 225 *Leuconia*

(a) 小型海绵的侧边缘图，×10；(b) —(d) 各个种内见到的三射和四射的骨针以及双射骨针，×100

目 Stellispongiida Finks and Rigby，2004 星状沟海绵目

这是中生代的海绵，包括那些钙质海绵纲的特有的、具有骨针的、典型的纤维海绵；对于当前的目究竟归属钙质海绵纲中早已建立的那个亚纲——钙质海绵亚纲，还是灰质海绵亚纲，这是有相当疑惑的，因为当前的化石是根据那些不能见到的特征来确定的，即是根据领细胞核的位置和幼虫的类型。在钙质海绵

亚纲中最具有特征的是是否存在规则的三射骨针，这些骨针的三个射的长度相等，彼此构成同样的交角（Vacelet，1991），然而该作者也说这些规则的骨针也可出现在灰质海绵亚纲内。对于星状沟海绵目的海绵，在同一个标本内可以出现两种类型的骨针，其主要骨骼是由纤针或骨纤组成，纤针是一个或多个三射骨针或四射骨针并排在一起，然后被方解石胶结而成，而这些方解石至少在几个例子内是具有放射状的结构（Cuif and others，1979），也许其外面还被丝状的骨针所组成的层所包围（Hinde，1893）。由于活着的灰质海绵的骨针是被方解石胶结在一起，因此，星状沟海绵目在此处暂时置于灰质海绵亚纲；这些活着的灰质海绵均归属石海绵目（Lithonida）。在中生代时，存在着两个科，即星状沟海绵科 Stellispongiidae 和内口海绵科 Endostomatidae，它们之间的区别就是根据骨针束的不同；星状沟海绵科的骨针束在中央是大骨针或几个骨针，其外包覆着较小的骨针，而内口海绵科的骨针束是由数个相同的骨针组成。有一个现代的科，即 Lelapiidae，也包括在此目内，因为它也拥有骨针束，包括音叉状骨针，虽然这些骨针没有被胶结在一起，此科显然属于灰质海绵亚纲。在海绵内，如果出现骨针束和音叉状骨针，它们并不限于灰质海绵亚纲，这些特征也可出现于当前还活着的默里海绵目（Murrayonida），而此目显然是钙质海绵亚纲的一目。该目包括三个科：

科　Stellispongiidae de Laubenfels，1955　星状沟海绵科

亚科　Stellispongiinae de Laubenfels，1955　星状沟海绵亚科

属　*Stellispongia* d'Orbigny，1849　星状沟海绵属

主要特征：海绵体呈面包状或呈瘤状，它有平坦的基底，在此基底上覆盖着同心状褶皱的皮层；海绵体的上表面有乳突起，每一个乳突起都有星状的出水沟，汇集到此处，但海绵体没有中央出水口或一簇口孔；整个的上表面都有圆形的小孔，这些小孔代表骨纤之间的孔隙，其中某些孔要比一般的孔更大些（图 226）。

时代：侏罗纪、白垩纪；分布：欧洲各地。

属　*Amorphofungia* Fromentel，1860　无形蘑菇海绵属

主要特征：海绵体呈块茎状或圆裂片状，其外表有密集分布的、近于圆形的小孔，这些小孔代表或多或少呈放射状和网结状骨纤之间的空间；显微结构和骨针的状况均不清楚（图 227）。

时代：侏罗纪；分布：德国。

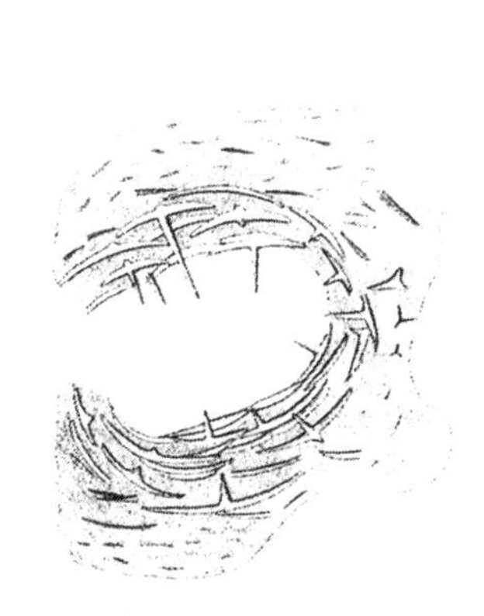

图 226　*Stellispongia*

素描图，说明沟道周围的骨针，靠近沟道出现较大的三射骨针，而远离沟道则出现较小的三射骨针和单轴双射骨针，×50

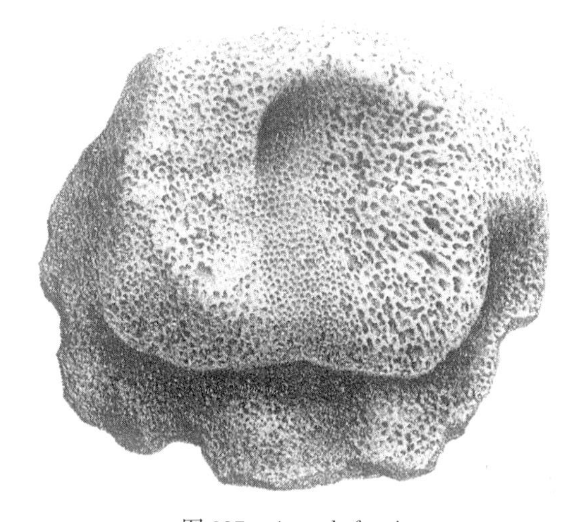

图 227　*Amorphofungia*

呈块茎状的海绵体，其上密布着很小的进水孔和那些不规则汇合的骨纤之间的空间，×1

属　*Amorphospongia* d'Orbigny，1849　无形海绵属

主要特征：海绵体呈圆柱形，可分叉，其外表面有圆形到接近于蛇曲状的小孔，这些小孔的孔径几乎相等；外表面还有班块状分布的皮层；细骨纤之间的小孔就是体内的骨纤之间的小孔；显微结构和骨针的

图 228　*Blastinoidea*

一个接近于球形的模式标本的外边缘图，×2

状况均不明。

时代：侏罗纪；分布：德国。

本属无图。

属　*Blastinoidea* Richardson and Thacker，1920　芽孢状海绵属

主要特征：海绵体呈小球体或近于球体，很像 *Stellispongia*，但其外表面十分光滑，没有沟缝；海绵体的表面未见出水孔，且皮层也不发育（图 228）。

时代：中侏罗世；分布：英国。

属　*Conocoelia* Zittel，1878　圆锥形腔海绵属

主要特征：海绵体呈宽宽的圆锥体，具有平坦的顶面；海绵体呈单体，或呈出芽式的个体，这些支芽都是从顶面的边缘长出来的；海绵体的中央有深陷入体内、但较窄小的漏斗状腹腔；外边缘密布着微孔，并显示出横向的收缩；体内未见沟道，只有骨纤之间的空间；骨纤呈蛇曲状的网格，且显示出水平层状；骨纤的显微结构是在其中央有较大的三射骨针或四射骨针，外面覆盖着较小的、弯曲的骨针。

时代：早白垩世；分布：欧洲。

本属无图。

属　*Diaplectia* Hinde，1884　双编海绵属

主要特征：海绵体呈耳状、扇形或杯子状，具有短柄；骨纤主要近于平行分布和垂直伸展；除了有骨纤之间的空间以外，没有其他的孔隙；未见皮层；骨纤的显微结构是在其中央有三射骨针或四射骨针，外面覆盖着较小的弯曲骨针（图 229）。

时代：侏罗纪；分布：欧洲。

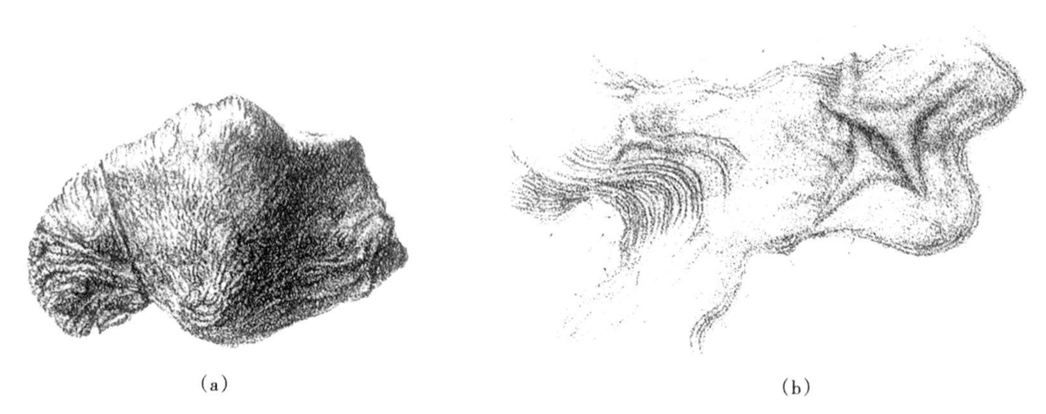

(a)　　(b)

图 229　*Diaplectia*

（a）呈耳形的模式标本，由下面观察到的标本，×1；（b）骨纤的素描图，可见骨纤的中央有较大的三射和四射骨针，而边缘为较小的、弯曲骨针，×75

属　*Elasmoierea* Fromentel，1860　薄叶海绵属

主要特征：海绵体呈直立突起的、有褶皱的、有时呈分叉状的叶片，具有许多垂直分布的出水沟道，或称为窄小的腹腔，这些腹腔的开口在上面排列成简单的一排；叶片的周边围绕着每一个腹腔向外突出；在此叶片的周边还覆盖着密集分布的微孔；根据 Hinde（1884a）的意见，*Elasmoierea faringdonesis*（Mantell）的骨纤显微结构是由三射和四射骨针组成，并有一些纤细的丝状骨针（图 230）。

时代：早白垩世；分布：欧洲。

属　*Elasmostoma* Fromentel，1860　有孔薄叶海绵属

主要特征：海绵体呈耳朵状，或突出的支柱，在直边的中央有附着物；同心状的褶皱平行于半圆形的生长边；耳朵的一面（可能是出水面，图 231b）覆盖着皮层，其上有许多不规则的圆形出水孔；此面在模式种内呈突起，因此，它是出水面，而另一面则是进水面（图 231a），其上密布着微小的、

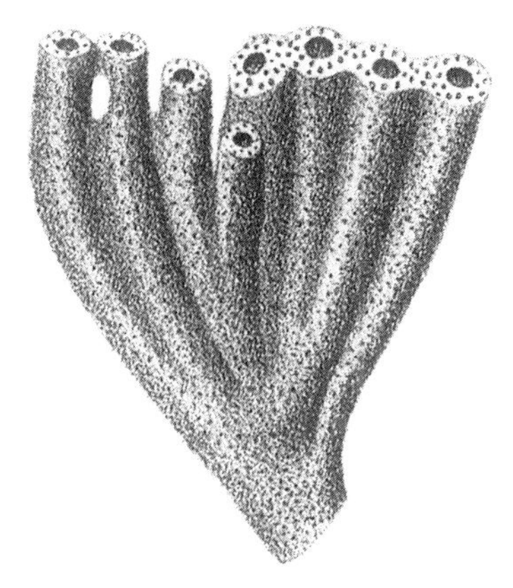

图 230　*Elasmoierea*

分叉状海绵体的外缘图，可见在其上面有排列成行的出水口，×1

不规则的、骨纤之间的空间（图 231）。

时代：侏罗纪—古近纪始新世；分布：波兰、德国和墨西哥等。

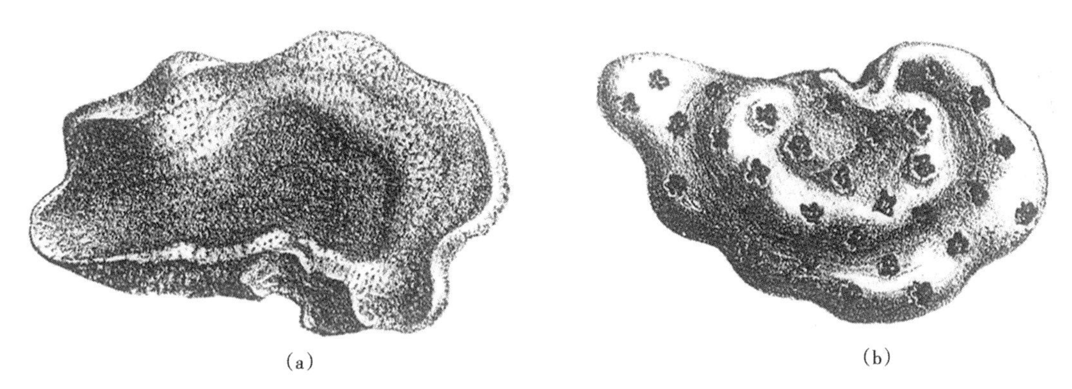

(a)　　(b)

图 231　*Elasmostoma*

（a）不规则海绵体的皮层表面，也就是进水面，其上密布着较小的进水孔，这些小孔均是骨纤之间的空间，×1；

（b）海绵体的出水面，其上有许多较大的出水孔，×1

属　*Euzittelia* Zeise，1897　真齐特尔海绵属

主要特征：海绵体呈芽孢状，或圆的短棒，其外面有长的细缝；在此细缝内有由水平单元组成的网格；在海绵体内有十分发育的腹腔，它能贯穿整个的海绵体，并有十分发育的出水沟道；这些放射状出水沟道可穿过一半的体壁，并终止于那些不规则的钝头（blunt end）；进水沟道尚未能识别；骨纤的厚度由 0.1~0.3mm，但骨针的状况还不能识别（图 232）。

时代：侏罗纪—白垩纪；分布：欧洲。

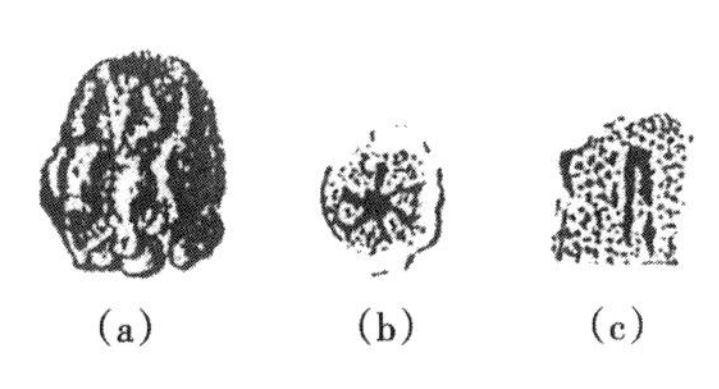

(a)　(b)　(c)

图 232　*Euzittelia*

（a）海绵体的侧边缘图，可见许多细缝，×1；（b）横切面，可见位于轴部的腹腔和呈放射状分布的出水沟，×1；

（c）纵切面，可见管形的腹腔和呈细胞状的骨骼结构，×1

属 *Heteropenia* Pomel，1872 异茎海绵属

主要特征：海绵体呈杯形，具有短茎，其底部也许覆盖着皮层；海绵体向内凹进的一面（位于左侧），可能代表出水面，其上有密集分布的圆形的出水孔；而向外突起的一面可能是进水面（指图中突起的表面），在此面上有蛇曲状的、骨纤之间的空间和许多小圆孔，后者呈五点形排列；从这些小圆孔往体内就成为沟道，这些沟道都是向凹进的一面伸展，但不能到达凹面（图 233）。

时代：白垩纪；分布：欧洲。

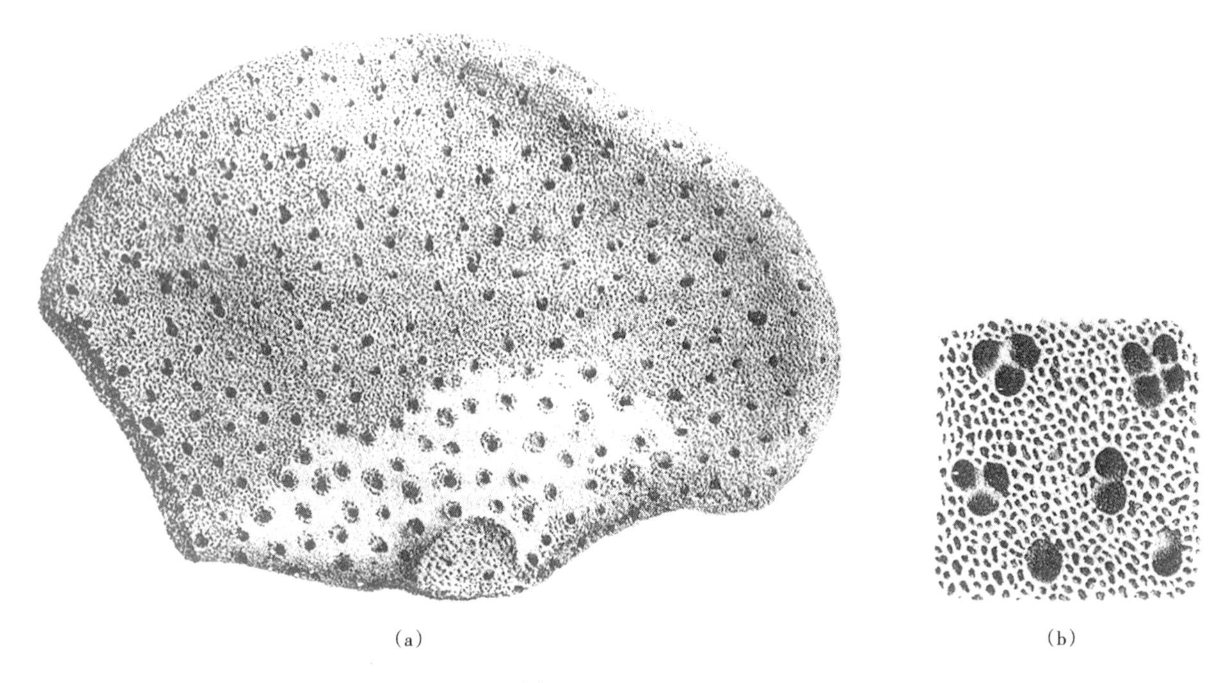

（a） （b）

图 233 *Heteropenia*

（a）海绵体的上表面，可见许多较粗的进水孔，×1；（b）上表面的放大图，显示出粗细不等的进水孔，×4

属 *Pachymura* Welter，1911 厚壁海绵属

主要特征：海绵体呈小杯到高脚酒杯，在其中央轴部有纵长的漏斗管，都能起腹腔的功能；沟道形态未能确定；骨纤较粗，呈不同的定向，它们主要是由平行排列的三射骨针组成（图 234）。

时代：早白垩世；分布：德国。

属 *Pachytilodia* Zittel，1878 厚壁状海绵属

主要特征：海绵体呈大型高脚杯，或为杯形，它的底部有短柄；此海绵的幼年期的个体呈梨形，其顶面有浅浅的凹陷；在此海绵内，除了有很大的、不规则分布的、骨纤之间的空间以外，就没有其他的微孔；此海绵的骨纤的显微结构，根据 Dunikowski（1883）的描述，由沿着骨纤的伸展方向分布的单轴双射骨针和较大的三射骨针组成（图 235）。

时代：白垩纪；分布：欧洲。

属 *Pareudea* Etallon，1859 拟优迪海绵属

主要特征：海绵体呈管状的圆柱体，或为圆锥形，它们呈单体，或为分叉的复体；中央腹腔的宽度约占海绵体直径的 1/3；出水口具有星状的轮廓；蛇曲状的骨纤到海绵体的外边缘明显地加粗，从而勾画出或大或小的圆孔；无微孔的皮层可能只出现在基底（图 236）。

时代：晚三叠世—晚侏罗世；分布：秘鲁、英国、波兰、法国、德国、捷克、斯洛伐克和意大利。

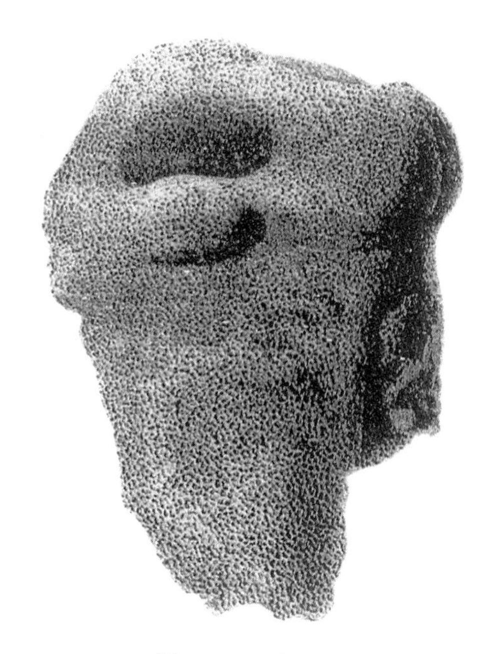

图 234 *Pachymura*

呈形状不规则的、漏斗形的海绵，在厚的外壁上，微孔发育，×1

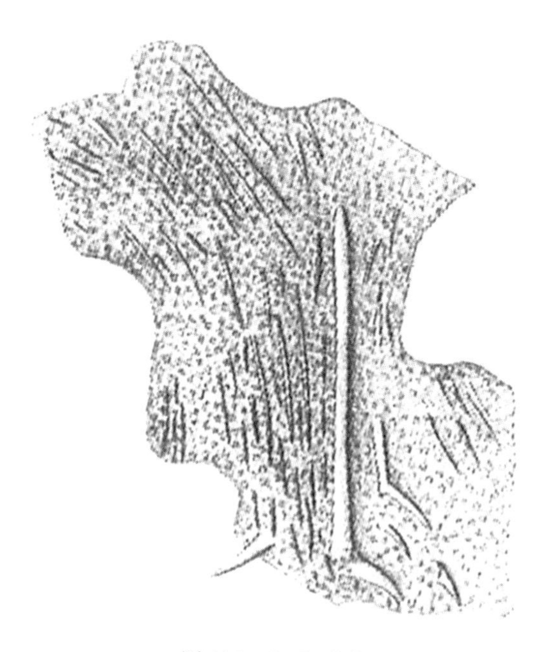

图 235 *Pachytilodia*

海绵体的素描图，可见平行排列的单轴双射骨针，×50

图 236 *Pareudea*

一簇个体，呈分叉状，每一个体的腹腔壁上的出水孔可排列成行，×1.5

属 *Paronadella* Rigby and Senowbari-Daryan，1966a 怕罗纳海绵属

主要特征：海绵体呈简单的圆柱体或分叉的圆柱体，具有深深陷入体内的中央腹腔，此腹腔能贯穿整个的海绵体；未见进水沟道和进水孔，也未见出水沟道和出水孔；在外壁内有相互连结的骨纤；在骨骼内有双射、三射以及四射的骨针，但它们未被钙质胶结物胶黏在一起（图 237）。

时代：二叠纪—晚侏罗世牛津期；分布：意大利和波兰。

属 *Peronidella* Zittel in Hinde，1893 小领针海绵属

主要特征：海绵体呈分叉的圆柱形，这些圆柱体是从一个共同的基底上往上伸展而成，到晚期有一部分圆柱体可融合在一起，也可出现单个的圆柱体；顶部较圆，在其轴部有出水口；圆柱形的海绵体一般具有深深地陷入体内的腹腔；海绵体表面的微孔只是代表骨纤之间形成的、规则的空间；没有微孔的皮层出现在每一个柱体的底部；根据 Hinde（1893b）的意见，侏罗纪的模式种的骨纤，已发现三射骨针、四射骨针，甚至还有音叉状骨针，骨纤的外面有时还包覆着由丝状的、弯曲的骨针所组成的薄层；不含骨针的、产于侏罗纪以前的各种不应归属 *Peronidella*，它们属于普通海绵（图 238）。

时代：侏罗纪和白垩纪以及全新世；分布：欧洲、加拿大的大西洋陆棚以及地中海地区。

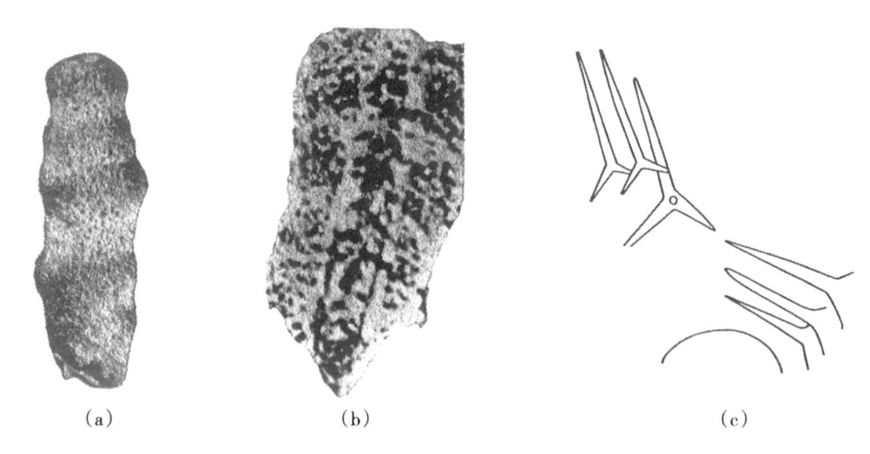

图 237 *Paronadella*

（a）正模标本，显示出侧边缘的特征，×2；（b）纵切面，可见纵长的腹腔；从网格状的骨骼可显示出房室的轮廓，×5；（c）箭头形三射骨针，或称 T 字形骨针，×85

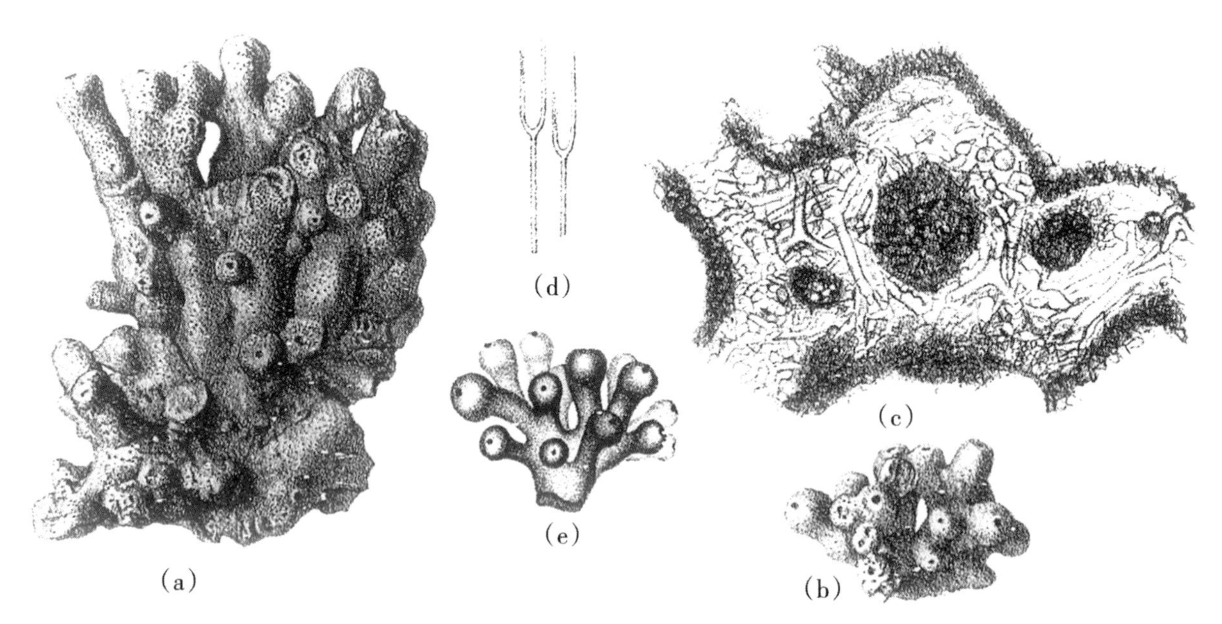

图 238 *Peronidella*

（a）一簇分叉状圆柱体，表示其生长方式和分支的大小，×1；（b）一簇较小的圆柱体，×1；（c）素描图，显示骨纤内的骨针的形状，×60；（d）前一图中的音叉状骨针，×200；（e）一簇圆柱体的侧面，×1

属 *Steinmanella* Welter，1911 施泰曼海绵属

主要特征：这是或多或少呈薄片状的海绵，它具有由骨纤组成的骨骼，在某些方面很像有孔薄叶海绵属 *Elasmostoma* 或筛孔海绵属 *Sestrostomella*。此海绵是由相互平行的薄片组成总体结构；较粗的沟道系统缺失不见；在下表面（底面）上，围绕着或大或小的小孔可见较短的扭转骨针（图 239）。

时代：晚白垩世；分布：德国。

属 *Trachypenia* Pomel，1872 类粗管海绵属

主要特征：海绵体呈耳朵状、漏斗状，或为叶片状的薄片；在出水面的一侧分布着呈蛇曲状的骨纤之间的空间，它们往上可聚合成均匀分布的、较小的圆孔；另外一面，可能是进水面，也覆盖着或多或少、呈圆形的骨纤之间的空间，这些空间趋于形成一带一带的微孔带，它们平行于海绵体的生长边缘，这样似乎形成了模糊的生长褶皱；海绵体的外表未见皮层；海绵体内的骨纤之间的空间呈蛇曲状；未发现其他的沟道；骨纤的显微结构是在其中央分布着骨针，这些骨针也许是三射骨针或四射骨针，其周围则有较小的、弯曲的单轴双射骨针，后者一般都沿着骨纤的表面分布（图 240）。

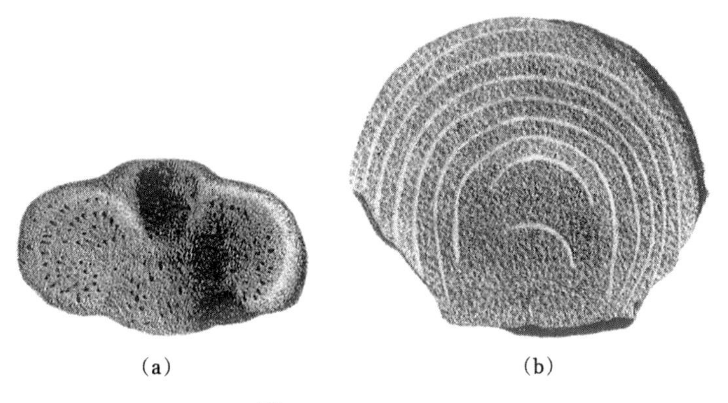

(a)　　(b)

图 239　*Steinmanella*

(a) 上表面，可见浅浅的凹陷和许多较粗的出水孔，×1；

(b) 叶片状海绵的表面，具有相互平行的脊束（beam），这表示骨骼的扩张情况，×2

时代：白垩纪；分布：欧洲。

属　*Trachysinia* Hinde，1884

主要特征：海绵体一般呈丛状的群体，它是由数个个体的底部相互融合而成，外表显示粗瘤状；此海绵具有浅浅地凹入体内的腹腔，或深陷的腹腔；放射状的出水沟道可能进入到中央腹腔。但是，体内除了骨纤之间的空间外，只有少些沟道；骨纤的显微结构是由众多的三射骨针和四射骨针组成，其外面覆盖着较小的弯曲骨针（图 241）。

时代：侏罗纪；分布：欧洲。

属　*Trachysphecion* Pomel，1872

主要特征：海绵体呈很不规则的的圆锥体，稍微隆起的顶面具有一个或多个出水口孔；在这些口孔的周围有呈放射状分布的出水沟道，它们大致呈现星状的展布轮廓（图 242）。

时代：侏罗纪和全新世；分布：欧洲。

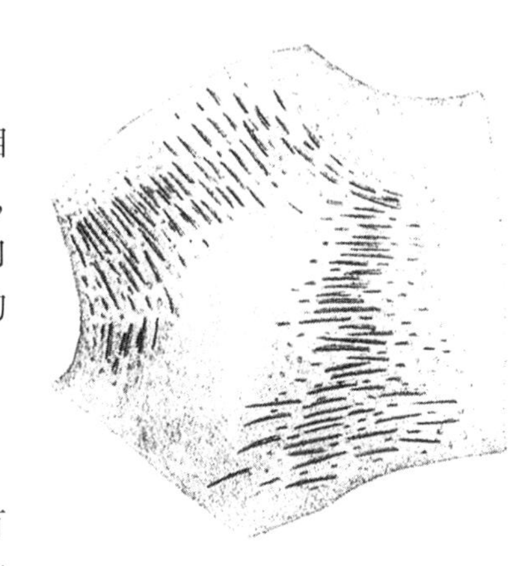

图 240　*Trachypenia*

素描图，可见较大的三射骨针，在其周围分布着较小的单轴双射骨针，×50

亚科　Holcospongiinae Finks and Rigby，2004　沟槽海绵亚科

属　*Holcospongia* Hinde，1893　沟槽海绵属

主要特征：海绵体呈指状个体，或有许多分支，它们有一个共同的基座，将其连结在一起；有从顶面沿着边缘往下伸展的纵向沟道，这些沟道都沿着每个分支的外边缘往下伸展；中央的出水口只有在一部分标本内存在，或缺失不见；内部的沟道，除了那些骨纤之间的空间外，并不发育；皮层只覆盖在海绵体的底部；骨纤的中央为三射骨针或四射骨针，其外包覆着数层由丝状骨针或弯曲骨针组成的薄层，这些骨针都平行于骨纤的表面分布（图 243）。

时代：中侏罗世—晚侏罗世；分布：欧洲。

属　*Actinospongia* d'Orbigny，1849　放射海绵属

主要特征：此海绵很像光滑海绵属 *Leiospongia*，具有突起的顶部；海绵体的顶面上缺失出水口，但有皮层，皮层上有不规则的放射状的构造。

时代：侏罗纪；分布：欧洲。

本属无图。

属　*Astrospongia* Etallon，1859　星状海绵属

主要特征：海绵体呈半球形，它有宽宽的锥形基底，其外面覆盖着同心状褶皱的皮层；海绵体的上部有明显的纵向褶脊，这些褶脊起自顶面，往下增宽，并与相邻的纵向沟道呈交替出现；除了有呈圆形到蛇曲状的骨纤之间的空间以外，海绵体没有其他的微孔和沟道；骨纤由三射骨针组成；根据 Hinde（1893b）

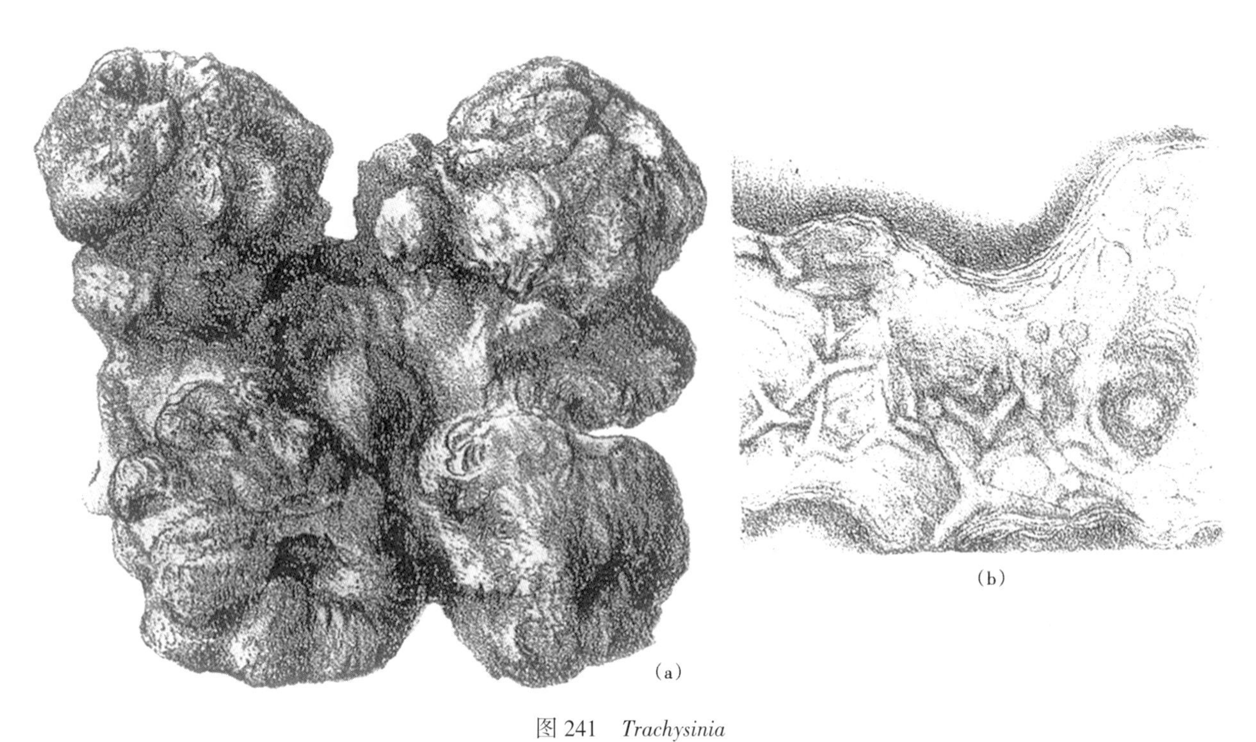

图 241 *Trachysinia*

（a）模式标本，其外表显示粗瘤状，这是由上面往下看的顶视图，×1；（b）素描图，表示骨纤内的三射骨针和四射骨针，×72

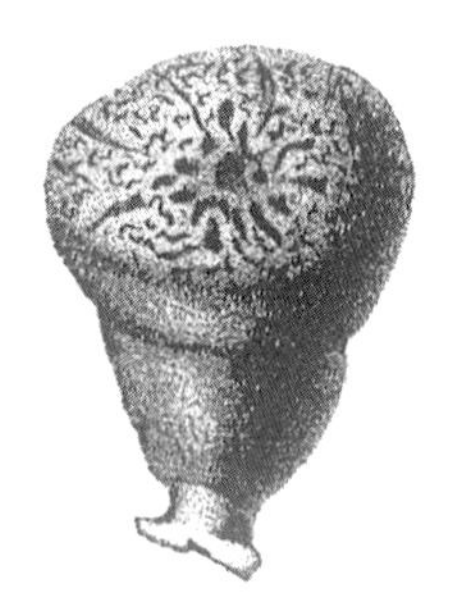

图 242 *Trachysphecion*

一个小型的、倒锥形的海绵体，在其微微隆起的顶面上有中央出水口，围绕此出水口有许多出水沟道汇聚于此，它们形成星状的展布轮廓，×1

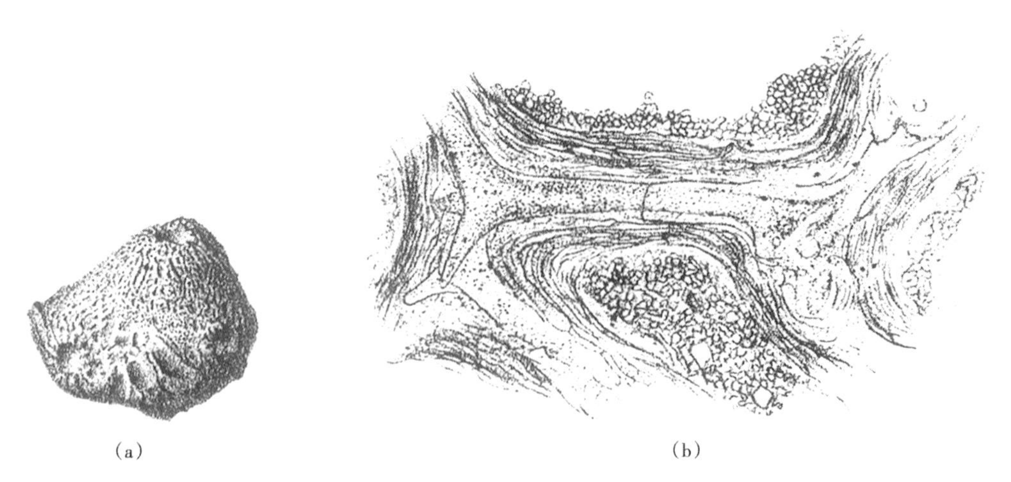

图 243 *Holcospongia*

（a）模式标本的侧边缘图，可见较小的位于顶面的出水口和其周围的、呈放射状分布的出水沟道，×1；（b）骨纤的详细结构示意图，中央为三射骨针或四射骨针，其周围分布着数层由丝状骨针和弯曲骨针组成的薄层，×60

的意见，该海绵的骨纤是由三射骨针组成，但在一个标本内（对此标本，Zittel 认为是模式种），在中央的骨针之外被较小的丝状骨针所包围，如同沟槽海绵属 *Holcospongia* 一样（图 244）。

时代：侏罗纪；分布：欧洲。

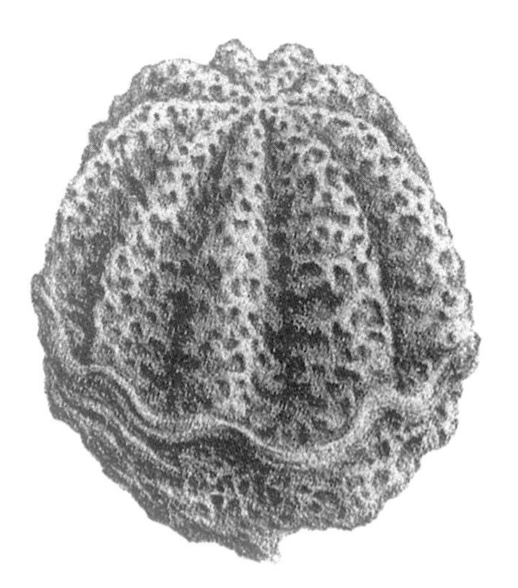

图 244 *Astrospongia*
球形海绵的外边缘图，可见下部的皮层有褶皱，而上部有许多纵向的褶脊，×3

属 *Enaulofungia* Fromentel，1860 内管蘑菇状海绵属

主要特征：海绵体呈球形，有时具有短柄；海绵体的顶面有浅浅的、出水口凹陷，顶面上分布着许多出水孔，而那些放射状的、有时能分叉的出水沟则从海绵体的边缘汇聚到这些出水孔内；骨纤的显微结构可能为位于中央的三射骨针或四射骨针，在其外面包覆着弯曲的丝状骨针（图 245）。

时代：三叠纪—白垩纪；分布：欧洲。

属 *Eudea* Lamouroux，1821 优迪海绵属

主要特征：海绵体呈棍棒形，有时可分叉；中央的腹腔伸陷到体内，在顶面有出水口；海绵体的外边缘绝大部分都被皮层所覆盖，在皮层上分布着较大的、有围唇的、不规则形状的小孔，通过这些小孔能见到骨纤之间的空间；海绵体的顶面由于未被皮层所覆盖，因此，能直接见到骨纤之间的空间；对于那些侏罗纪的种，其骨纤的显微结构是由一束一束的平行排列的双射骨针组成，伴有少量的形状规则的三射骨针和四射骨针；其中有一些双射骨针可以弯曲成像那些音叉状骨针中的两支平行的短射；Hinde（1893b）曾描述过一个分布于骨纤中央的骨针，其外包覆着双射骨针；在三叠纪的种内，还可见到绒毛状的文石针，它们呈层状，平行于骨纤的表面分布，如同 *Vaceletia* 一样，但这些种未见骨针（图 246）。

时代：三叠纪—侏罗纪、全新世；分布：欧洲以及伊朗等。

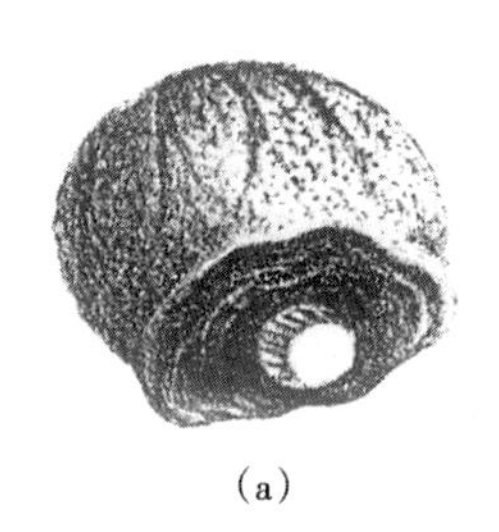

(a)

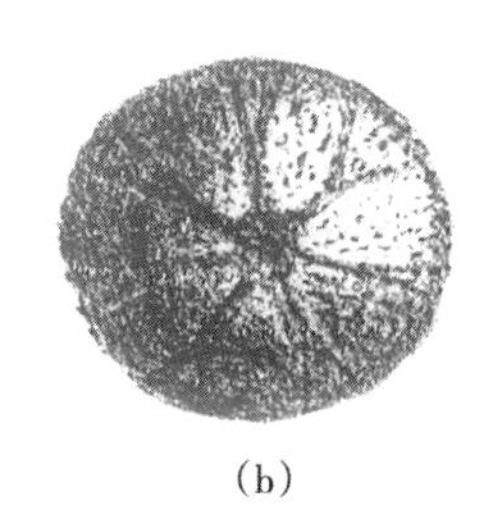

(b)

图 245 *Enaulofungia*
(a) 由球形海绵底部往上观察到的斜切面，具有一个短柄；出水沟道都是从张开的基底往上延伸而成，×0.5；(b) 顶面图，在顶面密布着许多微小的出水孔，而那些出水沟均汇聚到中央的出水口，×0.5

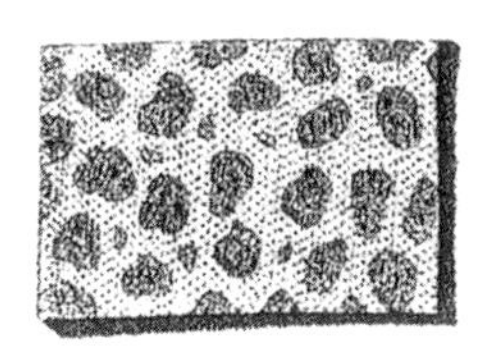

图 246 *Eudea*
一个分叉状海绵的局部侧边缘图，可见其下部的进水孔要比上部的进水孔更大一些，×1

属 *Mammillopora* Bronn，1825 乳头孔海绵属

主要特征：海绵体呈半球形，或扇形，它们有锥状的基底；基底外面覆盖着无微孔的、同心状褶皱的皮层；上表面分布着大小相等的瘤状突起，每一个突起中央都有一个出水口，它们都与那些呈放射状展布的、像裂口状的出水沟道相通，这样就共同形成星状的形态；除了那些瘤状突起以外，上表面上还分布着许多小孔，这些小孔都与骨纤之间的空间连通；骨纤是由位于中央的三射骨针或四射骨针组成，其周围包覆着纤状方解石；这些纤状方解石可能代表丝状骨针的残留物（图 247）。

时代：侏罗纪—白垩纪，全新世；分布：欧洲和伊朗等。

属 *Oculospongia* Fromentel，1860 口孔海绵属

主要特征：海绵体呈块状、包覆状，或为圆球形到锥形，具有宽大并突起的顶面；在顶面上有几个圆形的出水口孔，它们的周围有时出现围唇；海绵体的顶面和侧边缘均出现粗孔，粗孔就是骨纤之间的空

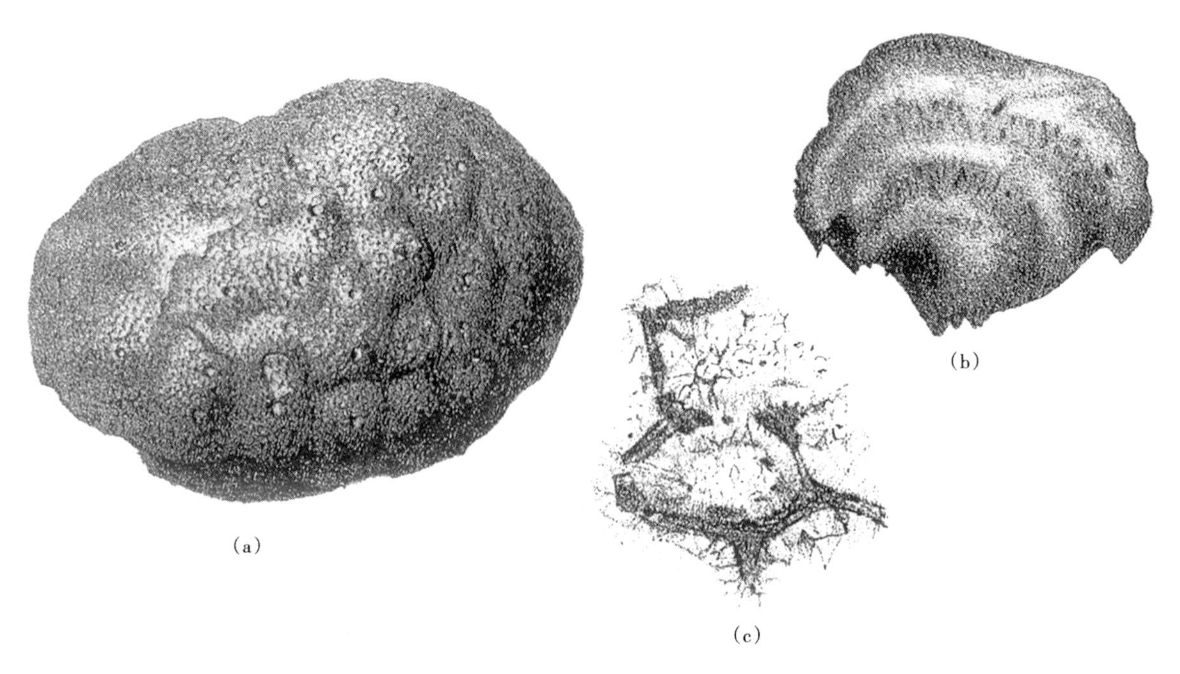
(a)
(b)
(c)

图 247 *Mammillopora*

(a) 一个较大的标本，其外面有许多小瘤体，每一个瘤体都有一个出水口，×1；(b) 垂直切面，表示海绵体的同心状生长带与出水沟道发育区，它们呈交替出现，×1；(c) 海绵体一部分切面的素描图，可见位于轴部的骨针和其周围的重结晶骨骼；后者在其他的标本内是由丝状骨针组成，×60

间；粗孔在海绵体的边缘也许表现出垂直拉长；致密骨骼呈水平层和水平方向的收缩意味着周期性的生长；模糊的沟道也许出现在海绵体的顶面；海绵体外也可出现斑块状分布的皮层，这些皮层未见微孔；骨纤呈薄片状，且围绕着管状空间弯曲，这些骨纤的外面往往有微小的针刺（图 248）。

时代：二叠纪和中生代；分布：意大利西西里岛和欧洲许多地区。

图 248 *Oculospongia*

Oculospongia dilatate（Roemer）的顶面图，×1

属 *Tremospongia* d'Orbigny，1849 洞海绵属

主要特征：海绵体呈球形，它具有锥形的基底；海绵体的外面覆盖着同心状褶皱的、无微孔的皮层；球体的外表面布满着许多成簇的出水孔；除了这些成簇的出水孔以外，在球体的上表面还显示出骨纤和骨纤之间的空间；骨纤的显微结构不清楚。

时代：白垩纪；分布：欧洲。

本属无图。

属 *Tretocalia* Hinde，1900 穿孔腔海绵属

主要特征：海绵体较小，很简单，呈杯形到圆柱形，它有平坦的基底，并有呈漏斗状到小杯状的腹腔；在皮层的表面和腹腔壁上都有许多小圆孔；海绵体的外壁较厚，其内已被许多出水沟道穿过；这些沟道都平行于皮层的表面延展，而且在皮层上表现为垂直的细缝；骨骼是由那些细小的纤针（fibers）组成，它们可形成连续的和网结状的网格构造，这些细纤针的中心有不能确定的骨针，它们或单独出现，或平行排列出现；腹腔的外壁尚能识别；在海绵体的基底和下部外面，可见到皮层（图 249）。

时代：新近纪中新世；分布：澳大利亚。

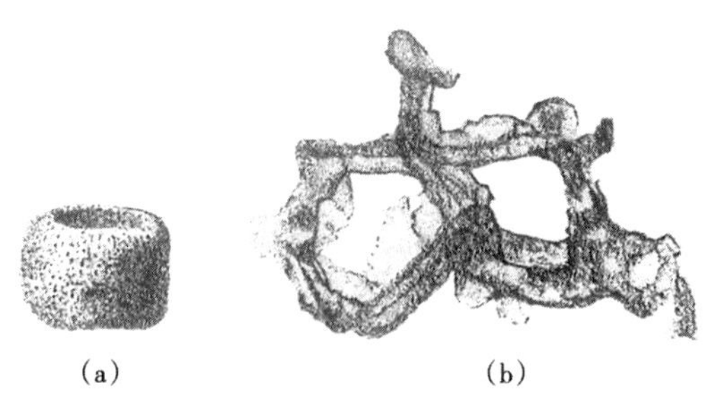

(a) (b)

图 249 *Tretocalia*

(a) 一个杯形海绵的侧边缘图，×1；(b) 横切面，可见骨骼的中心有骨针存在，×60

科 Endostomatidae Finks and Rigby，2004 内口海绵科

属 *Endostoma* Roemer，1864 内口海绵属

主要特征：海绵体呈锥状的圆柱体，通常很简单，但有时可见数个个体的基底相连而成复体，特征是存在深陷体内的中央腹腔；主要的出水沟道都是以水平状态进入到腹腔内，而在顶面则呈放射状的沟道，它们汇聚到出水口内，至于其他的沟道基本上属于骨纤之间的空间；呈斑块状的皮层也许能覆盖在海绵体的下部；根据 Hinde（1884a）的叙述，这些骨纤都是由彼此几乎平行排列的、极为纤细的三射骨针组成，而在皮层内可出现三射骨针和四射骨针（图 250）。

时代：三叠纪—白垩纪；分布：欧洲和伊朗。

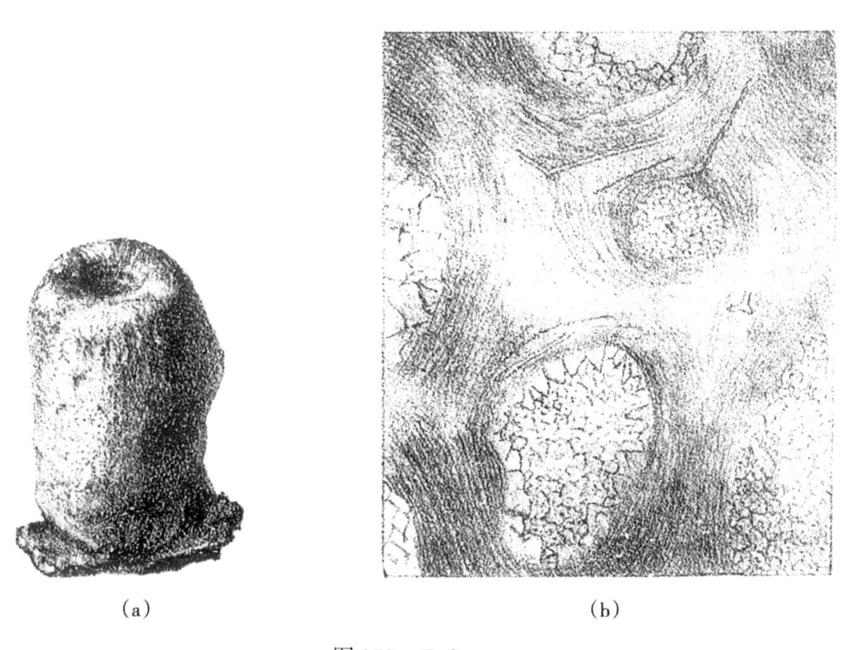

(a) (b)

图 250 *Endostoma*

(a) 一个小型的、近于圆柱形的海绵体的侧边缘图，它有清楚的出水口和中央腹腔，×1；
(b) 素描图，显示骨骼的特征，它们都是由丝线形的三射骨针组成骨纤，×72

属 *Raphidonema* Hinde，1884 缝海绵属

主要特征：海绵体呈杯形，但其外表面显示出不规则的和波状起伏，且其外壁很薄；在这些外壁上可见许多网结状的、呈细管状的空间，这些空间就是骨纤之间的空间；还有较粗的、且较直的沟道，它们多多少少地垂直于内部的出水面，即外壁的里面，而且穿透了大部分外壁；在里面显示出大小一致的小孔，这些小孔多呈五点形的分布状态；骨纤之间的空间呈管形，在外表面和外壁的里面都显示出小圆孔；骨纤

是由许多弯曲的、层纹状或丝状体组成，显示出平行于骨纤的延展方向；对此结构，Hinde（1884a）认为是三射骨针，只是其中一个射已退化（图 251）。

时代：白垩纪—古近纪始新世；分布：欧洲和印度。

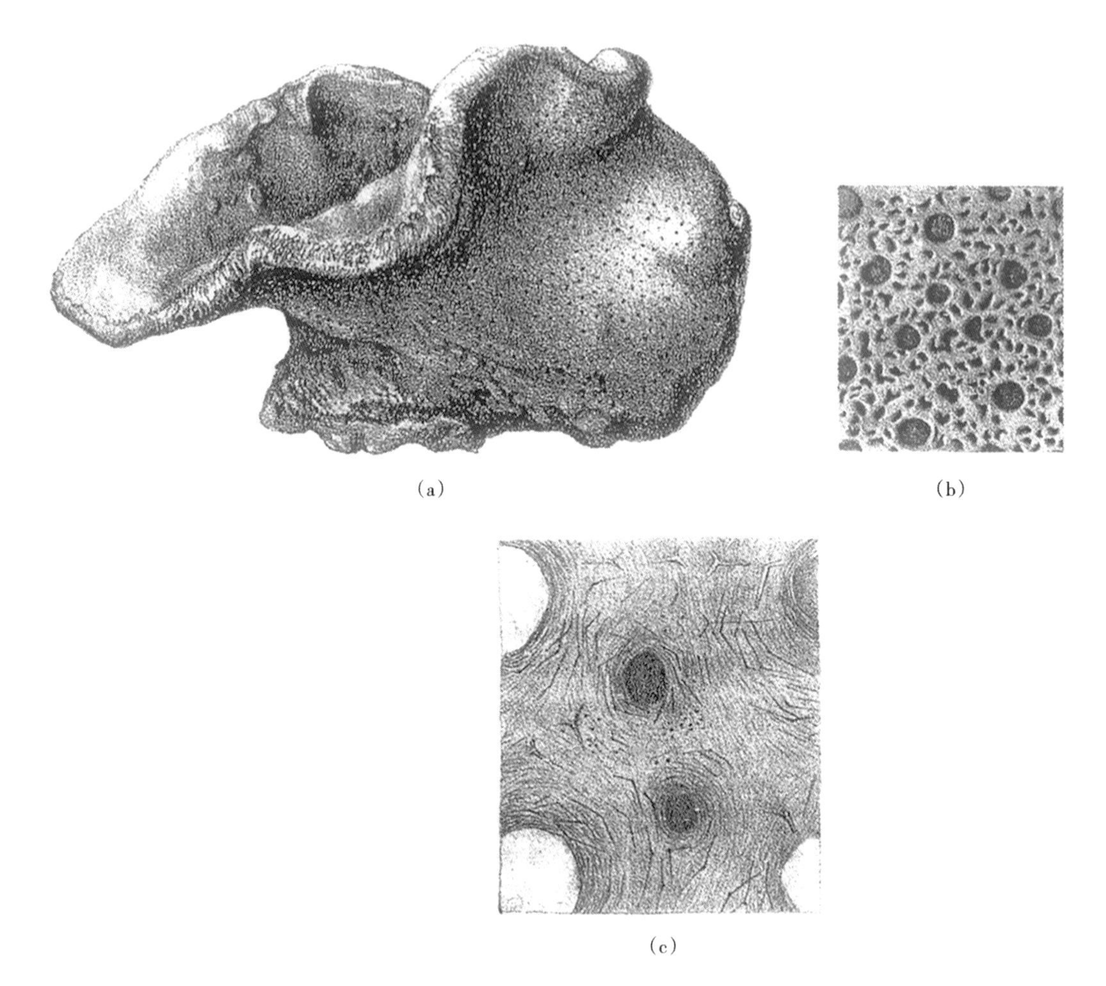

（a）　（b）

（c）

图 251　*Raphidonema*

（a）海绵体的侧边缘图，可见包卷的外壁，其上有许多进水孔，×1；（b）皮层表面放大图，可见许多圆形的进水孔和骨纤网格，×5；（c）骨骼素描图，表示骨骼内有许多很细的丝状体，这可能是三射骨针，×50

科　Lelapiidae Dendy and Row，1913

属　*Lelapia* Gray，1867

主要特征：海绵体呈圆柱形或棒形，体内有中央腹腔，顶面有出水口；海绵体的表面散布着许多进水孔；皮层是由箭头状三射骨针和较小的二尖骨针（microxeas）组成；海绵体内有音叉状三射骨针束，它们显示十字交叉分布状态；在这些骨针中，成对的射通常指向腹腔；除此之外，还有呈分散状的、不规则排列的、较大的二尖骨针（oxeas）；腹腔壁是由箭头状的三射骨针和四射骨针组成；在出水口的周围分布着一排二尖骨针（oxeas）；领细胞的细胞核位于顶端，幼虫不清楚。

时代：全新世；分布：印度洋和太平洋。

本属无图。

属　*Kebira* Row，1909

主要特征：海绵体呈椭圆形柱体，它具有中央腹腔和顶面的出水口；皮层是由较小的、箭头状的三射骨针组成，在其之下还有较大的二尖骨针，都呈纵向排列；腹腔壁是由较小的、三射之间等距离或箭头状的三射骨针组成；海绵体的内部可见一束一束的箭头状三射骨针，它们的成对的射通常指向腹腔；领细胞核的位置和幼虫状况均不清楚（图 252）。

时代：全新世；分布：红海。

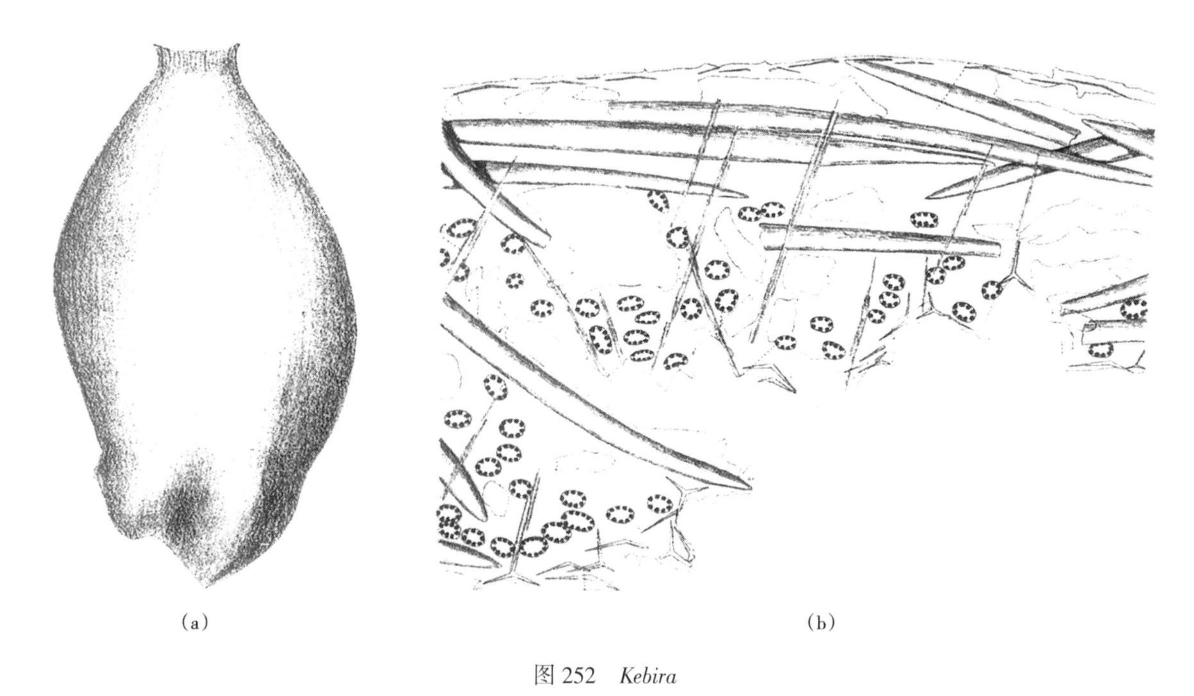

(a)　　　　(b)

图 252　*Kebira*

（a）一个瓶形海绵的侧边缘图，×6；（b）海绵体的纵切面，可见较大的二尖骨针和较小的三射骨针，×40

目　Sphaerocoeliida Vacelet，1979　球腔海绵目

此目的海绵只有化石，而无现代的代表，其特征是形态具有串管海绵的形态；所含的骨针有三射骨针、四射骨针以及由此引导出来的其他形态，如箭头状骨针，它们都埋在纤状或粒状方解石基质之内；在这方面，Reid（1968）已做了充分的描述。至少有两个属，即富孔泡沫腔海绵 *Tremacystia* Hinde，1884 和球腔海绵 *Sphaerocoelia* Steinmann，1882，以箭头状骨针占优势，这样就倾向于归属灰质海绵亚纲，但并不要求归属灰质海绵亚纲。而在另一方面，巴罗斯海绵属 *Barroisia* Munier-Chalman 所含的三射骨针似乎是等三射骨针，如果这一特征能被识别的话。可是这些骨针都是典型的钙质海绵亚纲所具有的骨针。在 *Barroisia* 一属内还存在一端呈球形的单轴骨针，这样它就相似于普通海绵的韧海绵目（Hadromerida）；如果这些骨针是接近于一端呈球形单轴骨针，也可考虑为杂硬海绵目（Poecilosclerida），同时它们的方解石骨骼还具有纤状显微结构，这样，此属也许能归属其他地方。如果存在着真正的三射骨针，那么似乎理应归属钙质海绵纲，而不是普通海绵纲。无论如何，这是值得注意的是：几乎所有高钙化海绵，不管是韧海绵目，或是杂硬海绵目，如以骨针为基础来考虑，都具有方解石的基本骨骼。在韧海绵目的刺毛海绵（Chaetetids）出现画笔状显微结构；在韧海绵目的针刺刺毛海绵（Acanthochaetetids）内为层纹状显微结构。而在 *Cassianothalamia* 和其相关属种中，以及层孔海绵内的 *Newellia* 则显示微粒显微结构（Wood，Reitner and West，1989；Cuif and Gautret，1991；Mastandrea and Russo，1995）；当前在缺乏明确的相关关系的证据的情况下，我们仍暂时将 *Barroisia* 置于球腔海绵科。

时代：二叠纪—白垩纪。

科　Sphaerocoeliidae Steinmann，1882　球腔海绵科

属　*Sphaerocoelia* Steinmann，1882　球腔海绵属

主要特征：海绵体是由球形或半球形的房室连接而成，从外表能清晰地见到各个房室；这些房室排列成弯曲的线形，并显示向上增大的趋势；在每一个房室的顶面中央有直径较大的出水口，但无内壁；海绵体的外面

有密集分布的、呈圆形或多角形的微孔；房室的间壁与前一房室的外壁是相连的，间壁上也有微孔（图 253）。

时代：二叠纪—白垩纪；分布：突尼斯产于二叠纪；德国、法国、捷克以及斯洛伐克均出现于侏罗纪到白垩纪。

属 *Barroisia* Munier-Chalmas，1882 巴罗斯海绵属

主要特征：海绵体呈锥状的圆柱体，或呈分叉的小管，从外表不能识别分节的状况；中央腹腔约占海绵体直径的 1/3；外壁显示网格状的特征，具有接近于多角形或接近于星状的外孔；房室很低矮，房室之间的间壁缓缓地拱起，其上有多角形的微孔；内壁连续延伸，在每一个房室的内壁上有较大的、圆形的内孔，可构成水平的旋环；外壁是由内层和外层组成，其内层是由那些平行于外壁的三射骨针组成，而外层则由羽状排列的一端呈园球的附尖骨针（tylostyles）组成，所有这些骨针都分布于很细的纤状基底之内（图 254）。

时代：白垩纪；分布：捷克、斯洛伐克、英国、法国、德国、希腊、西班牙和罗马尼亚。

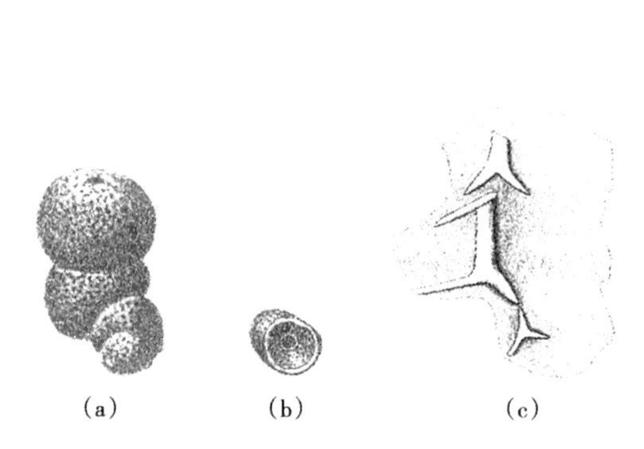

（a） （b） （c）

图 253 *Sphaerocoelia*

（a）多孔的球形房室，它们排列成线形，并向上增大，×2；（b）顶视图，可见中央的出水口和其周围的微孔，×10；（c）三射骨针的素描图，×50

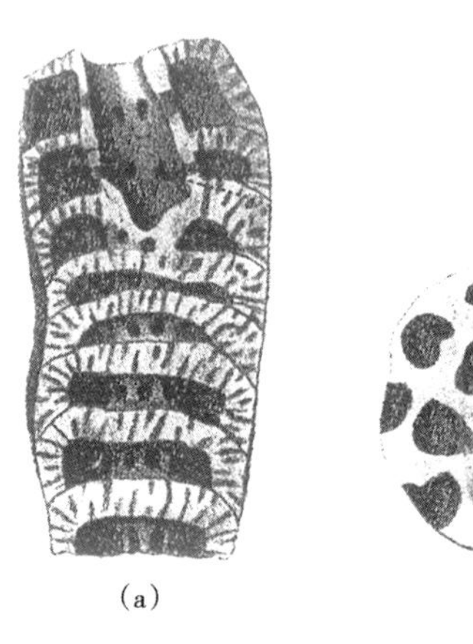

（a） （b）

图 254 *Barroisia*

（a）纵切面，可见管形的腹腔、多孔的外壁和多孔的房室间壁；腹腔壁上有内孔，×3；（b）外壁的弦切面，可见形状不规则的进水孔，×10

属 *Sphinctonella* Hurcewicz，1975 串管状钙质海绵属

主要特征：海绵体呈块状，有时呈包覆状，它们是由水泡状的房室组成，其截面呈不规则的椭圆形；在那些较大的房室之间还插入许多较小的房室；房室的外壁呈微小的泡沫状，外壁上的微孔与这些泡沫相互沟通；各个房室之间是籍助那些大的孔相互沟通（图 255）。

时代：侏罗纪；分布：波兰。

属 *Thalamopora* Roemer，1840 腔室孔海绵属

主要特征：海绵体呈锥形的圆柱体，体型较小，偶见分叉的圆柱体；中央腹腔约占海绵体直径的 1/4 或更多一些，在其周围分布着球形的房室；外壁上的微孔直径接近于间壁上的微孔的孔径，均呈圆形；这些微孔虽然较小，但数量很多，且紧密排列；未见骨纤结构（图 256）。

时代：白垩纪；分布：德国。

属 *Tremacystia* Hinde，1884 富孔泡沫腔海绵属

主要特征：海绵体是由相互叠覆的球形房室组成，它们形成一串一串的往上增大的分支体，其最后的那个房室明显地增大，而且显示圆球形；在每一个房室的顶面中央均有一个较小的、圆形的中央出水口，但没有见到腹腔壁；海绵体的外壁上的微孔较小，呈圆形，它们之间的间距要比直径稍大一些；间壁实际上就是下伏的房室外壁往内延伸而成，它也有微孔；有一个模式标本中的最后的一个房室内出现无微孔的中央管，它与前一房室的泡沫结构具有相似的结构；外壁是由较小的、非常纤细的、箭头形的三射骨针组成，其中一对射围绕着微孔弯曲；除了这些较小的骨针以外，还有较大的三射骨针和四射骨针，其中成对的射几乎水平

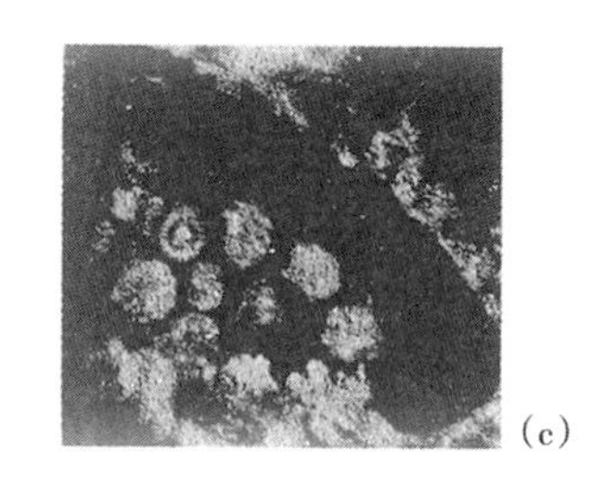

图 255 *Sphinctonella*

（a）正模标本，可见已破损的表面，其组成房室具有不同的大小，×1；（b）已放大的海绵体的表面，方框表示房室，×8；（c）房室的放大图，房室内有填充组织，×10

伸展，而不成对的射则指向下方；如有第四射时，它们往往指向里面；骨针也许未被胶结，或一部分，或全部胶结在成岩作用形成的粒状方解石之内（图 257）。

时代：白垩纪；分布：英国和法国。

目 Lithonida Doederlein, 1892 石海绵目

由侏罗纪到现代的一类海绵。根据领细胞核的位置和幼虫的类型，这些海绵显然归属灰质海绵亚纲内。当前的海绵原来是与 Minchinellidae 一科具有共同的边界，即它们的主要骨骼是由那些四射骨针与纤状方解石融合而成，但是，Vacelet（1981）将其扩大，并包括了其他两个现代高钙化灰质海绵科：①石生物海绵科 Petrobionidae；②鳞复沟型海绵科 Lepidoleuconiidae；前者的主要骨骼是由不含骨针的方解石组成，其显微结构显示纤球状和画笔状，而后者的特征是其外面覆盖着由等角的三射骨针增大而成的、相互叠覆的鳞片，这样就形成了外面的盔甲，如同钙质海绵亚纲的默里海绵目（Murrayonida）。对于这两个科，可以考虑单独成立各自的目。但是，为了方便起见，我们仍然将它们归属石海绵目内讨论。此目包括下列三个科。

时代：侏罗纪—全新世。

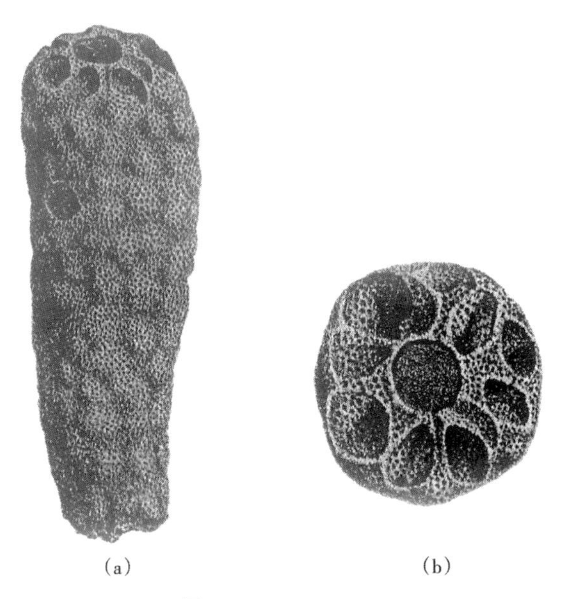

图 256 *Thalamopora*

（a）一个典型的海绵体的侧边缘图，可见腹腔的外面分布着许多球形的房室，×2；（b）顶视图，可见位于中央的腹腔和其周围的球形房室，×3

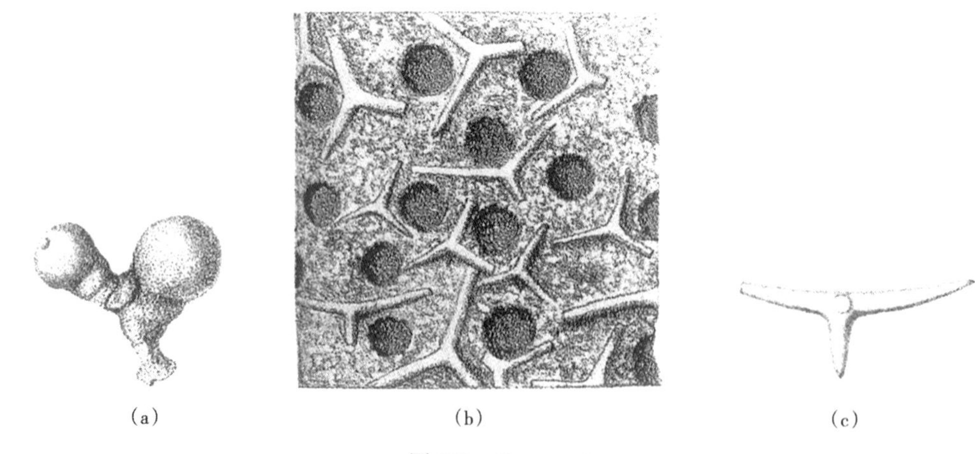

图 257 *Tremacystia*

（a）海绵体的侧边缘图，可见球形房室，×1；（b）外壁的一部分，可见圆形的进水孔和较大的、分布在皮层内的四射骨针，×30；（c）从皮层上脱落下来的四射骨针，×50

科 Lepidoleuconiidae Vacelet，1967 鳞复沟型海绵科

属 *Lepidoleucon* Vacelet，1967 鳞复沟型海绵属

主要特征：海绵体呈隆丘状或包覆状，体型较小；在海绵体的中央有圆形的出水口；由那些三射骨针增大而成的鳞片覆盖在海绵体的外面，从而形成了盔甲；这些鳞片呈三角形，或圆形，它们相互叠覆，在这些鳞片之上又有椭圆形的进水区；这些进水区的周围是由那些未增大的、三射间等角的三射骨针来进行支撑，而在口孔的周围则有部分增大的、各射之间等角的四射骨针，其短的第四射指向出水口；海绵体的内部仅见较小的单轴双射骨针和较小的四射骨针；在进水区还有外面有刺的单轴双射骨针；领细胞的细胞核位于顶端，而幼虫则为两囊幼虫（图 258）。

时代：全新世；分布：印度洋和太平洋。

图 258 *Lepidoleucon*

（a）围绕着口孔分布的骨针，这些骨针是较大的双射骨针和四射骨针，与此相伴的还有较小的双射骨针和四射骨针；有些三射骨针可增大成鳞片，×100；（b）围绕进水区分布的骨针，这些骨针是较大的三射骨针和四射骨针，但也有较小的双射骨针和四射骨针，×100

科　Minchinellidae Dendy and Row，1913　明钦海绵科

属　*Minchinella* Kirkpatrick，1908　明钦海绵属

主要特征：海绵体呈扇形，或耳朵状，其进水面较平坦，而另一面则为出水面；在坚硬的骨骼内分布的进水沟道和出水沟道的周围均有高高隆起的围唇；进水沟道都呈放射状的成排的排列，而出水面上的出水沟道则稀疏分布，而且较大；主要骨骼是由带刺的四射骨针组成，四射骨针内有一根是较直的远射和三根弯曲的近射，它们均被放射状的纤状方解石胶结在一起，从而显示出细小的乳头状表面；进水沟道和出水沟道的周围尚有箭头状的三射骨针，它的一根远射平行于沟道，并指向下方，而成对的射则垂直于沟道，与此相伴的还有四射骨针；四射骨针的第四射均垂直于沟道；无论是三射骨针，还是四射骨针，远射一般比成对的射长得多，但是也有很短的；在这些沟道的底部还可见到音叉状骨针；复沟型海绵均具有两性生殖的特征，并在体内孵化出幼虫；领细胞核位于顶端（图 259）。

时代：全新世；分布：印度洋和太平洋。

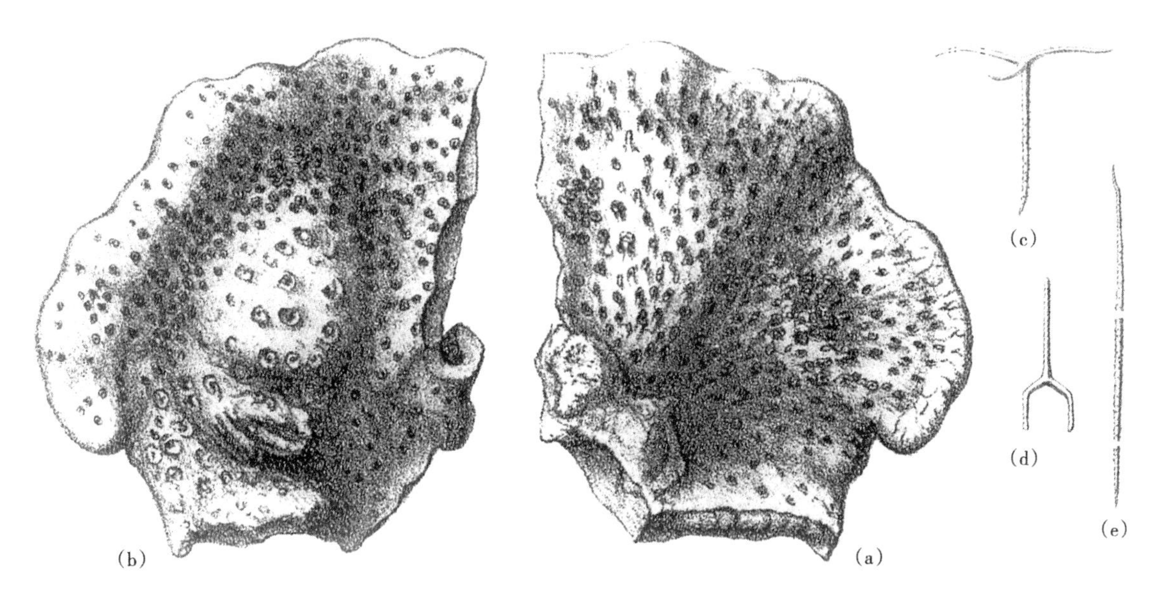

图 259　*Minchinella*

（a）正模标本的皮层表面，即进水面，×1；（b）正模标本的里面，即出水面，×1；（c）四射骨针，第四射很长，而其他三根射几乎相等；（d）音叉状骨针；（e）单轴双射骨针，×200

属　*Bactronella* Hinde，1884　棒海绵属

主要特征：海绵体呈棒形，个体可以分叉，或呈盆形，甚至呈包覆状；主要骨骼是由带刺的四射骨针组成，远射较长，其他三根近射则较短，显弯曲，末端膨大；骨针能排列成行，这样它们的远射可排列成或多或少连续的放射状的长杆，而近射则可勾画出放射状的沟道；较小的三射骨针有正交的近射，它们可以出现在大骨针的边缘，并能连结那些大骨针；骨骼的网格是由那些小骨针融合而成；皮层覆盖着大部分的外表面；出现于外表面的骨针不能在模式种内见到，但在参考种内是由单轴双射骨针和箭头状三射骨针组成；海绵体的基底层均由那些尚未胶结的四射骨针组成，这与主要骨骼的骨针相似，与此同时还有光滑的三射骨针和四射骨针（图 260）。

时代：侏罗纪—新近纪（中新世）；分布：德国、法国、美国、澳大利亚和马达加斯加。

属　*Muellerithalamia* Reitner，1987b　穆勒海绵属

主要特征：此海绵是属于 Minchinellid 型的海绵，它具有方解石的骨骼；海绵体可能具有房室状的结构，但缺乏规则的房室；海绵体内可能存在圆柱形的腹腔；骨骼的显微结构具有正角形到半球形的显微结构，内部结构不规则或具有骨结构；海绵体内具有进水孔和出水孔；在骨纤内分布着坚硬的骨针，这些骨针都是已受到改造的单轴双射骨针、三叉骨针（triaene）和四轴骨针（clathrop）（图 261）。

图 260　*Bactronella*

（a）模式标本的侧边缘图，×2；（b）海绵体横切面的一部分，在外部上有沟道，中央区显示出一般特征，×20；（c）三射骨针的一个射，其上布满了针刺，×200

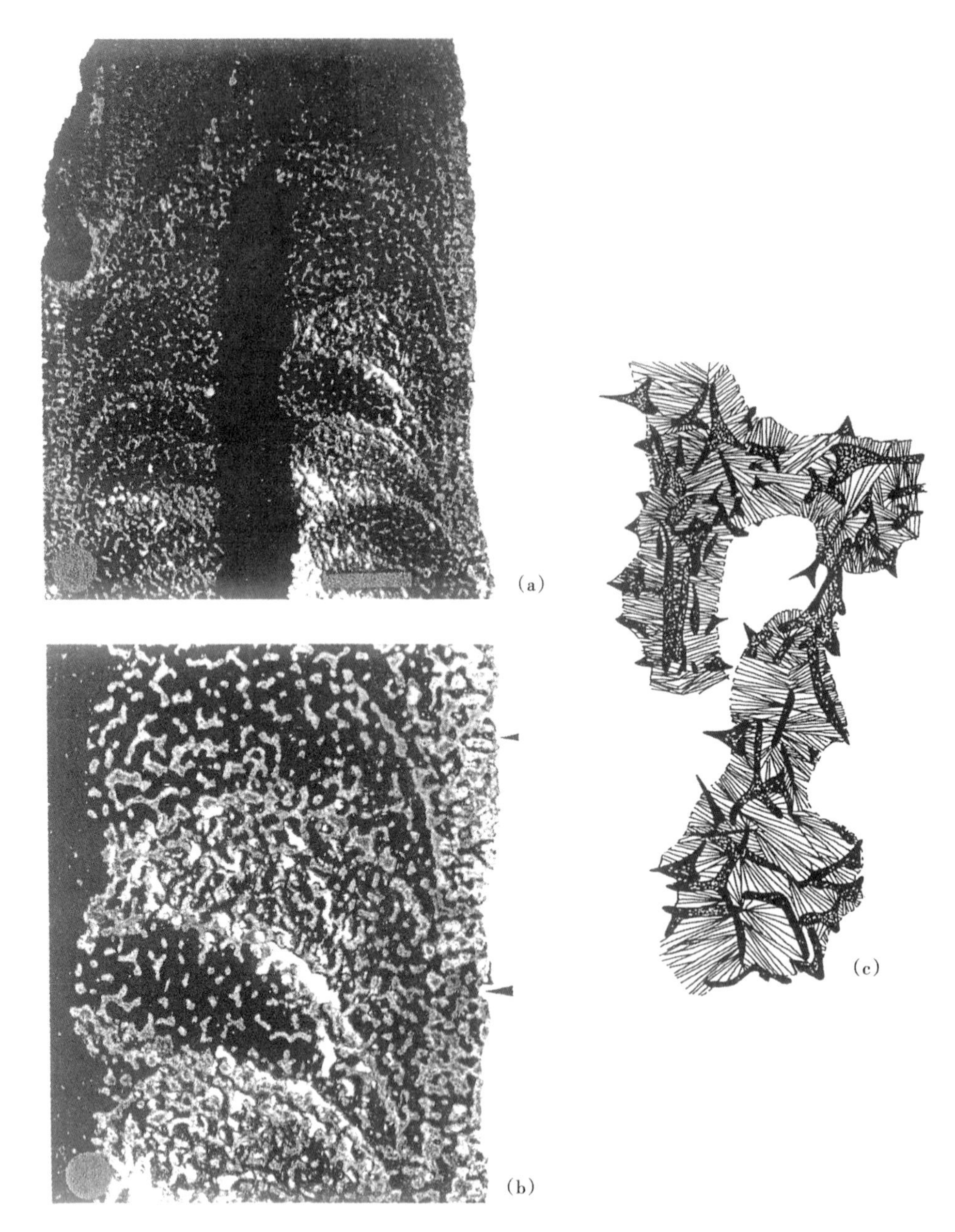

图 261　*Muellerithalamia*

（a）海绵体的纵切面，可见形状不规则的房室和位于轴部的腹腔，×2；（b）上图中的局部外壁，可见较小的进水孔和较大的出水孔（箭头所指），×4；（c）素描图，说明骨骼的显微结构，其内分布着许多骨针，×10

时代：晚侏罗世；分布：德国南部。

属 *Petrostroma* Doederlein，1892 石层海绵属

主要特征：海绵体呈分叉的细枝，从包覆状的层纹状扩张基底往上生长而成；主要骨骼是由四射骨针组成，可见往上延伸和往外伸展的远射相互胶结在一起，从而形成一个连续的网格；这些远射的侧面被细的单位连接在一起，表现出平行于分支顶端的、致密的生长层纹；主要的四射骨针一般外表光滑，其三个拱起的近射指向里面，而远射较直，末端变尖，指向外面；还可见到不规则的、带刺的、较小的四射骨针，它们都充填在网格内；皮层上出现分散状骨针，包括外面光滑的箭头状三射骨针和四射骨针，还有平行排列的音叉状骨针束，后者呈十字交叉。

时代：白垩纪—古近纪始新世；分布：德国、法国、日本。

本属无图。

属 *Plectroninia* Hinde，1900 短棒海绵属

主要特征：海绵体呈无花果状、饼干状，或包壳状，其外面覆盖着皮层；可见较粗的出水沟道，它们均垂直于上表面；主要骨骼是由带刺的四射骨针组成，骨针的远射较长，末端变尖，而其他三个近射较短，弯曲，末端膨大；这些骨针排列成层，其远射指向外面，而近射则通过膨大的末端或通过方解石胶结物固定在下伏的骨针之上；骨针的定向不均匀，而且同心状和放射状的排列也不是很明显；皮层是由那些尚未胶结的骨针组成，其外表面有许多光滑的单轴双射骨针，骨针都是垂直于皮层表面分布；在这层之下分布着单轴双射骨针、光滑的三射骨针、四射骨针、音叉状三射骨针以及呈分散状分布的小骨针，它们都呈不规则的定向；基底层的骨针，如同主要骨骼中的骨针一样，但是都很小，而且未被胶结；周期性的插入基底层，有时还伴有皮层的骨针，也许出现于主要骨骼之内，它们往往平行于海绵体的上表面；推测这些基底层的多次出现，表明此海绵在生长阶段有周期性的间断；领细胞房室在主要骨骼的上层，而储藏细胞则可以出现于基底层（图 262、图 263）。

时代：白垩纪、始新世、中新世以及全新世；分布：美国、澳大利亚、印度—太平洋以及地中海。

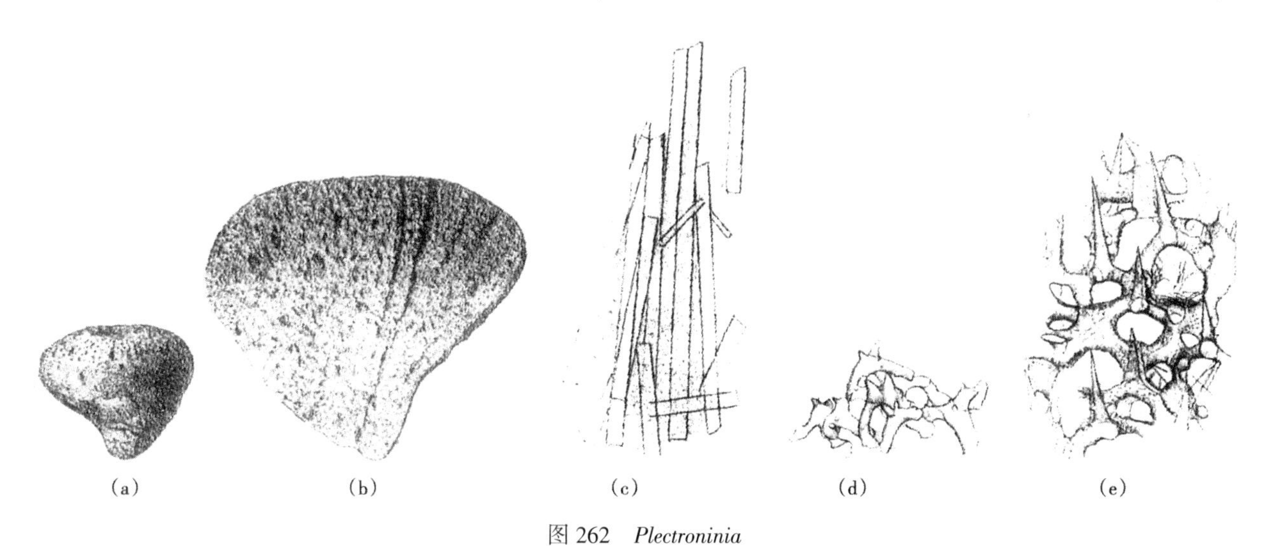

(a)　(b)　(c)　(d)　(e)

图 262 *Plectroninia*

（a）正模标本的侧边缘图，×1；（b）垂直切面，显示沟道的特征，×2；（c）皮层的表面，可见较长的长茅状到唱针状的单轴双射骨针，×100；（d）基底层的碎片，×100；（e）骨骼网格的垂直切面，表示远射呈放射状排列以及其他射的连接状况，×50

属 *Porosphaera* Steinmann，1878 孔球海绵属

主要特征：海绵体呈球形到半球形，半球形的海绵都有同心褶皱的向内凹进的基底，而且海绵体可出现扁圆形到长圆形的变化；球形的海绵有从顶面往下伸展到底面的出水沟道，有时可分叉，或聚合在一端；球形海绵体也许有一部分或整体具有中央腹腔管，这似乎是附着于海草茎或相似物体的模型；在外表面可以见到一块一块的皮层，而半球形的海绵还有同心褶皱的基底层；从海绵体的中央部位或从平坦的底部的中央，散发出许多较细的、紧密分布的放射沟，这些细沟在外表面表现为圆孔；主要骨骼是由四射骨针组成，其较长的远射的末端变尖，且周围有刺，而其他的三个短射的末端膨大；这些骨针都被胶结物胶结成连续的网格；海绵体的下部皮层骨针都是较小的、单轴双射骨针，它们都平行于海绵体的边缘分布，除此之外，还有单轴双射骨针，但呈放射状排列；海绵体上部的皮层则由较小的、光滑的三射骨针和四射骨针组成，且有单轴双射骨针（图 264）。

时代：白垩纪；分布：欧洲和美国。

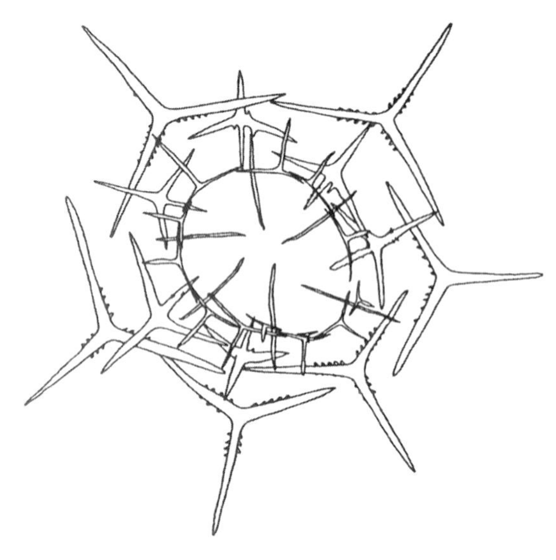

图 263　*Plectroninia*
素描图，表示围绕口孔周围的骨针排布状况，×100

图 264　*Porosphaera*
一个小型的球形海绵，×1

属　*Porosphaerella* Welter，1911　小孔球海绵属

主要特征：海绵体呈棒形，有时群聚在一起产出，有时呈分叉状，有时包覆在其他物体之外；海绵体的基底通常凹陷，并覆盖着同心褶皱的皮层；在纵切面内有很长的、近于平行排列的、较宽的骨纤骨骼，这些骨纤骨骼推测是由那些四射骨针的远射相互融合而成，而这些四射骨针的远射则籍助那些纤细的水平单元把它们连接在一起，但这些水平单元也可能是较小的四射骨针，它们具有正交的近射；在海绵体的底部的同心状褶皱皮层内未见任何骨针（图 265）。

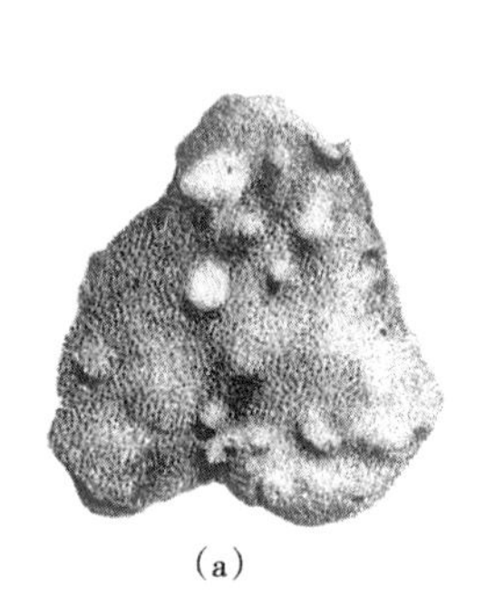

（a）

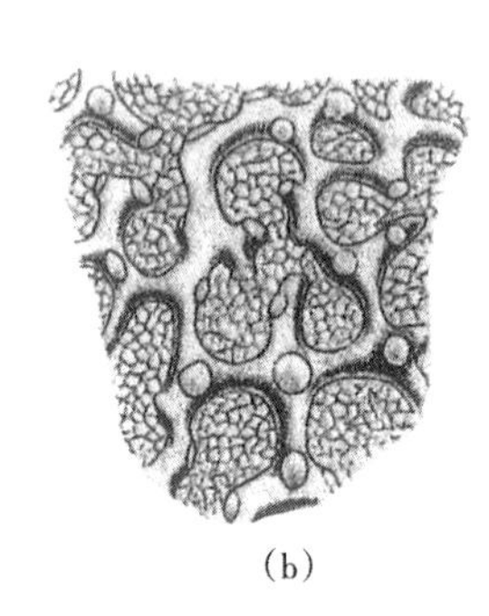

（b）

图 265　*Porosphaerella*
（a）从上面往下观察到的海绵体，可见该海绵呈包覆状、球形，甚至为瘤状，×1；（b）皮层的一部分，可见较粗的骨纤骨骼，它们都是由较细的、网格状单元连接而成；骨针射可能从骨纤的连接绞合处往外伸出，×29

时代：白垩纪和古近纪；分布：英国和丹麦。

属　*Retispinopora* Brydone，1912　网状针孔海绵属

主要特征：海绵体较小，呈圆锥状，或像石笋状的海绵体，其底面向内凹进，但有时向外扩张；在底面上有少量的同心褶皱皮层；海绵体外表的微孔实际上是骨纤之间的空间，而此骨骼都是由反足的（anapodal）的三射骨针组成，这些骨针与 *Porosphaera* Steinmann，1878 的三射骨针十分相似（图 266）。

属　*Sagittularia* Welter，1911　箭头形海绵属

主要特征：海绵体呈半球形或包覆状，在它的向内凹进的基底上覆盖着同心褶皱的皮层；主要骨骼是由那些较大的、反足的（anapodal）的四射骨针组成的叠覆层，这些四射骨针具有较长的、外面有刺的远射和较短的近射，而且籍助胶结物把它们胶结成连续的水平层；此外，在大的骨针之间还有较小的四射骨针，从而形成了细密的网格；底部皮层骨针尚不能确定（图 267）。

时代：白垩纪；分布：德国和法国。

图 266　*Retispinopora*
一个较小的锥形海绵，可见其外边缘有许多微孔，×12

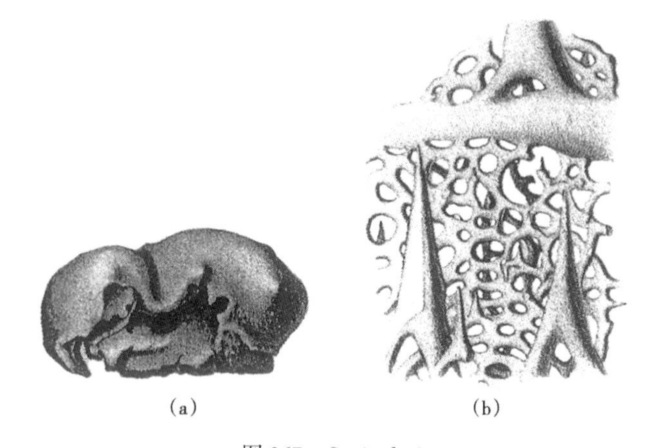

图 267　*Sagittularia*
（a）一个典型的球形标本，×1；（b）骨骼的放大图，可见较粗的杆状骨针，其内有轴沟；在它们之间又有较小的四射骨针，从而构成细密的网格，×29

属　*Tulearinia* Vacelet，1977

主要特征：海绵体呈包覆状生长，体型很小，其外面有圆形的出水孔；在外表面上可见较粗的、唱针式的单轴双射骨针，它们或平行于外表面分布，或突起在外表面之上；与此相伴的还有较大的、箭头状三射骨针，它们相互编织成皮层；在海绵体的内部，还有许多较小的、单轴双射骨针；基底层是由那些较大的、箭头形四射骨针组成，其第四个射均指向上面，而其他的那些不规则的射则与那些较小的、箭头形的三射骨针共同编织在一起；口孔的周围分布着三射骨针的、成对的短射，也可见到四射骨针的成对的短射，但其第四个射均指向口孔的中央；领细胞核位于顶端（图 268）。

时代：全新世；分布：印度洋。

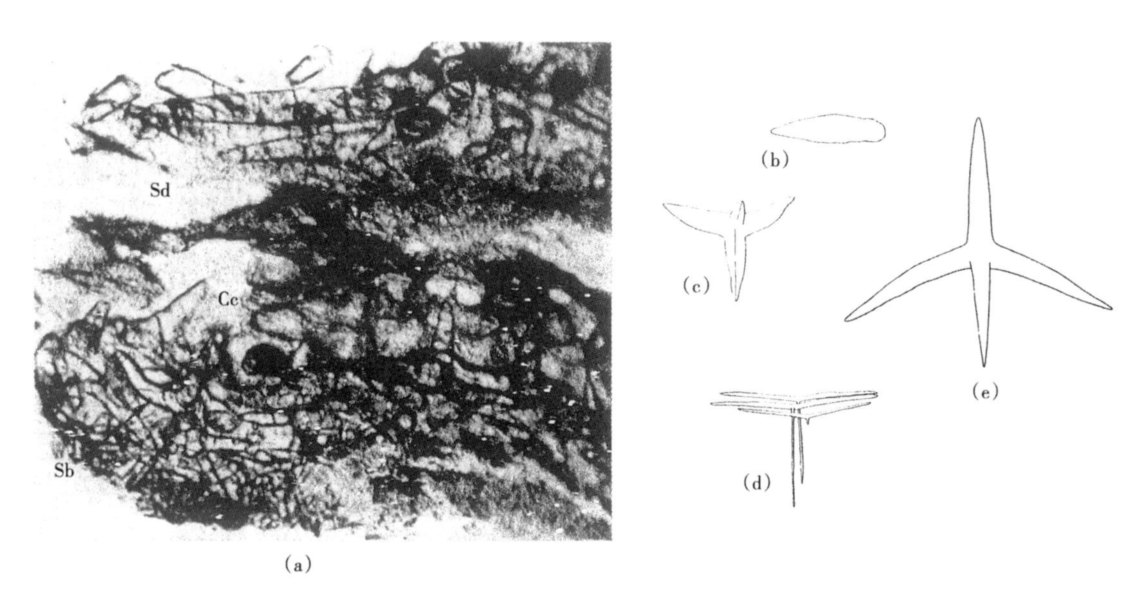

图 268　*Tulearinia*
（a）垂直于口孔表面的显微照片，在口孔的周围分布着三射骨针，×65；（b）外表面的单轴骨针；（c）基底的四射骨针；（d）口孔周围的三射骨针；（e）口孔周围的四射骨针；（b）—（e）均×50

科 Petrobionidae Borojevic，1979 石生物海绵科

属 *Petrobionia* Vacelet and Levi，1958 石生物海绵属

主要特征：海绵体呈球形、圆柱形，或为棒形；主要骨骼几乎都是结实的块体，它们显示不规则的、镁方解石的、纤球显微结构，但其中有一部分显示画笔状显微结构；上表面有深陷到体内的、但很不规则的小洞，活着的软体组织就居住在这些小洞内；此外，活着的软体组织还可以伸展到那些分叉的细缝内，而这些细缝可以穿透到块状骨骼内；肉体的骨针有箭头状的四射骨针和三射骨针、音叉状三射骨针以及小的单轴双射骨针，其中三射骨针中的成对的近射分布在口孔的周围，而四射骨针内的成对的射几乎正交；领细胞的细胞核位于顶端，幼虫为双囊幼虫（图 269）。

时代：全新世；分布：地中海。

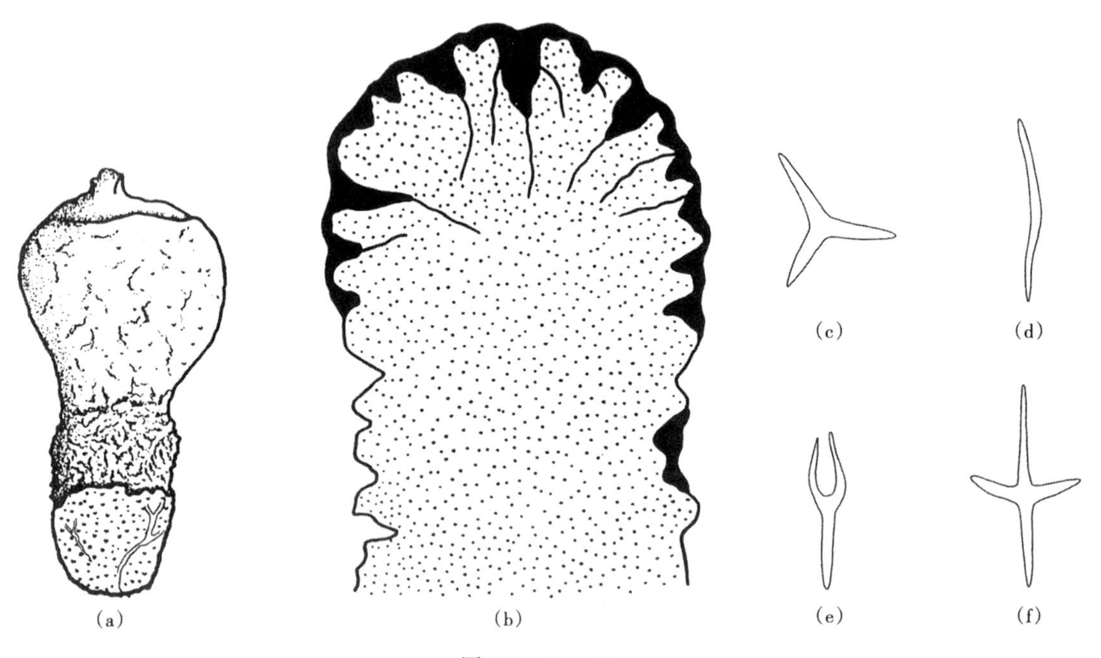

图 269 *Petrobionia*

（a）海绵体外缘的素描图，表示海绵的生长形态，×1；（b）纵向的解剖示意图，其中黑色部分代表活着的软体组织，它们能钻入到块状骨骼内，×2；（c）—（f）表示各种类型的骨针；（c）三射骨针；（d）单轴双射骨针；（e）音叉状三射骨针；（f）四射骨针，约×100

附　　录

附录 1

海绵动物的术语

acanthophores 针刺骨针：这是一种特殊骨针，它在一簇底座骨针的插入点周围分布的特殊骨针，主要分布在 Hyalonematidae 一科。这些骨针形状变化较大，由六射到单射、球形，各射短而粗，并布满了刺。
acantho 针刺：这是字首，代表有针刺或被针刺所覆盖。
acanthostyles 有针刺的附尖骨针或倒刺骨针：在单轴双射大骨针的外面布满了刺。
amararhysis 辅助沟道：在腹腔表面和皮层表面的纵向沟道。在腹腔壁上成为裂口状的沟道，而那些皮层表面的小沟像通向乳头状突起的沟道；这些小沟可能呈分叉状延伸，直指突起。见于 *Ptychodesia*。
ambuncinate 围轴骨针：二射的单轴骨针，其表面布满了与骨针轴呈斜交的小刺。
amoebocyte 变形细胞：利用假足活动的细胞。
amphiaster 双星小骨针：这是小骨针，它是由两个星状骨针联合而成的小骨针。
amphiblastula 两囊幼虫：指幼虫内无鞭毛细胞的区域与有鞭毛细胞的区域具有同样的面积，或鞭毛细胞分布区占大部分，只在一端缺失。
amphidisc（birotulate）双盘小骨针：指两端有小盘的单轴小骨针，或单轴小骨针的两端由许多向后弯曲的叉或爪组成。
amphioxea 双尖大骨针：指单轴骨针的两端呈尖头。
anapodal triradiates：反足三射骨针。
anatriaene 前三叉大骨针：指单轴骨针的一端具有三个向后弯曲的爪。
anchorate 锚状骨针：在骨针的两端有四个爪（claw）或具有四个爪的小锚（grapnel）。
anchor 锚状骨针：这是底座骨针，指骨针的一端有锯齿状的圆盘或退化的射。
anisoidal 不等：指分叉的类型，其二级射的长度很不相同。
aniso 不等：这是字首，代表骨针射的长度和形状很不相同。
ankylosis 关节强硬：骨针之间或骨针的各个射之间有硅质沉积将其融合在一起，使骨骼更为强硬。
anomoclad 异杆骨片：这是大骨针，代表具有无轴的网状骨片（anaxial desma）。
apical cone 尖锥：指底座骨针的上端呈尖锥，它能伸入腹腔之内，或在腹腔壁上。
apochete：出水沟道，指从鞭毛房室的出水口到出水孔（apopore）之间的路程。
apopore 出水孔：海绵体内的水流从腹腔壁上的小孔流到腹腔，并到体外，这些小孔，称为出水孔。
apopyle：指鞭毛房室的出水孔。
aporhysis 出水沟：从腹腔表面的联结骨针的下面，穿过体壁的沟道；这些沟道通常垂直于体壁，并消失于体壁的不同部位。也相当于 apochete。
aporrhysum 出水沟：相当于 apochete。
arcuate 拱起钳爪：指单轴小骨针的两端具有拱起的钳爪。
ascon 单沟形海绵：指一个最简单的海绵，其内只有一个宽大的腹腔。
aspidoplumicome 盾形花丝骨针（小骨针）：其二级射是从盾形的圆盘的边缘伸出的，像一朵花朵。
aspidoscopule 前圆盘骨针（大骨针）：单轴骨针，其一端具有圆盘。
aster 星状骨针：其 1~6 个原生的一级射的末端可分叉成许多二级射；其原生的一级射在成熟期可融合在

一起，因而不易识别。

atrial cavity（atrium，gastral cavity，paragaster，vestibule）：腹腔。

atrialia：腹腔表面的骨针。

aulocalycoid：网格状骨骼，可见骨针射相交点融合在一起，而不是平行排列的一对射融合在一起。

autocanalaria 沟道骨针：分布于沟道表面的骨针。

autodermalia（dermalia）皮层骨针：分布于皮层表面的骨针。

autogastralia（autoatrialia）腹腔壁骨针：分布于腹腔表面的骨针。

axial canal 轴沟：硅质骨针的中央轴部的丝状体所占据的空间。

axial cross 轴沟相交点：在六射骨针内轴沟的相交点，即骨针中心。

axial filament 轴丝体 ：在硅质骨针内的中央轴沟内的有机丝体。

basalia 底座骨针：从海绵体的底部伸出的骨针，以便固定于底质之上。

basidictyonal plate 底盘：由六射骨针首次形成的硅质骨骼，用以将这些硅质骨骼固定在坚硬的底质上。

basiphytous（e）或 basiphytes：将硅质骨骼的底盘固定在硬的底质上的方法。

birotulate，birotule 双盘骨针：这是小骨针，指骨针的两端各有一个小盘。

blast 由此产生：这是字尾，即表示由此产生的。

bottom plate 底板：管形海绵或锥状海绵下端的穿孔板，仅有一个单板，如 *Euplectella*，或为一组板，如 *Regadrella*。

calthrops 四轴骨针：这是大骨针，此骨针的各个射的长度相等，它们好像从一个四面体的中央伸向四个角。

calycocome 花萼丝骨针：指六射星状小骨针，其二级射是从其坚硬的花萼分出来的。

calycoidal 花萼状：指二级射是从一级射的花萼状的末端伸出的。

calyco 花萼丝：指骨针的名称，具有花萼状分叉的骨针。

canalaria 镶沟骨针：指在沟道内的骨针或镶在沟道边的骨针。

canalization（skeletal canalizatation）骨骼沟道化：在六射网格海绵中，沟道的发育归因于围绕着已存在的空间生长了网格骨骼的缘故。

capitulum 冠或头：指小骨针的一级射的末端成为粗大的头或前四爪骨针（scopule）的每一个爪与骨针杆连接处。

carina：在网结状六射海绵内的体壁联合线。

cavaedia（cavaedial）：皮层表面的凹陷，往往充满了皮层骨针。

centrifugal（proclined）：离心。

centripetal（reclined）：向心。

centrum 骨针中心：这是骨针的中心，由此伸出各个射。

chamber 房室：指海绵体内的空腔，其周围都分布着有鞭毛的领细胞。

channel：指网格骨骼内的孔隙，完全不同于那些水流通过的海绵沟道（canals）。

chela 钳爪骨针：这是一个小骨针的两端伸出一个钳爪，像一个螃蟹的两个爪。

chiaster 叉星小骨针：这是星状小骨针，其各个射呈粗棒。

choanocyte 领细胞：即具有领子的鞭毛细胞。

choanosomal（parenchymal）体内：指皮层与腹腔壁之间的骨骼和骨针所占据的位置。

cladome 枝辐群：指一簇叉或一簇分支。

clad 叉：指三叉大骨针中位于末端的三个叉之一。

clavate 棒形：指一个骨针射的远端成为棒形。

clavidiscs 圆盘骨针：骨针呈椭圆形的圆盘，中央有孔。

clavule 前锯盘骨针：这是大骨针，指单轴骨针的一端饰有锯齿状小盘。

cleme 倒刺骨针：这是大骨针，指单轴骨针上具有倒刺，如同倒刺骨针 uncinate。
cloaca 腹腔：在海绵体中央的大型出水腔。
codon：铃状，代表骨针射末端的形状，像喇叭或铃状。
collen 胶状的：这是字首，代表胶状物。
columella：小柱，指一簇底座骨针的上部，它们位于海绵体内，如 Hyalonematidae 科。
come：这是字尾，指小骨针的二级射，如 graphiocome 丝状射，floricome 花丝射，pappocome 茸毛射，discocome 小盘。comes = satellite 星状的；kohn = hair 头发。
comitalia 伴骨针：与主要骨针相伴的的辅助骨针。
conule 小尖：代表一个锥体的表面突起，一般覆盖在一个纤针的末端。
coring 内核骨针：指分布在一个针束内的骨针。
coronal 口缘：指出水口的边缘区。
cortex 皮层：指海绵体外面的较厚的、坚韧的覆盖层。
cribriporal 筛孔：指一群小孔，它们分布于海绵体表面凹陷部位。
crook 钩子：单射的基底骨针，其远端可弯曲超过 180°，成为钩子。
cuff 袖口或翻边：围绕主要的出水口边缘呈领子状的突起。
cusped 有尖端的：指一个骨针射的末端，带有一个刺或许多刺。
cuspidate 有尖头的：指带有刺的大骨针，但这些刺并非倒刺。此词常被 sceptre 所取代。
cysten 有气泡：这是字首，代表气泡或胶囊。
dendritic：呈树枝状的分叉。
dermalia 皮层骨针：指分布在皮层的骨针。
dermis 皮层：指皮肤状的外面覆盖层。
desma 网状骨片：指那些形状不规则的骨针，它们的外面具有团块状的矿物沉积物。
desma 有纤针或韧带：这是字首，代表纤针或韧带。
diactin（diactine spicule，diact，oxydiact，rhabdodiactin）单轴双射骨针：具有两个射的骨针，这两个射位于同一个轴上，且两个射具有相同的末端。
diactine 双射：指有两个射。
diact 单轴双射骨针：这是大骨针，指两端变尖的单轴双射骨针。
diaene 二叉骨针：这是大骨针，像前三叉骨针，但其前端仅有两个叉。
diancistras 扭曲骨针：指该骨针的形状如同 C 字形的小骨针；或称双钩骨针。
diarhysis 骨骼沟道：指网格骨骼内的放射状沟道，它们完全穿过外壁，呈蜂窝状排列。
diaxon 双轴骨针：具有两个轴的骨针，如十字骨针、L 形骨针。
dichotomous（isotomous）二分叉：指海绵体呈 Y 形的分叉，分叉体大致相等。
dichotriaene 二叉三杈杆式骨针：这是大骨针，指单轴骨针，其一端的三个杈的末端又分裂成两个支。
dicranoclone 膨头骨片：这是大骨针，或称网状骨片，其末端具有粗大的末端，像火车的车钩。
dictyonal beams：在网格骨骼融合点（瘤）之间的每一个支柱。
dictyonal cortex：网格骨骼的表面层，完全不同于骨骼中部的网格骨骼，它门可以伸入到海绵体内不同的深度。
dictyonal meshes：网格骨骼的网孔。
dictyonal skeleton（dictyonal framework）：由六射骨针相互联结而成的坚固的骨架，它们存在于六射海绵目和小灯状海绵目。
dictyonal strands：由许多六射骨针相互联结而形成了纵向相连的小柱，或由单个的六射骨针射伸展而成的纵向小柱，如同连续的硅质丝状体。
dictyonalia 网格骨架：指六射骨针，它们融合在一起，就形成了网格构造。

dictyorhysis 网格通道：指网格骨骼内的正常的网孔，而不是那些专门的进水沟和出水沟。
diplodal 等孔型：指海绵的房室内具有直径相同的进水孔和出水孔。
diplorhysis：海绵体既有进水沟，又有出水沟，但它们叠覆在一起，能起不同的作用。
diaster 双射的小骨针：此双射的末端可分叉。
discasters：在主杆上有锯齿状的圆盘或轮状的刺，这是小骨针。
disco（umbel）：小盘，或一个骨针射的末端呈锯齿状或圆盘状的小盘。
discoctaster 八射星状小骨针：指具有 8 个一级射的星状小骨针，由每一个射伸出二级射；这些二级射的末端均呈盘形。
discohexactin：六射星状小骨针，其二级射的末端为盘形。
discohexaster 六射星状小骨针：它有六个射，其末端有许多二级射，这些二级射的末端均以小盘结束。
discoidal 圆盘状：指一级射或二级射的末端呈盘形，此小盘具有锯齿状的边缘。
discomultiaster：指星状小骨针，它具有许多一级射，一般多于 8 个，而二级射的末端均为盘形。
discoplumicome：这是星状小骨针，其一级射的末端呈盘形，而二级射呈花丝状。
discostauractin（tetradisc，discotetractin）：指四射骨针，其末端为圆盘形。
discotriaene 圆盘三叉骨针：这是大骨针，指骨针前端的三个叉已合并成一个小盘。
drepanocome：指具有针尖的星状小骨针，其二级射呈镰刀状、钩子状或 S 形；它们的最粗段位于每个射的外面的 1/3。
echinating 有刺的：指骨针从骨骼内向外伸出的尖端。
ectosome：海绵体外面的组成部分，如皮层。
endosome 体内：指海绵体皮层之内的内部。
ennomoclone 瘤干骨片：指具有三头骨片和球状骨片的骨片。
epirhysis：进水沟，它起源于皮层表面，在皮层骨针之下；它们在海绵骨骼内呈紧密排列的放射状的沟道。也相当于 prosochete。
euaster 真星骨针：这是星状小骨针，指各射都是从真正的中心伸出而成。
eulerhabd 似蛇形骨针：这是大骨针，类似蛇形骨针，但较其更为弯曲。
eupore 真孔：由皮层到皮层之下的空腔内的小孔。
euretoid 真网海绵骨骼：指具有三维空间的原生网格的海绵骨架，其厚度在边缘区约为两个或多个网格的厚度。相邻的网状骨骼是由分布于各射周围的硅质沉积物联结而成，而这些射通常是肩并肩地平行排列。
eurypylorus 宽幽门孔的：指房室具有很大的出水孔。
eutaxiclad 叉杆骨片：这是一类网状骨片，其末端粗大。
extradictyonal 附加网格骨骼：即次生的网状骨骼，这些骨骼附加在原生网格上，或在外面，或在里面，或两面都有。
false nodes 假瘤：如在六射网格骨架中的瘤内缺失中央的十字交错，则表示这些瘤并不是六射骨针所形成。
farreoid：这是原生骨骼，指分布在海绵体外缘的单层骨骼，常分布于出水口的边缘。因此，可视为次生骨骼，作为附加的网格层。
fiber 纤针：指较均匀的小柱，比一个针束（tract）更为均匀。
fibula（e）：指弯曲的双射小骨针，其两个射呈弯曲状，但中央拱起。
flagellum 鞭毛：从细胞上伸出的细线，起了螺旋桨的作用。
floricoidal 花丝状：指六射星状小骨针的二级射呈花丝状，组成花朵。
floricome 花丝骨针：六射星状小骨针，从一级射的末端可长出呈花丝状的二级射，组成花朵状。
floroscopule：这是前四爪骨针，其每个爪呈向外弯曲的小支，支的末端成棒形；整个小支从横向看，像喇叭形；见于 *Sclerothamnus*。

forceps 镊子状骨针：这是小骨针，像镊子状的骨针。
fusiform 纺锤形骨针：指纺锤形的骨针，即骨针的中部较两端的尖头粗。
fustiscopule，strongylscopule：这是前端有四爪的单轴骨针，其每个爪的末端成为棒形。
gastral cavity，cloaca：腹腔。
gastralia 腹腔壁骨针：分布于腹腔壁上的骨针。
gemmule 芽球：指在一个保护囊之内的海绵胚胎。
geno 有性的：这是字首，表示有性的。
graphiocome（graphiocom ，graphiohexaster）线丝六射星状小骨针：其二级射呈并列的丝体，它们从一级射的、像圆盘状的末端伸出。
hastate 矛头骨针：这是圆柱状棒形大骨针，其两端呈小锥状。
hel：这是字头，指骨针射的末端向同一个方向弯曲，形成螺旋状。
heliodiscohexaster，solaster，heliohexaster：呈球形的小骨针，围绕骨针中心伸出了长度不等的二级射。
hemi，hemy：六射星状小骨针，它们拥有数量不等的二级射，通常有一个或数个一级射携带一个二级射。
hemidisc 双盘骨针：它拥有两个直径不等的小盘。
heterotomous（=spiral alternate 螺旋状交替，dendritic 树枝状）：指海绵的主轴是连续和明显时所产生的分叉的类型。
hexactine 六射骨针：指有六个射和三个轴的骨针，其各个射的长度和形状均相同，它们彼此垂直相交。hexactin 代表名词，如 a hexactin 一个六射小骨针，而 hexactine 代表形容词，如 a hexactine spicule 一个六射的骨针。
hexadisc 六射小骨针：其各射的末端呈圆盘。此词用于 Amphidiscophora 双盘海绵亚纲；而在 Hexasterophora 六星海绵亚纲则称末端呈圆盘的六射小骨针 discohexactin。
hexaster 六射星状小骨针：其各个射的远端均分叉，形成许多二级射。
histo 有组织：这是字首，指组织。
holactine：指无二级射的骨针。
holactinoidal：表示骨针射的末端无分叉。
holo：这是字首，代表此骨针缺失二级射，如 holoxyhexaster。
hypoatrial：指腹腔壁之下的整个面积。
hypoatrialia ，hypodermalia：这是大型骨针，它们的贴面射分布于腹腔壁表面之下的海绵体内，每一骨针的近端射则指向体内。这些骨针通常为五射骨针，用以支撑上覆的腹腔壁骨针。
hypodermal：指皮层之下的整个海绵体的面积。
hypo 在某物之下：这是字首，指在某物之下，代表一部分在外膜内，而一部分可扩展到体内。
inhalant canal 进水沟：用于输送水流的管状通道，它从皮层表面延伸到海绵体内，其周围是软体组织。不等于由网格骨针所成的 epirhyses。
intercavaedia：呈迷宫状分布的小管之间的、相互连接的空间，通常有皮层骨针充填。
intermedia 辅助骨针：指海绵体骨骼中的辅助骨针，它们分布于主要骨针之间。
intradictyonal：在生长的边缘所形成的主要网格骨骼，在这些骨骼内就发育了沟道（channels）。
iso 等同：这是字首，指相同之意。
keratose 角质骨骼：与海绵丝有关的角质组成海绵骨骼。
kyphorhabd 瘤棒骨针：具有两个射的单轴大骨针，沿着一边饰有一排小瘤。
labyrinthine：指沟道呈迷宫状、弯曲无规律的、似蛇曲状分布。
lanceolate：指一个射的末端，呈披针状或矛尖状。
lateral（parietal）osculum：指分布于海绵体侧边缘的口孔，呈单孔，或多个孔，这些孔通常均穿透整个的外壁。

lateralia（pleuralia）：指从海绵体侧边缘伸出的骨针。
leucon 复沟型海绵：与 rhagon 相同。
lipostomous 无孔：缺失肉眼能辨别的小孔。
lonchiole：（1）单轴骨针，它仅有一个射或位于远端的射，它不同于 sarules 和 scopules，后者均具有多个射；（2）双射骨针，其两个射具有明显不同的长度。
lopho：这是希腊字字首 lophos，代表一簇之意，指骨针具有一簇一簇的纤细的二级射。
lophocome：指星状小骨针的二级射。pappocomes：指二级射呈茸毛状；lophohexasters：指六射星状小骨针拥有一簇、一簇的二级射；graphiocomes：指二级射呈花丝状；sigmatocomes：指二级射呈 S 形弯曲状。
lophoidal：指有许多纤细的二级射，它们连着一级射的末端，但未见末端有明显加粗的现象。
lophophytouse（lophophytes）：指海绵体附着于底质的类型，它可用伸出的骨针附着于软底之上或附着于硬底之上；这时海绵体也许悬挂在底质之上，或海绵体的一部分已埋入到底质内。
lychniscosan，lychniscose 小灯状海绵目：指具有小灯状八面体结构的海绵。
lychnisc 小灯状海绵（lychinisk，lantern node 小灯状的瘤）：指六射骨针内围绕骨针中心（瘤）有等长的硅质小樑构筑成八面体。这些小樑分布在各个射之间，连接两个射，共有 12 条小樑，从而形成了像小灯状的八面体。
lyssacine 松骨网：指海绵体的骨骼是由不规则分布的骨针相互搭架而成，而不是熔合在一起。在骨针之间直接的点胶结（point cemetation）和接合作用（synapticulation）只能在成熟生长期才能发生。
maltha 软胶质：此词相当于 mesogloea，即中胶层。
marginal ridge：分布于腹腔壁边缘的薄板或翻边（cuff）。
marginalia（prostalia marginalia）口缘骨针：从海绵体出水口的边缘伸出的骨针，它们围绕着口孔形成一圈。
megaclad 大枝骨片 = megaclone 大柱骨片：指较大的、外表光滑的海绵骨片。
mesenchyme 间充质：指胶状物质，如同 mesogloea，parenchymalia。
mesogloea 中胶层：指海绵体外壁的中间层，均由胶质组成。
mesotriaene 中三叉骨针：这是单轴大骨针，其三个叉位于轴的中间。
microhexactine，microholactine：指小的六射骨针，其每一个射的长度均小于 150μm。
microxea 单轴小骨针：这是单轴骨针，但非常细。
monact ，monactine，monactin 单射大骨针：这是单轴骨针，但只有一个射。
monaene 单叉大骨针：此骨针类似于三叉骨针的形状，但其一端只有一个叉，而不是三个叉。
monaxon：单轴大骨针。
monoxyhexaster：用以区别 oxyholactin 与 oxyhexaster 的不同，前者指骨针的轴沟能伸达每个射的末端，而后者的骨针射无轴沟，只有单射。
mucronate：指骨针的射突然成为一个尖端。
myo 肌肉：这是字首，指肌肉。
oct：代表字首，指一个骨针拥有 8 个射。
octact 八射大骨针：具有 8 个射的骨针，其中六个射位于同一个平面内，另两个射则与其垂直相交。
octaster：八射星状小骨针。
olynthus 雏海绵：指新生的、以附着生活的海绵幼虫。
onychaster，onychhexaster：这是星状小骨针，其二级射的末端呈爪形。
onychoidal 具爪的：指一个骨针射的远端具有一个爪或数个爪、刺或齿，它们通常排列成小锚状（grapnel）；这些爪都是从一级射的末端长出的，但此末端未见膨大现象。
onycho 甲或爪：指骨针射的末端呈爪形。
ophirhabd 蛇形骨针：这是大骨针，指其主轴多次弯曲。
orthodiactine 二射骨针：其组成的两个射彼此垂直相交。

orthotriaene 正三叉骨针：这是大骨针，它是从一个主轴的末端伸出三个叉，但此三个叉均垂直于主轴。
orthotropal：指骨针内笔直的射彼此相交成 90°。
oscularia 口缘骨针：从海绵体出水口的边缘伸出的骨针。
oscule 出水口：海绵体顶端的出水口。
ostia 小孔：指网格沟道的外面的开口。因此，很容易与那些皮层上的小孔混淆不清。
ostium（eupore，prospore）：进水孔。
oxea（amphioxea）二尖骨针：这是大骨针，即单轴双射骨针，其两端具有尖端。
oxyaster 尖星状小骨针：这是小骨针，其各个射的末端明显地变尖。
oxy：表示变尖之意。
oxydiaster，oxydiactine 两尖双射小骨针：指具有二射的小骨针，其各射的末端均为尖端。
oxyhexaster 六射星状小骨针：等于 oxyhexact，其每一个射的末端均为尖头。
oxyoidal：指骨针射的远端成为尖端状。
oxypentaster：五射小骨针，均具有尖的末端。
oxystauraster：十字小骨针，其各射的末端均呈尖头。
palmate 掌形爪状骨针：这是小骨针，也称为钳爪骨针，其两头的爪呈薄片状或鸟翼状。
pappocome：茸毛小骨针，指六射星状小骨针，它具有许多发散状分布的二级射。pappus 意为老人、头发。
paradisc，paramphidisc：双盘骨针，其两个盘不对称。
paragastric 出水腔：它不是指整个的腹腔。
paratetractine：四射三轴骨针，其中两个射在同一个轴内，另外两个射均与其垂直相交。因此，形成三个轴。
paratropal：指骨针射之间并非垂直相交。
parenchymalia comitalia：与主要骨针自然地连接在一起的辅助骨针。
parenchymalia intermedia：分布在主要骨针或网格之内的辅助骨针。
parenchymalia 薄壁：指皮层和腹腔壁之间的体壁，骨针一般位于其内，即相当于 choanosomal。
parenchymella 双囊幼虫。
Parenchymula 中实幼虫：指无鞭毛细胞的区域，非常小。
parietal gaps，parietal oscula 侧孔：分布于海绵体侧边缘的口孔。
pentactine：五射三轴骨针，各射彼此垂直相交。
phago 可吃：这是字首，代表能吃的。
phyllotriaene 片叉骨针：这是大骨针，代表三叉骨针的一种类型，其三个叉呈扁平的薄片，分布在一端。
pinaco 扁平：这是字首，代表扁平或上皮细胞。
pinular 骨针羽辐状：指一个骨针的各射像树枝状的叉枝，主要指羽辐骨针的射。
pinule 羽辐骨针：这是五射大骨针，其一端饰有四个射，而主干上有许多较长的、弯曲的刺。
pinulus：羽辐骨针的一个射。
placochela 宽钳爪骨针：这是钳爪骨针的一种类型，其两端呈圆盘。
plagiotriaene 侧三叉骨针：这是大骨针，代表三叉骨针的一种类型，其一端饰有三个叉，这些叉均与主轴斜交。
pleuralia 侧缘骨针：指从海绵体侧缘伸出的骨针。
plexiform（labyrinthine）：迷宫状。
plumicome 花丝骨针：pluma 羽毛，指从一级射的末端伸出的数个花丝状的圆环。等于 froricome。
polyact 多射骨针：这是大骨针，有许多射，它们都是从中心往外发散。
posticum：出水孔，相当于一个海绵化石出水口或代表腹腔表面的出水沟（aporhyses）的小孔
primary framework 主要骨骼：指网格状骨骼的一部分，它们形成于生长的边缘，而且持续到整个的生命过

程，可见次生的骨骼增加到主要骨骼的外面和里面。
primary ray：六射星状小骨针的各射，它们在骨针的中央小瘤处相连，而它们的远端则可以发育成二级射。这些星状小骨针一般有六个射，且均有位于轴部的丝体或轴沟。
primary rosette：指一个六射星状小骨针的中心部位或其主要的一级射。
principalia 主要骨针：指分布于体壁的那些大骨针，它们成为骨骼的主要组成部分。
prongs 叉子：指前四爪单轴骨针（scopule）位于前端的爪，但它们不是骨针的射，而是针刺。
prosochete 进水沟道：由此沟道，水流进入鞭毛房室。
prosopore 进水孔：由此外壁上的小孔，水流进入进水沟道。
prosopyle 进水口：指水流进入鞭毛房室的进水口。
prostalia atrialia 腔壁骨针：从腹腔壁上伸出的骨针。
prostalia basalia 底座骨针：从海绵体底部伸出的骨针。
prostalia lateralia 侧缘骨针：从海绵体的侧边缘伸出的骨针。
prostalia marginalia 口缘骨针：从出水口周围伸出的骨针。
prostalia，prostal 突出骨针：从海绵体表面伸出的骨针，包括底座骨针（basalia）和侧缘骨针（lateralia，marginalia，pleuralia，oscularia）。
protetraene 前四叉骨针：这是单轴大骨针，其一端饰有四个叉，它们均向前伸展。
protriaene 前三叉骨针：这是单轴大骨针，其一端饰有三个叉，它们均向前伸展。
pseudochannelization（pseudocanalization）假沟道作用：在网格海绵内，由于外壁的褶皱和熔合使其产生沟道状的构造，这完全不同于分布在外壁内的真正的沟道。也称为由皮层骨针和腹腔壁骨针包围着的假沟道，如 *Lefroyella* 的体壁的褶皱。
pseudopod 伪足：从细胞上伸出的、用作临时性移动的突起物。
quadrules 四方形网格骨骼：由那些十字骨针排列而成的规则的四边形网格骨骼。
quadrunx 四方形排列：指网格沟道呈规则地排列，如出水沟和进水沟可以排列成一行一行，但是这两种沟道互相抵销。这是粗肋海绵科 Craticulariidae 的特征。
quincunx 五点形排列：指六射海绵的沟道呈规则地排列，即出水沟和进水沟呈交替错位排列。这是孔网海绵科 Cribrospongiidae 的特征。
regular triact 规则的三射骨针：这是大骨针，该骨针有三个长度相等、彼此相交成 120°的射。
rhabdodiactine：具有两个射的单轴骨针，rhabdo 意为根、主杆。在此，这两个射排列成一个轴，如构造无特殊说明，一切两射骨针都是如此。
rhabd 杆、长棵：指三叉骨针中的主杆，一般均较直。
rhagon 复沟型海绵：指该海绵结构很复杂，它们有许多房室。
rhaphides（raphides）发状骨针：指微小的骨针或骨针的一部分，它们通常代表线丝小骨针中的线丝。
rhizoclad，rhizoclone 根状骨片：这是网状骨片，饰有许多突起的装饰。
rhizoids 根状物：指海绵体底部具有根状构造。
rhizophytous，rhizophytes 根状器官或具根状器官：指海绵体具有根状的器官，它是海绵体的组成部分，而不是从底部伸出的丛状根须。
rhopalaster，rhopalhexaster：这是一种星状的小骨针，通常呈六射状，每个射的末端具有向后弯曲的刺。
rhopaloidal 叉针骨针状：指骨针射的远端膨大成小棒，从这些小棒上长出较长的、向后弯曲的倒刺，或在棒端上长出许多向后弯曲的倒刺。
rhapal：棍杖。
rhopalostyle 棒形骨片：这是团块状骨片，具有分叉的头。
root spicule 根须骨针：从海绵体的底部伸出的根须状骨针。
rooting tufts 根须：从海绵体的底部伸出的许多细根，以此附着于基底。

rosette 莲座状骨针：六射星状小骨针，其每个射的末端具有分叉的二级射。
sagittal triact T 字形的三射大骨针：该骨针的两个射相向排列，在同一个平面内，而另一个射则较长，它与另两个射垂直相交，因而成为 T 字形。
sanidasters：这是小骨针，指其主杆上布满了许多针刺。
sarule 前丛刺骨针：这是单轴骨针，其一端的圆头可长出一簇小刺，而另一端则成为较长的射。
sceptre 前锥刺骨针：从海绵体的侧边缘伸出的单轴骨针，见于 Pheronematidae 一科。此骨针的特点是位于长轴的一端呈尖端，在此尖端还饰有较短的、锥形的小刺。
sceptrule 前端有特殊装饰的单轴骨针：单轴骨针的外表面所饰有的各种特殊的装饰，包括下列术语：scopule 前四爪骨针；clavule 前锯盘骨针；sarule 前丛刺骨针；lonchiole 单尖单轴骨针，仅有一射；aspidoscopule 前圆盘骨针，其一端呈圆盘。
schizorhysis 网结状沟道：指在网格骨骼内的一种沟道类型，这些沟道的特征是以其分叉、又相互连结的方式贯穿于整个海绵的体壁内，如见于刺穿网格海绵科 Tretodictyidae 一科。
sclero 硬：指骨骼，表示硬的意思。
scopule 前四叉骨针：这是大骨针，其前端有四个叉，它们均向前伸展。
secondary framework 次生骨骼：这是局部的网格骨骼，它们是在个体的发育过程中添加到原始网格层。
secondary fusion 次生熔合：指松骨网海绵目内用硅质沉积物将分散的骨针熔合在一起，使其更坚硬。
secondary points of basal attachment 次生的基底附着点：指原始附着点以外的一切附着点。
secondary ray 次生射：指六射星状小骨针的各个射的末端所分离出来的二级射。
selenaster 月亮型星状小骨针：这是小骨针，像星状小骨针，它们位于扭转小骨针之上。
sieve plate 筛网板：此词有两个含义：（1）指那些覆盖在出水口之上的、有穿孔的骨骼板；（2）指腹腔壁之下与海绵骨骼的实体之间所存在的许多孔洞和沟道，主要发育于担盘海绵亚纲 Amphidiscophora。
sigma S 型骨针：这是小骨针，像 C 型或 S 型。
sigmatocome 花朵状六射星状小骨针：这是六射星状小骨针，其二级射呈 S 形，它们一般围绕着一级射的末端排列成圆环。等于 lophocome，tylfloricome，sigmatocome。
sigmoidal 弯曲状：指骨针射的形状，呈 S 形。
solaster 小球形骨针：呈球形的、较大的六射小骨针，一级射的末端为小盘，而二级射的长度不等，它们均围绕骨针的中心呈放射状的排列。
sphaeraster 球形星状小骨针：指具有球状中心的星状骨针。
sphaeroclone 球状骨片：由于中心膨大而成的网状骨片，其形状接近球形。
spherical 球形的：此词有两个含义：（1）用于六射星状小骨针，其二级射的末端均匀地分布，从而使整个骨针的外貌为球形；（2）指骨针射的末端具有球形。
spiraster 扭转小骨针：指骨针的主干已扭转，其上有许多尖刺。
spirodiscohexaster 旋转小骨针：指六射星状小骨针，其二级射呈簇状，并且它们呈螺旋状扭曲。
spongin 海绵丝：这是有机柔软的物质，与头发或角质有关。
spongocoel 海绵腔：指海绵体中央的腹腔。
spur（peg）：指在骨骼边缘处呈游离状分布的骨针射。
stato 胚胎状：这是字首，指海绵的胚胎。
stauract 十字骨针：这是大骨针，指有两个轴、四个射的骨针，这些射均分布在同一个平面内。
staurodisc：指担盘海绵亚纲 Amphidiscophora 中，四个射的一端成为小圆盘的两轴四射骨针；而在六星海绵亚纲 Hexasterophora 内，此词更适合于它们所拥有的四射和四个小盘，但是这种类型较少。
staurographiocome：指只有四个主要射的线丝星状小骨针，其二级射仍呈线丝状。
stauro 十字的：这是字首，指四个骨针射呈十字形相交，其中二个轴在同一平面内。
stellate 星状的：主要指六射小骨针或末端呈圆盘的六射小骨针，在这些骨针内二级射的末端可集合成一簇一簇，从而在这些簇内出现六个不明显的小点。

sterraster 实星骨针：这是椭圆形小骨针，它有许多呈放射状的、末端变粗的射。

strands 骨针射的连续体：指单个射纵向和横向相连而成的连续体。因此，它一般大于网格。

streptaster 链星骨针：这是小骨针，此骨针具有长的杆，其上饰有许多短刺。

strobiloidal 球果状：指骨针中的一级射的末端呈球果状。

strobiloplumicome，strobilocome：指花丝星状小骨针，其一级射的末端呈球果状，由此散发出许多长度不等的二级射，这些二级射形成同心状的圆环，呈花朵状。

strongylaster 棒星骨针：这是星状小骨针，其每一个射的末端呈钝圆形。

strongyle 棒状骨针：这是单轴双射大骨针，其双射的末端均呈钝圆形。

style 附尖骨针：这是单轴双射大骨针，其中一射的末端较尖，而另一末端则呈钝圆形。

subatrial cavities：位于腹腔壁之下的空间，这些空间呈不规则的形状。

subdermal cavities：皮层之下的空间，这些空间呈不规则的形状。

sycon 双沟型海绵：指水流进入体内的进水沟后，又流入另一个进水沟，然后进入腹腔。

synapticulum 接合体：指将骨针或骨针射连接起来的接合物，它是由硅质胶结物组成，它们可能较短，或很简单，或呈拉长的丝状体，表现为分叉、又可连接，这样就形成了硅质网格。这些接合体绝无轴部的丝状体。

tangential，paratangential：指平行于海绵体表面的面，包括外表面和腹腔表面，一切骨针射均分布于这些面内。

tauactine：指有两个轴和三个射的骨针，其中两个射位于同一个平面内，并连成一轴，如 T 形骨针。

tetraclad，tetraclone 四枝骨片：这是网状骨片，它具有四个分支。

tetractine，tetract，quadriradiate 四射骨针：如十字骨针，代表它有两个轴和四个射，每一个轴的两端是射；而 paratetractin 是指它有三个轴，其中一个轴带有两个射，而其他的两个轴只有一个射。

tetradisc：适用于双盘骨针，其双盘是由四个射组成，主要出现于担盘海绵亚纲。

tetraene 四叉骨针：这是大骨针，此骨针类似于三叉骨针，但其一端不是三叉，而是有四个叉。

tetraxon 四轴骨针：凡是有四个轴的骨针，包括四轴骨针和三叉骨针。

theso 储备：这是字首，代表储备之意。

tignule：指具有粗的轴部的双射骨针，像纺锤形的骨针，出现于 *Hyalonema* 一属内。

tine 尖头：指前四爪骨针位于前端的爪。

toko 再生：这是字首，代表能再生之意。

tornate 戟状大骨针或矛头大骨针：这是大骨针，指单轴双射大骨针，其两个射的末端具有矛头。

toxa 弓形小骨针：此骨针的形状似弓箭的弯弓。

tract 束针：许多骨针聚合成为束状。

tricranoclone 三头骨片：有三个大的分支的大骨片。

triactine 三射骨针：指具有三个射的骨针，但这些射分布于两个轴之内，如 T 字形骨针。

triaene 三叉大骨针：此骨针有一根较长的轴，在其一端则有三个叉。

triaxon 三轴大骨针：凡是有三个轴的骨针，均可称为三轴骨针，如音叉状骨针、五射骨针、羽辐骨针。

trichaster：这是六射星状小骨针的一种类型，其各射的末端拥有一簇细线，仅见于 *Trichasterina* 一属内。

trichimella：此名仅用于著名的六射海绵 *Oopsacas minuta* 的幼虫，它具有三个表面分带：无鞭毛的前带和无鞭毛的后带，其中间带则有鞭毛。

trichodragma 毛束骨针：这是小骨针，指由一束纤细的、平行排列的、发状骨针组成。

tropho 营养：这是字首，代表有营养之意。

tuning fork 音叉状骨针：像音叉状的三射大骨针。

tylaster 头星骨针：这是星状小骨针，其每个射的末端呈球形。

tylostyle 球尖骨针指单轴双射的大骨针，其一端呈球形，而另一端仍很尖。

tylodisc，paraclavule：这是较少见的双射骨针，其一端为小盘，而另一端则为一个圆球。

tyloidal：指骨针的末端呈球形。

tylote 双头骨针：这是单轴双射大骨针，其两个射的末端呈球形。

tylo 球形末端：这是字首，代表骨针射的末端呈球形。

typhahexaster：指六射星状小骨针，其各射的末端为小球。

typhoidal 轴隆骨针：这是骨针的一种类型，指骨针的轴部发生突然的膨大，只存在于 *Hyalostylus dives*。

umbel 伞形骨针或圆盘：这是大骨针，指一簇从共同点向外发射、具有同样长度的射组成的骨针，或双盘骨针内的两端具有锯齿状的圆盘。

uncinate 倒刺骨针：饰有倒钩的单轴骨针，这些倒刺均指向同一个方向。

verticillate 轮生骨针：这是大骨针，指单轴双射骨针上有许多针刺，这些针刺排列成类似车轮中的辐条。

附录 2

海绵动物的大骨针

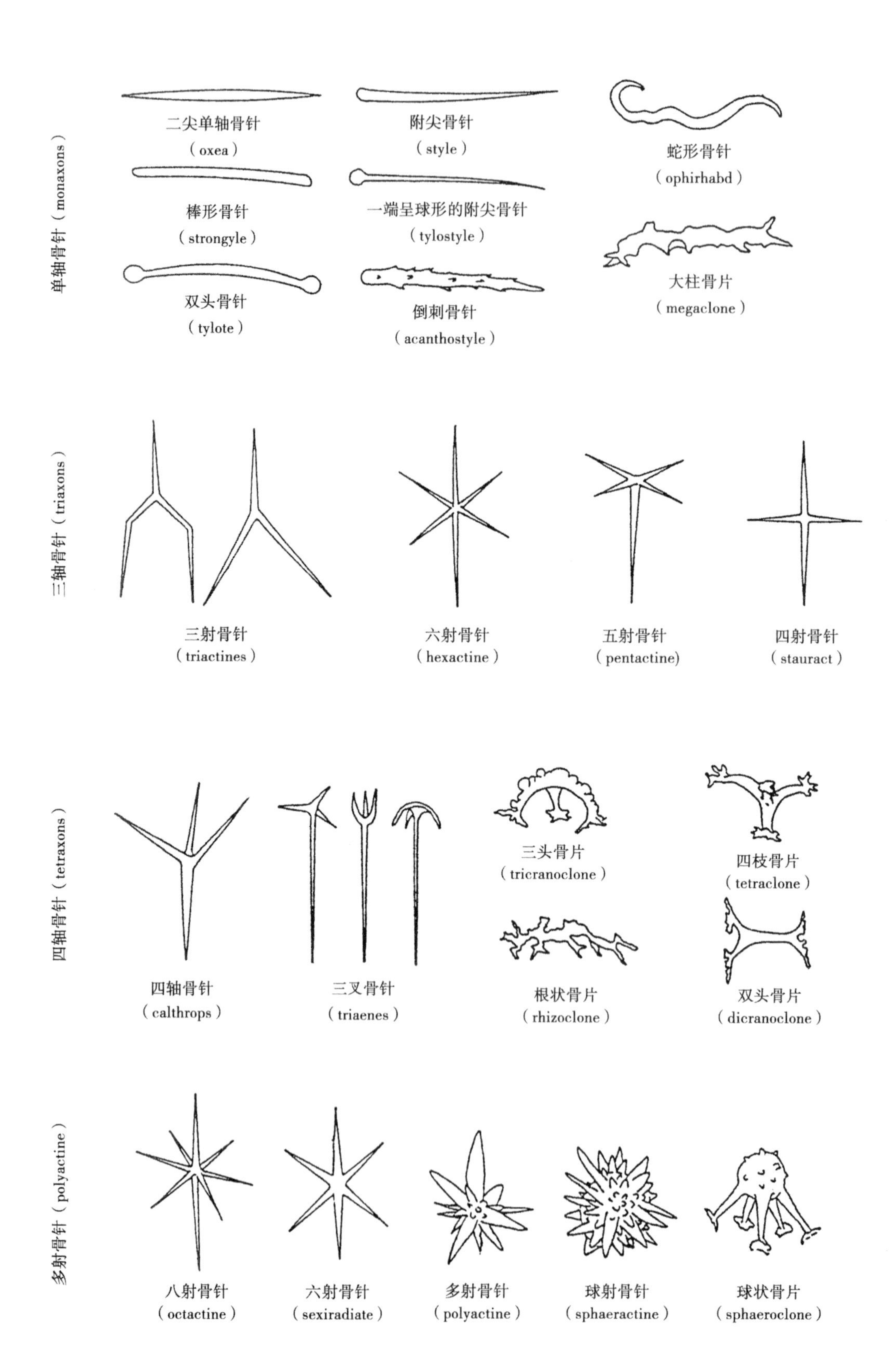

附录 3

海绵动物的小骨针

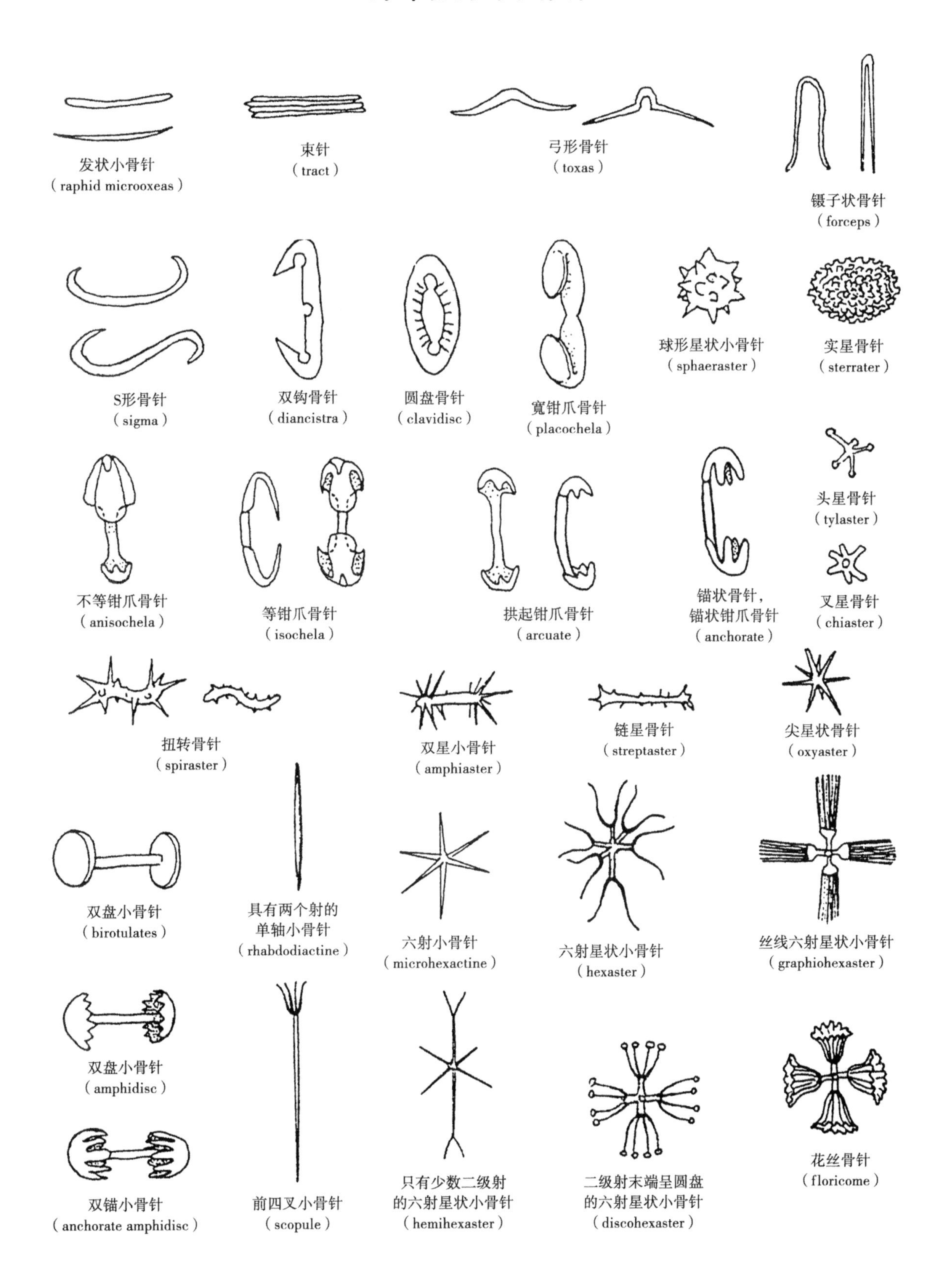

附录 4

钙质海绵纲的两个亚纲的鉴别

钙质海绵纲的钙质海绵亚纲（Calcinea）和灰质海绵亚纲（Calcaronea）的领细胞核和鞭毛有不同的分布状况，以此来区分这两个亚纲。在钙质海绵亚纲内，领细胞核均位于细胞的底部，鞭毛是从细胞上伸出的，如下图的（a）和（d）；而在灰质海绵亚纲内，领细胞核均位于细胞的顶端，鞭毛是从细胞核上伸出的，如下图的（b）和（c）。

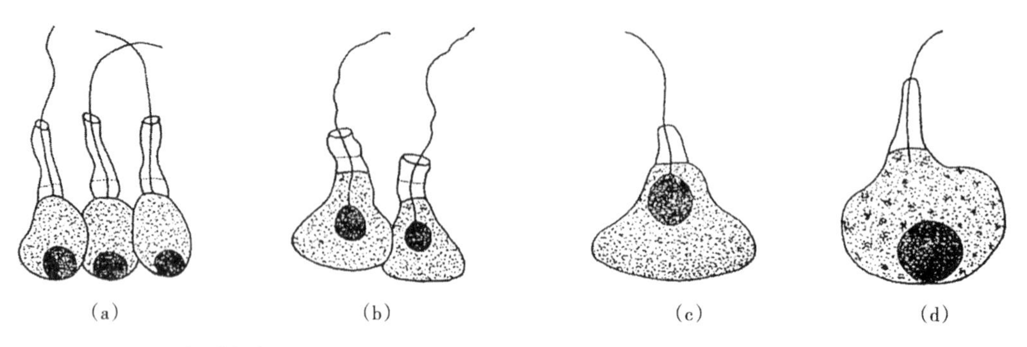

（a）钙质海绵亚纲的 *Clathrina coriacea*；（b）灰质海绵亚纲的 *Leucosolenia complicate*
（c）灰质海绵亚纲的 *Petrobiona massiliana*；（d）钙质海绵亚纲的 *Murrayona phanolepis*

附录 5

高钙化海绵各属按字母顺序检索表

参考文献

（一）海绵古生物的主要参考文献

Bergquist, P. R. 1978. Sponges. University of California Press.

Boardman, R. S., Cheetham, A. H. and Rowell, A. J. 1987, . Fossil Invertebrates. Blackwell Scientific Publications.

Clarkson, E. N. K. 1986. Invertebrate Palaeontology and Evolution. Second edition. Allen and Unwin Publishers.

De Laubenfels, M. W. 1955. Porifera. Treatise on Invertebrate Paleontology, pt. E, Archaeocytha and Porifera. The geological society of America and the University of Kansas.

Finks, R. M., Reid, R. E. H. and Rigby, J. K. 2003. Treatise on Invertebrate Paleontology, pt. E, Porifera (revised), 2: Introduction to the Porifera. The geological society of America and the University of Kansas.

Finks, R. M., Reid, R. E. H. and Rigby, J. K. 2004. Treatise on Invertebrate Paleontology, pt. E, Porifera (revised), 3: Porifera (Demospongea, Hexactinellida, Heteractinida, Calcarea). The geological society of America and the University of Kansas.

Hooper, J. N. A. and Van Soest, R. W. M. 2002. Systema Porifera. A guide to the classification of sponges. Vol. 1 and 2. Kluwer Academic/Plenum Publishers.

Moore, R. C., Lalicker, C. G. and Fischer, A. G. 1952. Invertebrate Fossils. McGraw-Hill Book Company.

Shrock, R. R. and Twenhofel, W. H. 1953. Principles of Invertebrate Paleontology. McGraw-Hill Book Company.

（二）本书引用的文献目录

Aleotti G, Dieci G, Russo F. 1986. Eponge Permiennes de la Valle de Sosio (Sicile). Revision systematique des sphinctozoaires. Annales de Paleontologie, 72: 211-246.

Bechstädt T, Brandner R. 1970. Das Anis zwichen St. Vigil und dem Hohlensteintal (Prager- und Olanger Dolomiten, Südtirol). Festband Geologische Institut. 300 Jahr-Freier Universitet Innsbruch, 9-103.

Belyaeva G V. 2000. New taxa of sphinctozoa from the Permian reefs of southeastern China. Paleontologicheskii Zhurnal, 41-46.

Bizzarini F, Russo F. 1986. A new genus of Inozoan from S. Cassiano Formation (Dolomiti di Braires, Italy). Memorie di Scienze Geologiche, 38: 129-135.

Boiko E V. 1990. On the diversity of skeletal structures of Porifera Camerata. Akademiya Nauk SSSR. Siberskoe Otdelenie Institut Geologii i Geofiziki Trudy, 783: 119-129.

Boiko E V, Belyaeva G V, Zhuravleva I T. 1991. Sphinctozoa of the Phanerozoic of the USSR. Nauka, 224.

Brönn H G. 1825. System der urweltlichen Pflanzenthiere. J. C. B. Mohr, 1-47.

Brydone R M. 1912. The stratigraphy of the Chalk of Hants, with map and palaeontological notes. Dulau and Co. Ltd. London: 116.

Clausen C K. 1982. Wienbergia, new genus for Barroisia faxensis (Porifera: Demospongia) from the Middle Danian of Denmark. Bulletin of the Geological Society of Denmark, 30: 111-115.

Cossmann M. 1909. Rectifications de nomenclature. Revue Critique Paleozoologie, 13: 67.

Cuif J P. 1973. Histologie de quelques sphinctozoaires (Poriferes) Triasiques. Geobios, 6: 115-125.

Cuif J P. 1974. Role des sclerosponges dans la faune recifale du Trias des Dolomites (Italie du Nord). Geobios, 7: 139-153.

Cuif J P. 1979. Caracteres morphologiques et microstructuraux de trois sclerosponges triasiques association avec des Chaetetida. In: Claude, L. and Boury-Esnault, N. (eds.), Biologie des Spongiaires. Colloques Internationaux du Centre National de la Recherche Scientifique, 291: 475-481.

Cuif J P, Debrenne F, Lafuste J G, Vacelet J. 1979. Comparaison de la microstructure du squelette carbonate non-spiculate d'eponges actuelles et fossiles. In: Claude, L. and Boury-Esnault, N. (eds.), Biologie des Spongiaires. Colloques Internationaux du Centre National de la Recherche Scientifique, 291: 459-465.

Cuif J P, Gautret P. 1991. Taxonomic value of microstructural features in calcified tissue from recent and fossil Demospongiae and Calcarea. In: Reitner, J. and Keupp, H (eds.), Fossil and recent sponges. Springer Verlag, Berlin: 159-169.

Debrenne F, Wood R. 1990. A new Cambrian sphinctozoan sponge from North America, its relationship to archaeocyaths and the nature of early sphinctozoans. Geological Magazine, 127: 435-443.

De France M J L. 1829. Verticillites. In: Levrault, F. G. (ed.), Dictionnaire des Sciences naturelles, 58: 5-6.

Deng Zhanqiu. 1981. Upper Permian sponges from Laibin of Guangxi. Acta Palaeontologica Sinica, 20: 418-427.

Deng Zhanqiu. 1982. Paleozoic and Mesozoic sponges from southwest China. In: Stratigraphy and Paleontology in western Sichuan and eastern Xizang, China, Part: 245-258.

Dieci G, Antonacci A, Zardini R. 1968. Le Spugne cassiane (Trias medio-superiore) della regione dolomitica attorno a Cortino d'Ampezzo. Bollettino della Societa Paleontologica Italiana, 7: 94-155.

Dieci G, Russo A, Russo F. 1974. Revisione del genere Leiospongia d'Orbigny (Sclerospongia triassica). Bollettino della Societa Paleontologica Italiana, 13: 135-146.

Doederlein L. 1892. Über Petrostoma schulzei n. g., n. sp., der Kalkschwämme. Description of Petrostoma schulzei of Calcarea, representing a new order of Lithones. Verhandlungen Deutsche Zoologische Gesellschaft, 2: 143-145.

Elliott G F. 1963. Problematical microfossils from the Cretaceous and Paleocene of the Middle East. Palaeontology, 6: 293-300.

Engeser T W, Neumann H H. 1986. Ein neuer verticillitider sphinctozoe (Demospongiae, Porifera) aus dem Campan der Krappfeld-Gosau (Kärnten, österreich). Mitteilungen Geologisch-Paläontologische Institut, Universität Hamburg, 61: 149-159.

Etallon M A. 1859. Etudes paleontologiques sur le Haut-Jura, Rayonnes du Corallien. Part Ⅲ. Memoires de la Societe Jurassienne d'Emulation du Department du Doubs, 3: 401-553.

Fan Jiasong, Rigby J K, Zhang Wei. 1991. "Hydrozoa" from Middle and Upper Permian reefs of South China. Journal of Paleontology, 65: 44-68.

Fan Jiasong, Wang Yumao, Wu Yasheng. 2002. Calcisponges and hydrozoans from Permian reefs in western Guangxi (China). Acta Paleontologica Sinica, 41: 334-348. (In Chinese with English summary).

Fan Jiasong, Zhang Wei. 1985. Sphinctozoans from Late Permian reefs of Lichuan, West Hubei, China. Facies, 13: 1-44.

Finks R M. 1983. Pharetronida: Inozoa and Sphinctozoa: In: Broadhead, T. W. (ed.), Sponges and Spongiomorphs. Notes for a short course. Studies in Geology, no. 7, University of Tennessee, 55-69.

Finks R M. 1990. Late Paleozoic pharetronid radiation in the Texas region. In: Rutzler, K. (ed.), Perspectives in sponge biology, The third international sponge conference, 1985. Smithsonian Institution Press, 17-24.

Finks R M. 1995. Some new genera of Paleozoic calcareous sponges. The University of Kansas paleontological contributions (new series), no. 6: 1-9.

Finks R M. 1997. New name for a Permian calcareous sponge and some related corrections. Journal of Paleontology, 71: 352.

Fischer A G. 1962. Fossilien aus riffkomplexen der alpinen Trias: Cheilosporites Wähner, ein foraminifere? Paläontologische zeitschrift, 36: 118-124.

Fleming J. 1828. A history of British Animals, exhibiting the descriptive characters and systematical arrangement of the genera and species of quadrupeds, birds, reptiles, fishes, mollusca and radiata of the United Kingdom. 565.

Fontaine H. 1962. Nouveau nom pour le genre Steinmannia Waagen et Wentzel. Comptes Rendus, Societe Geologique de France, 7: 205.

de Freitas, Tim A. 1987. A Silurian sphinctozoan sponge from east-central Cornwallis Island, Canadian Arctic. Canadian Journal of Earth Sciences, vol. 24: 840-844.

de Fromentel M E. 1860. Introduction a l' etude des eponges fossiles. Memoires de la Societe Linneenne de Normandie, 11: 1-50.

Gautret P. 1985. Organisation de la phase minerale chez Vaceletia crypta (Vacelet) demosponge, sphinctozoaire actuelle. Comparaison avec de formes aragonitiques du Trias de Turquie. Geobios, 18: 553-562.

Girty G H. 1908. On some new and old species of Carboniferous fossils. Proceedings of the U. S. National Museum, 34: 281-303.

Girty G H. 1909. The Guadalupian Fauna. U. S. Geological Survey Professional Paper, 58: 1-641.

Grant R E. 1833. on the classification of the organs of animals and on the organs of support in animalcules and porpherous animals. Lecture Ⅳ, University of London lectures on comparative anatomy and animal physiology. The Lancet, 1: 194-200.

Gray J E. 1867. Notes on the arrangement of sponges, with the description of some new genera. Proceedings of the Scientific Meetings of the Zoological Society of London1867: 492-558.

Gregorio A. 1930. Sul Permiano di Sicilia (Fossili del calcare con Fusulina di Palazzo Adriano). Annals of Geology and Palaeontology, 52: 1-70.

Haas O. 1909. Bericht über neue aufsammlungen in der Zlambach-mergeln der Fischerwiese bei Alt-Aussee. Beiträge zur Paläontologie und Geologie von Österreich-Ungarns und des Orients. Mitteilungen des geologischen und paläontologischen Institutes der Universität Wien, 22: 143-167.

Hartman W D, Goreau T F. 1970. Jamaican coralline sponges: their morphology, ecology and fossil relatives. Zoological society of London Symposium, no. 25: 205-243.

Hartman W D, Goreau T F. 1975. A Pacific tabulate sponge, living representative of a new order of Sclerosponges. Postilla Peabody Museum of Natural History, 167: 1-14.

Hinde G J. 1884. Catalogue of the fossil sponges in the Geological Department of the British Museum (Natural History). 248.

Hinde G J. 1893. A monograph of the British fossil sponges, pt. 3, Sponges of Jurassic strata. Palaeontographical society Monograph: 189-254.

Hinde G J. 1900. On some remarkable calcisponges from the Eocene Strata of Victoria, Australia. Quarterly Journal of the Geological Society (London), 56: 50-66.

Hurcewicz H. 1975. Calcispongea from the Jurassic of Poland. Acta Palaeontologica Polonica, 20: 223-291.

Inai Y. 1936. Discosiphonella, a new ally of Amblysiphonella. Proceedings of the Imperial Academy of Japan, 12: 169-171.

Kazmierczak J. 1984. Favositid tabulates: evidences for poriferan affinity. Science, 225: 835-837.

Kazmierczak J. 1991. Further evidence for poriferan affinities of favositids. In: Reitner, J. and Keupp, H (eds.), Fossil and recent sponges. Springer Verlag, Berlin, 212-223.

Keugel H W. 1987. Sphinctozoen aus dem Auernigschichten des Nassfeldes (Oberkarbon, Karnische Alpen, Österreich. Facies, 16: 143-156.

King R H. 1933. A Pennsylvanian sponge fauna from Wise County, Texas. The University of Texas Bulletin, 3201: 75-85.

King R H. 1938. Pennsylvanian sponges of north-central Texas. Journal of Paleontology, 12: 498-504.

King R H. 1943. New Carboniferous and Permian sponges. State Geological Survey of Kansas Bulletin, 47: 1-36.

Kirkpatrick R. 1908. On two new genera of recent pharetronid sponges. Annals and Magazine of Natural Histiry (series 8), 12: 503-514.

Kirkpatrick R. 1910. On a remarkable pharetronid sponge from Christmas Island. Proceedings of the Royal Society of London (series B), 83: 124-133.

Kirkpatrick R. 1912. Merlia normani and its relation to certain Palaeozoic fossils. Nature, 89: 502-503.

Kovacs S. 1978. New sphinctozoan sponges from the North Hungarian Triassic. Neues Jahrbuch für Geologie und Paläontologie, Monatshefte 1978: 685-697.

Kruse P D. 1990. Cambrian palaeontology of the Daly Basin. Northern Territory Geological Survey report, no. 7: 1-58.

Lamouroux J V F. 1821. Exposition methodique des genres de l'ordre des Polypiers, des Zoophytes d'Ellis et Solander. Chez Mme. Veuve Agasse, 115.

Laube G C. 1865. Die Fauna der Schichten von St. Cassian. Ein beitrag zur Paläontologie der alpinen Trias, 1, Abteilung. Spongitarien, Corallen, Echiniden und Crinoiden. Denkschriften der Kaiserlichen Akademie der Wissenschaften, Mathematisch-natrurwissenschaftliche Klass , 24: 223-296.

de Laubenfels M W. 1955. Porifera. In: Moore, R. C. (ed.), Treatise on Invertebrate Paleontology, Pt. E, Archaeocyatha and Porifera. Geological Society of America and the University of Kansas Press, 21-112.

Mastandrea A, Russo F. 1995. Microstructure and diagenesis of calcified demosponges from the Upper Triassic of northeastern Dolomites (Italy). Journal of Paleontology, 69: 416-431.

Moiseev C R. 1944. Algae, sponges, aqueous polyps and corals of the Upper Trias of the Caucasus. Scientific Publications of the Leningrad State University, 11: 15-28.

Munier-Chalmas E. 1882. Barroisia, nouvelle genre des eponges. Bulletin de la Societe Geologique de France (series 3), 10: 425.

Myagkova E I. 1955a. On the characteristics of the Class Aphrosalpingoida, Miagkova, 1955. Akademiya Nauk SSSR Doklady, 104: 478-481.

Myagkova E I. 1955b. New representatives of the phylum Archaeocyatha. Akademiya Nauk SSSR Doklady, 104: 638-641.

d'Orbigny A D. 1849. Note sur la classe des Amorphozoaires. Revue et Magazine de Zoologie pure et appliquée (series 2), 1: 545-550.

Ott E. 1967. Segmentierte Kalkschwämme (sphinctozoa) aus der alpinen Mitteltris und ihre Bedeutung als Riffbildner im Wettersteinkalk. Bayerische Akademie der Wissenschaften Mathematisch-Naturwissenschaftliche Klasse, *Abhandlungen* (new series), 131: 96.

Ott E. 1974. Phragmocoelia n. g. (sphinctozoa), ein segmentierter Kalkschwämme mit neuem Füllgewebetyp aus der Alpinen Trias. Neues Jahrbuch für Geologie und Paläontologie, Monatshefte, 12: 712-723.

Pantic S. 1975. Coetinella mirunae gen. nov. (Spongia, Familia incertae sedis) from the Middle Triassic of Montenegro. Ann. Geol. Peninsul. Balkan, 39: 153-158, Beograd.

Parona C F. 1933. Le spugne della fauna permiana di Palazzo Adriano (Bacino del Sosio) in Sicila. Memorie della Societa Geologica Italiana, 1: 1-58.

Picket J. 1982. Vaceletia progenitor, the first Tertiary sphinctozoan (Porifera). Alcheringa, 6: 241-247.

Picket J, Jell P A. 1983. Middle Cambrian sphinctozoa (Porifera) from New South Wales. Memoir Association of Australasian Palaeontologists, 1: 85-92.

Picket J, Rigby J K. 1983. Sponges from the Early Devonian Garra Formation, New South Wales. Journal of Paleontology, 57: 720-741.

Pomel A. 1872. Paleontologie ou description de animaux fossiles de la Province d'Oran, Zoophytes, fascicule 5, Spongiaires. Perrier. Oran, 256.

Rauff H. 1913. *Barroisia* und die Pharetronenfrage. Palaeontologische zeitschrift, 13: 74-144.

Rauff H. 1938. Über einige Kalkschwämme aus der Trias der Peruanischen Kordillere, nebst einem Anhang über Stellispongia und ihre Arten. Palaeontologische Zeitschrift, 20: 177-214.

Reid R E H. 1968. Tremacystia, Barroisia, and the status of sphinctozoida (Thalamida) as Porifera. The University of Kansas paleontological contributions, no. 34: 1-10.

Reitner J. 1987a. A new calcitic sphinctozoan sponge belonging to the Demospongiae from the Cassian Formation (Lower Carnian; Dolomites, northern Italy) and its phylogenetic relationship. Geobios, 20: 571-589.

Reitner J. 1987b. Phylogenetic und konvergenzen bei rezenten und fossilen Calcarea (Porifera) mit einem kalkigen basalskelett (Inozoa, Pharetronida). Berliner geowissenschaftliche Abhandlungen (Reihe A), 86: 87-125.

Reitner J. 1987c. Euzkadiella erenoensis n. gen. n. sp. ein stromatopore mit spikulärem skelett aus dem Oberapt von Ereno (Prov. Guipuzcoa, Nordspanien) und die systematische stellung der Stromatoporen. Palaeontologische Zeitschrift, 61: 203-222.

Reitner J. 1991. Phylogenetic aspects and new descriptions of spicule-bearing hadromerid sponges with a secondary calcareous skeleton (Tetractinomorpha, Demospongiae). In: Reitner, J and Keupp, H. (eds.), Fossil and recent sponges, 179-211.

Reitner J, Engeser T. 1985. Revision der Demospongier mit einem Thalamiden, aragonitischen basalskelett und trabekulärer internstruktur (Sphinctozoa pars). Berliner Geowissenschaftliche Abhandlungen (Reihe A), 60: 151-193.

Richardson L, Thacker A G. 1920. On the stratigraphical and geographical distribution of the sponges of Inferior Oolite of the West of England. Proceedings of the Geologists' Association, 31: 161-186.

Rigby J K, Blodgett R B. 1983. Early Middle Devonian sponges from the McGrath Quadrangle of west-central Alaska. Journal of Paleontology, 57: 773-786.

Rigby J K, Fan Jiasong, Zhang Wei. 1989a. Sphinctozoan sponges from the Permian reefs in South China. Journal of Paleontology, 63: 404-439.

Rigby J K, Fan Jiasong, Zhang Wei. 1989b. Inozoan calcareous Porifera from the Permian reefs in South China. Journal of Paleontology, 63: 778-800.

Rigby J K, Fan Jiasong, Zhang Wei, Wang Shenghai, Zhang Xiaolin. 1994. Sphintozoan and inozoan sponges from the Permian reefs of South China. Brigham Young University Geology Studies, 40: 43-109.

Rigby J K, Potter A W. 1986. Ordovician sphinctozoan sponges from the eastern Klamath Mountains, northern California. Journal of Paleontology (Memoir, 20), 60: 1-47.

Rigby J K, Potter A W, Blodgett R B. 1988. Ordovician sphinctozoan sponges of Alaska and Yukon Territory. Journal of Paleontology, 62: 731-746.

Rigby J K, Senowbari-Daryan B. 1996a. Upper Permian inozoid, demospongid and hexactinellid sponges from Djebel Tebaga, Tunisia. The University of Kansas Paleontological Contributions (new series), 7: 130p.

Rigby J K, Senowbari-Daryan B. 1996b. Gigantospongia, new genus, the largest known Permian sponge, Capitan Limestone, Guadalupe Mountains, New Mexico. Journal of Paleontology, 70: 347-355.

Rigby J K, Senowbari-Daryan B, Liu Huaibao. 1998. Sponges of the Permian Upper Capitan Limestone, Guadalupe Mountains, New Mexico and Texas. Brigham Young University Geology Studies, 43: 19-117.

Rigby J K, Webby B D. 1988. Late Ordovician sponges from the Malongulli Formation of central New South Wales,

Australia. Palaeontographica American, 56: 1-147.

Roemer F A. 1840-1841. Die Versteinerungen des norddeutschen Kreidegebirges. Hahn' schen Hofbuchhandlung. Lieferung 1-2, 1-145.

Roemer F A. 1864. Die spongitarien des norddeutschen Kreidegebirges. Palaeontographica, 13: 1-64.

Row R W H. 1909. Reports on the marine biology of the Sudanese Red Sea. XIII, Report on the sponges collected by Mr. Cyril Crossland in 1904-1905, part 1, Calcarea. Journal of the Linnean Society, Zoology, 31: 182-214.

Russo F. 1981. Nuove spugne calcaree triassiche di Campo (Cortina d' Ampezzo, Belluno). Bollettino della Societa Paleontologica Italiana, 20: 3-17.

Seilacher A. 1962. Die sphinctozoa, eine gruppe fossiler Kalkschwämme. Akademie der wissenschaften und der literatur in Mainz. Abhandlungen der mathematisch- naturwissen- schaftlichen klasse , jahrgang 1961, 10: 721-790.

Senowbari-Daryan B. 1978. Neue Sphinctozoen (Segmentierte Kalkschwämme) aus den oberrhätischen Riffkalken der nördlichen Kalkalpen (Hintersee/Salzburg). Senckenbergiana Lethaea, 59: 205-227.

Senowbari-Daryan B. 1980. Neue Kalkschwämme (sphinctozoen) aus der ober-triadischen Riffkalker von Sizilien (Beitrage zur Paläontologie und Microfazies der obertriadischen Riffe des alpin-mediterranen Gebietes, 15). Mitteilungen Gesellschaft der Geologie und Bergbaustud. Österr. , 26: 179-203.

Senowbari-Daryan B. 1990. Die systematische stellung der thalamiden Schwämme und ihre bedeutung in der Erdgeschichte. Münchner Geowissenschaftliche Abhandlungen, 21: 1-325.

Senowbari-Daryan, B. 1991. Sphinctozoa, An overview. In: Reitner, J. and Keupp, H. (eds.), Fossil and recent sponges, 224-241.

Senowbari-Daryan B. 1994. Segmentierte Schwämme (Sphinctozoan) aus der Obertrias (Nor) des Taurus-Gebirges (S-Türkei). Jahrbuch der Geologischen Bundesanstalt, 50: 415-446.

Senowbari - Daryan B, Engeser T. 1996. Ein beitrag zür Nomenklatur sphinctozoider Schwämme (Porifera). Paläontologische Zeitschrift, 70: 269-271.

Senowbari-Daryan B, Ingavat-Helmcke R. 1994. Sponge assemblage of some Upper Permian reef limestones from Phrae province (Northern Thailand). Geologija, 36: 3-59.

Senowbari-Daryan B, Reid R P. 1987. Upper Triassic sponges (Sphinctozoa) from southern Yukon, Stikinia terrane. Canadian Journal of Earth Sciences, 24: 882-902.

Senowbari-Daryan B, Rigby J K. 1988. Upper Permian segmented sponges from Djebel Tebaga, Tunisia. Facies, 19: 171-250.

Senowbari-Dayan, Baba and Garcin-Bellido, D. C., 2002, Fossil 'Sphinctozon': Chambered sponges (polyphyletic). In: Hooper, J. N. A. and Van Soest, R. W. (eds.), Systema Porifera. A guide to the classification of sponges. Vol. 2, p1511-1538.

Senowbari-Daryan B, Schäfer P. 1979. Neue Kalkschwämme und ein Problematikum (Radiomura cautica n. g. , n. sp.) aus Oberrhät-Riffen südlich von Salzburg (Nördliche Kalkalpen). Mitteilungen der Österreichischen Geologische Gesellschaft, 70: 17-42.

Senowbari-Daryan B, Schäfer P. 1986. Sphinctozoen (Kalkschwämme) aus den norischen Riffen von Sizilien. Facies, 14: 235-284.

Senowbari-Daryan B, Seyed-Emami K, Aghanabati A. 1997. Some inozoid sponges from Upper Triassic (Norian-Rhaetian) Nayband Formation of central Iran. Revista Italiana di Paleontologia e Stratigrafia, 103: 293-321.

Senowbari-Daryan B, Di Stefano P. 1988. Microfacies and sphinctozoan assemblage of some Lower Permian breccias from the Lercara Formation (Sicily). Rivista Italiana di Paleontologia e Stratigrafia, 94: 3-34.

Senowbari-Daryan B, Zühlke R, Bechstädt T, Flügel E. 1993. Anisian (Middle Triassic) buildups of the Northern Dolomites (Italy): The recovery of reef communities after the Permian/Triassic crisis. Facies, 28: 181-

256.

Soest R W M. 1991. Demosponge higher taxa classification re-examined. In: Reitner, J. and Keupp, H (eds.), Fossil and recent sponges. Springer Verlag, Berlin, 54-71.

Sollas W J. 1877. On Pharetrospongia strahani Sollas, a fossil holoraphidote sponge. Journal of the Geological Society (London), 33: 242-255.

Steinmann G. 1878. Über fossile Hydrozoen aus der Familie der Coryniden. Paläontographica, 25: 101-124.

Steinmann G. 1882. Pharetronen-Studien. Neues Jahrbuch für Mineralogie, Geologie und Palaeontologie, 2: 139-191.

Termier H, Termier G. 1955. Contribution a I' etude des Spongiaires permien du Djebel Tebaga (Extreme Sud Tunisien). Bulletin de la Societe Geologique de France (series 6), 5: 613-630.

Termier H, Termier G. 1974. Sponges permiens du Djebel Tebaga (sud Tunisien). Comptes Rendus de l' Academie des Sciences, series D, 279: 247-249.

Termier H, Termier G. 1977a. Paleontology of Invertebrates: In: Termier, H., Termier G, Vachard D. Monography of paleontology from the outcrops of the Permian in Djebel Tebaga (South Tunisia). Palaeontographica (Abt. A), 156: 25-99.

Termier H, Termier G. 1977b. Structures and evolution of hypercalcified sponges from Upper Palaeozoic. Memoir of the Institute of geology, University of Louvain, 29: 57-109.

Vacelet J. 1967. Descriptions d' eponges pharetronides actuelles des tunnels obscurs sous-recifaux de Tulear (Madagascar). Recueils des Travaux de la Station Marine d' Endoume, fasicule hors serie supplement, 6: 37-62.

Vacelet J. 1977. Eponges pharetronides actuelles et sclerosponges de Polynesie francaise, de Madagascar et de la Reunion. Bulletin Museum National d' Histoire Naturelle (Paris), Zoologie, 307: 345-367.

Vacelet J. 1979. Description et affinities d' une e' ponge sphinctozoaire actuelle. In: Levi, C. and Boury-Esnault, N. (eds.), Biologie des spongiaires. Colloques Internationaux du Centre national de la recherché scientifique, 291: 483-493.

Vacelet J. 1981. Eponges hypercalcifiees (pharetronides, sclerosponges) des cavities des recifs coralliens de Nouvelle-Caledonie. Bulletin Museum National d' Histoire Naturelle (Paris), Biologie et Ecologie Animales, 3: 313-351.

Vacelet J. 1983. The hypercalcified sponges, the relicts of reef-building organisms from the Permian, Mesozoic reefs. Bulletin of the Zoological society of France, 108: 547-557.

Vacelet J. 1985. Coralline sponges and the evolution of Porifera. In: Conway-Morris, S. (ed.), Organisms and relationships of Lower Invertebrates. Systematics Asssociation, Specicial volume, 28: 2-13.

Vacelet J. 1991. Recent calcarea with a reinforced skeleton ("Pharetronids"). In: Reitner, J. and Keupp, H (eds.), Fossil and recent sponges. Springer Verlag, Berlin, 252-265.

Vacelet J, Levi C. 1958. Un cas de survivance, en Mediterranee, du groupe d' eponges fossiles des Pharetronides. Comptes Rendus hebdomadaires des Seances de l' Academie des Sciences, Paris, 246: 318-320.

Vacelet J, Uriz M J. 1991. Deficient speculation in a new species of Merlia (Merliida, Demospongiae) from the Balearic Islands. In: Reitner, J. and Keupp, H (eds.), Fossil and recent sponges. Springer Verlag, Berlin, 170-178.

Vinassa de Regny p. 1901. Tria-spongien aus dem Bakony. Resultate der Wissenschaften Erforschung der Balatonsees, I, Palaeontologie der Umgebung des Balatonsees, 1, 22.

Vinassa de Regny p. 1915. Triadische Algen, Spongien, Anthozoen und Bryozoen aus Tomor. Paläontologie von Tomor, Abhandlung 8, Lieferung 4: 75-118.

Wähner F. 1903. Das Sonnwendgebirge im Unterinntal, ein Typus eines alpinen Gebirgsbaues. F. Deuticke, 356.

Webby B D. 1969. Ordovician stromatoporoids from New South Wales. Paleontology, 12: 637-662.

Webby B D, Lin Baoyu. 1988. Upper Ordovician cliefdenellids (Porifera: Sphinctozoa) from China. Geological Magazine, 125: 149-159.

Webby B D, Rigby J K. 1985. Ordovician sphinctozoan sponges from central New South Wales. Alcheringa, 9: 209-220.

Weidlich O, Senowbari-Daryan B. 1996. Late Permian sphinctozoans from reefal blocks of the Ba'id area, Oman Mountains. Journal of Paleontology, 70: 27-46.

Welter O A. 1911. Die Pharetronen aus dem Essener Grünsand. Verhandlungen des Naturhistorischen Vereins der preussischen Rheinlande und Westfalens, 67: 1-82.

Wendt, J., 1984, Skeletal and spicular mineralogy, microstructure and diagenesis of coralline calcareous sponges. Palaeontographica Americana, vol. 54, p. 326-336.

Wiedenmayer F. 1994. Contributions to the knowledge of post-Paleozoic neritic and archibenthal sponges (Porifera). Kommission der Schweizerischen Palaeontologischen Abhanglungen, 116: 5-140.

Wilckens O. 1937. Beiträge zur Paläontologie des Ostindischen Archipels, XIV. Korallen und Kalkschwämme aus dem obertriadischen Pharetronenkalk von Seran (Molukken). Neues Jahrbuch für Mineralogie, Geologie und Paläontologie (Abt. B), 77: 171-211.

Wood R. 1990. Reef-building sponges. American Scientist, 78: 224-235.

Wood R. 1991. Non-spicular biomineralization in calcified demosponges. In: Reitner, J. and Keupp, H (eds.), Fossil and recent sponges. Springer Verlag, Berlin, 322-340.

Wood R. Reitner J, West R R. 1989. Systematics and phylogenetic implications of the haplosclerid stromatoporoid Newellia mira nov. gen. Lethaia, 22: 85-93.

Wu Yasheng. 1991. Organisms and communities of Permian reef of Xiangbo, China. International Academic Publishers, 192.

Yabe H, Sugiyama T. 1934. Amblysiphonella and Rhabdactinia gen. and sp. nov. from the Upper Palaeozoic Limestone of Mimikiri, near Sakawamati, Tosa Province, Sikoku, Japan. Japanese Journal of Geology and Geography, 11: 175-180.

Yabe H, Sugiyama T. 1939. Marindiqueia mirabilis, gen. et sp. nov., a sponge-like fossil from the Eocene limestone of Marinduqu Island, Phillippine Islands. Transactions and Proceedings of the Palaeontological Society of Japan, 15: 68-71.

Zeise O. 1897. Die Spongien der Stramberger Schichten. Palaeontologische Studien Über die Grenzschichten der Jura-und Kreideformation im Gebiete der Karpathen, Alpen, und Apeninen, Vlll. Palaeontographica, Supplement 2: 289-342.

Zhang Wei. 1983. Study on the sphinctozoans of Upper Permian Changxing Formation from Lichuan area, West Hubei, China. In: A collection of theses for Master's Degree (1981). Institute of Geology, Academia Sinica, Beijing, 1-11.

Zhang Wei. 1987. A new genus Neoguadalupia with notes on connections of interrelated genera in Sebargasidae, Sphinctozoa. Scientia Geologica Sinica, 7: 231-238.

Von Zittel K A. 1878. Studien Über fossile Spongien, Dritte Abteilung: Monactinellidae, Tetractiniellidae und Calcispongiae. Abhandlungen der Kaiserische Bayerischen Akademie der Wissenschaften, 13: 1-48.